현장 실무자를 위한
공조냉동공학 기초

| 공학박사·기술사 **김순채** 지음 |

BM (주)도서출판 **성안당**

■ 도서 A/S 안내

성안당에서 발행하는 모든 도서는 저자와 출판사, 그리고 독자가 함께 만들어 나갑니다.

좋은 책을 펴내기 위해 많은 노력을 기울이고 있으나 혹시라도 내용상의 오류나 오탈자 등이 발견되면 **"좋은 책은 나라의 보배"**로서 우리 모두가 함께 만들어 간다는 마음으로 연락주시기 바랍니다. 수정 보완하여 더 나은 책이 되도록 최선을 다하겠습니다.

성안당은 늘 독자 여러분들의 소중한 의견을 기다리고 있습니다. 좋은 의견을 보내주시는 분께는 성안당 쇼핑몰의 포인트(3,000포인트)를 적립해 드립니다.

잘못 만들어진 책이나 부록이 파손된 경우에는 교환해 드립니다.

저자 문의 : edn@engineerdata.net(김순채)
본서 기획자 e-mail : coh@cyber.co.kr(최옥현)
홈페이지 : http://www.cyber.co.kr   전화 : 031) 950-6300

머리말

21세기의 엔지니어는 능력이 있어야 미래가 보장된다. 산업구조는 편리성을 추구하는 방향으로 발전하며, 회사는 최소의 비용으로 최대의 효과를 지향하는 실무에 능통하고 운영과 유지보수를 효율적으로 하는 엔지니어가 필요하다. 따라서 현장에 근무하는 엔지니어는 자신의 능력을 배양하기 위해 끊임없는 노력과 자기개발을 해야 한다.

21세기는 글로벌시대이다. 우리는 이제 세계 여러 국가와 경쟁하여 우위를 차지해야 경쟁력이 있으며 세계를 향해 나아갈 수 있다. 또한 기업은 우수한 인재와 체계적인 기업구조를 창출하여 선진 여러 기업과 선의의 경쟁을 해야 하는 시대에 살아가고 있다.

따라서 산업분야에 종사하고 있는 엔지니어는 기업의 효율화에 따른 선진 산업구조를 이해하고 회사의 이익을 창출해 나가는 기술력과 자신의 능력을 갖추므로 미래가 보장될 것이다. 또한 세계는 정보화산업의 발달로 인해 하나가 되었으며 자신의 분야뿐만 아니라 모두가 공유하는 분야도 결코 소홀히 하면 안 될 것이다.

지구의 온난화로 인하여 기후가 급격하게 변화하고 있으며, 그로 인하여 공기조화와 냉동기계설비가 더욱 더 증가할 것이다. 또한 보수유지를 위한 엔지니어가 많이 증가할 것으로 판단한다. 이에 『현장 실무자를 위한 공조냉동공학 기초』는 모든 건물에 적용되는 공조냉동기계분야에 능력 있는 실무자를 배양하여 운영과 유지관리를 효율적으로 대처하기 위해 집필하였다.

또한 생동감 있는 강의를 통하여 집중력을 배가시켜 강의효과를 극대화하였으며, 실무자 스스로가 공조냉동기계설비의 트러블요인을 찾아 대처하는 능력을 배양하기 위해 실무에 대한 적용방법을 상황에 따라 제시하고 있다. 이에 다음 사항을 중심으로 구성하였다.

이 책의 특징
❶ 기초이론부터 실무이론까지 체계적으로 정리
❷ 이론과 연계된 풍부한 그림과 도표를 통해 실무능력 향상
❸ 동영상 강의를 통하여 현장 적용능력과 응용력 배양
❹ 생동감 있는 명품 강의로 집중력 향상
❺ 현장 기술자의 설비보전을 위한 대처능력 배양

머리말

    이 책이 출판하기까지 준비하는 과정 중에 어려울 때나 나약할 때 항상 기도에 응답하시는 주님께 영광을 돌린다. 또한 많은 분량을 꼼꼼히 검토하고 서로 의논하며 양질의 서적을 집필하게 한 편집부 직원들, 동영상 촬영과 편집을 위해 수고하신 분들에게도 감사를 전한다. 항상 나의 곁에서 같은 인생을 체험하며 위로하는 가족에게 영광을 돌리며, 언제나 관심으로 기도하시는 모든 성도님께도 주님의 축복하심과 은혜가 충만하시기를 기도한다.

    끝으로 이 책을 구입한 공학도와 엔지니어들이 인생의 목표가 성취되기를 소망하며 여러분의 앞날에 무궁한 발전이 있기를 기원합니다.

    감사합니다.

공학박사 · 기술사 김순채

❈ NCS(국가직무능력표준) 안내

1 국가직무능력표준(NCS)이란?

국가직무능력표준(NCS, National Competency Standards)은 산업현장에서 직무를 수행하기 위해 요구되는 지식·기술·태도 등의 내용을 국가가 산업부문별, 수준별로 체계화한 것이다.

(1) 국가직무능력표준(NCS) 개념도

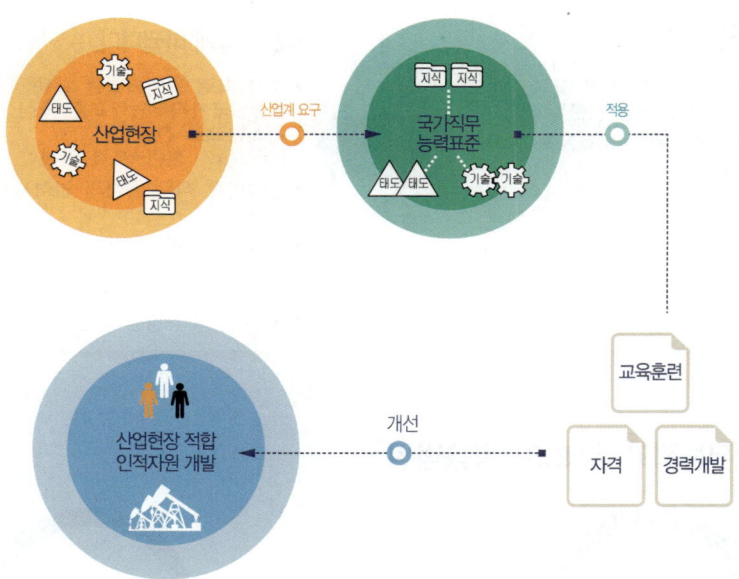

- 직무능력 : 일을 할 수 있는 On-spec인 능력
  ① 직업인으로서 기본적으로 갖추어야 할 공통 능력 → 직업기초능력
  ② 해당 직무를 수행하는 데 필요한 역량(지식, 기술, 태도) → 직무수행능력

- 보다 효율적이고 현실적인 대안 마련
  ① 실무 중심의 교육·훈련 과정 개편
  ② 국가자격의 종목 신설 및 재설계
  ③ 산업현장 직무에 맞게 자격시험 전면 개편
  ④ NCS 채용을 통한 기업의 능력 중심 인사관리 및 근로자의 평생경력 개발 관리 지원

(2) 국가직무능력표준(NCS) 학습모듈

국가직무능력표준(NCS)이 현장의 '직무요구서'라고 한다면, NCS 학습모듈은 NCS 능력단위를 교육훈련에서 학습할 수 있도록 구성한 '교수·학습자료'이다.
NCS 학습모듈은 구체적 직무를 학습할 수 있도록 이론 및 실습과 관련된 내용을 상세하게 제시하고 있다.

| NCS(국가직무능력표준) 안내 |

2 국가직무능력표준(NCS)이 왜 필요한가?

능력 있는 인재를 개발해 핵심 인프라를 구축하고, 나아가 국가경쟁력을 향상시키기 위해 국가직무능력표준이 필요하다.

(1) 국가직무능력표준(NCS) 적용 전/후

지금은
- 직업 교육·훈련 및 자격제도가 산업현장과 불일치
- 인적자원의 비효율적 관리 운용

→ 국가직무능력표준 →

이렇게 바뀝니다.
- 각각 따로 운영되었던 교육·훈련, 국가직무능력표준 중심 시스템으로 전환 (일-교육·훈련-자격 연계)
- 산업현장 직무 중심의 인적자원 개발
- 능력중심사회 구현을 위한 핵심 인프라 구축
- 고용과 평생직업능력개발 연계를 통한 국가경쟁력 향상

(2) 국가직무능력표준(NCS) 활용범위

기업체 Corporation
- 현장 수요 기반의 인력채용 및 인사 관리 기준
- 근로자 경력개발
- 직무기술서

교육훈련기관 Education and training
- 직업교육 훈련과정 개발
- 교수계획 및 매체, 교재 개발
- 훈련기준 개발

자격시험기관 Qualification
- 자격종목의 신설·통합·폐지
- 출제기준 개발 및 개정
- 시험문항 및 평가 방법

3 NCS 분류체계

① 국가직무능력표준의 분류는 직무의 유형(Type)을 중심으로 국가직무능력표준의 단계적 구성을 나타내는 것으로, 국가직무능력표준 개발의 전체적인 로드맵을 제시한다.

② 한국고용직업분류(KECO : Korean Employment Classification of Occupations)를 중심으로, 한국표준직업분류, 한국표준산업분류 등을 참고하여 분류하였으며, '대분류(24개) → 중분류(80개) → 소분류(238개) → 세분류(887개)'의 순으로 구성한다.

③ '냉동공조유지보수관리'의 직무정의 : 냉동공조유지보수관리는 냉동공조설비를 최적의 상태로 유지하기 위하여 설비의 점검 및 진단을 통하여 성능과 효율을 관리하는 일이다.

④ '냉동공조유지보수관리'의 NCS 학습모듈

분류체계				NCS 학습모듈
대분류	중분류	소분류	세분류(직무)	
기계	기계장치설치	냉동공조설비	냉동공조유지보수관리	1. 공조설비운영 2. 유지보수공사 3. 유지보수 안전관리 4. 자재관리 5. 에너지관리 6. 유지보수계획 7. 제어시스템관리 8. 열원설비운영

⑤ 직업정보

세분류		냉동공조설계 냉동공조설치 냉동공조유지보수관리	냉동공조설치 냉동공조유지보수관리	냉동공조설치 냉동공조유지보수관리	냉동공조설치 냉동공조유지보수관리
직업명		냉난방 및 공조공학기술자	냉동·냉장·공조기 설치 및 정비원	냉난방관련 설비조작원	보일러 설치 및 정비원
종사자 수		100.7천 명	25.9천 명	20.7천 명	39.8천 명
종사 현황	연령	36세	39세	48세	47세
	임금	335.3만 원	199.7만 원	200.8만 원	172.9만 원
	학력	15.8년	12.3년	11.9년	11.2년
	성비	남성 : 95.9% 여성 : 4.1%	남성 : 100%	남성 : 98.8% 여성 : 1.2%	남성 : 99.7% 여성 : 0.3%
	근속연수	7.1년	6.4년	9.3년	8.5년
관련 자격		공조냉동기계기능사 공조냉동기계산업기사 공조냉동기계기사 공조냉동기계기술사 기계제작기술사	공조냉동기계기능사 공조냉동기계산업기사 공조냉동기계기사	금속재료시험기능사 보일러시공기능사 보일러취급기능사 보일러기능장	보일러시공기능사 보일러취급기능사 보일러기능장

※ 자료 : 워크넷(www.work.go.kr)의 직업정보
※ 냉동공조설비의 직업으로는 4가지의 분류가 있으며, 종사자수, 종사현황, 관련자격은 위와 같음

| NCS(국가직무능력표준) 안내 |

4 과정평가형 자격취득

(1) 개념
국가직무능력표준(NCS)에 따라 편성·운영되는 교육·훈련과정을 일정수준 이상 이수하고 평가를 거쳐 합격기준을 통과한 사람에게 국가기술자격을 부여하는 제도이다.

(2) 시행대상
「국가기술자격법 제10조 제1항」의 과정평가형 자격 신청자격에 충족한 기관 중 공모를 통하여 지정된 교육·훈련기관의 단위과정별 교육·훈련을 이수하고 내부평가에 합격한 자

(3) 교육·훈련생 평가
① 내부평가(지정 교육·훈련기관)
  ㉠ 평가대상 : 능력단위별 교육·훈련과정의 75% 이상 출석한 교육·훈련생
  ㉡ 평가방법 : 지정받은 교육·훈련과정의 능력단위별로 평가
    → 능력단위별 내부평가 계획에 따라 자체 시설·장비를 활용하여 실시
  ㉢ 평가시기 : 해당 능력단위에 대한 교육·훈련이 종료된 시점에서 실시하고 공정성과 투명성이 확보되어야 함
    → 내부평가 결과 평가점수가 일정수준(40%) 미만인 경우에는 교육·훈련기관 자체적으로 재교육 후 능력단위별 1회에 한해 재평가 실시
② 외부평가(한국산업인력공단)
  ㉠ 평가대상 : 단위과정별 모든 능력단위의 내부평가 합격자
  ㉡ 평가방법 : 1차·2차 시험으로 구분 실시
    • 1차 시험 : 지필평가(주관식 및 객관식 시험)
    • 2차 시험 : 실무평가(작업형 및 면접 등)

(4) 합격자 결정 및 자격증 교부
① 합격자 결정 기준
  내부평가 및 외부평가 결과를 각각 100점을 만점으로 하여 평균 80점 이상 득점한 자
② 자격증 교부
  기업 등 산업현장에서 필요로 하는 능력보유 여부를 판단할 수 있도록 교육·훈련 기관명·기간·시간 및 NCS 능력단위 등을 기재하여 발급

★ NCS에 대한 자세한 사항은 국가직무능력표준 National Competency Standards 홈페이지(www.ncs.go.kr)에서 확인해주시기 바랍니다. ★

차 례

PART 1 공조냉동 안전관리

Chapter 1 안전관리의 개요 / 3

- 01 안전관리의 정의와 목적 …………………………………………… 3
- 02 안전대책의 3원칙 ………………………………………………… 3
- 03 안전점검의 종류 …………………………………………………… 4
- 04 안전관리규정 포함사항 …………………………………………… 5
- 05 재해율 평가지수 …………………………………………………… 5
- 06 불안전한 행동의 종류 ……………………………………………… 6
- 07 재해 발생의 기본원인(4M) ………………………………………… 8

Chapter 2 냉동관련 법규와 안전 / 9

- 01 냉동기 제조시설기준 ……………………………………………… 9
- 02 용기 및 특정 설비의 재검사기간 ………………………………… 14
- 03 제1종과 제2종 보호시설 ………………………………………… 17
- 04 합격 냉동기 검사 각인사항 ……………………………………… 18
- 05 가연성 가스의 화재, 폭발을 방지하기 위한 대책 ……………… 18
- 06 방폭구조의 전기설비 …………………………………………… 18
- 07 불합격용기 및 특정 설비의 파기방법 …………………………… 23
- 08 방류둑의 설치기준 ……………………………………………… 23
- 09 안전관리자 ……………………………………………………… 26
- 10 안전교육 ………………………………………………………… 27
- 11 냉동제조시설기준 안전사항 ……………………………………… 28
- 12 고압가스 운반 등의 기준 ………………………………………… 28
- 13 기타사항 ………………………………………………………… 31

Chapter 3 산업안전보건법 / 32

- 01 목적 ……………………………………………………………… 32
- 02 보호구의 지급 등 ………………………………………………… 33
- 03 안전관리자의 업무 등 …………………………………………… 33
- 04 사업주 등의 의무 ………………………………………………… 34
- 05 색과 형태의 의미 및 사용법 ……………………………………… 34
- 06 작업환경 측정대상 ………………………………………………… 35
- 07 밀폐공간의 작업안전 ……………………………………………… 36
- 08 기타사항 ………………………………………………………… 39

Chapter 4 기계장치의 안전관리 / 40

01 기계의 안전수칙 ·· 40
02 드릴작업의 안전수칙 ··· 40
03 연삭숫돌의 안전수칙 ··· 41
04 컨베이어의 안전수칙 ··· 41
05 수공구의 안전수칙 ·· 42
06 기타 공구 취급 시 주의사항 ··· 44

Chapter 5 보호구 사용 시 안전수칙 / 46

01 보호구의 착용목적 ·· 46
02 보호구의 종류 ··· 46
03 보호구 선택 시 주의사항 ·· 47
04 머리 보호구(안전모) ··· 48
05 눈과 얼굴 보호구(보안경과 보안면) ·· 49
06 얼굴 보호구 ··· 51
07 귀 보호구 ·· 52
08 호흡용 보호구 ··· 52
09 손 보호구 ·· 57
10 발 보호구 ·· 58
11 안전대 ··· 59

Chapter 6 용접작업의 안전관리 / 60

01 가스용접의 원리 ··· 60
02 부속장치 ··· 61
03 폭발화재의 방지 ··· 65
04 용접·용단의 특성 ··· 66
05 가스용접의 안전사항 ·· 66
06 전기용접의 안전사항 ·· 73

Chapter 7 전기 및 화재 안전관리 / 78

01 감전위험에 직접적 영향을 주는 요인 ······································· 78
02 감전사고의 방지대책 ·· 79
03 감전사고 시 응급조치 ··· 79
04 정전작업 시의 안전관리 ··· 79
05 작업 중 갑자기 정전 발생 시 조치사항 ··································· 80
06 기타 안전사항 ··· 80
07 화재의 분류 ··· 80

08 위험물과 화재위험과의 상호관계 ………………………………… 81
09 발화점이 낮아지는 조건 ……………………………………………… 82
10 폭발 ……………………………………………………………………… 82

Chapter 8 보일러 안전관리 / 85

01 보일러의 휴지 시 보존방법 …………………………………………… 85
02 보일러사고의 구분 ……………………………………………………… 86
03 보일러의 가스폭발방지에 관한 작업 시 준수사항 ………………… 88
04 보일러의 저수위사고예방에 관한 작업 시 준수사항 ……………… 88
05 보일러 운전 중 소화원인 ……………………………………………… 88
06 보일러 운전의 단계별 확인 및 점검사항 …………………………… 89
07 보일러의 수압시험방법과 목적 ……………………………………… 90
08 보일러의 과열원인과 방지대책 ……………………………………… 90
09 기름연료의 연소 시 이상연소와 조치사항 ………………………… 91
10 보일러 운전 중의 취급 ………………………………………………… 93
11 보일러의 안전장치(인터록) …………………………………………… 95
12 기타사항 ………………………………………………………………… 96

Chapter 9 냉동기 안전관리 / 98

01 냉동기 운전 시 안전관리 ……………………………………………… 98
02 압축기 안전관리 ……………………………………………………… 99
03 냉매의 취급과 안전관리 ……………………………………………… 102
04 냉매가스의 시험방법과 안전관리 …………………………………… 104
05 응축기 취급과 안전관리 ……………………………………………… 106

PART 2 기초열역학

Chapter 1 열역학의 정의와 개론 / 109

01 열역학의 정의 ………………………………………………………… 109
02 열역학의 목적 ………………………………………………………… 109
03 물질을 보는 관점 ……………………………………………………… 109
04 연속체 …………………………………………………………………… 109

Chapter 2 계와 동작물질 / 110

01 계 ………………………………………………………………………… 110
02 동작물질(작업물질) …………………………………………………… 110

| 차례 |

Chapter 3 상태와 성질 / 111
- 01 상태 ··· 111
- 02 성질 ··· 111
- 03 열역학적 성질(열역학적 상태량) ·· 111
- 04 열역학적 함수 ·· 111

Chapter 4 각종 물리량 / 112
- 01 비중량, 밀도, 비체적, 비중 ·· 112
- 02 압력 ··· 113
- 03 온도 ··· 114

Chapter 5 주요 국제단위(SI단위) / 115
- 01 국제단위(SI)의 기본단위와 보조단위 ··· 115
- 02 국제단위(SI)의 유도단위 ·· 115

Chapter 6 과정과 사이클 / 116
- 01 과정 ··· 116
- 02 사이클 ··· 116

Chapter 7 비열, 열량, 동력, 열효율 / 117
- 01 비열 ··· 117
- 02 열량 ··· 118
- 03 동력(power) ··· 119
- 04 열효율(thermal efficient) ·· 120

PART 3 냉동기계

Chapter 1 냉동의 기초 / 123
- 01 냉동의 정의 ··· 123
- 02 냉동의 분류 ··· 123
- 03 열의 이동형식 ·· 124

Chapter 2 냉매와 윤활유(냉동기유) / 128
- 01 냉매 ··· 128
- 02 현재 사용도가 많은 냉매의 특성 ·· 131

　03 혼합 냉매 ··· 134
　04 프레온 냉매의 번호 기입방법 ·· 134
　05 CFC(Chloro Fluoro Carbon) 냉매 ··· 135
　06 HCF(Hydro Carbons Fluoro) 냉매 ·· 136
　07 HFC(Hydro Fluoro Carbon) 냉매 ·· 136
　08 냉매의 취급 시 유의사항 ·· 136
　09 간접 냉매 ·· 137
　10 냉동장치의 윤활유와 윤활 ·· 139

Chapter 3 냉동사이클 / 141

　01 자연적인 냉동방법(natural refrigeration) ····························· 141
　02 기계적인 냉동방법(mechanical refrigeration) ····················· 142
　03 몰리에르 선도(Mollier chart)와 상변화 ·································· 147
　04 냉동사이클 ·· 153

Chapter 4 냉동장치의 종류 / 158

　01 용적식 냉동기 ·· 158
　02 원심식 냉동기 ·· 161
　03 흡수식 냉동기 ·· 161
　04 흡착식 냉동기 ·· 162
　05 Vuilleumier(VM)사이클 열펌프 ··· 162
　06 맥동관 냉동기 ·· 162
　07 전자냉동 ·· 163
　08 신재생에너지 ·· 164

Chapter 5 냉동장치의 구조 / 173

　01 압축기 ·· 173
　02 응축기 ·· 186
　03 냉각탑 ·· 190
　04 수액기 ·· 192
　05 팽창밸브 ·· 193
　06 증발기 ·· 195
　07 부속기기 ·· 202

Chapter 6 냉동장치의 응용 / 214

　01 냉동능력과 제빙 ·· 214
　02 히트펌프 ·· 216
　03 축열시스템 ·· 218

PART 4 배관 일반

Chapter 1 수기가공 및 측정 / 223
- 01 줄작업 ·· 223
- 02 구멍 뚫기와 리머작업 ···················· 223
- 03 나사내기 ····································· 224
- 04 측정 ·· 224

Chapter 2 배관공구 및 기계의 종류와 용도 / 226
- 01 강관 공작용 공구와 기계 ················ 226

Chapter 3 관 / 231
- 01 관의 개념 ···································· 231
- 02 관의 치수 ···································· 231
- 03 강관의 두께에 대한 치수체계 ·········· 232
- 04 스케줄번호 ·································· 233

Chapter 4 배관재료 / 234
- 01 금속관 ·· 234
- 02 비철금속관 ·································· 237
- 03 비금속관 ····································· 238

Chapter 5 관의 접합(연결)방법 / 242
- 01 관 이음 ······································· 242
- 02 강관 ·· 243
- 03 주철관 ·· 245
- 04 동관 ·· 246
- 05 연관의 접합 ································· 247
- 06 이음의 종류 및 특징 ······················ 248

Chapter 6 보온재와 페인트 / 251
- 01 보온재의 구비조건 ························ 251
- 02 보온재의 구분 ······························ 251
- 03 보온재의 종류 ······························ 251
- 04 페인트(녹방지용 도료) ···················· 254
- 05 패킹제 ·· 255

Chapter 7　밸브의 종류 및 특징 / 257

01 게이트밸브(gate valve, 사절밸브) ········· 257
02 글로브밸브(globe valve) ················· 258
03 체크밸브(check valve) ·················· 258
04 버터플라이밸브(butterfly valve) ········· 259
05 콕(cock) ······························ 259

Chapter 8　배관의 도시기호(KS B 0051-1990) / 260

01 적용범위 ································ 260
02 관의 표시방법 ··························· 260
03 배관계의 시방 및 유체의 종류·상태의 표시방법 ··· 260
04 유체흐름의 방향표시방법 ················· 262
05 관 접속상태의 표시방법 ·················· 262
06 관 결합방식의 표시방법 ·················· 263
07 관 이음의 표시방법 ······················ 263
08 관 끝부분의 표시방법 ···················· 264
09 밸브 및 콕 몸체의 표시방법 ·············· 264
10 밸브 및 콕 조작부의 표시방법 ············ 265
11 계기의 표시방법 ························· 265
12 지지장치의 표시방법 ····················· 266
13 투명에 의한 배관 등의 표시방법 ·········· 266
14 치수의 표시방법 ························· 268

PART 5　전기 일반

Chapter 1　직류회로 / 273

01 전기의 본질 ····························· 273
02 전기회로의 전압·전류 ··················· 273
03 옴의 법칙 ······························· 274
04 키르히호프의 법칙 ······················· 276
05 도체와 절연체 ··························· 276
06 저항접속 ································ 277
07 전력과 전력량 ··························· 279
08 전열 ···································· 280

xv

| 차 례 |

Chapter 2 교류회로 / 281
- 01 사인파 교류 ·········· 281
- 02 교류의 크기 ·········· 282
- 03 사인파 교류와 벡터 ·········· 283
- 04 교류회로의 복소수표시 ·········· 285
- 05 단상회로 ·········· 286
- 06 $R-L-C$의 직·병렬회로 ·········· 288
- 07 직렬공진과 병렬공진 ·········· 290
- 08 전력과 역률 ·········· 292

Chapter 3 3상 교류회로 / 293
- 01 3상 교류 ·········· 293
- 02 3상 결선과 전압·전류 ·········· 295
- 03 Δ부하와 Y부하의 변환 ·········· 297
- 04 3상 전력 ·········· 298

Chapter 4 전기와 자기 / 299
- 01 정전기와 콘덴서 ·········· 299
- 02 자기 ·········· 303

Chapter 5 전기기기의 구조와 원리 및 운전 / 309
- 01 직류기 ·········· 309
- 02 교류기 ·········· 313

Chapter 6 시퀀스제어 / 321
- 01 접점의 종류 ·········· 321
- 02 유접점 기본회로 ·········· 327
- 03 논리회로 ·········· 328
- 04 논리연산 ·········· 334

Chapter 7 전기측정 / 337
- 01 전기측정의 기초 ·········· 337
- 02 전기측정 ·········· 338

PART 6 공기조화

Chapter 1 공기조화의 개요 / 345
- 01 개요 · 345
- 02 현대 건축물의 실내공기환경과 빌딩증후군 · · · · · · · · · · · 345
- 03 실내공기환경오염물질 및 기준치 · · · · · · · · · · · · · · · · · · · 347
- 04 실내공기오염의 예방책 · 349

Chapter 2 공기의 성질과 상태 / 351
- 01 공기의 역할 · 351
- 02 공기조화 · 351
- 03 온도 · 351
- 04 쾌적감 · 353
- 05 습도 · 353
- 06 불쾌지수 · 354
- 07 히트쇼크 · 355
- 08 결로 · 355
- 09 기류 · 356
- 10 청정도 · 356
- 11 부유 분진 · 356
- 12 산소결핍증 · 357
- 13 탄산가스 · 357

Chapter 3 열의 성질과 상태 / 358
- 01 열의 정체 · 358
- 02 열역학 제2법칙 · 358
- 03 열량의 단위 · 358
- 04 현열과 잠열 · 359
- 05 열적 쾌적감 · 360
- 06 인체의 열평형 · 360
- 07 열평형방정식 · 360
- 08 인체의 열적 쾌적감에 영향을 미치는 변수(온열환경요소) · · · · · · · · · 361
- 09 활동량 · 361
- 10 착의량 · 362
- 11 열쾌적지표(온열환경평가지표) · 362

| 차례 |

Chapter 4 습공기 선도 / 363
01 개요 ··· 363
02 공기 선도의 기본변화 및 개선 ······················· 366

Chapter 5 공기조화의 부하 / 372
01 개요 ··· 372
02 공조부하의 구성요소 ······································ 372
03 냉방부하 ·· 374
04 난방부하 ·· 381
05 부하 계산방법 ·· 386

Chapter 6 공기조화방식 / 389
01 개요 ··· 389
02 열매체에 따른 공조방식의 종류와 특징 ········· 390
03 단일덕트에 의한 공조방식 ···························· 394

Chapter 7 공기조화기기 / 406
01 송풍기 ·· 406
02 펌프 ··· 418
03 에어필터 ·· 426
04 냉온수 코일의 선정 시 유의사항 ··················· 429
05 감습장치(제습장치) ··· 430
06 에어워셔(공기세정기) ····································· 431
07 열교환기 ·· 431
08 열원기기 ·· 434
09 공기조화 부속기기 ··· 436

Chapter 8 덕트 및 덕트의 부속품 / 438
01 덕트의 치수결정법 ··· 438
02 덕트의 관련 공식 ··· 439
03 덕트의 약설계법 ·· 440
04 덕트의 종류 및 부속기구 ······························ 442
05 덕트재료 ·· 442
06 덕트의 설계 및 시공 시 주의사항 ················· 443
07 댐퍼 ··· 444
08 덕트 및 기기의 풍속 ····································· 446

Chapter 9 　냉난방방식의 분류 / 454

01 열원기기의 조합(난방, 냉방) …………………………………… 454
02 중앙 냉난방과 개별 냉난방 …………………………………… 456
03 대류난방과 복사난방 …………………………………………… 457

부록　관련 자료

Chapter 1 　설비보전 / 461

01 고장에 따른 설비보전형태와 보전방식 ……………………… 461
02 CBM ……………………………………………………………… 462
03 CBM의 전제조건 및 적용 ……………………………………… 465

Chapter 2 　위험성분석과 안전성평가 / 467

01 위험성분석 ……………………………………………………… 467
02 안전성평가 ……………………………………………………… 468

Chapter 3 　국제단위계 / 470

01 SI단위의 탄생 …………………………………………………… 470
02 SI단위의 분류 …………………………………………………… 470
03 SI 기본단위 ……………………………………………………… 471
04 SI 유도단위 ……………………………………………………… 473
05 SI단위의 십진 배수 및 분수 …………………………………… 477
06 SI 이외의 단위 …………………………………………………… 478
07 SI단위의 표시방법 ……………………………………………… 481

Chapter 4 　단위환산표 / 485

01 길이 ……………………………………………………………… 485
02 면적(넓이) ………………………………………………………… 485
03 부피(체적) 1 ……………………………………………………… 486
04 부피(두량/斗量) 2 ………………………………………………… 486
05 무게(질량) 1 ……………………………………………………… 487
06 무게(질량) 2 ……………………………………………………… 487
07 밀도 ……………………………………………………………… 487
08 힘 ………………………………………………………………… 488

09 압력 1 ········· 488
10 압력 2 ········· 488
11 응력 ········· 489
12 속도 ········· 489
13 각속도 ········· 490
14 점도 ········· 490
15 동점도 ········· 490
16 체적유량 ········· 491
17 일, 에너지 및 열량 ········· 491
18 일률 ········· 491
19 열전도율 ········· 492
20 열전도계수 ········· 492

Chapter 5 시퀀스제어 문자기호 / 493

01 회전기 ········· 493
02 변압기 및 정류기류 ········· 493
03 차단기 및 스위치류 ········· 494
04 저항기 ········· 495
05 계전기 ········· 496
06 계기 ········· 497
07 기타 ········· 498
08 기능기호 ········· 499
09 무접점계전기 ········· 501

Chapter 6 특수문자 읽는 법 / 502

Chapter 7 삼각함수공식 / 503

01 삼각함수 ········· 503
02 삼각함수 사이의 관계 ········· 503
03 제2코사인법칙 ········· 503
04 삼각함수의 주기와 최대·최소 ········· 503
05 삼각함수의 덧셈정리 ········· 504
06 삼각함수의 배각공식 ········· 504
07 삼각함수의 반각공식 ········· 505
08 삼각함수의 합성 ········· 505

Chapter 8 용접기호 / 506

P/A/R/T 01

공조냉동 안전관리

Chapter 01 안전관리의 개요
Chapter 02 냉동관련 법규와 안전
Chapter 03 산업안전보건법
Chapter 04 기계장치의 안전관리
Chapter 05 보호구 사용 시 안전수칙
Chapter 06 용접작업의 안전관리
Chapter 07 전기 및 화재 안전관리
Chapter 08 보일러 안전관리
Chapter 09 냉동기 안전관리

Chapter 01 안전관리의 개요

01 안전관리의 정의와 목적

(1) 정의

　　인간 존중의 이념을 토대로 하여 사업장 내의 재해요인을 정확히 파악하고 이를 제거하여 사업재해 발생을 미연에 방지함은 물론, 발생한 재해에 대해서도 적절한 조치와 대책을 마련해 가는 조직적이고 과학적인 관리체제이다.

(2) 목적

　　안전관리는 근로자의 안전과 작업의 능률을 향상시키는 것이며, 더 나아가 인간의 생명을 존중하기 위함이며, 다시 요약하면 다음과 같다.
① 인간의 생명 존중
② 사회복지 증진
③ 생산성 향상
④ 경제성 향상

02 안전대책의 3원칙

안전대책의 중심적인 내용에 대해서는 예전부터 3E가 강조되어 왔다
- Engineering(기술) : 기술적(공학적) 대책
- Education(교육) : 교육적 대책
- Enforcement(규제) : 규제적(관리적) 대책

(1) 기술적 대책이라 함은 기계적 또는 물리적으로 부적절한 환경을 해결하는 대책을 말하며, 공학적 대책이라고도 한다.
① 안전설계
② 작업행정의 개선
③ 점검보전의 확립

(2) 교육적 대책은 지식이나 기능이 결여되지 않도록 안전교육 및 훈련을 실시하는 대책을 말한다.

(3) 규제적 대책은 단속이나 감독 또는 관리적 사항으로 엄격한 규칙에 의해 제도적으로 시행되어야 하므로 다음의 조건이 충족되어야 한다.
   ① 적합한 기준 설정
   ② 각종 규정 및 수칙의 준수
   ③ 전 종업원의 기준 이해
   ④ 경영자 및 관리자의 솔선수범
   ⑤ 부단한 동기부여와 사기 향상

03 안전점검의 종류

안전점검은 생활주변에서 자주 발생할 수 있는 유해위험요인을 미리 찾아내어 제거시키는 활동으로, 사업장, 가정, 학교, 교통, 위험요인을 미리 찾아내어 제거시키는 활동으로써 사업장, 가정, 학교, 교통, 공공 등 분야별 점검대상을 직접 보면서 실시하는 것이다. 이러한 분야별 안전점검활동을 지속적으로 반복하여 실시하게 되면 안전점검활동이 사회 전반에 걸쳐 정착하게 되어 국민의 안전의식수준도 높아지며, 개개인의 스스로가 안전점검을 통해 자신의 안전을 재확인함으로써 신선한 활력소 역할을 하게 된다.

(1) 일상점검

일상점검은 사업장, 가정, 학교 등에서 활동을 시작하기 전 또는 종료 시 수시로 점검하는 것을 말한다.

(2) 정기점검

일정한 기간을 정하여 각 분야별 유해위험요소에 대하여 점검을 하는 것으로, 주간점검, 월간점검 및 연간점검 등으로 구분한다. 이때에는 각 분야별 주요 부분의 마모상태, 부식, 손상, 균열 등 설비의 상태변화나 이상 유무 등을 정밀하게 점검해야 한다.

(3) 특별점검(수시점검)

태풍이나 폭우 등 천재지변이 발생한 경우 등 각 분야별로 특별히 점검을 받아야 되는 경우에 점검하는 것을 말한다.

04 안전관리규정 포함사항

① 사고 및 재해에 대한 조사
② 안전표지는 인간의 행동에 대한 변화를 통제하기 위함
③ 보호구 관리

05 재해율 평가지수

1) 재해율 평가지수 산정의 의의

사업장에서 발생하는 재해 발생경향을 파악하여 발생할 수 있는 재해의 형태를 미리 예측하기 위함으로 재해율 평가지수를 이용하여 다른 업종이나 또는 사업장의 안전성적을 비교할 수 있다.

2) 재해율 평가지수

(1) 연천인율(천인율)

연 근로자 1,000명당 1년간에 발생하는 피재해자 수를 나타내며, 실질적으로 연 근로자 1,000명당 1년간 발생한 피해자 수를 산정하는 백분율(재해율)을 많이 사용한다.

$$\text{연천인율} = \frac{\text{연간 피해자 수}}{\text{연평균 근로자 수}} \times 1{,}000$$

계산이 쉽고 간단하지만 근로자 수와 근로시간의 변동이 많은 건설업종과 같은 사업장에는 적용이 어렵다.

(2) 도수율

사업장에서 발생하는 재해의 빈도를 표시하는 단위로, 근로시간 100만 시간당 발생하는 재해건수를 나타낸다.

$$\text{도수율(건)} = \frac{\text{재해 발생건수}}{\text{연 근로자 수}} \times 1{,}000{,}000$$

재해 발생건수는 일반적으로 4일 이상의 요양을 요하는 상해사고기준이다.

(3) 강도율

근로시간 1,000시간당 재해에 의하여 손실된 근로손실일수로써 사고의 정도를 나타낸다.

$$강도율(일) = \frac{근로손실일수}{연\ 근로자\ 수} \times 1,000$$

근로손실일수는 장애등급에 따라 50~7,500일까지 등급별로 적용한다.

(4) 종합재해지수

강도율과 도수율을 동시에 고려한다.

$$종합재해지수 = \sqrt{도수율 \times 강도율}$$

어떤 집단의 안전성적을 비교하는 수단으로 사용한다.

06 불안전한 행동의 종류

불안전 행동이란 결과적으로 재해의 발생에 연결된 행위를 총칭한다. 불안전 행동의 분류는 통계가 가능하도록 한 형태적 분류와 안전관리를 실제 추진하기 위한 입장에서의 분류방법이 있다. 안전관리를 추진하기 위한 입장에서의 불안전 행동은 다음과 같다.
- 작업상 위험에 대한 지식 부족
- 안전하게 작업을 수행할 수 있는 기능 미숙
- 안전에 대한 인식 부족

즉, 모른다(지식의 부족), 할 수 없다(기능의 미숙), 하지 않는다(인식의 부족), 인간의 error 등 4종류로 나누어지며, 이것이 불안전 행동의 직접적인 원인이다.

통계가 가능하도록 한 형태적인 분류는 산업재해방지대책의 연결과 파악을 위해 불안전 행동을 다음과 같이 구분한다.

(1) 위험한 장소 접근

추락할 위험이 있는 장소 접근, 전도위험장소 접근, 협착할 장소 접근, 압력, 매몰, 위험한 장소 접근, 미래 위험장소 접근, 폐쇄물 내부 접근, 위험물 취급장소 접근, 기타 경계표시가 있는 지역 등의 접근이다.

(2) 안전장치기능 제거

안전장치기능 제거 및 동작정지 등이다.

(3) 복장, 보호구의 잘못 사용

보호구 미착용, 지정복장 미착용 및 미준수 등이다.

(4) 기계·기구의 잘못 사용

기계·기구의 잘못 사용, 필요기구 미사용, 미비된 기구의 사용 등이다.

(5) 운전 중인 기계장치의 손질

운전 중인 기계의 주유, 수리, 용접, 점검, 청소 등과 통전 중인 전기장치의 수리, 점검, 청소 등이며, 가압, 가열, 위험물과 관련되는 용기 또는 관련 물품의 수리용접, 점검, 청소 등이 있다.

(6) 불안전 속도조작

기계장치의 과속, 저속, 기타 불필요한 조작이다.

(7) 위험물 취급부주의

화기, 가연물, 폭발물, 압력용기, 중량물 등 취급 시 안전조치가 미흡하다.

(8) 불안정상태 방치

기계장치 등의 운전 중 방치, 불안정상태 방치 및 적재, 청소 등 정리정돈의 불량이다.

(9) 불안전한 자세 및 동작

불안전한 자세 및 동작, 무리한 힘으로 중량물 운반 등이다.

(10) 감독 및 연락 불충분

감독 없음, 작업지시 미비, 경보오인, 연락 미비, 기타 등이 있다.

위와 같이 하나의 항목을 선정해 가면 재해의 기본적 사실이 확실하게 기록되어 재해원인(불안전 행동)의 정확한 분석이 되며, 여기서부터 불안전 행동요소와 그 인과관계를 분명히 하여 재해예방대책을 강구할 수 있다.

07 재해 발생의 기본원인(4M)

재해 발생의 기본원인은 인적요인(Man factor), 설비적 요인(Machine factor), 작업적 요인(Media factor), 관리적 요인(Management factor)이 있으며 다음과 같다.

(1) 인적요인(Man factor)

① 심리적 원인 : 망각, 고민, 집착, 착오, 억측판단, 생략행위
② 생리적 원인 : 피로, 수면부족, 음주, 고령, 신체기능 저하
③ 직장 내 원인 : 직장의 인간관계, 리더십 부족, 대화 부족, 팀워크 결여

(2) 설비적 요인(Machine factor)

① 기계설비의 설계상 결함(안전개념 미흡)
② 방호장치의 불량(인간공학적 배려 부족)
③ 표준화 미흡
④ 정비·점검 미흡

(3) 작업적 요인(Media factor)

① 작업정보의 부적절
② 작업자세, 작업방법의 부적절, 작업동작의 결함
③ 작업공간 부족, 작업환경 부적합

(4) 관리적 요인(Management factor)

① 관리조직의 결함
② 규정, 매뉴얼, 미비치·불철저
③ 교육·훈련 부족
④ 적성배치 불충분, 건강관리의 불량
⑤ 부하직원에 대한 지도·감독 결여

Chapter 02. 냉동관련 법규와 안전

01 냉동기 제조시설기준 (고압가스 안전관리법 시행규칙 제8조 등 관련, [별표 4], [시행 2023.6.3.])

(1) 배치기준

① 고압가스의 처리설비 및 저장설비는 그 외면으로부터 보호시설(사업소에 있는 보호시설 및 전용공업지역에 있는 보호시설은 제외한다)까지 [표 1-1]에 따른 거리(저장설비를 지하에 설치하는 경우에는 보호시설과의 거리에 2분의 1을 곱한 거리, 시장·군수 또는 구청장이 필요하다고 인정하는 지역은 보호시설과의 거리에 일정 거리를 더한 거리) 이상을 유지할 것

[표 1-1] 고압가스의 처리설비 및 저장설비

구분	처리능력 및 저장능력	제1종 보호시설	제2종 보호시설
산소의 처리설비 및 저장설비	1만 이하	12m	8m
	1만 초과 2만 이하	14m	9m
	2만 초과 3만 이하	16m	11m
	3만 초과 4만 이하	18m	13m
	4만 초과	20m	14m
독성 가스 또는 가연성 가스의 처리설비 및 저장설비	1만 이하	17m	12m
	1만 초과 2만 이하	21m	14m
	2만 초과 3만 이하	24m	16m
	3만 초과 4만 이하	27m	18m
	4만 초과 5만 이하	30m	20m
	5만 초과 99만 이하	30m(가연성 가스 저온저장탱크는 $\frac{3}{25}\sqrt{X+10,000}$ [m])	20m(가연성 가스 저온저장탱크는 $\frac{2}{25}\sqrt{X+10,000}$ [m])
	99만 초과	30m(가연성 가스 저온저장탱크는 120m)	20m(가연성 가스 저온저장탱크는 80m)

구분	처리능력 및 저장능력	제1종 보호시설	제2종 보호시설
그 밖의 가스의 처리설비 및 저장설비	1만 이하	8m	5m
	1만 초과 2만 이하	9m	7m
	2만 초과 3만 이하	11m	8m
	3만 초과 4만 이하	13m	9m
	4만 초과	14m	10m

[비고]
1. 위 표 중 각 처리능력 및 저장능력란의 단위 및 X는 1일간의 처리능력 또는 저장능력으로서 압축가스의 경우에는 m^3, 액화가스의 경우에는 kg으로 한다.
2. 한 사업소에 2개 이상의 처리설비 또는 저장설비가 있는 경우에는 그 처리능력별 또는 저장능력별로 각각 안전거리를 유지해야 한다.

② 가스설비 또는 저장설비는 그 외면으로부터 화기(그 설비 안의 것은 제외한다)를 취급하는 장소까지 2m(가연성 가스 또는 산소의 가스설비 또는 저장설비는 8m) 이상의 우회거리를 유지해야 하고, 가스설비와 화기를 취급하는 장소 사이에는 그 가스설비로부터 누출된 가스가 유동하는 것을 방지하기 위한 적절한 조치를 할 것
③ 가연성 가스제조시설의 고압가스설비(저장탱크 및 배관은 제외한다. 이하 같다)는 그 외면으로부터 다른 가연성 가스제조시설의 고압가스설비와 5m 이상, 산소제조시설의 고압가스설비와 10m 이상의 거리를 유지하는 등 하나의 고압가스설비에서 발생한 위해요소가 다른 고압가스설비로 전이되지 않도록 필요한 조치를 할 것
④ 고압가스제조시설에서 재해가 발생할 경우 그 재해의 확대를 방지하기 위하여 가연성 가스설비 또는 독성 가스설비는 통로·공지 등으로 구분된 안전구역에 설치하는 등 필요한 조치를 마련할 것

(2) 기초기준

고압가스설비의 기초는 그 설비에 유해한 영향을 끼치지 않도록 필요한 조치를 할 것. 이 경우 저장탱크(저장능력이 $100m^3$ 또는 1톤 이상인 것만을 말한다)의 받침대는 동일한 기초 위에 설치해야 한다.

(3) 저장설비기준

① 저장탱크(가스홀더를 포함한다)의 구조는 저장탱크를 보호하고 저장탱크로부터 가스가 누출되는 것을 방지하기 위하여 저장탱크에 저장하는 가스의 종류·온도·압력 및 저장탱크의 사용환경에 따라 적절한 것으로 하고, 저장능력 5톤(가연성 가스 또는 독성 가스가 아닌 경우에는 10톤) 또는 $500m^3$(가연성 가스 또는 독성 가스가 아닌 경우에는 $1,000m^3$) 이상인 저장탱크와 압력용기(반응·분리·정제·증류를 위한

탑류로서 높이 5m 이상인 것만을 말한다)에는 지진 발생 시 저장탱크와 압력용기를 보호하기 위하여 내진성능(耐震性能) 확보를 위한 조치 등 필요한 조치를 해야 하며, $5m^3$ 이상의 가스를 저장하는 것에는 가스방출장치를 설치할 것

② 가연성 가스저장탱크(저장능력이 $300m^3$ 또는 3톤 이상인 탱크만을 말한다)와 다른 가연성 가스저장탱크 또는 산소저장탱크 사이에는 두 저장탱크 최대지름을 더한 길이의 4분의 1 이상의 거리를 유지하는 등 하나의 저장탱크에서 발생한 위해요소가 다른 저장탱크로 전이되지 않도록 하고, 저장탱크를 지하 또는 실내에 설치하는 경우에는 그 저장탱크 설치실 안에서의 가스폭발을 방지하기 위하여 필요한 조치를 할 것

③ 저장실은 그 저장실에서 고압가스가 누출되는 경우 재해 확대를 방지할 수 있도록 설치할 것

④ 저장탱크에는 그 저장탱크를 보호하기 위하여 부압파괴방지조치, 과충전방지조치 등 필요한 조치를 할 것

(4) 가스설비기준

① 가스설비의 재료는 해당 고압가스를 취급하기에 적합한 기계적 성질 및 화학적 성분을 가지는 것일 것
② 가스설비의 구조는 고압가스를 안전하게 취급할 수 있는 적절한 것일 것
③ 가스설비의 강도 및 두께는 그 고압가스를 안전하게 취급할 수 있는 적절한 것일 것
④ 고압가스제조시설에는 고압가스시설의 안전을 확보하기 위하여 충전용 교체밸브, 원료공기흡입구, 피트(지상 또는 지하의 구조물), 여과기, 에어졸 자동충전기, 에어졸 충전용기 누출시험시설, 과충전방지장치 등 필요한 설비를 설치할 것
⑤ 가스설비의 성능은 그 고압가스를 안전하게 취급할 수 있는 적절한 것일 것

(5) 배관설비기준

① 배관의 재료는 그 고압가스를 취급하기에 적합한 기계적 성질 및 화학적 성분을 가지는 것일 것
② 배관의 구조는 고압가스를 안전하게 수송할 수 있는 적절한 것일 것
③ 배관의 강도 및 두께는 그 고압가스를 안전하게 취급할 수 있는 적절한 것일 것
④ 배관의 접합은 고압가스의 누출을 방지할 수 있도록 확실한 방법으로 하고, 이를 확인하기 위하여 필요한 경우에는 비파괴시험을 할 것
⑤ 배관은 신축 등으로 고압가스가 누출되는 것을 방지하기 위하여 필요한 조치를 할 것
⑥ 배관은 수송하는 가스의 특성 및 설치환경조건을 고려하여 위해의 우려가 없도록 설치하고, 배관의 안전한 유지·관리를 위하여 필요한 설비를 설치하거나 필요한 조치를 할 것

(6) 사고예방설비기준

① 고압가스설비에는 그 설비 안의 압력이 최고허용사용압력을 초과하는 경우 즉시 그 압력을 최고허용사용압력 이하로 되돌릴 수 있는 안전장치를 설치하는 등 필요한 조치를 할 것

② 독성 가스 및 공기보다 무거운 가연성 가스의 제조시설에는 가스가 누출될 경우 이를 신속히 검지(檢知)하여 효과적으로 대응할 수 있도록 하기 위하여 필요한 조치를 할 것

③ 가연성 가스 또는 독성 가스의 고압가스설비 중 내용적이 5,000L 이상인 액화가스 저장탱크, 특수반응설비(⑧에 따른 특수반응설비를 말한다)와 그 밖의 고압가스설비로서 그 고압가스설비에서 발생한 사고가 다른 가스설비에 영향을 미칠 우려가 있는 것에는 긴급할 때 가스를 효과적으로 차단할 수 있는 조치를 하고, 필요한 곳에는 역류방지밸브 및 역화방지장치 등 필요한 설비를 설치할 것

④ 가연성 가스(암모니아, 브롬화메탄 및 공기 중에서 자기발화하는 가스는 제외한다)의 가스설비 중 전기설비는 그 설치장소 및 그 가스의 종류에 따라 적절한 방폭성능을 가지는 것일 것

⑤ 가연성 가스의 가스설비실 및 저장설비실에는 누출된 고압가스가 머물지 않도록 환기구를 갖추는 등 필요한 조치를 할 것

⑥ 저장탱크 및 배관에는 그 저장탱크 및 배관이 부식되는 것을 방지하기 위하여 필요한 조치를 할 것

⑦ 가연성 가스제조설비에는 그 설비에서 발생한 정전기가 점화원으로 되는 것을 방지하기 위하여 필요한 조치를 할 것

⑧ 폭발 등의 위해가 발생할 가능성이 큰 특수반응설비(암모니아 2차 개질로, 에틸렌제조시설의 아세틸렌수첨탑, 산화에틸렌제조시설의 에틸렌과 산소 또는 공기와의 반응기, 사이크로헥산제조시설의 벤젠수첨반응기, 석유정제 시의 중유 직접수첨탈황반응기 및 수소화분해반응기, 저밀도 폴리에틸렌중합기 또는 메탄올합성반응탑을 말한다)에는 그 위해의 발생을 방지하기 위하여 내부반응감시설비 및 위험사태발생방지설비의 설치 등 필요한 조치를 할 것

⑨ 가연성 가스 또는 독성 가스의 제조설비 또는 이들 제조설비와 관련 있는 계장회로에는 제조하는 고압가스의 종류·온도·압력과 제조설비의 상황에 따라 안전 확보를 위한 주요 부문에 설비가 잘못 조작되거나 정상적인 제조를 할 수 없는 경우에 자동으로 원재료의 공급을 차단시키는 등 제조설비 안의 제조를 제어할 수 있는 장치를 설치할 것

(7) 피해저감설비기준

① 가연성 가스, 독성 가스 또는 산소의 액화가스 저장탱크 주위에는 액상의 가스가 누출된 경우에 그 유출을 방지하기 위한 조치를 할 것

② 다음의 공간에는 가스폭발에 따른 충격에 견딜 수 있는 방호벽을 설치하고, 그 한쪽에서 발생하는 위해요소가 다른 쪽으로 전이되는 것을 방지하기 위하여 필요한 조치를 할 것
  ㉠ 압축기와 그 충전장소 사이의 공간
  ㉡ 압축기와 그 가스충전용기 보관장소 사이의 공간
  ㉢ 충전장소와 그 가스충전용기 보관장소 사이의 공간
  ㉣ 충전장소와 그 충전용 주관밸브 조작밸브 사이의 공간
  ㉤ 저장설비와 사업소 안의 보호시설 사이의 공간
③ ②의 ㉤에도 불구하고 다음의 경우에는 방호벽을 설치하지 않을 수 있다.
  ㉠ 비가연성·비독성의 저온 또는 초저온가스로서 경계책을 설치한 경우
  ㉡ 방호벽의 설치로 인하여 조업이 불가능할 정도로 특별한 사정이 있다고 시장·군수 또는 구청장이 인정한 경우
  ㉢ (1)의 ①에 규정된 안전거리 이상의 거리를 유지한 경우
  ㉣ 저장설비를 지하에 매몰하여 설치한 경우
  ㉤ 저장설비(저장설비가 2개 이상인 경우에는 각각의 저장설비를 말한다)의 저장능력이 제2조 제2항 각 호에 따른 저장능력 미만인 경우
④ 독성 가스제조시설에는 그 시설로부터 독성 가스가 누출될 경우 그 독성 가스로 인한 피해를 방지하기 위하여 필요한 조치를 할 것
⑤ 고압가스제조시설에는 그 시설에서 이상사태가 발생하는 경우 확대를 방지하기 위하여 긴급이송설비, 벤트스택, 플레어스택 등 필요한 설비를 설치할 것
⑥ 가연성 가스·독성 가스 또는 산소제조설비는 그 제조설비의 재해 발생을 방지하기 위하여 제조설비가 위험한 상태가 되었을 경우에 응급조치를 하기에 충분한 양 및 압력의 질소와 그 밖에 불활성 가스 또는 스팀을 보유할 수 있는 설비를 갖출 것. 다만, 응급조치를 하기에 충분한 양 및 압력의 질소와 그 밖에 불활성 가스 또는 스팀을 확실히 공급받기 위한 다른 조치를 한 경우에는 그러하지 아니하다.
⑦ 저장탱크 또는 배관에는 그 저장탱크 또는 배관을 보호하기 위하여 온도상승방지조치 등 필요한 조치를 할 것

(8) 부대설비기준

고압가스제조시설에는 이상사태가 발생하는 것을 방지하고 이상사태 발생 시 그 확대를 방지하기 위하여 통신시설, 압력계, 비상전력설비 등 필요한 설비를 설치할 것

(9) 표시기준

고압가스제조시설의 안전을 확보하기 위하여 필요한 곳에는 고압가스를 취급하는 시설 또는 일반인의 출입을 제한하는 시설이라는 것을 명확하게 알아볼 수 있도록 경계표지, 식별표지 및 위험표지 등 적절한 표지를 하고, 외부인의 출입을 통제할 수 있도록 적절한 경계책을 설치할 것

(10) 그 밖의 기준

① 고압가스 특정 제조시설 안에 액화석유가스충전시설이 함께 설치되어 있는 경우에는 다음의 기준에 적합해야 한다.
　㉠ 지상에 설치된 저장탱크와 가스충전장소 사이에는 방호벽을 설치할 것. 다만, 방호벽의 설치로 인하여 조업이 불가능할 정도로 특별한 사정이 있다고 시·도지사가 인정하거나, 그 저장탱크와 가스충전장소 사이에 20m 이상의 거리를 유지한 경우에는 방호벽을 설치하지 않을 수 있다.
　㉡ 액화석유가스를 용기 또는 차량에 고정된 탱크에 충전하는 경우에는 연간 1만톤 이상의 범위에서 시·도지사가 정하는 액화석유가스물량을 처리할 수 있는 규모일 것. 다만, 내용적 1리터 미만의 용기와 용기내장형 가스난방기용 용기에 충전하는 시설의 경우에는 그러하지 아니하다.
　㉢ 액화석유가스를 차량에 고정된 탱크 또는 용기에 충전할 경우 공기 중의 혼합비율용량이 1천분의 1인 상태에서 감지할 수 있도록 냄새가 나는 물질을 섞어 충전할 수 있는 설비(부취제 혼합설비)를 설치할 것. 다만, 공업용으로 사용하는 액화석유가스의 충전시설은 그러하지 아니하다.
　㉣ 액화석유가스를 용기 또는 차량에 고정된 탱크에 충전하는 때에는 그 용기 또는 차량에 고정된 탱크의 저장능력을 초과하지 않도록 충전할 것
　㉤ 액화석유가스가 과충전된 경우 초과량을 회수할 수 있는 가스회수장치를 설치할 것
　㉥ 충전설비에는 충전기·잔량측정기 및 자동계량기를 갖출 것
　㉦ 용기충전시설에는 용기 보수를 위하여 필요한 잔가스제거장치·용기질량측정기·밸브탈착기 및 도색설비를 갖출 것. 다만, 시·도지사의 인정을 받아 용기재검사기관의 설비를 이용하는 경우에는 그러하지 아니하다.

② 고압가스제조시설에 설치·사용하는 제품(용기 등 또는 수소경제 육성 및 수소 안전관리에 관한 법률에 따른 수소용품(이하 "수소용품"이라 한다)을 말한다)이 법 제17조 또는 수소경제 육성 및 수소 안전관리에 관한 법률 제44조에 따라 검사를 받아야 하는 것인 경우에는 그 검사에 합격한 것일 것

③ 수소용품은 수소경제 육성 및 수소 안전관리에 관한 법률 시행규칙 [별표 5] 제1호 라목에 따른 수소가스설비기준 또는 같은 호 바목에 따른 연료전지설치기준을 충족할 것

02 용기 및 특정 설비의 재검사기간 (고압가스 안전관리법 시행규칙 제39조 관련, [별표 22], [시행 2023.6.3.])

법 제17조 제2항 제1호에 따른 용기 및 특정 설비의 재검사기간은 다음과 같다. 다만, 가스설비 안의 고압가스를 제거한 상태에서 휴지 중인 시설에 있는 특정 설비에 대해서는 그 휴지기간은 재검사기간 산정에서 제외한다.

(1) 용기

용기의 재검사기간은 [표 1-2]와 같다. 다만, 재검사기간이 되었을 때에 소화용 충전용기 또는 고정장치된 시험용 충전용기의 경우에는 충전된 고압가스를 모두 사용한 후에 재검사한다.

[표 1-2] 용기의 재검사주기

용기의 종류		신규검사 후 경과연수		
		15년 미만	15년 이상 20년 미만	20년 이상
		재검사주기		
용접용기 (액화석유가스용 용접용기는 제외한다)	500L 이상	5년마다	2년마다	1년마다
	500L 미만	3년마다	2년마다	1년마다
액화석유가스용 용접용기	500L 이상	5년마다	2년마다	1년마다
	500L 미만	5년마다		2년마다
이음매 없는 용기 또는 복합재료용기	500L 이상	5년마다		
	500L 미만	신규검사 후 경과연수가 10년 이하인 것은 5년마다, 10년을 초과한 것은 3년마다		
액화석유가스용 복합재료용기		5년마다(설계조건에 반영되고, 산업통상자원부장관으로부터 안전한 것으로 인정을 받은 경우에는 10년마다)		
용기부속품	용기에 부착되지 아니한 것	용기에 부착되기 전(검사 후 2년이 지난 것만 해당한다)		
	용기에 부착된 것	검사 후 2년이 지나 용기부속품을 부착한 해당 용기의 재검사를 받을 때마다		

[비고]
1. 재검사일은 재검사를 받지 않은 용기의 경우에는 신규검사일부터 산정하고, 재검사를 받은 용기의 경우에는 최종 재검사일부터 산정한다.
2. 제조 후 경과연수가 15년 미만이고 내용적이 500L 미만인 용접용기(액화석유가스용 용접용기를 포함한다)에 대해서는 재검사주기를 다음과 같이 한다.
   ① 용기내장형 가스난방기용 용기 : 6년
   ② 내식성 재료로 제조된 초저온용기 : 5년
3. 내용적 20L 미만인 용접용기(액화석유가스용 용접용기를 포함한다) 및 지게차용 용기는 10년을 첫 번째 재검사주기로 한다.
4. 1회용으로 제조된 용기는 사용 후 폐기한다.
5. 내용적 125L 미만인 용기에 부착된 용기부속품(산업통상자원부장관이 정하여 고시하는 것은 제외한다)은 그 부속품의 제조 또는 수입 시의 검사를 받은 날부터 2년이 지난 후 해당 용기의 첫 번째 재검사를 받게 될 때 폐기한다. 다만, 아세틸렌용기에 부착된 안전장치(용기가 가열되는 경우 용융합금이 녹아 압력을 방출하는 장치를 말한다)는 용기 재검사 시 적합할 경우 폐기하지 않고 계속 사용할 수 있다.
6. 복합재료용기는 제조검사를 받은 날부터 15년이 되었을 때에 폐기한다.
7. 내용적 45L 이상 125L 미만인 것으로서 제조 후 경과연수가 26년 이상된 액화석유가스용 용접용기(1988년 12월 31일 이전에 제조된 경우로 한정한다)는 폐기한다.

(2) 특정 설비

특정 설비의 재검사기간은 [표 1-3]과 같다. 다만, 다음의 어느 하나에 해당하는 특정 설비는 재검사대상에서 제외한다.
① 평저형 및 이중각 진공단열형 저온저장탱크
② 역화방지장치
③ 독성 가스배관용 밸브
④ 자동차용 가스자동주입기
⑤ 냉동용 특정 설비
⑥ 대기식 기화장치
⑦ 저장탱크 또는 차량에 고정된 탱크에 부착되지 않은 안전밸브 및 긴급차단밸브
⑧ 저장탱크 및 압력용기 중 다음에서 정한 것
　㉠ 초저온 저장탱크
　㉡ 초저온 압력용기
　㉢ 분리할 수 없는 이중관식 열교환기
　㉣ 그 밖에 산업통상자원부장관이 재검사를 실시하는 것이 현저히 곤란하다고 인정하는 저장탱크 또는 압력용기
⑨ 특정 고압가스용 실린더캐비닛
⑩ 자동차용 압축천연가스 완속충전설비
⑪ 액화석유가스용 용기잔류가스회수장치

[표 1-3] 특정 설비의 재검사주기

특정 설비의 종류	신규검사 후 경과연수		
	15년 미만	15년 이상 20년 미만	20년 이상
	재검사주기		
차량에 고정된 탱크	5년마다	2년마다	1년마다
	해당 탱크를 다른 차량으로 이동하여 고정할 경우에는 이동하여 고정한 때마다		
저장탱크	• 5년(재검사에 불합격되어 수리한 것은 3년. 다만, 음향방출시험에 의하여 안전성이 확인된 경우에는 5년으로 한다)마다. 다만, 검사주기가 속하는 해에 음향방출시험 등의 신뢰성이 있다고 인정하는 방법에 의하여 안전성이 확인된 경우에는 검사주기를 2년간 연장할 수 있다. • 다른 장소로 이동하여 설치한 저장탱크(액화석유가스의 안전관리 및 사업관리법 시행규칙 제2조 제1항 제3호에 따른 소형저장탱크는 제외한다)는 이동하여 설치한 때마다		
안전밸브 및 긴급차단장치	검사 후 2년을 경과하여 해당 안전밸브 또는 긴급차단장치가 설치된 저장탱크 또는 차량에 고정된 탱크의 재검사 시마다		

특정 설비의 종류		재검사주기 신규검사 후 경과연수		
		15년 미만	15년 이상 20년 미만	20년 이상
기화 장치	저장탱크와 함께 설치된 것	검사 후 2년을 경과하여 해당 탱크의 재검사 시마다		
	저장탱크가 없는 곳에 설치된 것	3년마다		
	설치되지 아니한 것	설치되기 전(검사 후 2년이 지난 것만 해당한다)		
압력용기		4년마다. 다만, 산업통상자원부장관이 정하여 고시하는 기법에 따라 산정하여 그 적합성을 인정받는 경우 그 주기로 할 수 있다.		

[비고]
1. 재검사를 받아야 하는 연도에 업소가 자체 정기보수를 하고자 하는 경우에는 자체 정기보수 시까지 재검사기간을 연장할 수 있다.
2. 기업활동 규제완화에 관한 특별조치법 시행령 제19조 제1항에 따라 동시검사를 받고자 하는 경우에는 재검사를 받아야 하는 연도 내에서 사업자가 희망하는 시기에 재검사를 받을 수 있다.

03 제1종과 제2종 보호시설(고압가스 안전관리법 시행규칙 제2조 관련, [별표 2], [시행 2023.6.3.])

(1) 제1종 보호시설

① 학교·유치원·어린이집·놀이방·어린이놀이터·학원·병원(의원을 포함한다)·도서관·청소년수련시설·경로당·시장·공중목욕탕·호텔·여관·극장·교회 및 공회당(公會堂)
② 사람을 수용하는 건축물(가설건축물은 제외한다)로서 사실상 독립된 부분의 연면적이 1,000m² 이상인 것
③ 예식장·장례식장 및 전시장, 그 밖에 이와 유사한 시설로서 300명 이상 수용할 수 있는 건축물
④ 아동복지시설 또는 장애인복지시설로서 20명 이상 수용할 수 있는 건축물
⑤ 문화재보호법에 따라 지정문화재로 지정된 건축물

(2) 제2종 보호시설

① 주택
② 사람을 수용하는 건축물(가설건축물은 제외한다)로서 사실상 독립된 부분의 연면적이 100m² 이상 1,000m² 미만인 것

04 합격 냉동기 검사 각인사항(고압가스 안전관리법 시행규칙 제41조 관련, [별표 24], [시행 2023.6.3.])

냉동기의 제조자 또는 수입자는 금속박판에 다음 사항을 각인하여 이를 냉동기의 보기 쉬운 곳에 떨어지지 아니하도록 부착할 것. 다만, 독성 가스 또는 가연성 가스가 아닌 냉매가스를 사용하는 것으로서 냉동능력이 20톤 미만인 경우에는 다음 사항이 인쇄된 표지를 부착할 수 있다.

① 냉동기제조자의 명칭 또는 약호
② 냉매가스의 종류
③ 냉동능력(단위 : RT). 다만, 압력용기의 경우에는 내용적(단위 : L)을 표시하여야 한다.
④ 원동기 소요전력 및 전류(단위 : kW, A). 다만, 압축기의 경우에 한한다.
⑤ 제조번호
⑥ 검사에 합격한 연월(年月)
⑦ 내압시험압력(기호 : TP, 단위 : MPa)
⑧ 최고사용압력(기호 : DP, 단위 : MPa)

05 가연성 가스의 화재, 폭발을 방지하기 위한 대책

① 가연성 가스장치의 청소 또는 수리는 반드시 불연성 가스(질소)로 치환한 후 작업을 한다.
② 환기를 충분히 하여 잔여가스가 배출되도록 한다.
③ 화기를 금지하도록 한다.
④ 가스연소설비는 점화 전 가스누출점검을 한다.
⑤ 위험물은 건조한 곳은 안 되며, 그늘진 곳에 두고 온도를 낮게 한다.

06 방폭구조의 전기설비

1 방폭구조의 종류 및 구조

1) 폭발성 가스 또는 증기에 대한 방폭구조

폭발성 가스 또는 증기가 존재하는 장소에서 전기기기의 사용 중에 발생할 수 있는 전기불꽃, 아크 또는 고온에 의하여 폭발성 가스 및 증기가 폭발하는 것을 방지할 수 있는 구조로 특수하게 설계 제작된 기기를 방폭형 전기기계·기구라 하는데, 그 방폭구조는 전기적인 점화원에 의한 폭발을 예방하기 위한 여러 방법으로 전기설비의 안전성을 확보하는 하나의 기술이다.

방폭전기기계·기구의 기본적인 안전확보기술은 점화원이 되는 에너지를 감소 또는 차단하는 방법과 가연물이 에너지원에 접근하지 못하도록 하는 원리를 적용하는 것으로, 전기설비의 점화원을 위험조건과 차단하는 방법에는 여러 가지가 있다.

(1) 내압(耐壓) 방폭구조(flameproof type, d)

내압 방폭구조란 용기 내부에서 폭발성 가스 또는 증기의 폭발 시 용기가 그 압력에 견디며, 또한 접합면, 개구부 등을 통해서 외부의 폭발성 가스에 인화될 우려가 없도록 전기설비를 전폐구조의 특수용기에 넣어 보호한 것이다. 용기 내부에서 발생되는 점화원이 용기 외부의 위험원에 점화되지 않도록 하고, 만약 폭발 시에는 이때 발생되는 폭발압력에 견딜 수 있도록 한 구조이다. 따라서 내압 방폭구조는 일반적으로 큰 전류를 사용하는 전기기기의 방폭구조에 적합하다.

내압 방폭구조는 개별기기 보호방식으로서 전기기기의 성능조건을 유지하기에는 적합한 방폭구조지만, 외부·전선(wiring)의 보호는 불가능하므로 0종 장소에서는 사용할 수 없다.

[그림 1-1] 내압 방폭구조의 원리

(2) 압력(壓力) 방폭구조(pressurezed type, p)

압력 방폭구조는 전기설비용기 내부에 공기, 질소, 탄산가스 등의 보호가스를 봉입하여 당해 용기의 내부에 가연성 가스 또는 증기가 침입하지 못하도록 한 구조이다. 내압 방폭구조는 용기가 내부폭발에 견디도록 하기 위해 소형 용기에 적합한 구조이지만, 용기의 크기가 증가하게 되면 용기 보호에 필요한 비용이 증가하기 때문에 사용이 제한된다. 이때 용이하게 사용할 수 있는 방폭구조가 바로 압력 방폭구조이다.

압력 방폭구조는 용기 내로 위험물질이 침입하지 못하도록 점화원을 격리하는 것으로, 정상운전에 필요한 운전실과 같이 큰 용기와 기기에 사용된다. 즉, 압력 방폭구조는 피보호기기를 용기 내에 넣고 공기 또는 불활성 가스를 대기압 이상의 미압으로 공급하여 폭발성 가스가 침입하지 못하도록 한 것이다.

따라서 용기 내의 압력을 외부압력보다 50Pa(0.05kgf/cm^2) 정도 높게 유지하여 용기 내를 비방폭지역상태로 하는 것이다. 이 방폭구조의 용기 내부에는 비방폭형 전기기기를 사용하기 때문에 압력 방폭구조에서는 가스누출(유입), 차단, 운전실수, 공기 공급설비 고장 등에 의해 위험원이 용기 내로 유입되어 보호효과가 상실되면 경보를 발하거나(Z퍼지, 경보방식) 기기의 운전이 자동으로 정지(X퍼지, 통전정지방식)되도록 하는 보호장치를 설비해야 한다.

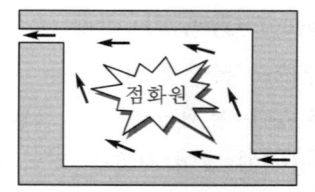

[그림 1-2] 압력 방폭구조의 원리

(3) 유입(油入) 방폭구조(oil immersed type, o)

유입 방폭구조란 전기기기의 불꽃, 아크 또는 고온이 발생하는 부분을 기름 속에 넣어 기름면 위에 존재하는 폭발성 가스 또는 증기에 인화될 우려가 없도록 한 구조로 변압기(transformers), 스위치, 개폐장치, 대형 전기기기에 주로 사용되는 유입 방폭구조는 안전적인 측면도 있지만 운전작동 시 효과적인 성능이 유지되도록 한 구조로서 개발된 구조이다.

[그림 1-3] 유입 방폭구조의 원리

(4) 안전증 방폭구조(increased safety type, e)

안전증 방폭구조란 정상운전 중에 폭발성 가스 또는 증기에 점화원이 될 전기불꽃, 아크 또는 고온이 되어서는 안 될 부분에 이런 것의 발생을 방지하기 위하여 기계적, 전기적인 구조상 또는 온도상승에 대해서 특히 안전도를 증가시킨 구조를 말한다.

안전증 방폭구조는 N형 방폭구조와 함께 범용으로 사용되는 구조이다. N형은 영국에서 낮은 등급의 방폭지역(2종 지역)에서 전기기기의 전류에 의해 작동하는 계장기기에 적용되도록 개발되었으며, e형은 독일에서 등기구, 농형전동기 등의 보호방법으로 개발되었다.

e형 방폭형과 N형 방폭형과의 차이점은 다음과 같다.
① N형 전기기기는 정상 운전상태에서 전기기기의 스파크가 발생되는 부위를 비점화형으로 하거나 특수용기로 밀폐시킨 구조이다.
② e형은 전동기, 변압기 등의 고장 시와 과부하상태를 고려하나, N형은 고려하지 않는다.
③ e형 구조는 온도제한과 전기기기의 전동기 권선 등에서 온도상승속도를 고려하나, N형은 고려하지 않는다.

④ e형 구조는 1종 지역에서 사용 가능한 방법이나, N형은 2종 장소용으로 개발된 것이다.

[그림 1-4] 안전증 방폭구조의 원리

(5) 본질안전 방폭구조(intrinsic safety type, ia or ib)

본질안전 방폭구조는 방폭지역에서 전기(전기기기와 권선 등)에 의한 스파크, 접점단락 등에서 발생되는 전기적 에너지를 제한하여 전기적 점화원 발생을 억제하고, 만약 점화원이 발생하더라도 위험물질을 점화할 수 없다는 것이 시험을 통하여 확인할 수 있는 구조를 말한다.

본질안전 방폭구조 전기기기도 특수구조의 밀폐용기형태에 의해 사고예방 또는 차단 효과를 필요로 하는 경우에는 보호용기를 사용하며, 이 보호용기는 정상작동상태에서 분리하여 검사 또는 유지보수가 이루어지도록 한다. 본질안전 방폭구조의 에너지 제한은 특수구조용기의 성질에 의한 것이 아니고 본질적으로 안전한 전류가 정상작동상태에서 발생하며, 또한 회로의 단락, 차단 등에 의해서도 점화 가능한 에너지를 발생하지 못하도록 한다.

본질안전 방폭구조는 점화능력이 발생되지 못하도록 특수고장을 고려하여 Ex "ia"와 기계설계 시 안전요소를 고려한 Ex "ib" 2가지 종류로 구분하며, 이의 차이점은 다음과 같다.

① Ex "ia" : 정상운전상태에서 단독고장, 각각의 병행고장 시 점화원이 발생되지 않도록 한 구조이다. 안전요소는 단독고장은 1.5, 병행고장 시 1.0을 고려하며 0종 장소에 일반적으로 사용하고 있으며, 보호용기로 또는 안전요소를 배가시킨 구조이다.

② Ex "ib" : 정상상태에서 또는 단순고장상태에서 점화원이 발생되지 않는 구조로, "ib" 구조는 0종 장소에서는 사용할 수 없다. 본질안전 방폭구조에 사용되는 전원의 제한조건은 다음과 같다.

㉠ 위험지역에서 30V, 50mA 이하가 필요한 기기는 본질안전 방폭구조로 가능하다.

㉡ 전원이 50V, 150mA, 3W 이상인 경우 본질안전이 불가능하다. 화학공장의 측정계기에 사용되는 아날로그신호(analogue signal)는 일반적으로 30V DC 이하에서 4~20mA 범위에서 작동하므로 본질안전 방폭구조로서 적합하다.

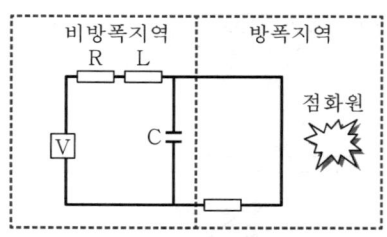

[그림 1-5] 본질안전 방폭구조의 원리

(6) 충전 방폭구조(filled, q)

충전 방폭구조는 위험분위기가 전기기기에 접촉되는 것을 방지할 목적으로 모래, 분체 등의 고체충진물로 채워서 위험원과 차단, 밀폐시키는 구조이다. 충진물은 불활성 물질이 사용되어야 한다.

(7) 비점화 방폭구조(nonsparking type, n)

일반적으로 석유화학공장은 위험지역 중 90% 이상이 2종 지역으로 구분되며, n형 방폭구조는 2종 장소전용 방폭기구로 이 2종 위험지역은 위험성의 빈도, 기간 등에 의해 비정상적인 조건이 연간 몇 시간에 불과함으로 이런 조건에서 정상작동 시 점화원이 되지 않도록 전기기기를 보호하는 방법이다. 이 보호방법은 정상운전 중인 고전압등까지도 적용가능하다. 특히 계장설비에 에너지 발생을 제한한 본질안전구조의 대용으로 적용가능하다.

(8) 몰드(캡슐) 방폭구조(mold type, m)

몰드(캡슐) 방폭구조는 보호기기를 고체로 차단시켜 열적 안정을 유지한 것으로, 유지보수가 필요 없는 기기를 영구적으로 보호하는 방법에 효과가 매우 크다. 일반적으로 캡슐 방폭구조는 용기와 분리하여 사용하는 전자회로판 등에 사용하는데, 충격, 진동 등 기계적 보호효과도 매우 크다.

(9) 특수 방폭구조(special type, s)

앞에서 설명한 구조 이외의 방폭구조로서 폭발성 가스 또는 증기에 점화 또는 위험분위기로 인화를 방지할 수 있는 것이 시험, 기타에 의해 확인된 구조로, 특수 사용조건 변경 시에는 보호방식에 대한 완벽한 보장이 불가능하므로 0종 및 1종 장소에서는 사용할 수 없다. 이들 방폭구조로는 용기 내부에 모래 등의 입자를 채우는 충전 방폭구조 또는 협극 방폭구조 등이 있다.

07 불합격용기 및 특정 설비의 파기방법(고압가스 안전관리법 시행규칙 제40조 관련, [별표 23], [시행 2023.6.3.])

(1) 신규의 용기 및 특정 설비
① 절단 등의 방법으로 파기하여 원형으로 가공할 수 없도록 할 것
② 파기하는 때에는 검사장소에서 검사원 참관하에 용기 및 특정 설비제조자로 하여금 실시하게 할 것

(2) 재검사의 용기 및 특정 설비
① 절단 등의 방법으로 파기하여 원형으로 가공할 수 없도록 할 것
② 잔가스를 전부 제거한 후 절단할 것
③ 검사신청인에게 파기의 사유·일시·장소 및 인수시한 등을 통지하고 파기할 것
④ 파기하는 때에는 검사장소에서 검사원으로 하여금 직접 실시하게 하거나 검사원 참관하에 용기 및 특정 설비의 사용자로 하여금 실시하게 할 것
⑤ 파기한 물품은 검사신청인이 인수시한(통지한 날부터 1개월 이내) 내에 인수하지 아니하는 때에는 검사기관으로 하여금 임의로 매각 처분하게 할 것

08 방류둑의 설치기준(고압가스 저장의 시설, 기술, 검사, 안정성평가기준(KSG FU111 2022))

저장능력(2개 이상의 탱크가 설치된 경우에는 이들의 저장능력을 합한 것을 말한다)이 1천톤 이상인 산소, 가연성 가스 또는 5톤 이상인 독성 가스의 액화가스저장탱크 주위에는 액상의 가스가 누출된 경우에 그 가스의 유출을 방지할 수 있도록 하기 위해 방류둑 또는 이와 동등 이상의 효과가 있는 시설을 설치한다.

1) 방류둑의 기능
① 저장탱크 저부가 지하에 있고 주위가 피트선의 구조로 되어 있는 것으로서, 그 용량이 2)에 따른 용량 이상인 것(빗물의 고임 등으로 용량이 감소되지 않는 것에 한정한다)
② 지하에 묻은 저장탱크로서 그 저장탱크 내의 액화가스가 전부 유출된 경우에 그 액면이 지면보다 낮도록 된 구조의 것
③ 저장탱크 주위에 충분한 안전용 공지를 확보한 경우에는 저장탱크로부터 유출된 액화가스가 체류하지 않도록 지면을 경사지게 한 안전한 유도구로 유출된 액화가스를 유도해서 고이도록 구축한 피트상의 구조물(피트상 구조물에 체류된 액화가스를 펌프 등의 이송설비로 안전한 위치에 이송할 수 있는 조치를 강구한 것에 한정한다)의 것
④ 법 적용을 받는 시설에 설치된 2중 구조의 저장탱크로서 외조가 내조의 상용온도에서 동등 이상의 내압강도를 가지고 있고, 외피와 내피 사이의 가스를 흡인하여 누출된 가스를 검지할 수 있는 것 중 긴급차단장치를 내장한 것

2) 방류둑의 용량

① 방류둑의 용량은 저장탱크의 저장능력에 상당하는 용적(이하 "저장능력 상당용적"이라 한다) 이상의 용적으로 한다. 다만, [표 1-4]에서 규정하는 저장탱크는 각각 다음에 정한 용량 이상의 용량으로 할 수 있다.

[표 1-4] 저장탱크의 종류에 따른 방류둑의 용량

저장탱크의 종류	용량
㉠ 액화산소의 저장탱크	저장능력 상당용적의 60%
㉡ 2기 이상의 저장탱크를 집합방류둑 내에 설치한 저장탱크(저장탱크마다 칸막이를 설치한 경우에 한한다. 다만, 가연성 가스가 아닌 독성 가스로서 동일 밀폐건축물 내에 설치된 저장탱크에서는 그러하지 아니하다)	저장탱크 중 최대저장탱크의 저장능력 상당용적(단, ㉠에 해당하는 저장탱크일 때에는 ㉠에 표시한 용적을 기준한다. 이하 같다)에 잔여저장탱크 총저장능력 상당용적의 10% 용적을 가산할 것

[비고] 저장탱크의 종류란 ㉠에 기재한 저장탱크의 방류둑의 칸막이란 같은 표 ㉡의 오른쪽 란에 기재한 저장탱크용량에 집합방류둑 내에 설치된 저장탱크의 총저장능력 상당용적에 대한 하나의 저장탱크의 저장탱크저장능력 상당용적비율을 곱하여 얻은 용량에 따라 설치한 것으로 한다. 또한 칸막이의 높이는 방류둑보다 최소 10cm 이상 낮게 해야 한다.

② ①에서 정한 용량(산소저장탱크의 용량은 제외한다) 산출은 해당 기준에도 불구하고 액화가스의 종류 및 저장탱크 내의 압력 구분에 따라 기화하는 액화가스의 용적을 저장능력 상당용적에서 감한 용적으로 할 수 있다. 이때 해당 저장탱크 내 압력수치에 폭이 있을 경우에는 낮은 쪽의 압력 구분 수치를 택하여 필요용적을 산출한다.

3) 방류둑의 재료 및 구조

방류둑의 재료 및 구조는 다음 기준에 적합한 것으로 한다.
① 방류둑의 재료는 철근콘크리트, 철골·철근콘크리트, 금속, 흙 또는 이들을 혼합한 것으로 한다.
② 철근콘크리트, 철골·철근콘크리트는 수밀성 콘크리트를 사용하고, 균열 발생을 방지하기 위해 배근, 리베팅이음, 신축이음 및 신축이음의 간격, 배치 등을 한다.
③ 금속은 해당 가스에 침식되지 않는 것 또는 부식방지·녹방지조치를 강구한 것으로 하고 대기압하에서 액화가스의 기화온도에 충분히 견디는 것으로 한다.
④ 성토는 45° 이하의 기울기로 하여 쉽게 허물어지지 않도록 충분히 다져 쌓고, 강우 등으로 유실되지 않도록 그 표면에 콘크리트 등으로 보호하며, 성토 윗부분의 폭은 0.3m 이상으로 한다.
⑤ 방류둑은 액밀한 것으로 한다.

⑥ 독성 가스저장탱크 등의 방류둑높이는 방류둑 내 저장탱크 등의 안전관리 및 방재활동에 지장이 없는 범위에서 방류둑 내에 체류한 액의 표면적이 가능한 한 적게 되도록 한다.
⑦ 방류둑은 그 높이에 상당하는 해당 액화가스의 액두압에 견딜 수 있는 것으로 한다.
⑧ 방류둑에는 계단, 사다리 또는 토사를 높이 쌓아 올린 형태 등으로 된 출입구를 둘레 50m마다 1개 이상씩 설치하되, 그 둘레가 50m 미만일 경우에는 2개 이상을 분산하여 설치한다.
⑨ 배관 관통부는 내진성을 고려하여 틈새를 통한 누출방지 및 부식방지를 위한 조치를 한다.
⑩ 방류둑 안에는 고인 물을 외부로 배출할 수 있는 조치를 한다. 이 경우 배수조치는 방류둑 밖에서 배수 및 차단조작을 할 수 있어야 하며, 배수할 때 이외에는 반드시 닫아둔다.
⑪ 집합방류둑 안에는 가연성 가스와 조연성 가스 또는 가연성 가스와 독성 가스의 저장탱크를 혼합하여 배치하지 않는다. 다만, 가스가 가연성 가스이거나 독성 가스일 때에는 집합방류둑 내에 동일한 가스의 저장탱크가 있는 경우 같이 배치할 수 있다.
⑫ 저장탱크를 건축물 안에 설치한 경우는 그 건축물이 방류둑의 기능 및 구조를 갖도록 하여 유출된 가스가 건축물 외부로 흘러나가지 않는 구조로 한다.

4) 방류둑 내외부 부속설비의 설치

방류둑의 내측 및 그 외면으로부터 10m(독성 가스의 액화가스저장탱크의 경우에는 그 독성 가스의 종류 및 저장능력에 따라 그 시설의 안전을 확보하는데 필요한 거리) 이내에는 그 저장탱크의 부속설비 외에 다른 것을 설치하지 않는다. 다만, 다음의 설비는 방류둑 내부나 그 외면으로부터 10m 이내에는 설치할 수 있다.

(1) 방류둑 내부에 설치할 수 있는 시설 및 설비

① 해당 저장탱크에 속하는 송출 및 송액설비(액화석유가스저장탱크 및 저온저장탱크에 속한 것에 한한다), 불활성가스의 저장탱크, 물분무장치 또는 살수장치(저장탱크 외면에서 방류둑까지 20m를 초과하는 경우에는 방류둑 외측에서 조작할 수 있는 소화설비를 포함한다), 가스누출검지경보설비(검지부에 한한다), 재해설비(누출된 가스를 흡입하는 부분에 한한다), 조명설비, 계기시스템, 배수설비, 배관 및 그 파이프랙(Pipe Rack)과 이들에 부속하는 시설 및 설비
② ①에서 정한 것 이외에 안전 확보에 지장이 없는 시설 및 설비

(2) 방류둑 외부 10m 이내에 설치할 수 있는 시설 및 설비
① 해당 저장탱크에 속하는 송출 및 송액설비, 불활성가스의 저장탱크, 냉동설비, 열교환기, 기화기, 가스누출검지경보설비, 재해설비, 조명설비, 누출된 가스의 확산을 방지하기 위해 설치된 건물형태의 구조물, 계기시스템, 배관 및 그 파이프랙과 이들에 부속하는 시설 및 설비
② 배관(신축이음매 이외의 부분이 지면에서 4m 이상의 높이를 가진 것에 한정한다) 및 그 파이프랙, 방소화설비, 통로(해당 사업소에 설치된 것에 한정한다) 또는 지하에 매설되어 있는 시설(지상 중량물의 하중에 견딜 수 있는 조치를 한 것에 한정한다)
③ ① 및 ②에서 정한 것 이외인 것으로서 안전 확보에 지장이 없는 시설 및 설비

(3) (2)에 불구하고 독성 가스의 액화가스저장탱크의 경우 그 독성 가스의 종류 및 저장능력에 따라 독성 가스저장탱크 부속설비 이외의 설비와 방류둑의 외면 사이에는 [표 1-5]에서 정한 거리 이상을 유지한다.

[표 1-5] 독성 가스의 종류에 따른 설비의 안전거리

독성 가스의 종류	저장능력	안전거리(m)
가연성 가스	5톤 이상 1,000톤 미만	$4(X-5)/995+6$
	1,000톤 이상	10
그 밖의 것	5톤 이상 1,000톤 미만	$4(X-5)/995+4$
	1,000톤 이상	8

[비고] X는 저장능력(단위 : 톤)을 지칭한다.

09 안전관리자

안전관리자 선임대상은 사업자 및 특정 고압가스사용 신고자는 선임한다(고압가스 안전관리법 제15조, [시행 2021.12.16.]).

(1) 안전관리자의 업무(고압가스 안전관리법 시행령 제13조 제3항, [시행 2022.12.8.])
① **안전관리총괄자** : 해당 사업소 또는 사용신고시설의 안전에 관한 업무의 총괄
② **안전관리부총괄자** : 안전관리총괄자를 보좌하여 해당 가스시설의 안전에 대한 직접 관리
③ **안전관리책임자** : 안전관리부총괄자(안전관리부총괄자가 없는 경우에는 안전관리총괄자)를 보좌하여 사업장의 안전에 관한 기술적인 사항의 관리 및 안전관리원에 대한 지휘·감독
④ **안전관리원** : 안전관리책임자의 지시에 따라 안전관리자의 직무 수행

(2) 안전관리자의 안전관리업무(고압가스 안전관리법 시행령 제13조 제1항, [시행 2022.12.8.])
① 사업소 또는 사용신고시설의 시설·용기 등 또는 작업과정의 안전유지
② 용기 등의 제조공정관리
③ 공급자의 의무이행 확인
④ 안전관리규정의 시행 및 그 기록의 작성·보존
⑤ 사업소 또는 사용신고시설의 종사자(사업소 또는 사용신고시설을 개수(改修) 또는 보수(補修)하는 업체의 직원을 포함한다)에 대한 안전관리를 위하여 필요한 지휘·감독
⑥ 그 밖의 위해방지조치

10 안전교육(고압가스 안전관리법 시행규칙 제51조 관련, [별표 31], [시행 2023.6.3])

안전교육 위반 시 500만원 이하의 과태료를 낸다(법 제23조, 제43조, 규칙 제51조).

교육과정	교육대상자	교육기간 등
전문교육	① 안전관리책임자·안전관리원(②, ⑤, ⑥, ⑦의 자는 제외한다) ② 특정 고압가스사용신고시설의 안전관리책임자(⑥의 자는 제외한다) ③ 운반책임자 ④ 검사기관의 기술인력 ⑤ 독성 가스시설의 안전관리책임자·안전관리원(⑥의 자는 제외한다) ⑥ 특정 고압가스사용신고시설 중 독성 가스시설의 안전관리책임자 ⑦ 고압가스자동차충전시설의 안전관리책임자·안전관리원	신규 종사 후 6개월 이내 및 그 후에는 3년이 되는 해마다 1회(검사기관의 기술인력은 제외한다)
특별교육	① 운반차량운전자 ② 고압가스사용자동차 운전자(자동차관리법 시행규칙 [별표 1] 제1호에 따른 대형 승합자동차의 운전자로 한정한다) ③ 고압가스자동차충전시설의 충전원 ④ 고압가스사용자동차 정비원 ⑤ 공기충전시설 안전관리책임자가 되려는 사람	신규 종사 시 1회
양성교육	① 일반시설안전관리자가 되려는 사람 ② 냉동시설안전관리자가 되려는 사람 ③ 판매시설안전관리자가 되려는 사람 ④ 사용시설안전관리자가 되려는 사람 ⑤ 운반책임자가 되려는 사람 ⑥ 고압가스자동차충전시설의 안전관리자가 되려는 사람 ⑦ 튜빙(tubing : 배관) 시공자가 되려는 사람	

11 냉동제조시설기준 안전사항

① 가연성 가스설비의 수액기 액면계는 평행반사식 또는 평행투사식을 사용하도록 할 것
② 독성 가스 냉매설비에는 가스누설경보기를 설치할 것
③ 냉매설비는 자동제어장치를 설치할 것
④ 냉매설비는 안전장치를 설치할 것
⑤ 안전밸브는 성능이 떨어질 경우 교체 사용이 가능하도록 할 것
⑥ 특정 설비는 검사에 합격한 것일 것
⑦ 진동, 충격 등으로 냉매누설이 없을 것
⑧ 압축기 최종단 안전장치는 1년에 1회 이상 압력시험을 할 것

12 고압가스 운반 등의 기준(고압가스 안전관리법 시행규칙 제50조 관련, [별표 30], [시행 2023.6.3.])

1) 용기에 의한 가스 운반 등 기준

(1) 독성 가스용기 운반 등 기준

① 독성 가스를 용기로 운반하는 경우의 기준은 고압가스 운반차량의 시설기준 및 기술기준을 적용할 것
② 고압가스를 용기로 수요자에게 직접 운반하려는 경우에는 법 제5조의 4에 따라 고압가스 운반자의 등록을 한 차량으로만 운반할 것

(2) 독성 가스 외 용기 운반 등 기준

① 운반차량
  ㉠ 독성 가스 외의 고압가스를 운반하는 차량은 용기를 안전하게 취급하고, 용기에서 가스가 누출될 경우 외부에 피해를 끼치지 않도록 하기 위하여 적재함·리프트 등 적절한 구조의 설비를 갖춘 것일 것
  ㉡ 독성 가스 외의 고압가스충전용기를 운반하는 차량에는 그 차량에 적재된 가스로 인한 위해(危害)를 예방하기 위하여 일반인이 쉽게 알아볼 수 있도록 그 차량의 앞뒤의 보기 쉬운 곳에 붉은 글씨로 "위험고압가스"라는 경계표지 및 상호와 전화번호를 표시하여야 하며, 운반기준 위반행위를 신고할 수 있도록 허가·신고 또는 등록관청의 전화번호 등이 표시된 안내문을 부착할 것. 다만, 접합용기 또는 납붙임용기에 충전하여 포장한 것을 운반하는 차량의 경우에는 그 차량의 앞뒤의 보기 쉬운 곳에 붉은 글씨로 "위험고압가스"라는 경계표지와 전화번호만 표시할 수 있다.

ⓒ 가연성 가스 또는 산소를 운반하는 차량에는 그 차량에 적재된 가스로 인한 위해를 예방하기 위하여 인명보호장비·응급조치장비 등 적절한 장비를 갖출 것(접합용기 또는 납붙임용기에 충전하여 포장한 것을 포함한다. 이하 같다)

② 적재 및 하역작업
　㉠ 충전용기는 이륜차에 적재하여 운반하지 않을 것. 다만, 다음 ①부터 ③까지에 모두 해당하는 경우에는 액화석유가스충전용기를 이륜차(자전거는 제외한다. 이하 같다)에 적재하여 운반할 수 있다.
　　• 차량이 통행하기 곤란한 지역의 경우 또는 시·도지사가 이륜차에 의한 운반이 가능하다고 지정하는 경우
　　• 이륜차가 넘어질 경우 용기에 손상이 가지 않도록 제작된 용기운반 전용 적재함을 장착한 경우
　　• 적재하는 충전용기의 충전량이 20kg 이하이고, 적재하는 충전용기의 수가 2개 이하인 경우
　㉡ 납붙임용기와 접합용기에 고압가스를 충전하여 차량에 적재할 때에는 포장상자(외부의 압력 또는 충격 등에 의하여 그 용기 등에 흠이나 찌그러짐 등이 발생되지 않도록 만들어진 상자를 말한다)의 외면에 가스의 종류·용도 및 취급 시 주의사항을 적은 것만 적재하고, 그 용기의 이탈을 막을 수 있도록 보호망을 적재함 위에 씌울 것
　㉢ 염소와 아세틸렌·암모니아 또는 수소는 한 차량에 적재하여 운반하지 않을 것
　㉣ 가연성 가스와 산소를 동일차량에 적재하여 운반하는 때에는 그 충전용기의 밸브가 서로 마주보지 않도록 적재할 것
　㉤ 충전용기와 위험물 안전관리법 제2조 제1항 제1호에서 정하는 위험물과는 동일차량에 적재하여 운반하지 아니할 것
　㉥ 그 밖에 적재 및 하역 작업에 필요한 기준은 [별표 9의 2] 제2호 가목 1) 가)의 기준을 적용할 것

③ 운반책임자 동승기준 : 다음 표에 정하는 기준 이상의 고압가스를 차량에 적재하여 운반할 경우에는 운반책임자를 동승시켜 운반에 대한 감독 또는 지원을 하도록 할 것. 다만, 운전자가 운반책임자의 자격을 가진 경우에는 운반책임자의 자격이 없는 사람을 동승시킬 수 있다.

가스의 종류		기준
압축가스	가연성 가스	300m³ 이상
	조연성 가스	600m³ 이상
액화가스	가연성 가스	3,000kg 이상(납붙임용기 및 접합용기의 경우는 2,000kg 이상)
	조연성 가스	6,000kg 이상

④ 운행기준
  ㉠ ③에 따른 고압가스를 운반할 때에는 그 고압가스의 명칭·성질 및 이동 중의 재해방지를 위하여 필요한 주의사항을 적은 서면을 운반책임자나 운전자에게 내주고 운반 중에 지니도록 할 것
  ㉡ 그 밖에 운행에 관한 기준은 규정([별표 9의 2])의 기준을 적용할 것
⑤ 운반기준 적용 제외 : 다음의 경우에는 규정([별표 9의 2])의 기준을 적용하지 아니한다.
  ㉠ 운반하는 용기의 합산된 저장능력이 13kg(압축가스의 경우에는 1.3m^3) 이하인 경우
  ㉡ 소방자동차, 구급자동차, 구조차량 등이 긴급 시에 사용하기 위한 경우
  ㉢ 스킨스쿠버 등 여가목적으로 사용하거나 독성 가스 제독작업 및 인명 보호·구조의 용도로 사용하는 공기충전용기를 2개 이하로 운반하는 경우
  ㉣ 산업통상자원부장관이 필요하다고 인정하는 경우
⑥ 고압가스운반차량으로 고압가스를 운반하는 경우의 기준은 규정([별표 9의 2])에서 정한 고압가스운반차량의 시설기준 및 기술기준을 적용할 것
⑦ 고압가스를 용기로 수요자에게 직접 운반하려는 경우에는 법 제5조의 4에 따라 고압가스 운반자의 등록을 한 차량으로만 운반할 것. 다만, 영 제5조의 4 제1항 제4호 각 목 외의 부분 단서 또는 제5호 각 목 외의 부분 단서에 따른 차량의 경우에는 그러하지 아니하다.

2) 차량에 고정된 탱크 등에 의한 가스 운반 등 기준

① 고압가스를 차량에 고정된 탱크, 차량에 고정된 2개 이상을 서로 연결한 이음매 없는 용기나 국제표준화기구(ISO)의 규격에 따른 암모니아용·헬륨용·액화천연가스용·질소용·이산화탄소용·액화석유가스용 탱크컨테이너에 충전한 사업소의 안전관리자는 가스가 충전된 그 탱크·용기 또는 탱크컨테이너에 대하여 고압가스의 누출 여부 등 안전 여부를 반드시 확인한 후 그 결과를 기록·보존할 것
② 고압가스를 차량에 고정된 탱크, 차량에 고정된 2개 이상을 서로 연결한 이음매 없는 용기나 국제표준화기구(ISO)의 규격에 따른 암모니아용·헬륨용·액화천연가스용·질소용·이산화탄소용·액화석유가스용 탱크컨테이너로 고압가스를 운반하는 경우의 기준은 [별표 9의 2]에서 정한 고압가스 운반차량의 시설기준 및 기술기준을 적용할 것

3) 가스의 분류

① 고압가스 : 가압냉각 등의 방법에 의하여 액체상태로 되어 있는 것으로써, 대기압에서의 비점이 섭씨 40도 이하 또는 상용의 온도 이하인 것

② 가연성 가스 : 아크릴로 나이트릴, 아크릴알데하이드, 아세트알데하이드, 아세틸렌, 암모니아, 수소, 황화수소, 사이안화수소, 일산화탄소, 이황화탄소, 메탄, 염화메탄, 브로민화 메탄, 에탄, 염화 에탄, 염화비닐, 에틸렌, 산화에틸렌, 프로판, 사이클로프로판, 프로필렌, 산화프로필렌, 부탄, 뷰타다이엔, 뷰틸렌, 메틸에테르, 모노 메틸아민, 다이메틸아민, 트라이메틸아민, 에틸아민, 벤젠, 에틸벤젠 그 밖에 공기 중에서 연소하는 가스로서 폭발한계의 하한이 10% 이하인 것과 폭발한계의 상한과 하한의 차가 20% 이상인 것

③ 특정 고압가스 : 포스핀, 셀렌화 수소, 게르만, 다이실레인, 오불화 비소, 오불화 인, 삼불화 인, 삼불화 질소, 삼불화 붕소, 사불화 유황, 사불화 규소

13 기타사항

① 가스의 부피가 1일 100m³ 이상인 사업소 표준압력계는 2개 이상 비치하여 비정상적인 압력상승 등의 안전조치를 신속히 해야 한다.
② 가스저장실(가연성 가스)은 화기 또는 인화성 물질을 8m 이상 유지해야 한다.
③ 가스누설검지경보장치의 검출부 설치개소는 설비군의 바닥면 10m마다 1개 이상의 비율로 설치한다.
④ 물을 냉매로 하는 흡수식 냉동기는 RT와 관계없이 안전관리자를 선임하지 안해도 된다.
⑤ 압축기의 최종단에 설치하는 안전밸브는 1년에 1회 이상 작동시험을 해야 하며 점검기준은 6개월에 1회이다.
⑥ 저장탱크기준에서 가스방출관의 설치높이는 지상으로부터 5m, 탱크 정상부로부터 2m 이상이며, 지하저장탱크의 정상부와 지면 아래와의 거리는 60m 이상 거리가 필요하다.

Chapter 03 산업안전보건법

01 목적(산업안전보건법 제1조, [시행 2022.8.18.])

산업안전보건법은 산업안전과 보건에 관한 기준을 확립하고 그 책임의 소재를 명확하게 하여 산업재해를 예방하고 쾌적한 작업환경을 조성함으로써 근로자의 안전과 보건을 유지하고 증진함을 목적으로 한다.

(1) 산업안전에 관한 기준의 확립과 그 책임소재의 명확화

근로자의 안전과 보건을 위한 강력한 조치를 강구함에 있어서 근로기준법은 근로관계 및 근로조건의 최저확보에 중점을 둔 규제이므로 실제로는 그 실효를 거두기가 어렵다. 따라서 산업안전보건법의 제정으로 이를 강력하게 규제하고 실효성을 거두기 위하여 그 기준을 확립할 필요성이 생기게 된 것이며, 그 책임소재를 명확하게 하고 있다.

(2) 산업재해의 예방

지금까지의 재해 발생에 대한 조치는 사후관리에 치중되어 있었고 사전관리도 직접적인 일부에만 국한되어 재해 발생의 여지가 많았음에도 그 근본적인 대책과 조치를 마련하지 못한 채 운영되어 왔다. 따라서 사업장 내에서 위험한 기계나 유해물질에 대한 제조뿐만 아니라 유통단계에 이르기까지 규제를 강화하여 산업재해의 예방으로 재해 발생을 극소화하려는 데 중점을 두고 있다.

(3) 쾌적한 작업환경의 조성

작업환경의 불비로 인한 질환은 근로자의 안전을 위협하고 보건상의 장해를 일으킴은 물론, 생산성 역시 크게 저하시키게 된다. 따라서 산업안전보건법에서는 작업환경의 표준을 정하고 작업환경을 측정하여 근로자들이 항상 쾌적한 환경에서 작업할 수 있도록 규제하고 있다.

02 보호구의 지급 등(산업안전보건기준에 관한 규칙 제32조, [시행 2023.7.1.])

사업주는 다음 각 호의 어느 하나에 해당하는 작업을 하는 근로자에 대해서는 다음 각 호의 구분에 따라 그 작업조건에 맞는 보호구를 작업하는 근로자 수 이상으로 지급하고 착용하도록 하여야 한다. 〈개정 2017.3.3.〉

1. 물체가 떨어지거나 날아올 위험 또는 근로자가 추락할 위험이 있는 작업 : 안전모
2. 높이 또는 깊이 2m 이상의 추락할 위험이 있는 장소에서 하는 작업 : 안전대(安全帶)
3. 물체의 낙하·충격, 물체에의 끼임, 감전 또는 정전기의 대전(帶電)에 의한 위험이 있는 작업 : 안전화
4. 물체가 흩날릴 위험이 있는 작업 : 보안경
5. 용접 시 불꽃이나 물체가 흩날릴 위험이 있는 작업 : 보안면
6. 감전의 위험이 있는 작업 : 절연용 보호구
7. 고열에 의한 화상 등의 위험이 있는 작업 : 방열복
8. 선창 등에서 분진(粉塵)이 심하게 발생하는 하역작업 : 방진마스크
9. 섭씨 영하 18도 이하인 급냉동어창에서 하는 하역작업 : 방한모, 방한복, 방한화, 방한장갑
10. 물건을 운반하거나 수거·배달하기 위하여 자동차관리법 제3조 제1항 제5호에 따른 이륜자동차(이하 "이륜자동차"라 한다)를 운행하는 작업 : 도로교통법 시행규칙 제32조 제1항 각 호의 기준에 적합한 승차용 안전모

03 안전관리자의 업무 등(산업안전보건법 시행령 제18조, [시행 2022.8.18.])

안전관리자의 업무는 다음 각 호와 같다.

1. 산업안전보건위원회(이하 "산업안전보건위원회"라 한다) 또는 안전 및 보건에 관한 노사협의체(이하 "노사협의체"라 한다)에서 심의·의결한 업무와 해당 사업장의 규정에 따른 안전보건관리규정(이하 "안전보건관리규정"이라 한다) 및 취업규칙에서 정한 업무
2. 위험성평가에 관한 보좌 및 지도·조언
3. 안전인증대상기계 등(이하 "안전인증대상기계 등"이라 한다)과 규정 외의 부분 본문에 따른 자율안전확인대상기계 등(이하 "자율안전확인대상기계 등"이라 한다) 구입 시 적격품의 선정에 관한 보좌 및 지도·조언
4. 해당 사업장 안전교육계획의 수립 및 안전교육 실시에 관한 보좌 및 지도·조언
5. 사업장 순회점검, 지도 및 조치 건의
6. 산업재해 발생의 원인조사·분석 및 재발방지를 위한 기술적 보좌 및 지도·조언
7. 산업재해에 관한 통계의 유지·관리·분석을 위한 보좌 및 지도·조언

8. 법 또는 법에 따른 명령으로 정한 안전에 관한 사항의 이행에 관한 보좌 및 지도·조언
9. 업무수행내용의 기록·유지
10. 그 밖에 안전에 관한 사항으로서 고용노동부장관이 정하는 사항

04 사업주 등의 의무(산업안전보건법 제5조, [시행 2022.8.18.])

① 사업주는 다음 각 호의 사항을 이행함으로써 근로자의 안전 및 건강을 유지·증진시키고 국가의 산업재해예방정책을 따라야 한다. 〈개정 2020.5.26.〉
  1. 이 법과 이 법에 따른 명령으로 정하는 산업재해예방을 위한 기준
  2. 근로자의 신체적 피로와 정신적 스트레스 등을 줄일 수 있는 쾌적한 작업환경의 조성 및 근로조건 개선
  3. 해당 사업장의 안전 및 보건에 관한 정보를 근로자에게 제공
② 다음 각 호의 어느 하나에 해당하는 자는 발주·설계·제조·수입 또는 건설을 할 때 이 법과 이 법에 따른 명령으로 정하는 기준을 지켜야 하고, 발주·설계·제조·수입 또는 건설에 사용되는 물건으로 인하여 발생하는 산업재해를 방지하기 위하여 필요한 조치를 하여야 한다.
  1. 기계·기구와 그 밖의 설비를 설계·제조 또는 수입하는 자
  2. 원재료 등을 제조·수입하는 자
  3. 건설물을 발주·설계·건설하는 자

05 색과 형태의 의미 및 사용법(산업안전보건법 시행규칙 제38조 등 관련, [별표 7], [시행 2023.1.1.])

색과 형태의 의미와 사용법은 현장에서 발생하는 산업재해를 방지하기 위해 현장에서 누구나 쉽게 볼 수 있도록 산업안전보건법에서 규정하여 적용한다.
① **금지(빨강)** : 어떤 특정한 행위가 허용되지 않음을 나타내며, 일반행위 및 유해행위의 금지 등 특정한 행동을 금지한다. 바탕은 흰색, 형태는 왼쪽 위에서 오른쪽 아래로 사선을 그은 빨간 원, 관련 기호 및 그림은 검정이다.
② **지시(파랑)** : 어떤 일정한 행동을 취할 것을 지시하며, 특정 행위의 지시 및 사실의 고지, 어떤 행동을 하도록 지시한다. 바탕은 파랑, 형태는 원, 관련 기호 및 그림은 흰색이다.
③ **주의, 경고(노랑)** : 어떤 일정한 위험에 대해 주의, 경고하고 위험경고, 주의표지 또는 기계방호물을 나타내며, 행동을 주의하도록 한다. 바탕은 노랑, 형태는 검은 테를 두른 정삼각형, 관련 기호 및 그림은 검정이다.

④ 안전피난, 위생구호(초록) : 비상구, 피난소, 사람·차량의 통행을 표시하고, 안전에 관한 정보를 안내한다. 바탕은 초록, 형태는 사각형, 관련 기호 및 그림은 흰색이다.
⑤ 소방, 긴급, 고도위험(빨강) : 화재안전, 긴급비상연락 소방시설에 관해 알린다. 바탕은 빨강, 형태는 사각형, 관련 기호 및 그림은 흰색이다.

06 작업환경 측정대상

대상사업장(산업안전보건법 시행규칙 제93조 제1항)은 상시 근로자 1인 이상 고용사업장으로서 소음, 분진(6종), 고열, 금속가공유, 화학물질(182종) 등에 노출되는 근로자가 있는 옥내·외 작업장이다(산업안전보건법 시행규칙 제186조 관련, [별표 21] 참조(191종)).

(1) 측정대상 제외 작업장(산업안전보건법 시행규칙 제186조, [시행 2023.1.1.])
　① 관리대상 유해물질의 허용소비량을 초과하지 않는 작업장(그 관리대상 유해물질에 관한 작업환경 측정만 해당한다)
　② 임시작업(월 24시간 미만) 및 단시간 작업(1일 1시간 미만)을 하는 작업장(고용노동부장관이 정하여 고시하는 물질을 취급하는 작업을 하는 경우는 제외한다)
　③ 분진작업의 적용 제외 작업장(분진에 관한 작업환경 측정만 해당한다)
　④ 그 밖에 작업환경 측정대상 유해인자의 노출수준이 노출기준에 비하여 현저히 낮은 경우로서 고용노동부장관이 정하여 고시하는 작업장

(2) 측정주기 및 횟수(산업안전보건법 시행규칙 제190조, [시행 2023.1.1.])
　사업주는 작업장 또는 작업공정이 신규로 가동되거나 변경되는 등으로 측정대상 작업장이 된 경우에는 그 날부터 30일 이내 실시하며, 그 후 6개월에 1회 이상 정기적으로 실시한다. 단, 측정결과가 다음의 어느 하나에 해당하는 경우에는 측정주기를 변경한다.
　① 매 3월에 1회 이상
　　㉠ 화학적 인자(고용노동부장관이 정하여 고시하는 물질만 해당한다)의 측정치가 노출기준을 초과하는 경우
　　㉡ 화학적 인자(고용노동부장관이 정하여 고시하는 물질은 제외한다)의 측정치가 노출기준을 2배 이상 초과하는 경우
　② 매 1년에 1회 이상 : 최근 1년간 작업공정에서 공정설비의 변경, 작업방법의 변경, 설비의 이전, 사용 화학물질의 변경 등으로 측정결과에 영향을 주는 변화가 없고 다음의 어느 하나에 해당하는 경우
　　㉠ 작업공정 내 소음의 작업환경측정 결과가 최근 2회 연속 85dB 미만인 경우
　　㉡ 작업공정 내 소음 외의 다른 모든 인자의 작업환경측정 결과가 최근 2회 연속 노출기준 미만인 경우

(3) 측정방법(산업안전보건법 시행규칙 제189조, [시행 2023.1.1.])

사업주는 법 제125조 제1항에 따른 작업환경 측정을 할 때에는 다음 각 호의 사항을 지켜야 한다.
① 작업환경 측정을 하기 전에 예비조사를 할 것
② 작업이 정상적으로 이루어져 작업시간과 유해인자에 대한 근로자의 노출 정도를 정확히 평가할 수 있을 때 실시할 것
③ 모든 측정은 개인시료채취방법으로 하되, 개인시료채취방법이 곤란한 경우에는 지역시료채취방법으로 실시할 것. 이 경우 그 사유를 작업환경측정 결과표에 분명하게 밝혀야 한다.
④ 작업환경측정기관에 위탁하여 실시하는 경우에는 해당 작업환경측정기관에 공정별 작업내용, 화학물질의 사용실태 및 물질안전보건자료 등 작업환경 측정에 필요한 정보를 제공할 것

07 밀폐공간의 작업안전(산업안전보건기준에 관한 규칙 제618조, [시행 2023.7.1.])

1) 산소결핍관련 용어정리

(1) 밀폐공간
① 산소결핍, 유해가스로 인한 화재·폭발 등의 위험이 있는 장소이다.
② 출입구의 크기가 제한적이고 환기가 제대로 이루어지지 않은 공간이다.
③ 탱크, 용기, 사일로, 호퍼, 저장용 창고, 핏트 등이며, 근로자가 계속해서 머무를 수 없는 공간이다.
④ 산업보건기준에 관한 규칙 [별표 3]에서 정한 장소이다.

(2) 적정공기
① 산소농도 : 18% 이상 23.5% 미만
② 탄산가스농도 : 1.5% 미만
③ 일산화탄소농도 : 30ppm 미만
④ 황화수소농도 : 10ppm 미만

(3) 유해가스
밀폐공간에서 탄산가스, 일산화탄소, 황화수소 등의 기체로서 인체에 유해한 영향을 미치는 물질을 말한다.

(4) 출입허가가 필요한 밀폐공간
① 공간 내의 공기가 정상적이지 않은 위험한 공기를 함유한다.
② 출입자를 위험에 빠뜨릴 잠재적인 유해물질이 있다.
③ 내부의 벽이나 바닥이 경사가 졌고 좁은 통로로 인하여 출입자가 함정에 빠지거나 질식할 수 있게 된 내부지형이다.
④ 기타의 안전상 위험이 존재하는 공간이다.

(5) 출입허가가 필요하지 않은 밀폐공간
사망의 원인 또는 심각한 신체적 장애를 줄 수 있는 잠재적인 유해, 위험이 들어 있지 않은 밀폐공간이다.

(6) 위험공기
근로자가 다음과 같은 원인으로 인하여 급성질환, 상해, 자신을 구출할 능력을 상실하거나, 무능력해지거나 사망에 빠질 수 있는 환경 또는 공기조건이다.
① 가연성 농도 하한치(lower flammable limit) 10%를 초과하는 가연성 가스, 증기 또는 미스트가 함유된 공기이다.
② 가연성 농도 하한치에 달하거나 초과할 농도가 있는 연소성 분진이다.
③ 산소농도가 18% 미만이거나 23.5% 이상인 경우이다.

(7) 산소결핍
공기 중의 산소농도가 18% 미만인 상태를 의미한다.

(8) 산소결핍증
산소가 결핍된 공기를 흡입함으로써 생기는 증상으로, 공기는 산소가 약 21%, 질소 78%, 그리고 이산화탄소, 아르곤, 헬륨 등이 약 1% 정도로 구성되어 있다. 산소농도가 16% 이하로 저하된 공기를 호흡하면 빈맥 및 빈호흡, 구토, 두통 등의 증상이 나타나며, 10% 이하가 되면 의식상실, 경련, 혈압강하, 서맥을 초래한다.

2) 산소의 특성
성인은 안정상태에서 0.2~0.3L/min의 산소를 소비한다. 뇌는 하루에 약 100L(전신의 약 25% 정도) 정도의 산소를 소모하고 산소공급 감소 시 뇌는 활동을 잃게 되며, 무산소일 경우 순간적으로 뇌의 활동은 정지된다. 무산소 2분이 경과되면 대뇌피질세포가 비가역적인 붕괴를 일으켜 6~8분만에 사망한다. 높은 곳에서는 대기압의 저하에 따른 산소분압 저하로 호흡에 의한 산소섭취가 곤란하다. 해발 3,000m 이상의 고소지역에서는 호흡, 순환의 기능이 왕성하여 혈액 중에 적혈구, 헤모글로빈이 증가하여 고소거주에 적합하도록 순응이 된다.

[표 1-6] 각 조직의 산소소비량

구분	산소소비량(mL/min/g of tissue)	
	정지 시	활동 시
뇌(깨어있을 때)	0.96	8.0
뇌(마취 중에 있을 때)	1.39	-
분비선	0.03	0.1
골격근(신경 제거)	0.006	0.02~0.08
골격근(긴장 시의 근육)	0.007	0.02~0.08
심장근육	0.007	0.05~0.08
평활근	0.004	0.007

3) 산소결핍 발생원인과 장소

① **물질의 산화작용** : 저장용 탱크의 산화탱크, 반응탑, 압력용기, 반응기, 추출기, 열교환기, 선창, 건성유 산패, 식물성 기름저장탱크 등이 있다.
② **미생물의 호흡작용** : 발효식품, 의약품의 제조, 폐기물처리(하수, 분뇨, 매립) 등이 있다.
③ **미생물의 증식** : 탱크, 선창, 맨홀 등의 세균증식으로 인한 산소부족으로 이산화탄소, 메탄, 황화수소가 발생한다.
④ **유기물의 부패** : 신설 맨홀, 케이블, 가스관용, 우수와 유수가 체류하는 암거 등이 있다.
⑤ **각종 탱크나 밀폐된 방**
⑥ **치환용 가스의 사용**
⑦ **냉각제 사용**
⑧ **가스의 분출, 돌출**

[표 1-7] 산소부족과 생체반응

산소농도(%)	영향과 증상(정상기압)
15~19	열성적인 업무능력 감소, 신체기능조절 손상 및 심장, 폐, 순환기 장애자 초기 증상 유발
12~14	호흡수 증가, 맥박증가, 기능조절, 지각, 판단력의 손상
10~12	호흡이 더욱 빠르고 깊어지며 판단력 저하, 청색 입술
8~10	정신혼미, 어지럼증, 의식상실, 안면 창백, 청색 입술, 욕지기와 구토
6~8	8분 내 100% 치명적, 6분 내 50% 치명적, 4~5분 내 치료로 회복가능
4~6	40초 내에 혼수상태, 경련, 호흡정지, 사망

08 기타사항

① 안전사고 발생 시 가장 큰 원인은 본인의 실수(작업자의 실수)이다.
② 사고본질의 특성은 고의성이 없으며 시간성, 우연성, 재현 불가능성이 있다.
③ 안전사고방지의 5단계는 안전조직, 사실의 발견, 분속, 시정방법의 선정, 시정책의 적용이다.
④ 재해조사 시 유의사항은 주관적인 입장이 아니라 객관적으로 판단해야 한다.
⑤ 안전장치의 취급은 작업 전에 점검하고 불량 시 수리하며, 구조상 결함 유무를 점검하고 작업형평상 부득이한 경우에도 제거하면 안 된다.
⑥ 피로란 정신적 또는 육체적 활동의 부산물로 체 내에 누적되어 활동을 둔화시켜 사고의 원인이 된다.
⑦ 협착이란 재해의 형태로서 물건이 끼이거나 말려드는 상태를 의미한다.
⑧ 안전보건 진단사항은 다음과 같다.
　㉠ 재해 또는 사고 발생원인
　㉡ 작업조건 및 작업방법
　㉢ 안전보건장비의 적정성
　㉣ 안전장치 및 보호구 진단
⑨ 안전관리자를 위한 교육내용은 다음과 같다.
　㉠ 안전관계법규
　㉡ 화재나 비상시의 임무
　㉢ 직업병과 환경
⑩ 안전점검의 목적은 다음과 같다.
　㉠ 설비의 안전 확보
　㉡ 설비의 안전상태 확보
　㉢ 안전행동상태 유지
　㉣ 합리적인 생산관리

Chapter 04 기계장치의 안전관리

01 기계의 안전수칙

① 자기 담당기계 이외의 기계는 손대지 않는다.
② 기계의 가동은 각 직원의 위치와 안전장치의 적정 여부를 확인한 다음 행한다.
③ 움직이는 기계를 방치한 채 다른 일을 하면 위험하므로 기계가 완전히 정지한 다음 자리를 뜬다.
④ 정전이 되면 우선 스위치를 내린다.
⑤ 기계의 조정이 필요하면 원동기를 끄고 완전히 정지할 때까지 기다려야 하며, 손이나 막대기로 정지시키지 않아야 한다.
⑥ 기계는 깨끗이 청소해야 하며 브러시나 막대기를 사용하고, 손으로 청소하지 않는다.
⑦ 기계 가동 시에는 소매가 긴 옷, 넥타이, 장갑 또는 반지를 착용하지 않는다.
⑧ 고장 중인 기계는 '고장·사용금지' 등의 표지를 붙여둔다.
⑨ 기계는 일일이 점검하고 사용 전에 반드시 점검하여 이상 유무를 확인한다.

02 드릴작업의 안전수칙

① 시동 전에 드릴이 올바르게 고정되어 있는지 확인한다.
② 장갑을 끼고 작업하지 않는다.
③ 드릴을 회전시킨 후 테이블을 고정시키지 않는다.
④ 드릴회전 중에는 칩을 입으로 불거나 손으로 털지 않도록 한다.
⑤ 큰 구멍을 뚫을 때에는 먼저 작은 구멍을 뚫은 다음에 뚫도록 한다.
⑥ 얇은 판에 구멍을 뚫을 때에는 나무판을 밑에 받치고 뚫도록 한다.
⑦ 이송레버를 파이프에 걸고 무리하게 돌리지 않는다.
⑧ 전기드릴을 사용할 때에는 반드시 접지하도록 한다.

03 연삭숫돌의 안전수칙

① 연삭기의 덮개 노출각도는 90°이거나 전체 원주의 1/4을 초과하지 말 것
② 작업 시작 전 1분 이상, 연삭숫돌의 교체 시 3분 이상 시운전할 것
③ 사용 전에 연삭숫돌을 점검하여 균열이 있는 것은 사용하지 말 것
④ 연삭숫돌과 받침대 간격은 3mm 이내로 유지하고 숫돌차 중심과 일치하게 사용할 것
⑤ 작업 시에는 연삭숫돌 정면으로부터 150° 정도 비켜서서 작업할 것
⑥ 가공물은 급격한 충격을 피하고 점진적으로 접촉시킬 것
⑦ 작업 시 연삭숫돌의 측면을 사용하여 작업하지 말 것
⑧ 소음이나 진동이 심하면 즉시 점검할 것
⑨ 수직 휴대용 연삭기의 숫돌 노출각도는 180°까지만 허용함
⑩ 숫돌표면에 메짐이 심하면 드레싱을 하여 표면을 일정하게 유지할 것

04 컨베이어의 안전수칙

① 컨베이어의 운반속도를 조작하지 말 것
② 운반물을 컨베이어에 싣기 전에 적당한 크기를 확인할 것
③ 운반물이 한쪽으로 치우치지 않도록 적재할 것
④ 운반물 낙하의 위험성을 확인하고 적재할 것
⑤ 운반물 이송 이외의 목적으로 사용하지 말 것
⑥ 작업장 통로의 정리정돈 및 청소를 실시할 것
⑦ 수리·점검·청소작업 시 반드시 전원차단 및 스위치에 작동금지표시를 한 후 작업할 것
⑧ 컨베이어의 운전은 담당자 이외에는 운전하지 말 것
⑨ 컨베이어 안전장치
   ㉠ 역회전방지장치
   ㉡ 비상정지장치
   ㉢ 이탈방지장치

05 수공구의 안전수칙

(1) 일반수칙

① 수공구를 용도 이외에는 사용하지 않는다.
② 목적에 맞는 최소한의 무게를 가진 공구를 선택한다.
③ 수공구를 사용하기 전에 기름 등 이물질을 제거하고 이상 유무를 확인한 후 사용한다.
④ 수공구는 통풍이 잘되는 보관장소에 수공구별로 보관한다.
⑤ 수공구를 가지고 사다리 등 높은 곳에 오를 때에는 호주머니에 넣지 않고 반드시 수공구주머니에 공구를 넣어 몸에 장착하여 운반한다.
⑥ 보안경 등 작업에 알맞은 보호구를 착용하고 작업한다.
⑦ 수공구는 처음과 끝에 과격한 힘을 주지 말고 서서히 힘을 준다.
⑧ 안정된 자세를 확보한 후 작업을 하고 저소음, 저진동형 공구를 사용한다.
⑨ 작업물을 확실히 고정시킨 후 작업한다.
⑩ 정기적으로 보수·유지하도록 한다.
⑪ 수공구는 내구성이 있어야 하며, 주로 손을 많이 사용한다.
⑫ 측정공구는 헝겊 위에 놓고 사용하며, 날카로운 공구는 공구함에 넣어 운반한다.
⑬ 장갑은 용접, 판금작업, 줄작업에 사용한다.
⑭ 나사작업 시 다이스는 수나사, 탭은 암나사를 가공 시 사용한다.

(2) 드라이버작업 시 안전수칙

① 손에서 공구가 미끄러지지 않게 섕크를 플랜지로 꼭 조이고 섕크와 직각인 손잡이를 선택한다.
② 전기작업을 할 때는 절연손잡이로 된 드라이버를 사용한다.
③ 일반적인 드라이버가 사용될 수 없는 좁은 지역에서는 오프셋 스크루 드라이버를 사용한다.
④ 드라이버의 끝은 완전한 직사각형 모양으로 되어 있어야 한다.
⑤ 둥글게 된 끝은 다듬고 가장자리가 일직선이 되도록 한다.
⑥ 드라이버로 연속작업 시 다음 사양들을 갖춘 드라이버를 사용한다.
　㉠ 작업자세에 따라 더 곧게 할 수 있는 공구의 형태를 선택한다.
　㉡ 공구를 앞으로 밀 때 나사부가 회전하는 구조여야 한다.
　㉢ 돌리기 힘든 나사를 효율적으로 돌릴 수 있는 래칫장치여야 한다.

(3) 망치작업 시 안전수칙

① 보안경이나 안면 보호구를 착용한다.
② 사용할 용도에 따라 망치를 선택한다(잘못된 사용은 내리치는 표면을 깨지게 할 수 있으며, 심각한 부상을 초래할 수도 있음).
③ 맞는 공구의 표면보다 내리치는 표면이 약 2.54cm 더 큰 직경의 망치를 선택한다.
④ 망치의 내리치는 표면이 맞는 표면에 평행하도록 망치를 수직으로 내리친다. 빗나가는 내리침을 항상 피하도록 한다.
⑤ 망치의 측면으로 내리치지 않는다.
⑥ 망치를 치기 전에 위와 아래를 항상 살펴보고 내리칠 때는 물체를 주시한다.
⑦ 못을 박을 때는 못 끝쪽을 잡고 처음과 끝을 천천히 가격한다.
⑧ 손잡이가 헐겁거나 파손된 망치는 사용을 금지한다.
⑨ 망치를 내리칠 때는 다른 망치를 사용하지 않는다.
⑩ 망치는 사용 전에 쐐기가 잘 박혀있는지, 자루는 튼튼한지 등을 점검하고 망치의 손잡이 끝부분을 맨손으로 잡고 작업한다.

(4) 스패너 사용 시 안전수칙

① 스패너는 사용 시 방향은 밀지 말고 당기며 사용한다.
② 주위 작업환경을 보고 사용한다.
③ 스패너에 파이프를 끼워 팔의 길이를 연장하면 안 된다.
④ 스패너는 한번에 조이지 말고 천천히 조여간다.
⑤ 스패너는 볼트나 너트 머리에 맞는 것을 사용한다.

(5) 해머(정) 사용 시 안전수칙

① 장갑을 끼고 사용하지 않는다.
② 쐐기가 없고 타격면에 흠이 없어야 한다.
③ 정작업 시 처음과 마지막을 약하게 타격한다.
④ 공동작업 시 주위를 살피면서 작업을 동시에 한다.
⑤ 열간작업 시에는 화상의 우려로 다음 작업 시까지 냉각을 시킨 후 작업을 한다.

(6) 줄작업 시 안전수칙

① 미끄러지면 손을 다칠 위험이 있으므로 유의하도록 한다.
② 줄의 균열 유무를 확인한다.
③ 줄은 손잡이가 정상인 것만을 사용한다(손잡이가 줄에 튼튼하게 고정되어 있는지 확인).
④ 칩은 브러시로 제거한다.

⑤ 땜질한 줄은 사용하지 않는다.
⑥ 줄작업은 몸의 안정을 유지하며 전신을 이용하도록 한다.
⑦ 줄작업의 높이는 작업자의 팔꿈치 높이로 하는 것이 좋다.
⑧ 줄의 손잡이는 작업 전에 잘 고정되어 있는지 확인한다.

(7) 쇠톱 사용 시 안전수칙

① 톱날은 끼운 후 2~3회 사용 후에 재조임을 하여 톱작업이 끝날 때까지 힘의 분배를 적당히 한다.
② 초보자는 탄성이 있는 재료를 사용하고, 날은 한쪽에 치중하지 않고 골고루 사용한다.
③ 모가 난 재료를 절단 시 모서리면부터 자르고, 절단 완료시점에서는 힘을 적절히 줄여서 작업한다.
④ 얇은 판을 절단 시에는 목재를 끼워 휨이 없도록 작업한다.
⑤ 한쪽에서 절단한 다음 반대방향에서 절단 시 쇠톱의 방향이 다르므로 자리를 잡을 때까지 천천히 절단한다.

06 기타 공구 취급 시 주의사항

(1) 펀치

드릴작업 전 가공위치를 잡아주어 정확한 위치에서 드릴링하도록 한다.

(2) 플라이어

공작물을 잡아주어 작업을 효율성을 준다.

(3) 스패너

볼트와 너트를 풀거나 조일 때 사용한다. 스패너는 사이즈가 고정된 상태로 사용하지만, 몽키 스패너는 볼트와 너트 사이즈를 조정하여 사용할 수 있다.

(4) 소켓 렌치

특수구조로 조이고 푸는 데 사용한다.

(5) 장갑

장갑을 끼고 작업할 수 있는 작업은 판금작업, 용접작업, 주물 도금작업 등이 있으며, 회전체 기계인 선반, 밀링, 드릴작업 시에는 착용해서는 안 된다.

(6) 기타

① 공구의 용도에서 바이스는 공작물을 고정하여 줄작업, 톱작업, 탭과 다이스작업을 하며, 연삭기(grinder)는 선반이나 밀링에서 가공한 다음 공작물표면을 더 매끄럽게 가공하는 공작기계이다. 리머는 드릴링한 구멍을 더 매끄럽게 가공하는 수공구이다.

② 금긋기에 사용되는 서피스게이지의 바늘 끝은 아래로 향하게 하여 위험을 방지한다.

③ 공구 사용 시 안전대책은 물적인 면은 공구상자 준비, 공구의 정비, 작업장의 정비가 있으며, 인적인 면은 작업자의 피로가 원인이 된다.

Chapter 05 보호구 사용 시 안전수칙

01 보호구의 착용목적

① 작업자를 보호하기 위해 작업환경과 작업방법을 개선하는 등 근본적인 안전대책을 강구해야 하지만, 이들 안전대책이 불가능하거나 불충분할 경우 대비해 그 보조수단으로 개인보호구를 착용한다.
② 보호구는 어디까지나 유해·위험요인을 근본적으로 제거하려는 노력을 계속하면서 보조수단으로 착용함을 원칙으로 한다.
③ 보호구가 아무리 좋은 것이라 하여도 작업조건이나 작업환경에 적합한 보호구를 잘 선택하고 착용을 철저히 하지 않으면 그 효과를 기대할 수 없으므로 보호구의 올바른 선택과 착용방법, 관리요령 등에 대한 교육이 꼭 필요하다.

02 보호구의 종류

1) 검정대상 보호구

(1) 머리 보호구

A형 안전모, AB형 안전모, AE형 안전모, ABE형 안전모 등이 있다.

(2) 눈 보호구

차광 보안경, 유리 보안경, 플라스틱 보안경, 도수렌즈 보안경 등이 있다.

(3) 얼굴 보호구

용접용 보안면, 일반용 보안면 등이 있다.

(4) 귀 보호구

귀마개, 귀덮개 등이 있다.

(5) 호흡용 보호구

① 방진 마스크 : 격리식(전면형, 반면형), 직결식(전면형, 반면형), 안면부 여과식 마스크 등이 있다.

② 방독 마스크(격리식, 직결식, 직결식 소형) : 유기가스용, 할로겐가스용, 일산화탄소용, 암모니아용, 아황산가스용, 아황산 황용 등이 있다.
③ 송기 마스크 : 호스 마스크, 에어라인 마스크, 복합식 에어라인 마스크 등이 있다.

(6) 손 보호구
안전장갑으로 A종, B종, C종 등이 있다.

(7) 발 보호구
가죽제 안전화, 고무제 안전화, 정전기 안전화, 발등 안전화, 절연화, 절연장화 등이 있다.

(8) 안전대
벨트식(1종, 2종, 3종, 안전블록, 추락방지대), 안전그네식(1종, 2종, 3종, 안전블록, 추락방지대) 등이 있다.

(9) 방열복
방열 상의, 방열 하의, 방열 일체복, 방열 장갑, 방열 두건 등이 있다.

2) 검정 비대상 보호구

(1) 손 보호구
일반작업용 면장갑, 일반작업용 고무코팅장갑, 금속 매시 고무장갑, 산업위생용 보호 장갑 등이 있다.

(2) 호흡용 보호구
산소 마스크, 공기 호흡기 등이 있다.

(3) 기타
앞치마, 각반, 말림방지용 작업모 및 작업두건, 방진장갑 등이 있다.

03 보호구 선택 시 주의사항

① 사용목적에 적합해야 한다.
② 품질이 좋아야 한다.
③ 쓰기 쉽고, 손질하기 쉬워야 한다.
④ 사용자에게 잘 맞아야 한다.

⑤ 월 1회 이상 세척하고 불결한 것은 사용하지 말아야 한다.
⑥ 견고하고 값이 싸며 품질이 좋아야 한다.
⑦ 고형물이 튀는 곳은 방열복을 입고 목까지 보호되도록 해야 한다.

04 머리 보호구(안전모)

머리의 재해는 전체 재해의 13% 정도이고, 사망에 이른 경우도 36%에 달하여 안전모의 착용은 생명과 직결된다.

(1) 안전모의 종류
① A형 : 물체의 낙하와 비래의 위험에 대비
② AB형 : 물체의 낙하와 비래 및 추락의 위험에 대비
③ AE형 : 물체의 낙하와 비래 및 감전의 위험에 대비
④ ABE형 : 물체의 낙하, 비래, 추락 및 감전의 위험에 대비

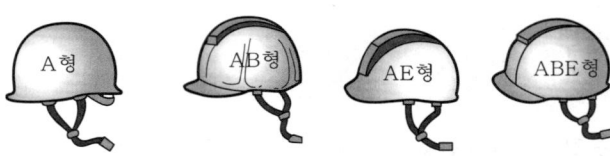

[그림 1-7] 안전모의 종류

(2) 안전모 선택 시 주의사항
① 검정을 받은 것
② 자신의 머리에 맞는 것
③ 같은 것이면 가벼운 것을 사용하며, 무게는 450g 정도
④ 충격을 받았을 때 머리에 균등한 힘이 분배되는 것
⑤ 각 부품 중 상해를 줄 수 있는 날카로운 부분이 없는 것
⑥ 옥외작업 시에는 흰색의 FRP 또는 PC수지로 된 것

(3) 올바른 착용과 보관방법
① 안전모의 모체와 머리 정수리 사이 간격은 충격에 의한 머리의 부상을 예방하기 위해 25mm 이상을 유지해야 하며, 그 상태로 안전모를 똑바로 쓰고, 턱 끈을 알맞게 조인 후 작업해야 한다. 또한 손상이 있거나 한 번이라도 충격을 받은 것은 사용하지 말고, 모체에 절대로 구멍을 내서는 안 된다.

② 직사광선이 들어오지 않는 곳에 깨끗하게 보관하고, 만일 1년 이상 직사광선에 노출된 합성수지 안전모는 열화되어 강도가 떨어지므로 교체하는 것이 바람직하다.

05 눈과 얼굴 보호구(보안경과 보안면)

날아오는 물체로부터 눈을 보호하고 위험물과 유해광선에 의한 시력장해를 방지하기 위해 사용한다. 또한 재해 중 눈이 차지하는 비율이 그리 높은 편은 아니지만 뜻하지 않게, 또는 자칫 실수로 영구적 실명이 되는 경우가 있어 보안경의 올바른 사용은 매우 중요하다.

1) 보안경의 종류

(1) 차광 보안경

눈에 해로운 자외선, 가시광선, 적외선이 발생하는 장소에서 유해광선으로부터 눈을 보호하기 위한 수단으로 사용되는 차광 보안경은 아아크용접, 가스용접, 열절단, 용광로, 주변작업 및 기타 유해광선이 발생하는 작업에 사용하는 것으로, 사용목적에 따라 다음 3가지를 들 수 있다.
① 유해한 자외선(ultraviolet) 차단
② 강렬한 가시광선(visible)을 약하게 하여 광원의 상태 관측
③ 열작업에서 발생하는 적외선(infrared) 차단

(2) 유리 보안경 및 플라스틱 보안경

미분이나 칩, 기타 비산물이 발생하는 작업, 특히 액체약품을 취급할 때는 플라스틱 보안경을 쓴다.

(3) 도수렌즈 보안경

시력이 안 좋은 근로자는 교정안경과 보안경을 함께 착용하는 대신 도수렌즈 보안경을 착용하면 이런 불편을 해소할 수 있다.

2) 보안면의 종류

(1) 용접 보안면

용접 보안면은 일반적으로 안면 보호구로 분류하고 있으나, 구조상 눈을 보호하는 기능도 갖는다. 사용구분은 아아크 및 가스용접, 절단작업 시에 발생하는 유해광선으로부터 눈을 보호하고 용접 시 발생하는 열에 의한 얼굴 및 목 부분의 열상이나 가열된 용재 등의 파편에 의한 화상의 위험으로부터 근로자를 보호하기 위해 사용한다.

(2) 일반 보안면

일반 보안면은 용접 보안면과는 달리 면체 전체가 전부 투시 가능한 것으로, 주로 일반작업 및 점용접작업 시에 발생하는 각종 비산물과 유해한 액체로부터 안면, 목 부위를 보호하기 위한 것이다. 또한 유해한 광선으로부터 눈을 보호하기 위해 단독으로 착용하거나 보안경 위에 겹쳐 착용한다.

[표 1-8] 착용대상 작업

작업의 종류	재해의 종류	보호구의 선택
산소아세틸렌 불꽃용접, 용단, 용융	스파크, 해로운 빛, 쇳물(용융), 비산물	⑦, ⑧, ⑨
화공약품작업	유해액체의 비산, 산에 의한 부식(buming), 유독연기	②(심할 경우 ⑩을 겸용)
절단작업	비산물	①, ②, ③, ④, ⑤, ⑥, ⑦, ⑧
전기용접	스파크, 강한 불빛, 유해광선	⑪(필요할 경우 ④, ⑤, ⑥을 유색렌즈로 겸용)
주물작업	쇳물, 열, 불꽃, 유해광선	⑦, ⑧, ⑨(악조건의 작업이면 ⑩을 겸용)
그라인딩(가벼운 것)	비산물	①, ③, ⑤, ⑥(악조건의 작업이면 ⑩을 겸용)
그라인딩(심한 것)	비산물	①, ③, ⑤, ⑥(악조건의 작업이면 ⑩을 겸용)
금속의 용융	열, 화염, 유해광선, 스파크, 쇳물	①, ③, ⑤, ⑥(악조건의 작업이면 ⑩을 겸용)
실험실	화공약품의 비산, 유리파편	②(⑤, ⑥과 ⑩을 겸용)
스파크용접	비산물, 스파크	①, ③, ④, ⑤, ⑥(악조건의 작업이면 차광렌즈와 ⑩을 겸용)

[비고]
① 고글, 연질프레임, 그물망식 환기장치 ② 고글, 연질프레임, 환기뚜껑 부착 ③ 고글, 경질쿠션 ④ 스펙터클, 측면가리개 없음 ⑤ 스펙터클, 아이컵형 측면가리개 ⑥ 스펙터클, 평면이 접는 방식 측면가리개 ⑦ 용접고글, 아이컵형 차광렌즈 등 ⑧ 용접고글, 커버스펙터클형 차광렌즈 등 ⑨ 용접고글, 커버스펙터클형 차광렌즈 등 ⑩ 페이스 실드 ⑪ 용접 헬멧
※ 주의 : 쇳물이 튀는 작업에는 페이스 실드만으로는 적절한 보호기능을 하지 못하므로 플라스틱렌즈를 사용할 것

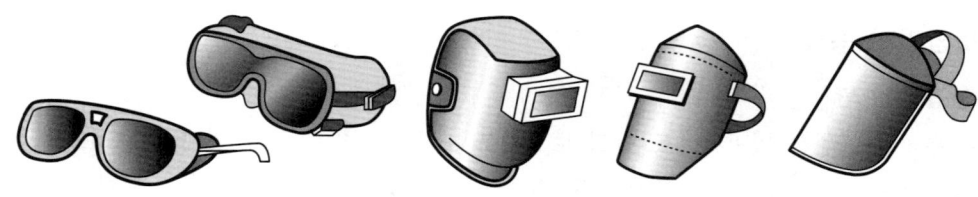

[그림 1-8] 보안경의 종류

(3) 올바른 선택과 보관방법

① 보안경에는 차광도번호가 있어 이 번호별로 광선의 차광률이 규격화되어 있다. 따라서 작업할 때 발생하는 유해광선의 강도와 성격을 미리 파악해 알맞은 것을 선택한다.
② 재질은 내구성이 있고 가벼운 것이 좋으며, 시야가 넓은 것을 고른다.
③ 착용 시 보안경은 우선 편안해야 한다. 쉽게 빠지거나 돌아가지 않게 고정되면서도 착용자의 행동을 심하게 방해하지 않는 것을 고른다.
④ 사용 중 렌즈에 흠, 더러움, 깨짐이 있는지 항시 점검하여 깨끗하게 잘 보관한다.

06 얼굴 보호구

강렬한 유해광선으로부터 눈을 보호하고, 용접 시 불꽃 또는 파편에 의한 화상으로부터 얼굴, 머리 혹은 목을 보호한다.

(1) 종류

① **용접용** : 아아크용접, 가스용접, 절단작업 시 사용한다.
② **일반용** : 보안경 위에 겹쳐 착용하며, 점용접작업, 비산물이 발생하는 철물기계작업, 연마, 광택, 철사손질, 그라인딩작업, 목재가공작업 등 일반작업에 사용한다.

(2) 올바른 선택방법

① 면체의 안쪽은 광선을 반사하지 않아야 하고, 절연조치가 되어 있어야 한다.
② 창은 착용자의 시야를 방해하지 않는 것으로 고른다.
③ 필터 및 커버 플레이트는 교환이 가능하고, 유해광선이 새어 들어오지 않도록 누름쇠로 견고하게 누를 수 있어야 한다.

 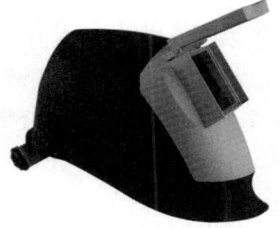

(a) 일반용 (b) 용접용

[그림 1-9] 얼굴 보호구

07 귀 보호구

소음이 발생하는 작업장에서 작업자의 청력을 보호하기 위해 사용하며, 작업장의 소음은 작업능률 저하와 장기간 근로 시 귀의 울림이 멎지 않는 직업병에 걸리거나 더 심하면 아무 것도 듣지 못할 정도로 청력에 손상을 준다. 소음의 허용기준은 8시간 작업 시 90dB이고, 그 이상의 소음작업장에서 오래 근무하면 소음성 난청이 생길 수도 있다.

(1) 종류
① 귀마개 : 귀에 외이도를 막아주는 것이다.
② 귀덮개 : 귀 전체를 덮어주는 것이다.

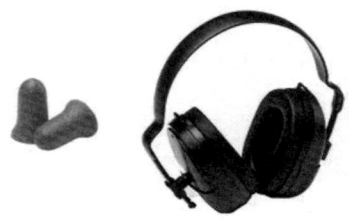

[그림 1-10] 귀마개와 귀덮개

(2) 올바른 선택과 착용방법

소음의 정도와 작업내용에 따라 선택한다. 작업장의 소음수준이 90~115dB일 때는 귀마개를 착용하고, 110~120dB일 때는 귀덮개를 사용하며, 120dB이 넘을 때는 귀마개와 귀덮개를 동시에 사용한다.
① 귀마개 : 크기가 작고, 휴대가 간편해야 한다. 활동이 많은 작업장은 귀에 잘 맞고 쉽게 빠지지 않으며, 사용 중 불쾌감, 통증이 없어야 한다. 사용 중 더러운 손으로 만지거나 착용을 삼가야 하며, 이때 묻은 기름이나 때에 의해 귓병이 생기기 쉬우므로 주의하고, 사용 후에는 부드러운 세제액으로 닦아내고 미지근한 물에 행군다.
② 귀덮개 : 크기가 크고, 앉아서 작업하는 등 활동이 적은 작업장에서 사용한다. 썼다 벗었다 하기가 편리하여 소음이 간헐적으로 들리는 작업장으로, 흡음재로 감싼 것으로 귀 전체를 완전히 덮어주며 청소하기 위해 해체해서는 절대 안 된다.

08 호흡용 보호구

산소결핍작업, 분진 및 유독가스가 발생하는 작업 시 신선한 공기의 공급 또는 여과를 통하여 호흡기를 보호하며, 보호방식과 종류 및 형태에 따라 다음과 같이 분류한다.

[표 1-9] 호흡용 보호구의 보호방식과 종류 및 형태

분류	공기정화식		공기공급식	
종류	수동식	전동식	송기식	공기용식
안면부 등의 형태	전면형, 반면형	전면형, 반면형	전면형, 반면형 페이스실, 후드	전면형
보호구명	방진 마스크, 방독 마스크	전동팬 부착, 방진 마스크, 방독 마스크	송기 마스크, 산소호흡기	공기호흡기

1 종류

(1) 공기정화식 호흡기

공기정화식은 가격이 저렴하고 사용이 간편하여 널리 사용되지만, 산소농도가 18% 미만인 장소나 유해비(공기 중 오염물질의 농도/노출기준)가 높은 경우에는 사용할 수 없다. 또한 단기간(30분) 노출되었을 시 사망 또는 회복 불가능한 상태를 초래할 수 있는 농도 이상에서는 사용할 수 없다. 방진 마스크는 분진이 많이 발생하는 작업장에서, 방독 마스크는 유해가스가 발생하는 작업장에서 사용한다.

[표 1-10] 방독 마스크의 등급

구분	사용범위
격리식	가스 또는 증기농도가 2%(암모니아 3%) 이하 대기 중에서 사용
직결식	가스 또는 증기농도가 1%(암모니아 1.5%) 이하 대기 중에서 사용
직결식 소형	가스 또는 증기농도가 0.1% 이하 대기 중에서 사용

[표 1-11] 방독 마스크의 정화통 종류

종류	정화통의 색	대상 유해물질
유기가스용	흑색	유기용제, 유기화합물 등의 가스 또는 증기
할로겐가스용	회색 및 흑색	할로겐 가스 또는 증기
일산화탄소용	적색	일산화탄소 가스
암모니아용	녹색	암모니아 가스
아황산가스용	황적색	아황산가스
아황산 황용	백색 및 황적색	아황산가스 및 황의 증기 또는 분진

(2) 공기공급식 호흡기

공기 중 산소농도가 18% 미만일 때 신선한 공기를 공급해 주는 것으로, 송기 마스크, 공기호흡기, 산소호흡기 등이 있다.

2 사용 및 관리방법

1) 방진 마스크

[그림 1-11] 방진 마스크

(1) 선정기준
① 분진포집효율이 높고 흡기·배기저항은 낮은 것
② 가볍고 시야가 넓은 것
③ 안면 밀착성이 좋아 기밀이 잘 유지되는 것
④ 마스크 내부에 호흡에 의한 습기가 발생하지 않는 것
⑤ 안면 접촉부위가 땀을 흡수할 수 있는 재질을 사용한 것
⑥ 작업내용에 적합한 방진 마스크의 종류를 선정할 것

(2) 사용 및 관리방법
① 작업 시 항상 착용토록 하고, 사용 전에 배기밸브, 흡기밸브의 기능과 공기누설 여부 등을 점검한다.
② 안면부를 얼굴에 밀착시킨다.
③ 여과재는 건조한 상태에서 사용한다.
④ 필터는 수시로 분진을 제거하여 사용하고 필터가 습하거나 흡·배기저항이 클 때는 교체한다.
⑤ 알레르기성 습진 발생 시 세안 후 붕산수를 도포한다.
⑥ 흡기밸브, 배기밸브는 청결하게 유지하고, 안면부를 손질 시에는 중성세제를 사용한다.
⑦ 용접 흄이나 미스트가 발생하는 장소에서는 분진포집효율이 높은 흄용 방진 마스크를 사용한다.
⑧ 고무 등의 부분은 기름이나 유기용제에 약하므로 접촉을 피하고 자외선에도 약하므로 직사광선을 피한다.
⑨ 사업주는 방진 마스크 사용 전 근로자에게 충분한 교육·훈련을 실시한다.

⑩ 방진 마스크는 밀착성이 요구되므로 ⑪과 같이 착용하면 안 된다(다만, 방진 마스크의 착용으로 피부에 습진 등을 일으킬 우려가 있는 경우는 예외). 즉, 수건 등을 대고 그 위에 방진 마스크를 착용하는 경우와 면체의 접안부에 접안용 헝겊을 사용하는 경우이다.
⑪ 다음 해당하는 경우에는 방진 마스크의 부품을 교환거나 마스크를 폐기한다.
　㉠ 여과재의 뒷면이 변색되거나 근로자가 호흡 시 이상냄새를 느끼는 경우
　㉡ 여과재의 수축, 파손, 현저한 변형이 발생한 경우와 흡기저항의 현저한 상승 또는 분진포집효율의 저하가 인정된 경우
　㉢ 면체, 흡기밸브, 배기밸브 등의 파손, 균열 또는 현저한 변형 등이 있는 경우
　㉣ 머리끈의 탄성력이 떨어지는 등 신축성의 상태가 불량하다고 인정된 경우
　㉤ 기타 방진 마스크를 사용하기가 곤란한 경우

2) 방독 마스크

(1) 선정기준
① 사용대상 유해물질을 제독할 수 있는 정화통을 선정한다.
② 산소농도 18% 미만인 산소결핍장소에서의 사용을 금지한다.
③ 파과시간이 긴 것을 선정한다.
④ 그 외의 것은 방진 마스크 선정기준을 따른다.

[그림 1-12] 방독 마스크(전면형)

(2) 사용 및 관리방법
① 정화통의 파과시간을 준수하며, 파과시간이란 정화통 내의 정화제가 제독능력을 상실하여 유해가스를 그대로 통과시키기까지의 시간을 말한다. 파과시간은 제조회사마다 정화통에 표시되어 있으므로 사용 시마다 사용기간 기록카드에 기록하여 남은 유효시간이 작업 시간에 맞게 충분히 남아있는 시점인지 확인한다.
② 대상물질의 농도에 적합한 형식을 선택한다.
③ 다음의 경우에는 송기 마스크를 사용한다.
　㉠ 유해물질의 종류와 농도가 불분명한 장소
　㉡ 작업강도가 매우 큰 작업
　㉢ 산소결핍의 우려가 있는 장소
④ 사용 전에 흡·배기상태, 유효시간, 가스종류와 농도, 정화통의 적합성 등을 점검한다.
⑤ 정화통의 유효시간이 불분명 시에는 새로운 정화통으로 교체한다.
⑥ 정화통은 여유 있게 확보한다.
⑦ 그 외의 것은 방진 마스크 사용방법을 따른다.

3) 송기 마스크

(1) 선정기준

[그림 1-13] 송기 마스크(집단형)

① 격리된 장소, 행동반경이 크거나 공기의 공급장소가 멀리 떨어진 경우에는 공기호흡기를 지급하며, 이때는 기능을 확실히 체크해야 한다.
② 인근에 오염된 공기가 있는 경우에는 폐력흡인형이나 수동형은 적합하지 않다.
③ 위험도가 높은 장소에서는 폐력흡인형이나 수동형은 적합하지 않다.
④ 화재·폭발이 발생할 우려가 있는 위험지역 내에서 사용해야 할 경우에 전기기기는 방폭형을 사용한다.

(2) 사용 및 관리방법

① 신선한 공기를 공급한다. 압축공기관 내 기름제거용으로 활성탄을 사용하고, 그밖에 분진, 유독가스를 제거하기 위한 여과장치를 설치한다. 송풍기는 산소농도가 18% 이상이고 유해가스나 악취 등이 없는 장소에 설치한다.
② 폐력흡인형 호스 마스크는 안면부 내에 음압이 되어 흡·배기밸브를 통해 누설이 되어 유해물질이 침입할 우려가 있으므로 위험도가 높은 장소에서의 사용을 피한다.
③ 수동 송풍기형은 장시간 작업 시 2명 이상 교대하면서 작업한다.
④ 공급되는 공기의 압력을 1.75kgf/cm^2 이하로 조절하며, 여러 사람이 동시에 사용할 경우에는 압력조절에 유의한다.
⑤ 전동송풍기형 호스 마스크는 장시간 사용할 때 여과재의 통기저항이 증가하므로 여과재를 정기적으로 점검하여 청소 또는 교환해 준다.
⑥ 동력을 이용하여 공기를 공급하는 경우에는 전원이 차단될 것을 대비하여 비상전원에서 연결하고, 그것을 제3자가 손대지 못하도록 표시한다.
⑦ 공기호흡기 또는 개방식인 경우에는 실린더 내의 공기잔량을 점검하여 그에 맞게 대처한다.

⑧ 작업 중 다음과 같은 이상상태가 감지될 경우에는 즉시 대피한다.
　㉠ 송풍량의 감소
　㉡ 가스냄새 또는 기름냄새 발생
　㉢ 기타 이상상태라고 감지할 때

(3) 보수 및 유지 관리방법

① 안면부, 연결관 등의 부품이 열화된 경우에는 새것으로 교환한다.
② 호스에 변형, 파열, 비틀림 등이 있는 경우에는 새것으로 교환한다.
③ 산소통 또는 공기통 사용 시에는 잔량을 확인하여 사용 시간을 기록 관리한다.
④ 사용 전에 관리감독자가 점검하고 1개월에 1회 이상 정기점검 및 정비를 하여 항상 사용할 수 있도록 한다.

09 손 보호구

고열이나 전기를 띤 물체, 화학약품, 무겁고 날카로운 물체 등에 의한 절상이나 타박상, 화상, 감전 등의 위험으로부터 손을 보호하기 위해 손 보호구를 착용하며, 산업재해 중 손이 10%, 손가락이 40%로 손 부위가 전체 상해의 절반이 넘고, 좀처럼 그 비율도 줄어들지 않고 있으므로 각별한 주의가 필요하다.

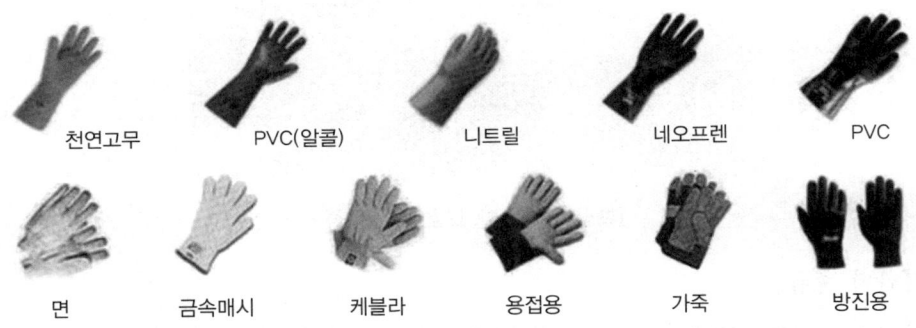

[그림 1-14] 손 보호구의 종류

(1) 안전장갑의 종류

① 일반작업용 면장갑 : 절상, 마찰, 화상 등을 막아준다.
② 고무장갑 : 주로 약품을 취급할 때 사용한다.
③ 방열장갑 : 쇳물 교체작업이나 가열로작업 등에서 고온, 고열을 막아준다.
④ 전기용 고무장갑 : 감전으로부터 작업자를 보호한다.
⑤ 금속매시장갑 : 나이프나 깎기 같은 날카로운 공구나 재료를 다룰 때 사용한다.

⑥ 산업위생보호장갑 : 피부를 통해 흡수될 우려가 있는 화학물질이나 유기용제를 취급할 때 사용한다.

(2) 올바른 선택과 착용방법
① 착용 시 촉감이 좋고, 잘 굽혀지고 잘 펴지며, 움켜쥐는 힘이 충분한 것으로 고른다.
② 작업자는 장갑을 끼고 있어도 손의 신경이 둔화되거나 무뎌지지 않도록 손의 피로회복운동을 자주 해주는 것이 좋다.

10 발 보호구

물체의 낙하, 충격 또는 날카로운 물체로 인한 위험이나 화학약품 등으로부터 발을 보호하거나 감전 또는 정전기의 인체대전을 방지하기 위해 사용한다.

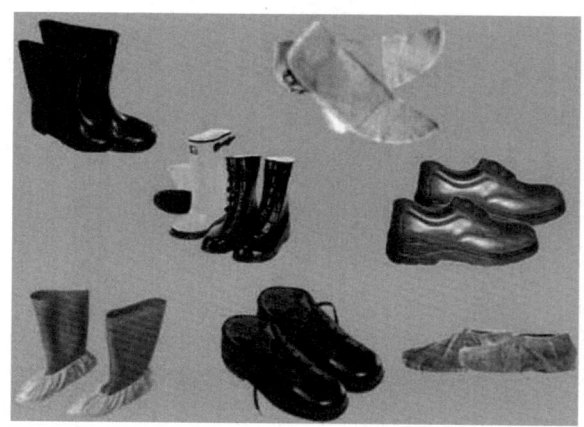

[그림 1-15] 발 보호구의 종류

(1) 안전화의 종류
① 가죽제 안전화 : 물체의 낙하, 충격 및 바닥의 날카로운 물체에 찔릴 위험으로부터 발을 보호하며, 종류는 중작업용, 보통작업용, 경작업용 등이 있다.
② 고무제 안전화 : 가죽제 안전화의 기능에 방수 또는 내화학성 처리가 추가된 것으로, 물, 산 또는 알칼리 취급 시 사용한다.
③ 정전기방지용 안전화 : 인체에 대전된 정전기를 안전화의 겉창을 통하여 대지로 방전시켜 인체대전을 막아주며 화재·폭발을 예방한다.
④ 절연화 : 저압의 전기를 취급하는 작업에 사용하며, 감전을 예방한다.
⑤ 절연장화 : 고압의 전기를 취급하는 작업에 사용하며, 감전을 예방한다.

(2) 올바른 선택과 착용방법

① 선택 시 먼저 합격품인지 확인하고, 자신의 발에 맞는지, 잘 굽혀지고 펴지는지, 가벼운지를 꼼꼼히 살펴보고 선택한다.
② 착용 시 끈이 있는 안전화는 끈을 단단히 매고, 정전기방지용은 충전부에 접촉하지 않도록 주의한다.
③ 신고 나면 땀을 완전히 건조시킨 후 왁스를 발라 보관하고, 흠이나 균열이 없는지도 수시로 점검한다.

11 안전대

안전대는 크게 신체를 지지하는 요소와 구조물 등 걸이설비에 연결하는 요소로 구성된다. 신체를 지지하는 요소는 벨트식과 안전그네식으로 구분되며, 요즘은 상체식 형태도 유통되고 있다. 신체지지요소는 추락 시 작업자를 구속하므로 사용 선택 시 적절한 보호능력을 확인하는 것이 중요하다. 신체지지요소별 추락 시 인체에 미치는 영향을 보면 다음과 같다.

[표 1-12] 안전대의 종류와 특징

구분	그네식 안전대	벨트식(상체형) 안전대	벨트식 안전대
사진			
제품의 구성	추락을 방지하기 위한 신체지지의 목적으로 전신에 착용하는 띠 모양의 제품으로써 어깨걸이, 다리걸이, 가슴조임줄로 구성	추락을 방지하기 위한 신체지지의 목적으로 상체 부분에 착용하는 띠 모양의 제품으로써 어깨걸이, 허리벨트, 가슴조임줄로 구성	추락을 방지하기 위한 신체지지의 목적으로 허리에 착용하는 띠 모양의 제품으로써 허리벨트로 구성
안전성	신체 전신을 띠 모양의 부품이 감싸고 있어 안전함	상체 부분만 부품이 감싸고 있어 띠가 상체의 겨드랑이 부분에 몰려 불안전함	머리 부분이 먼저 추락하는 경우 몸이 안전대로부터 빠질 수 있음

① **벨트식** : 신체를 지지하기 위해 허리에 착용한다.
② **안전그네식** : 온몸에 착용하며 높은 곳에서 작업 시 사용한다.
③ **안전블록** : 추락을 억제할 수 있는 자동잠금장치가 있어 자동적으로 수축되는 금속장치이다.
④ **추락방지대** : 자동잠금장치를 갖추고 조임줄과 수직구명줄이 연결된 금속장치이다.

Chapter 06 용접작업의 안전관리

01 가스용접의 원리

1) 가스용접의 원리

가연성 가스(아세틸렌, LPG 등)와 지연성 가스(산소)의 혼합으로 가스가 연소할 때 발생하는 열(약 3,000℃)을 이용하여 모재를 용융시키면서 용접봉을 공급하여 접합하는 방법이다. 전기용접과 같이 용접의 일종이다.

2) 가스용접의 장단점

(1) 장점

① 전기가 필요 없다.
② 용접기의 운반이 비교적 자유롭다.
③ 용접장치의 설비비가 전기용접에 비하여 싸다.
④ 불꽃을 조절하여 용접부의 가열범위를 조정하기 쉽다.
⑤ 박판용접에 적당하다.
⑥ 용접되는 금속의 응용범위가 넓다.
⑦ 유해광선의 발생이 적다.
⑧ 용접기술이 쉬운 편이다.

(2) 단점

① 고압가스를 사용하기 때문에 폭발, 화재의 위험이 크다.
② 열효율이 낮아서 용접속도가 느리다.
③ 금속이 탄화 및 산화될 우려가 많다.
④ 열의 집중성이 나빠 효율적인 용접이 어렵다.
⑤ 일반적으로 신뢰성이 적다.
⑥ 용접부의 기계적 강도가 떨어진다.
⑦ 가열범위가 커서 용접능력이 크고 가열시간이 오래 걸린다.

02 부속장치

1) 안전기

① 가스의 역류, 역화로 인한 위험을 방지할 수 있는 구조로 할 것
② 빙결 시에는 온수나 증기를 사용할 것
③ 유효수주는 25mm 이상을 유지할 것
④ 종류에는 수봉식과 스프링식이 있음

[그림 1-16] 안전기

2) 청정기

카바이드에 발생한 아세틸렌 가스에 불순물로 인한 용착금속의 성질 악화 및 기기의 부식, 불꽃온도 저하, 역류, 역화, 폭발위험을 가지므로 제거해야 한다.
① 물리적 방법 : 수세법, 여과법
② 화학적 방법 : 헤라돌, 가다리졸, 아카린, 플랑크인
③ 청정색의 변색 : 황갈색에서 청색, 회색으로 변화함

3) 압력조정기

① 비눗물로 점검한다.
② 작동순서는 부르동관 → 켈리브레이팅 링크 → 섹터 기어 → 피니언 → 눈금판 순이다.
③ 종류에는 프랑스식은 매우 예민하게 작동(스팀형)하며, 독일식은 고장이 적다(노즐형).

[그림 1-17] 압력조정기

4) 토치

(1) 구조

밸브, 혼합실, 팁으로 이루어진다.

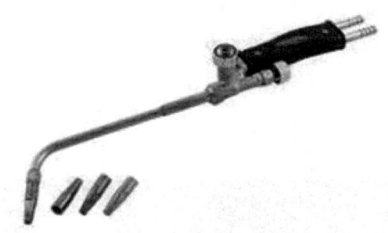

[그림 1-18] 토치

(2) 분류

저압식(0.07kgf/cm^2), 중압식($0.07~0.4\text{kgf/cm}^2$), 고압식이 있다.

(3) 종류

① 불변압식(독일형 A형) : 인젝터에 니들밸브가 없다.
② 가변압식(프랑스식 B형) : 니들밸브가 있어 불꽃조절이 쉽다.

(4) 토치의 크기

소·중·대형으로 분류되며, 각각의 크기는 300~350mm, 400~450mm, 500mm 이상이다.

(5) 팁의 능력

① 독일식 : 용접할 수 있는 강판의 두께로 표시하며, 예를 들면, 1번은 두께 1mm, 2번은 두께 2mm를 나타낸다.
② 프랑스식 : 1시간당 소비되는 아세틸렌 소비량으로 표시하며, 예를 들면, 100번은 아세틸렌 가스소비량 100L를 나타낸다.

(6) 구비조건 및 취급요령

① 안정성이 높아야 한다.
② 역화가 없어야 한다.
③ 기름 또는 그리스를 토치에 바르지 말아야 한다.
④ 팁의 청소는 구리, 황동, 팁클리너를 사용한다.
⑤ 팁 교환 시에는 밸브를 반드시 잠가야 한다.

[그림 1-19] 팁 클리너(Tip Nozzle Cleaner)

5) 용제

모재표면의 불순물과 산화물의 제거로 양호한 용접이 되도록 도와준다.

(1) 연강

사용하지 않으며, 때에 따라 충분한 용제작용을 돕기 위해 규산나트륨, 붕사, 붕산을 사용할 때가 있다.

(2) 고탄소강, 특수강, 주철

탄산수소나트륨, 탄산나트륨, 황혈염, 붕사, 붕산을 사용한다.

(3) 구리, 구리합금

붕사, 붕산, 플루오르 나트륨, 규산나트륨, 인산화물을 사용한다.

(4) 알루미늄

염화나트륨, 염화칼륨, 염화리튬, 플루오르화 칼륨, 황산칼륨을 사용한다.

6) 보호구 및 공구

(1) 보안경

가스용접 시 차공도번호 시작은 일반적으로 4~5번(3.2mm)이며, 12.7mm 이상은 6~8번을 사용한다.

[그림 1-20] 보안경

(2) 보호구 및 공구

보호복, 토치 라이터, 팁 클리너, 용접지그, 집게, 와이어 브러시 등이 있다.

[그림 1-21] 토치 라이터

[그림 1-22] 용접지그

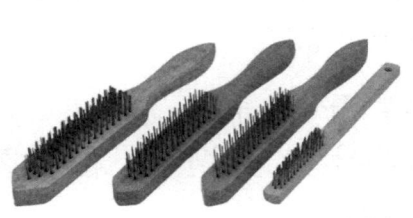

[그림 1-23] 와이어 브러시

7) 가스용접봉

(1) 종류

1.6, 2, 2.6, 3.2, 4, 5, 6 등 8종이며, 길이는 모두 1,000mm이다.

(2) 용접봉의 지름과 모재와의 관계

$$D = \frac{T}{2} + 1$$

여기서, D : 용접봉의 지름
T : 판두께

[그림 1-24] 용접봉

8) 산소-아세틸렌용접 작업방법

(1) 전진법(좌진법)
용접봉이 앞서 나가는 것을 생각하면 된다(오른쪽 → 왼쪽).

(2) 후진법(우진법)
용접봉이 토치에 뒤따르는 것을 생각하면 된다(왼쪽 → 오른쪽). 후판에 사용한다.

(3) 전진법과 후진법의 비교
① 열이용률은 후진법이 좋다.
② 용접속도는 후진법이 빠르다.
③ 비이드 모양은 전진법이 좋다.
④ 홈각도는 후진법(60°)과 전진법(80°)이 있다.
⑤ 변형은 전진법이 크다.
⑥ 산화 정도는 전진법이 크다.
⑦ 전진법은 박판에, 후진법은 후판에 이용한다.
☞ 전진법은 비이드 모양 외에는 모든 것이 후진법에 비해 나쁘다고 생각하면 된다.

03 폭발화재의 방지

용접작업 시에는 주위의 가연물(기름, 나뭇조각, 도료, 걸레, 내장재, 전선 등), 폭발성 물질 또는 가연성 가스와 과열된 피용접물, 불꽃, 아크 등에 의해 인화, 폭발, 화재를 일으킬 염려가 있으므로 작업 전에 이들 가연물을 멀리 격리해야 한다. 만약 이러한 조치가 안 될 경우에는 불꽃비산방지조치, 기타 폭발화재 등이 일어나지 않도록 조치하고, 근처에 소화기를 준비하도록 한다. 드럼통, 탱크, 배관 등의 용접수리작업 시 내부에 인화성 액체나 가연성 가스, 증기가 존재하면 대단히 위험하므로 용접 전에 최소한 다음과 같은 사항에 대해 사전준비를 하도록 한다.

① 구조물 내 모든 가연성 물질, 폐기물, 쓰레기 등의 제거
② 가열될 경우 가연성이나 독성 물질을 발생할 수 있는 물질의 청소
③ 압력축적을 막기 위해 구조물 내 환기
④ 용접 부위에 국소적으로 물을 넣거나 불활성 기체로 내부청소

밀폐장소에서의 작업은 작업 전에 공기질이 좋았더라도 유독성 오염물질의 누적, 불활성이나 질식성 가스로 인한 산소결핍과 산소과잉의 발생으로 인한 폭발가능성 등이 생길 수 있다. 따라서 최소한 다음과 같은 조치가 취해져야 한다.

① 작업자가 밀폐공간에서 작업 시 반드시 사전허가를 받는 시스템을 확립한다.
② 밀폐공간에 연결되는 모든 파이프, 덕트, 전선 등은 작업에 지장을 주지 않는 한 연결을 끊거나 막아서 작업공간 내로 유출되지 않도록 한다.
③ 작업 중 지속적으로 환기가 이루어지도록 한다.
④ 가연성, 폭발성 기체나 유독가스의 존재 여부 및 산소결핍 여부를 작업 전에 반드시 점검하고, 필요시에는 작업 중 지속적으로 공기 중 산소농도를 검사한다.
⑤ 용접에 필요한 가스실린더나 전기동력원은 밀폐공간 외부의 안전한 곳에 배치한다.
⑥ 밀폐공간 외부에는 반드시 감시인 1명을 배치하여 눈이나 대화로 확인하고, 작업자의 입출입을 돕거나 구조활동에 참여한다.
⑦ 배치된 사람은 작업자가 내부에 있을 때는 항상 정위치하며, 필요한 개인보호장비와 구조장비를 갖춘다.
⑧ 밀폐공간에 출입하는 작업자는 안전대, 생명줄 그리고 보호구를 포함하여 적절한 개인보호장비를 갖춘다.

04 용접·용단의 특성

전기용접, 가스절단 등 용접·용단 시에 발생되는 불티는 인접한 위험물질에 직접적인 점화원을 제공하여 화재·폭발로 인한 대형사고로 발전될 가능성이 높으므로 이에 대한 안전대책을 마련해야 한다. 용접·용단 시 발생되는 비산불티의 특성은 다음과 같다.
① 작업 시 수천 개가 발생·비산됨
② 비산불티는 수평방향으로 약 11m 정도까지 흩어짐
③ 축열에 의하여 상당시간 경과 후에도 불꽃이 발생하여 화재를 일으키는 경향이 있음
④ 용단작업 시 비산되는 불티는 3,000℃ 이상의 고온체임
⑤ 산소의 압력, 절단속도, 절단기의 종류 및 방향, 풍속 등에 따라 불티의 양과 크기가 달라짐
⑥ 발화원이 될 수 있는 불티의 크기는 직경이 0.3~3mm 정도임

05 가스용접의 안전사항

1) 안전작업수칙
① 가스용기는 열원으로부터 멀리 떨어진 곳에 세워서 보관하고 전도방지조치를 한다.

② 용접작업 중 불꽃 등에 의하여 화상을 입지 않도록 방화복이나 가죽앞치마, 가죽장갑 등의 보호구를 착용한다.
③ 적절한 보안경을 착용한다.
④ 산소밸브는 기름이 묻지 않도록 한다.
⑤ 가스호스는 꼬이거나 손상되지 않도록 하고 용기에 감아서 사용하지 않는다.
⑥ 안전한 호스연결기구(호스클립, 호스밴드 등)만을 사용한다.
⑦ 검사받은 압력조정기를 사용하고 안전밸브 작동 시에는 화재·폭발 등의 위험이 없도록 가스용기를 연결시킨다.
⑧ 가스호스의 길이는 최소 3m 이상 되도록 한다.
⑨ 호스를 교체하고 처음 사용하는 경우 사용 전에 호스 내의 이물질을 깨끗이 불어낸다.
⑩ 토치와 호스연결부 사이에 역화방지를 위한 안전장치를 설치한다.

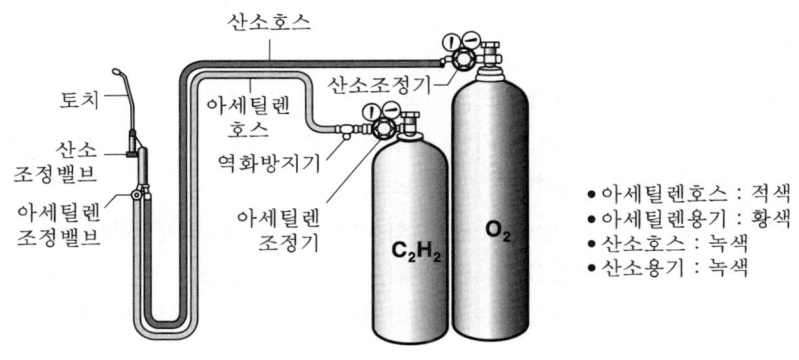

[그림 1-25] 산소용접기의 구성

2) 역화, 역류, 인화의 원인과 방지대책

(1) 역류

산소가 아세틸렌 쪽으로 흘러 들어가는 현상으로, 아세틸렌의 공급량이 부족할 때 일어난다. 방지법은 다음과 같다.
① 팁을 깨끗이 청소한다.
② 산소를 차단시킨다.
③ 아세틸렌을 차단시킨다.
④ 안전기와 발생기를 차단시킨다.

(2) 역화

불꽃이 토치의 팁 끝에서 순간적으로 폭음을 내며 들어갔다 나오거나 꺼지는 현상으로, 팁 끝이 닿았을 때, 팁 끝이 과열되었을 때, 가스압력이 부적당할 때, 팁의 조임이 완전하지 못할 때에 일어난다. 방지법은 다음과 같다.

① 용접 팁을 물에 잠근다.
② 아세틸렌을 차단한다.
③ 토치의 기능을 점검한다.

(3) 인화

불꽃이 혼합실까지 들어가는 현상이다. 방지법은 다음과 같다.
① 팁을 깨끗이 청소한다.
② 가스유량을 적당하게 조정한다.
③ 토치 및 각 기구를 점검한다.
④ 호스의 비틀림이 없게 한다.

3) 안전작업방법

(1) 가스용접작업 시 준수사항

① 호스 등의 접속 부분은 호스밴드, 클립 등의 조임기구를 사용하여 확실하게 조인다.
② 가스공급구의 밸브, 콕에는 여기에 접속된 가스 등의 호스를 사용하는 자의 명찰을 부착하는 등 오조작을 방지하기 위한 조치를 한다.
③ 용단작업 시 산소의 과잉방출로 인한 화상의 예방을 위해 충분히 환기시킨다.
④ 작업을 중단하거나 작업장을 떠날 때에는 공급구의 밸브, 콕을 반드시 잠근다.
⑤ 작업중지 시에는 가스호스를 해체하거나 환기가 충분한 장소로 이동한다.

(2) 가스용기 취급 시 준수사항

① 위험장소, 통풍이 안 되는 장소에 보관, 방치하지 않는다.
② 용기온도를 40℃ 이하로 유지한다.
③ 충격을 가하지 않도록 하고, 충격에 대비하여 방호울 등을 설치한다.
④ 건설현장이나 설비공사 시에는 용기고정장치 또는 끌차를 사용한다.
⑤ 운반 시 캡을 씌워 충격에 대비한다.
⑥ 사용 시 용기의 마개 주위에 있는 유류와 먼지를 제거한다.
⑦ 밸브는 서서히 열어 갑자기 가스가 분출되지 않도록 하고 충격에 대비한다.
⑧ 사용 중 용기와 사용 전 용기를 명확히 구별하여 보관한다.
⑨ 용기의 부식, 마모, 변형상태를 점검한 후 사용한다.

4) 산소용기

① 산소용기의 밸브, 조정기 등에 기름이 묻지 않게 한다.
② 다른 가스에 사용한 조정기, 호스 등을 그대로 사용하지 않는다.

③ 산소용기 속에 다른 가스를 혼합하지 않는다.
④ 산소는 가연성 가스이므로, 특히 기름과 그리스에 접근시키지 않는다.
⑤ 산소와 아세틸렌용기는 각각 별도로 저장한다.
⑥ 전도와 충격을 주지 않는다.
⑦ 크레인 등으로 운반할 때는 로프나 와이어 등으로 매지 말고 반드시 철재상자 등 견고한 상자에 넣어 운반한다.

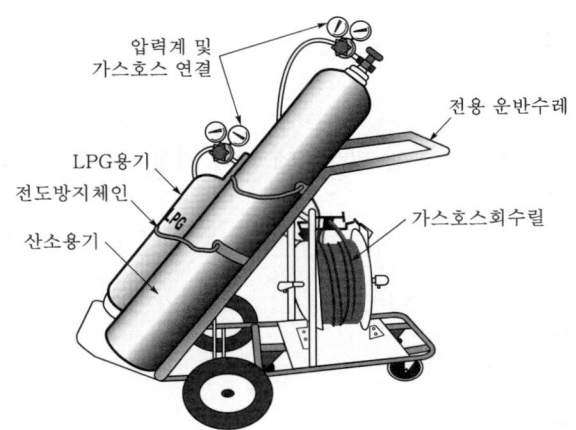

[그림 1-26] 산소용기 운반장치

5) 아세틸렌용기(아세틸렌 발생기)

압력에 따라 저압식($0.07kgf/mm^2$ 이하), 중압식($0.07~1.3kgf/mm^2$), 고압식($1.3kgf/mm^2$ 이상)으로 분류되며, 발생방식에 따라 다음과 같이 3가지로 분류된다.

(1) 투입식 발생기

비교적 많은 양의 아세틸렌가스를 발생시킬 때 사용하며, 많은 물에 카바이드를 조금씩 투입하는 방식이다.
① 발생 가스온도가 낮다.
② 불순물 발생이 적다.
③ 대량생산에 적당하다.
④ 청소 및 취급이 용이하다.
⑤ 물의 사용량이 많다.
⑥ 설치면적이 넓다.
⑦ 카바이드 덩어리의 크기가 일정해야 한다.

(2) 주수식 발생기

카바이드에 적은 양의 물을 주수하는 방식으로, 물의 소비량이 적고 기능도 간단하며 연속적으로 가스를 발생시키기 쉽다.
① 물의 소비가 적다.
② 취급이 간단하고 안전도가 높다.
③ 반응열이 높고 불순물이 많다.
④ 청소가 불편하다.
⑤ 지연가스 발생의 우려가 있다.

(3) 침지식 발생기

물속에 집어넣은 기종이 가스의 발생량에 따라 자동적으로 침수되므로 설치가 간단하고 사용하기 편리하다.
① 구조가 간단하다.
② 취급이 용이하다.
③ 이동용에 적합하다.
④ 지연가스 발생이 쉽다.
⑤ 온도상승이 크다.
⑥ 불순가스 발생이 많고 폭발위험이 많다.

(4) 카바이드(CaC_2)의 특징

① 산화칼슘(생석회)에 코크스를 가하여 만든다.
② 비중이 2.2로 무색이나 제조과정에서 불순물 함유로 회흑색을 띤다.
③ 물과 반응하여 아세틸렌을 만든다.
④ 카바이드 1kg를 물과 작용 시 475kcal의 열이 발생한다.

(5) 카바이드 취급 시 주의사항

① 발생기 밖에서 물이나 습기에 노출되어서는 안 된다.
② 저장하는 통 가까이 빛이나 인화가능한 어떤 것도 금지한다.
③ 카바이드를 옮길 때는 모넬메탈이나 목재공구를 사용한다.

(6) 아세틸렌용기의 주의사항

① 반드시 세워서 사용한다. 눕혀서 사용하면 용기 속의 아세톤이 가스와 함께 유출된다.
② 충격을 가하거나 전도되지 않도록 한다.
③ 압력조정기와 호스 등의 접속부에서 가스가 누출되는지 항상 점검하고, 유출 등의 여부를 조사할 때는 비눗물을 사용한다.

④ 불꽃과 화염 등의 접근을 막고, 사용하고 난 빈 용기는 즉시 반납한다.
⑤ 가스 출구는 완전히 잠궈서 잔여 아세틸렌이 나오지 않도록 한다.
⑥ 고온의 장소에 보관을 피한다.

6) 가스집합용접장치

① 화기사용설비에서 5m 이상 떨어진 장소에 설치하고, 사용 중인 것 외에는 전용 가스장치실에 설치한다.
② 배관에는 플랜지, 콕 등의 접합에 패킹을 사용하여 접합면을 상호 밀착되게 하고, 주관과 분리관에는 안전기를 설치한다(이때 1개의 토치에 안전기를 2개 이상 설치).
③ 용해 아세틸렌의 가스집합장치의 배관과 부속기구에는 구리 또는 구리 70% 이상을 포함한 합금을 사용하지 않는다.

(a) 수봉식   (b) 건식

[그림 1-27] 가스집합용접장치

7) 용접작업장의 안전조치

① 용접작업장에는 분말소화기와 같은 적절한 소화기를 비치한다.
② 아세틸렌용접장치는 취관마다 안전기를 설치한다.
③ 가스집합장치는 화기사용설비로부터 5m 이상 떨어진 장소에 설치한다.
④ 도관에는 아세틸렌관과 산소관과의 혼동을 방지하기 위한 표시를 한다.

8) 용접작업 중 안전조치

① 흄 또는 분진이 발산되는 옥내 작업장에는 국소배기장치를 설치한다.
② 용접작업 시 발생하는 불꽃이나 불똥의 되튀김을 고려하여 인화물질과 충분한 이격거리를 확보한다.
③ 탱크 내부 등 통풍이 불충분한 장소에서 용접작업 시에는 탱크 내부의 산소농도를 측정하여 산소농도가 18% 이상이 되도록 유지하거나, 공기호흡기 등 호흡용 보호구를 착용한다.

9) 위험물질 보관용기 등의 안전조치

① 위험물질을 보관하던 배관, 용기, 드럼에 대한 용접·용단작업 시에는 내부에 폭발이나 화재위험물질이 없는 것을 확인하고 작업한다.
② 용기 내에 폭발 및 인화성 가스가 체류 시에는 다음과 같은 방법으로 가스를 완전히 배출시킨 후 작업한다.
  ㉠ 체류가스가 공기보다 가벼운 경우에는 공기보다 무거운 이산화탄소를 주입하여 배출한다.
  ㉡ 체류가스가 공기보다 무거운 경우에는 공기보다 가벼운 질소를 주입하여 배출한다.
  ㉢ 용기의 이동이 곤란한 경우는 용기 내에 물을 채워 가스를 배출한다.

10) 용기의 도색 및 표시(고압가스 안전관리법 시행규칙 제41조 관련, [별표 24], [시행 2023.6.3.])

용기제조자 또는 수입자는 다음의 방법에 따라 용기의 외면에 도색을 하고 충전하는 가스의 명칭을 표시할 것. 다만, 수출용 용기의 경우에는 도색을 하지 않을 수 있고, 스테인리스강 등 내식성 재료를 사용한 용기의 경우에는 용기 동체의 외면 상단에 10cm 이상의 폭으로 충전가스에 해당하는 색으로 도색할 수 있다.

(1) 가연성 가스 및 독성 가스의 용기

가스의 종류	도색의 구분	가스의 종류	도색의 구분
액화석유가스	밝은 회색	액화암모니아	백색
수소	주황색	액화염소	갈색
아세틸렌	황색	그 밖의 가스	회색

[비고]
1. 가연성 가스(액화석유가스는 제외한다) 및 독성 가스는 각각 다음과 같이 표시한다.

〈가연성 가스〉 〈독성 가스〉

2. 내용적 2L 미만의 용기는 제조자가 정하는 바에 의한다.
3. 액화석유가스용기 중 부탄가스를 충전하는 용기는 부탄가스임을 표시하여야 한다.
4. 선박용 액화석유가스용기의 표시방법
  ① 용기의 상단부에 폭 2cm의 백색띠를 두 줄로 표시한다.
  ② 백색띠의 하단과 가스명칭 사이에 백색글자로 가로·세로 5cm의 크기로 "선박용"이라고 표시한다.
5. 자동차의 연료장치용 용기의 외면에는 그 용도를 "자동차용"으로 표시할 것
6. 그 밖의 가스에는 가스명칭 하단에 가로·세로 5cm의 크기의 백색글자로 용도("절단용")를 표시할 것
7. 용기의 도색색상은 산업표준화법에 따른 한국산업표준을 기준으로 산업통상자원부장관이 정하는 바에 따른다.

(2) 의료용 가스용기

가스의 종류	도색의 구분	가스의 종류	도색의 구분
산소	백색	질소	흑색
액화탄산가스	회색	아산화질소	청색
헬륨	갈색	싸이크로프로판	주황색
에틸렌	자색	그 밖의 가스	회색

[비고]
1. 용기의 상단부에 폭 2cm의 백색(산소는 녹색)의 띠를 두 줄로 표시하여야 한다.
2. 용도의 표시

의료용

각 글자마다 백색(산소는 녹색)으로 가로·세로 5cm로 띠와 가스명칭 사이에 표시하여야 한다.

(3) 그 밖의 가스용기

가스의 종류	도색의 구분
산소	녹색
액화탄산가스	청색
질소	회색
소방용 용기	소방법에 따른 도색
그 밖의 가스	회색

[비고] 내용적 2L 미만의 용기(소방용 용기는 제외한다)의 도색방법은 제조자가 정하는 바에 따른다.

06 전기용접의 안전사항

1 피복아크용접의 원리

(+)전극과 (-)전극이 만나면 열과 소리와 빛을 수반하는데, 용접은 그 사이의 아크열을 이용하여 접합하는 것이다.

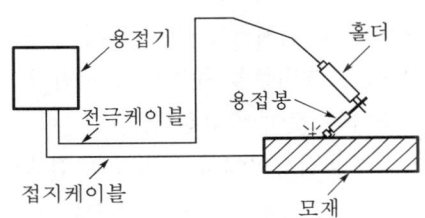

[그림 1-28] 피복아크용접의 원리

2 아크용접 시의 감전사고

아크용접작업에서 감전사고가 발생할 가능성이 있는 것은 교류아크용접기에서 용접봉 홀더를 사용해서 수동용접을 행하는 경우이다. 아크용접에서 감전사고 발생요소로는 용접봉홀더, 용접봉의 와이어, 용접기의 리드단자, 용접용 케이블 등이 있다. 장비의 불완전한 접지, 닳거나 손상된 전선과 용접홀더, 안전장갑의 미흡 또는 습윤상태 등은 용접작업자에게 위험성을 가중시킨다. 기타 위험요인으로는 회로형태, 전압, 신체의 통전경로, 전류의 세기, 접촉시간 등이다. 특히, 몸이 땀으로 젖었을 때나 드럼, 보일러 등과 같이 주위가 철판으로 둘러싸인 좁은 장소에서 용접작업 시에는 감전위험이 증대되므로 주의해야 한다.

3 전기용접작업 시 주의사항

① 물 등 도전성이 높은 액체가 있는 습윤장소 또는 철판, 철골 위 등 도전성이 높은 장소에 사용하는 용접기에는 감전방지용 누전차단기를 설치한다.
② 습윤장소, 철골조, 밀폐된 좁은 장소 등에서의 용접작업 시에는 자동전격방지기를 부착하고, 주기적 점검 등으로 자동전격방지기가 항시 정상적인 기능이 유지되도록 한다.
③ 용접기의 모재측 배선은 모재의 대지전위를 상승시켜 감전위험성을 증가시키므로 모재나 정반을 접지한다.
④ 용접기 외부상자의 접지, 1차측 전로에 누전차단기 설치, 케이블 커넥터, 절연커버, 절연테이프 등을 사용한다.
⑤ 기타 전기시설물의 설치는 전기담당자가 취급토록 조치한다.
　㉠ 감전예방 보호구 착용 : 용접 중에는 아크열, 스패터 등에 의한 화상방지를 위해 용접용 가죽장갑을 쓰지만, 손이 땀에 젖으면 장갑이 수분을 흡수함에 따라 절연성이 떨어져 감전의 위험이 높다. 그래서 가죽을 실리콘수지로 처리한 장갑을 사용하면 방수성도 좋고 절연저항이 높아져 안전하다.
　㉡ 절연형 홀더의 사용 : 용접봉홀더의 접촉으로 인한 감전재해를 방지하기 위해 홀더는 용접봉을 물어 고정해 주는 부분을 제외하고는 충전부가 전부 내열성 또는 내충격성의 절연물로 처리된 절연형 홀더(안전홀더)를 사용하지 않으면 안 된다. 용접봉을 물어주는 부분의 선단 절연물은 아크열에 의해서 소손 및 열화로 인하여 쉽게 파손되며, 또 작업자가 슬래그 제거를 위해 모재를 두드리거나 하여 충전부가 노출되기 쉽다. 이들의 부품은 예비품을 준비하여 위험한 상태가 되었을 때는 즉시 교체하는 등의 조치를 취하는 것이 중요하다.
　㉢ 자동전격방지기의 사용 : 용접작업에서 용접봉에 접촉되어 일어나는 감전재해는 절연형 홀더를 사용해도 막을 수 없으므로, 용접기의 출력측 무부하전압을 위험이 없는 전압까지 낮출 필요가 있다. 아크의 발생을 중지시키고 있을 때 용접기의 출력측

무부하전압을 위험이 없는 전압까지 저하시키는 자동전격방지기는 용접봉에 접촉되어 일어나는 감전재해의 방지는 물론, 용접기의 2차측 배선(홀더측 배선)이나 홀더의 절연불량 시 이들에 접촉되어 일어나는 감전재해의 방지에도 효과가 좋다. 작업 시작 전에 전격방지기가 확실하게 작동하고 있는가를 시험해야 한다.

ⓔ 적절한 케이블 사용 : 용접기 2차측 회로의 배선은 일반적으로 캡타이어케이블이나 용접용 케이블이 사용되고 있으나, 그 외부가 파손되어 심선이 노출되면 여기에 접촉되어 감전되는 사례가 있다. 외부표면 손상의 원인은 기계적인 것과 과전류로 인한 열손상에 의한 것 등이 있다. 통로 등을 가로질러 케이블이 지나갈 때에는 방호덮개를 설치하며, 외부가 파손된 경우에는 완전히 절연보수를 하거나 신품으로 교환하여 사용해야 한다.

ⓜ 작업정지 시 전원차단 : 자동전격방지기가 부착된 용접기로, 용접작업 중 작업을 중지하고 작업장소를 떠날 경우에는 원칙적으로 용접기의 전원개폐기를 차단한다. 용접기가 있는 장소가 용접장소로부터 멀리 떨어져 있고, 작업정지시간이 짧은 경우에는 용접봉을 홀더로부터 뽑아내고 홀더를 모재나 접지저항치가 작은 물체에 접촉하지 않도록 하는 조치를 강구한다.

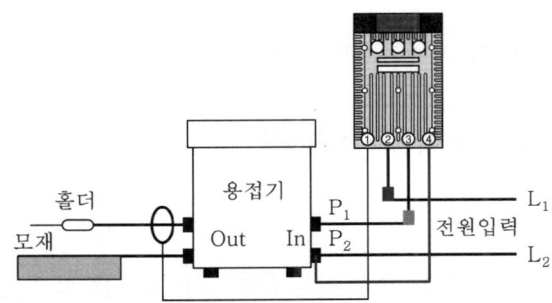

[그림 1-29] 자동전격방지기와 결선도

4 용접작업용 기구 및 보호구

홀더(A형 안전), 케이블, 접지 클램프, 장갑, 앞치마 발커버, 보안경 등이 있다.

① **용접용 케이블** : 케이블의 2차측은 유연성이 요구되므로 캡타이어전선을 사용한다. 또한 크기의 단위도 1개의 선은 의미가 없으므로 단면적을 사용한다. 하지만 1차측은 고정된 선으로 유동성이 없어야 하므로 단선으로 지름을 사용하여 그 크기를 표시한다.
   ㉠ 1차측 지름(mm) : 5.5(200A), 8(300A), 14(400A)
   ㉡ 2차측 단면적(mm^2) : 50(200A), 60(300A), 80(400A)

② **차광유리** : 아크불빛은 적외선과 자외선을 포함하고 있어 눈을 보호하기 위하여 빛을 차단하는 차광유리를 사용해야 한다.

5 용접결함의 종류

다음 [그림 1-30]은 각종 균열의 형상을 도시한 것이다.

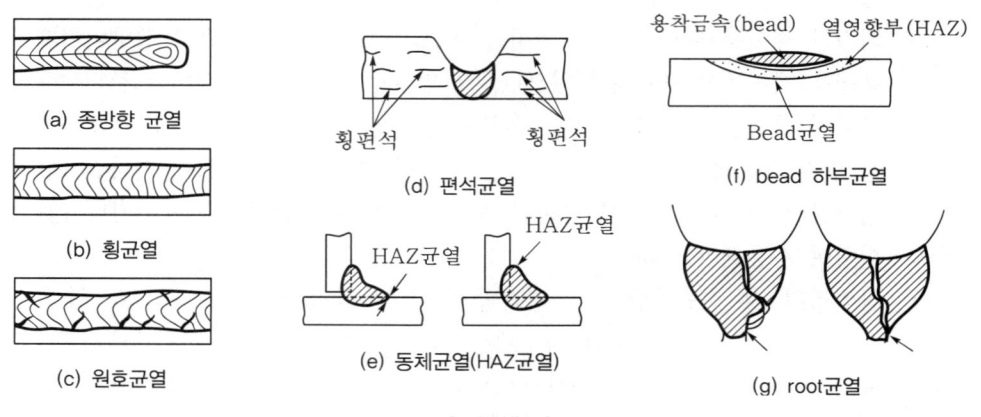

[그림 1-30] 용접결함의 종류

1) 치수결함

단시간에 가열, 냉각 및 용착금속의 수축 등으로 변형과 잔류응력(residual stress)이 생긴다. 이와 같은 현상을 최소화하기 위해서는 용접설계와 시공법에 관한 연구가 필요하며, 설계자의 요구조건을 벗어나면 불량용접의 판정을 받게 된다.

2) 구조결함

용접결함 중에서 가장 중요한 것으로 역학적인 원인과 금속학적인 원인이 있을 수 있다.

(1) 역학적 원인
① 온도구배에 의한 열응력
② 변태에 의한 체적변화
③ 구조상 또는 판재의 두께에 의한 내·외부의 작용력

(2) 금속학적 원인
① 열영향에 의한 모재의 취화
② 응고 시 입계에 존재하는 P, S, Sn, Cu, Zn 등의 편석에 의한 취화
③ 용접 시에 침입한 H_2에 의한 취화

(3) 슬래그(slag)의 혼입

산화물, 용제 및 피복재가 용착금속에 혼입되며, 이를 방지하기 위해서는 각 용접층

에서 와이어 브러시 등으로 슬래그를 충분히 제거하고, 실드 가스를 충분히 공급하며, 적합한 용접봉의 선택이 중요하다.

(4) 언더컷(undercut)과 오버랩(overlap)

[그림 1-31]과 같이 녹은 모재부의 홈에 용착금속이 충분히 차 있지 않으면 모재와 용착금속의 경계에 오목한 부분이 생기는데, 이를 언더필(덧살부족, underfill)이라 하며, 전류가 과대하여 모재가 파이는 것을 언더컷이라 한다. 언더필은 용접부 단면적의 감소를 가져오고, 언더컷 부위는 응력이 집중되는 노치효과를 초래한다. 용융금속이 넘쳐서 표면에 융합되지 않은 상태로 덮여 있을 때 이를 오버랩이라 하며, 이 부분에 응력이 집중되어 균열의 원인이 되기도 한다. 이들의 원인을 나열하면 다음과 같다.

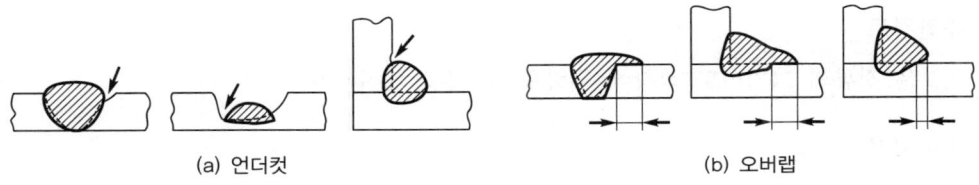

(a) 언더컷   (b) 오버랩

[그림 1-31] 언더컷과 오버랩

① 언더컷의 원인
    ㉠ 용접속도가 너무 클 때
    ㉡ 전류가 과대하여 아크를 짧게 할 수 없을 때
    ㉢ 용접봉의 사용방법이 부적절할 때

② 오버랩의 원인
    ㉠ 아크가 너무 길어서 용착금속의 집중을 저해할 때
    ㉡ 용접봉의 용융점이 모재의 것보다 너무 낮을 때
    ㉢ 용접전류가 다소 부족하여 용적이 클 때
    ㉣ 용접속도가 너무 느릴 때

3) 성질결함

용접부는 국부적 가열을 크게 받기 때문에 모재의 기계적, 물리적 및 화학적 성질을 그대로 유지하기 힘들다. 용접부의 이런 성질들이 설계자의 요구를 만족시키지 못하면 이 용접부는 성질결함이 있다고 말할 수 있다.

Chapter 07 전기 및 화재 안전관리

01 감전위험에 직접적 영향을 주는 요인

(1) 통전전류의 크기(mA)
많은 전류가 인체에 흐를수록 위험도는 증가한다.

(2) 통전경로
같은 전류의 크기라도 심장에 흘렀을 때 가장 위험하다.

(3) 통전시간
같은 전류의 크기일 경우 오랜시간 감전되면 위험도가 증가한다.

(4) 전원의 종류
직류보다는 교류전기가 더 위험하다.

[표 1-13] 감전의 일반적 영향

종류	감전의 현상(인체에 대한 전류의 현상)	전류치
최소 감지전류	• 찌릿하고 느끼는 정도	1~2mA
고통전류	• 참을 수는 있으나 고통을 느낀다.	2~8mA
이탈가능전류	• 안전하게 스스로 접촉된 전원으로부터 떨어질 수 있는 최대한의 전류 • 참을 수 없을 정도로 고통스럽다.	8~15mA
이탈불능전류	• 전격을 받았음을 느끼면서도 스스로 그 전원으로부터 떨어질 수 없는 전류 • 근육의 수축이 격렬하다.	15~50mA
심실세동전류	• 심실의 기능을 잃게 되어 전원으로부터 떨어져도 수분 이내에 사망한다.	50~100mA

$$I = \frac{V}{R} = \frac{100\text{V}}{1{,}000\Omega} = 0.1\text{A} = 100\text{mA}$$

02 감전사고의 방지대책

① 전기기기에 위험표시를 한다.
② 설비의 필요한 부분에는 보호접지를 시설한다.
③ 전기설비의 점검을 철저히 한다.
④ 전기기기 및 장치의 정비를 철저히 한다.
⑤ 고전압 선로 및 충전부에 근접하여 작업하는 작업자에게는 보호구를 착용 시킨다.
⑥ 유자격자 이외는 전기기계 및 기구에 접촉을 금지한다.
⑦ 충전부가 노출된 부분에는 절연 방호구를 사용하게 한다.
⑧ 안전관리자는 작업에 대한 안전교육을 실시해야 한다.
⑨ 사고 발생 시의 처리순서를 미리 작성해 둔다.

03 감전사고 시 응급조치

① 감전쇼크에 의해 호흡이 정지되었을 경우 단시간 내에 인공호흡 등 응급조치했을 때 95% 이상 소생시킬 수 있다.
② 전기손상에 의한 심정지가 발생한 환자는 심폐소생술을 시행하고, 상처 부위는 마른 무균붕대를 덮고 골절이 의심되면 부목을 댄다.
③ 모든 전기화상은 전문병원에서 치료받아야 한다.

04 정전작업 시의 안전관리

① 무전압상태를 유지한다.
② 잔류전화를 방전한다.
③ 단락접지를 한다.
④ 보호구를 착용한다.
⑤ 가습을 한다.
⑥ 도장을 한다.

05 작업 중 갑자기 정전 발생 시 조치사항

① 전기스위치를 즉시 차단한다.
② 비상발전기를 가동한다.
③ 퓨즈를 검사한다.
④ 공작물과 공구는 분리하여 원상태로 보관한다.

06 기타 안전사항

① 전기조작 시 오른손을 사용하여 심장에 전류가 직접 흐르지 않도록 한다.
② 접지는 작업 시 감전위험을 방지하기 위해서 지면으로 전류가 흐르게 한다.
③ 옥내배선에서 충전우려가 있는 금속체는 반드시 접지를 해야 한다.
④ 전기화재는 누전, 지락, 과전류에 의해서 발생한다.

07 화재의 분류

소화기 적응성에 대한 색은 다음과 같다.
- A급 화재 : 백색 원 안에 흑색문자로 "보통 화재용"으로 표시
- B급 화재 : 황색 원 안에 흑색문자로 "기름화재용"으로 표시
- C급 화재 : 청색 원 안에 흑색문자로 "전기화재용"으로 표시

[표 1-14] 화재의 분류

등급	종류	표시색	내용
A급	일반화재	백색	목재, 섬유, 고무류, 합성수지 등
B급	유류화재	황색	인화성 액체 등 기름성분인 것
C급	전기화재	청색	통전 중인 전기설비 및 기기의 화재
D급	금속화재	무색	금속분, 박 등의 금속화재
E급	가스화재	황색	LPG, LNG, 도시가스 등의 화재

(1) 일반화재

급수는 A급 화재로서 보통화재라고 하며, 대상물은 면화류, 목재, 대팻밥, 고무, 석탄, 플라스틱류 등이다. 화재 발생 시 연기는 주로 백색이며, 연소 후에는 재를 남긴다. 주된 소화효과는 물을 포함하는 액체냉각작용의 냉각소화이다.

(2) 유류화재

급수는 B급 화재로서 화재의 진행속도가 빠르며, 대상물은 특수인화물, 석유류, 알코올 류, 동식물유 등이다. 화재 발생 시 연기는 주로 흑색이며, 연소 후에는 재를 남기지 않는다. 주된 소화효과는 공기의 차단효과인 질식소화효과이다.

(3) 전기화재

급수는 C급 화재로서 통전 중인 전기시설의 화재로서, 원인은 합선(단락), 과부하, 누전, 절연불량, 전기저항, 정전기, 낙뢰 등이다. 화재 발생 시 전기시설물의 전기로 인한 화재이나 전기차단 후 일어난 화재는 일반화재로 전환된다. 주된 소화효과는 질식소화이다.

(4) 금속화재

급수는 D급 화재로서 물과 반응하여 수소 등 가연성 가스가 발생하고, 대상물은 칼슘, 나트륨, 알킬알루미늄 등이다. 원인은 금속분 분말 발생과 금속작업 시 열의 축적, 저장보관 시 수분접촉 등이며, 주된 소화효과는 팽창질식, 마른 모래 등에 의한 질식소화이다.

(5) 가스화재

급수는 E급 화재로서 가연성 가스에 의해 발생되는 화재로서, 대상은 LNG, LPG, 도시가스, 석탄가스 등이다. 원인은 가스가 누설되어 공기와 일정 비율 혼합되면 불씨에 의해 연소, 폭발 등이며, 주된 소화효과는 밸브류 등을 잠그거나 차단시키는 제거소화이다.

08 위험물과 화재위험과의 상호관계

(1) 온도·압력

높을수록 위험하다.

(2) 인화점·착화점

낮을수록 연소하기 쉽고 소화가 어렵다. 인화점(flash point)은 공기와 섞인 가연성 혼합기체가 불꽃에 의해 순간적으로 섬광(flash)을 내면서 연소되는 최저의 온도이고, 발화점(착화점, ignition point)은 물질을 공기 중에서 가열할 때 발화 또는 폭발하게 되는 최저의 온도이다.

(3) 융점·비점
낮을수록 위험하다.

(4) 연소범위
연소범위(폭발범위)가 넓을수록, 폭발하한계가 낮을수록 위험도는 증가한다.

(5) 연소속도·연소열
연소속도가 빠를수록, 연소 시 생성열이 많을수록 위험하다.

(6) 증발열·비열
작을수록 위험하다.

(7) 표면장력·점성
작을수록 위험하다.

(8) 비중
작을수록 위험성은 증가하는 것으로 나타난다

09 발화점이 낮아지는 조건

① 분자구조가 복잡할수록, 발열량이 클수록
② 탄화수소계열의 분자량이 클수록 또는 탄소사슬의 길이가 길수록
③ 산소의 농도, 친화력이 클수록(화학적 활성도가 클수록)
④ 활성화에너지(점화에너지)가 적을수록
⑤ 열전도율이 적을수록(열축적이 용이할수록)

10 폭발

1 프로세스에 의한 분류

(1) 물리적 폭발
단순한 과압 또는 감압에 의한 폭발(보일러나 압력용기의 폭발, 응상폭발 등)

(2) 화학적 폭발

화학적 변화를 동반하는 폭발
① 산화폭발 : 가연성 가스나 증기·분진 등의 급격한 연소폭발
② 분해폭발
  ㉠ 아세틸렌(C_2H_2), 산화에틸렌(C_2H_4O), 5류 위험물 등
  ㉡ C_2H_2는 압축을 하면 분해폭발을 일으키므로 아세톤이나 D.M.F에 용해시켜 저장
③ 중합폭발 : 시안화수소(HCN), 산화에틸렌 등
④ 화합폭발 : C_2H_2, 아세트알데히드(CH_3CHO), 산화프로필렌(C_3H_6O) 등이 Cu, Mg, Ag, Hg 등과 화합반응의 결과로 폭발

2 원인물질의 상태에 따른 분류

1) 기상폭발

(1) 가스폭발

① 증기운폭발(UVCE) : 비중이 공기보다 큰 액화가스나 인화성 액체가 누설 시 발생
② 비등액체팽창증기폭발(BLEVE) : 과열상태의 탱크 내부에 있던 액화가스가 분출·기화되면서 착화되었을 때 폭발하는 현상

(2) 분진폭발

① 폭발범위 : 하한계 25~45mg/L, 상한계 : 80mg/L
② 착화에너지 : $10^{-3} \sim 10^{-2}$ J
③ 분진폭발하기 쉬운 최적입도분포 : 1~100μm
④ 분진폭발의 특징
  ㉠ 가스폭발에 비해 연소속도나 폭발압력은 작은 편이나 연소시간이 길어 발생에너지가 크다.
  ㉡ 발생에너지가 크기 때문에 역학적 파괴효과는 가스폭발보다 크게 나타난다.
  ㉢ 고온지속시간이 길어져 탄화심도 및 화상위험성이 증대된다.
  ㉣ 최초의 분진폭발이 주위의 분진을 날려 2차, 3차의 폭발로 이어지기 쉽다.
  ㉤ 가스에 비해 불완전연소를 일으키기 쉬워 일산화탄소에 의한 중독의 위험성이 있다.
⑤ 분진폭발을 일으키지 않는 물질
  ㉠ 생석회(CaO), 소석회($Ca(OH)_2$), 석회석($CaCO_3$), 시멘트가루
  ㉡ 대리석, 유리, 가성소다(NaOH), 산화알루미늄(Al_2O_3) 등

(3) 분무폭발
분무상 액적입자의 급격한 연소폭발

(4) 분해연소성 기체의 분해폭발(아세틸렌 등)

2) 응상폭발
액상이나 고상의 상전이 폭발한 것이다.
① 수증기폭발 : 급가열에 따른 비등폭발
② 증기폭발 : 급감압에 따른 비등폭발

[표 1-15] 폭발등급

	폭발등급	1급	2급	3급
한국(KS), 일본(JIS)	틈새 외폭	0.6mm 이상	0.4mm 이상 0.6mm 이하	0.4mm 이하
	해당 가스	부탄, 메탄 등 1, 2급 제외 전 가스	에틸렌, 석탄가스	수소, 아세틸렌
IEC	폭발등급	I / ⅡA	ⅡB	ⅡC
	틈새 외폭	탄광용 / 0.9mm 이상	0.5mm 이상 0.6mm 이하	0.5mm 이하
	해당 가스	메탄 / 아세톤, 벤젠, 부탄, 프로판	에틸렌, 뷰타다이엔	아세틸렌
NFPA	폭발등급	Group D	Group C / Group B	Group A
	틈새 외폭	해당 규정 없음		
	해당 가스	아세톤, 벤젠, 부탄, 메탄	에틸렌 / 수소, 뷰타다이엔	아세틸렌

Chapter 08 보일러 안전관리

01 보일러의 휴지 시 보존방법

보일러는 휴지하고 있는 경우라도 무위무책으로 막연하게 휴지시키고 있으면 내·외면이 부식하거나 벽돌벽이 변질·파손되는 일이 있다. 어떤 경우는 사용치 아니하는 기기가 사용 중인 기기보다 더 부식이 되거나 하여 수명을 단축시키는 경우가 있어, 휴지한 보일러를 사용코자 할 때 뜻밖의 장애에 부딪히는 경우가 흔히 있다. 보일러를 부식시키는 요인은 물과 산소이므로 보일러를 휴지시키고 보존하는 방법에 대하여 설명하면 보일러 내에 물이 전혀 없는 상태로 하던지, 아니면 만수상태로 한 후 산소를 전혀 함유하지 않도록 하는 것이다. 보일러의 휴지보존법은 장기보전법(건조보존법, 만수보존법), 단기보존법, 응급조치법으로 구분할 수 있다.

1) 장기보존법

정지기간이 2~3개월 이상일 때 사용하는 방법으로, 건조보존과 만수보존이 있다. 건조보존으로는 석회밀폐와 질소봉입의 2가지가 있는데, 이중 석회밀폐법을 많이 사용한다. 만수보존은 만수 후 소다를 넣어 보존하는 방법이다.

(1) 석회밀폐보존법

먼저 보일러 내·외부를 깨끗이 정비한 후 외부에서 습기가 스며들지 않게 조치한 후 노 내에 장작불 등을 피워 충분히 건조시킨 후 생석회나 실리카겔 등을 보일러 내에 집어넣는다. 건조제를 넣는 양은 보일러 내용적 $1m^3$당 $0.25kg$, 실리카겔이나 염화칼슘 또는 활성알루미나의 경우에는 $1~1.3kg/m^3$의 비율로 적당한 그릇에 담아 분산 배치한다. 이때 추가로 목탄을 넣고 태우면 더 효과가 좋으며, 이후에 맨홀 등을 덮어서 밀폐시킨다. 그리고 2주 후에 건조제의 상태를 확인하고 건조제가 풍화되었을 때 교환을 해주고, 그 후 3개월 내지 6개월마다 정기적으로 점검을 실시한다.

(2) 질소가스봉입법

질소가스를 보일러 내에 주입하여 압력을 $0.6kgf/cm^2$로 유지하는 것으로서, 효과는 좋으나 작업기법이나 압력유지 등 기술적인 요소가 필요하므로 전문가에게 의뢰해야 한다. 일반적으로 이 방법은 잘 사용하지 않고 있다.

(3) 만수보존법

보일러 내에 물을 만수시킨 후에 소다 등의 약제를 투입하여 일정 이상의 농도를 유지시키는 방법으로, 때와 장소에 따라 언제라도 사용에 응해야 할 사정이 있는 보일러인 경우에 사용하는 방법이다. 동절기에는 동파가 될 수가 있으므로 이 방법을 해서는 안 된다.

이 보존법을 시행 시에는 보일러를 깨끗이 정비한 후에 약제를 투입해야 한다. 약제투입량은 물 1톤에 대해 가성소다(pH상승제)는 0.3kg 정도 또는 탄산소다 0.7kg, 인산소다는 0.8~1kg 비율로, 그리고 아황산소다(부식방지제)는 100~120ppm 정도 유지한다.

작업방법은 약액수를 보일러에 만수시키고 약간 압력이 올라갈 정도로 가열하여 공기를 완전히 배출 후 냉각시킨 다음 수압을 $0.15~0.3kgf/cm^2$ 정도 되도록 한 다음, 밸브를 닫아 밀폐시킨다. 만수조치 후 3~4일 후, 그리고 그 후 상황에 따라 2~3주마다 상태를 점검하고 물이 감소됐을 때는 보충을 하도록 한다. 철은 60~80℃일 때 가장 잘 부식되므로 이 정도의 온도가 되지 않도록 해야 한다.

2) 단기보존법

휴지기간이 3주에서 1개월 이내일 때 실시하는 보존법으로, 건조법과 만수법이 있다. 건조법 및 만수법은 위에 기술한 장기보존법과 유사하나 보일러를 깨끗이 정비하지 않은 상태에서 시행한다.

3) 응급보존법

휴지기간이 길지 않고 언제든지 사용할 수 있도록 준비해 놓은 상태로서 보일러 내의 pH를 10.5~11.0 정도로 유지시키고, 4~5일마다 보일러를 배수하여 수위를 조절하여 오랫동안 일정 수위가 되지 않도록 한다.

02 보일러사고의 구분

파열사고는 보일러 운전 중 압력초과, 저수위사고, 과열, 부식 등 취급상 원인과 제작상 원인 등으로 발생하며, 미연소가스폭발사고는 연소계통 운전 중 미연소가스가 충만된 상태로 점화했을 경우 가스폭발이나 역화로 인하여 사고가 발생된다.

1) 보일러 운전 중 사고원인

(1) 제작상 원인

① 재료불량
② 강도 부족
③ 구조불량
④ 부속장치 미비
⑤ 용접불량
⑥ 설계불량 등

(2) 취급상 원인
① 압력 초과
② 저수위사고
③ 급수처리불량
④ 부식
⑤ 과열
⑥ 가스폭발
⑦ 부속장치 정비불량 등

2) 사고 발생시기
① 노후된 보일러를 장기간 사용할 때
② 단속운전을 할 경우
③ 미숙련자가 운전할 경우
④ 부하변동이 극심할 때

3) 각종 보일러사고의 원인
취급자가 원인인 경우는 다음과 같다.
① 연료관리 소홀
② 급수관리 소홀
③ 댐퍼의 개폐조작 미숙
④ 버너조정 미숙
⑤ 각종 밸브조작 미숙
⑥ 미숙련자에 의한 점화나 소화
⑦ 무인운전 시
⑧ 수위유지 감시 소홀
⑨ 연료와 연소용 공기의 증감판별 무지

4) 각종 안전사고의 원인

(1) 조작 부주의의 종류
① 수위유지(수면계 감시)
② 댐퍼 조정 및 개폐도
③ 급수관리
④ 관수분출(실시시간, 회수분출량)
⑤ 무인운전
⑥ 점화 및 소화(화염 감시 등)
⑦ 각종 밸브조작
⑧ 버너조정(화염조정, 역화방지)
⑨ 급유관리(예열, 여과, 배수)

(2) 점검 부주의의 종류
① 급수계통(용수펌프, 인젝터밸브)
② 온도계, 압력계, 수면계
③ 효율
④ 저수위 안전장치, 압력제한기
⑤ 이상음이나 냄새
⑥ 송풍기 및 댐퍼
⑦ 급유계통
⑧ 연소실 및 전열면, 화염상태 및 버너
⑨ 안전밸브 및 각종 밸브
⑩ 자동연소차단장치

03 보일러의 가스폭발방지에 관한 작업 시 준수사항

① 점화 전 또는 보일러 정지 시에 노 내 및 연도 내의 환기를 충분히 한다.
② 점화에 실패한 경우 계속해서 연료를 공급하지 않는다.
③ 매연(그을음) 퇴적에 주의하여 퇴적한 매연에 착화되지 않도록 한다.
④ 연소안전장치의 기능이 상실된 상태에서 보일러 운전을 강행하지 않는다.
⑤ 화염검출기로 화염의 유무를 검출하고, 정기적으로 검출부의 소손 유무 및 검출기능을 점검한다.
⑥ 주안전제어기는 정기적으로 기능을 점검한다.
⑦ 연료차단밸브는 정기적으로 그 기능, 누설 및 이물질의 유무를 점검하고 청소를 실시한다.

04 보일러의 저수위사고예방에 관한 작업 시 준수사항

① 보일러의 저수위사고예방을 위해서는 급수탱크의 수위, 분출장치의 기능이상 유무, 급수배관밸브의 개폐, 수면측정장치, 연락배관의 밸브 또는 콕의 상태, 보일러 수위 등을 확인한다.
② 보일러 내에서 증발이 시작하면 점차 압력이 상승하지만, 연소가 안정되고 소정 압력에 달할 때까지는 수위의 움직임 및 연소를 감시한다.
③ 보일러의 압력이 일정 압력 이상이 되면 바로 증기를 확인한 후 이상이 없을 때 송기를 시작한다.
   • 수면측정장치의 기능, 수위검출기의 작동기능, 연료차단밸브, 연료리턴밸브의 기능, 수위검출기의 증기와 물 연락관 및 배수관에 설치되어 있는 밸브 또는 콕의 상태, 분출장치의 누설 유무

05 보일러 운전 중 소화원인

① 수위가 안전 저수위 이하로 내려가는 경우(과열사고방지)
② 정전이 되는 경우
③ 기름탱크에 기름이 없는 경우
④ 증기압력제한기, 화염검출기 및 저수위제한기 작동 시
☞ 주의 : 고수위 시에는 경보장치에 의해 급수가 차단되어 고수위를 방지하며 연료를 차단하여 보일러를 정지시키지 않는다.

06 보일러 운전의 단계별 확인 및 점검사항

(1) 운전 준비사항
  ① 보일러 내부의 점검 : 본체 점검, 물 채워넣기, 개방부의 밀폐, 수압시험
  ② 노와 연도 내의 점검 : 노와 연도 내의 점검, 노 내 장치의 점검, 연도 내 장치의 점검, 연도의 밀폐
  ③ 부속품의 점검 : 압력계 및 수면계 점검, 안전밸브 등 제 밸브 점검, 분출장치 점검

(2) 보일러의 점화 전 점검사항
  ① 수면계의 수위조정
  ② 분출장치의 점검 및 방출
  ③ 연소장치와 통풍장치의 점검
  ④ 자동제어장치의 점검
  ⑤ 급수장치와 계통의 점검
  ⑥ 노 및 연도 내의 환기점검
  ⑦ 압력계의 점검

(3) 보일러 운전 중 유의사항
  ① 보일러의 수위를 일정하게 유지
  ② 보일러 내의 압력을 일정하게 유지
  ③ 연소조절

(4) 보일러 운전 정지순서(수동 시)
  ① 연료공급 중단, 공기공급 중단
  ② 버너와 송풍기의 모터 정지
  ③ 상용수위보다 약간 높게 급수, 압력을 내려 급수밸브 차단, 댐퍼 닫음
  ④ 주증기밸브 차단 및 드레인밸브 개방

(5) 보일러 운전 종료 시 점검사항
  ① 전원스위치 점검
  ② 압력상승 여부 점검
  ③ 밸브 등의 누설 여부 점검
  ④ 증기압력 및 수위 점검, 정리정돈상태 점검 및 확인

07 보일러의 수압시험방법과 목적

(1) 수압시험방법
① 공기를 빼고 물을 채운 후 천천히 압력을 가하여 규정된 수압에 도달된 후 30분이 지난 뒤에 검사를 실시하여 끝날 때까지 그 상태를 유지
② 시험수압은 규정된 압력의 6% 이상을 초과하지 않도록 모든 경우에 대비한 적절한 제어를 준비
③ 수압시험 중 또는 시험 후에도 물이 동결되지 않도록 해야 함

(2) 수압시험의 목적
① 균열 유무
② 보일러 변형조사
③ 용접부(이음매) 누설조사
④ 각종 덮개의 기밀확인

08 보일러의 과열원인과 방지대책

(1) 과열원인
① 보일러 내에 스케일이 부착한 경우
② 보일러 내에 유지분이 부착한 경우
③ 보일러수의 순환이 좋지 않은 경우(수관의 격벽이 파손 시)
④ 국부적으로 복사열을 받는 경우
⑤ 다량의 불순물로 인한 보일러수의 농축
⑥ 국부적으로 화염이 세차게 충돌하는 경우
⑦ 증기기포의 이탈이 나쁜 경우
⑧ 보일러 수위가 너무 낮을 경우
⑨ 보일러수가 농축된 경우

(2) 방지대책
① 보일러 내에 스케일이나 슬러지, 유지분이 부착하지 않도록 급수관리를 하고 보일러 수의 블로워나 내부청소 등을 철저히 해야 한다.
② 연소 시 화염이 전열면에 직접 닿지 않도록 연소장치에 대한 관리를 철저히 해야 한 다(연소장치 변경 시 특히 주의).

③ 보일러수의 순환을 교란시킬 수 있는 2차 연소, 격벽 탈락, 냉공기 누입, 슬러지 탈락 및 누적 등의 요인을 제거한다.
④ 보일러수가 안전수위 이하가 되지 않도록 급수자동제어장치에 철저한 관리와 항시 수위를 감시토록 해야 한다.
⑤ 보일러가 과열되었을 때 즉시 전원을 차단하고 서서히 냉각시킨다. 이때 급수를 하면 보일러가 폭발될 우려가 있으므로 절대로 급수를 하면 안 된다.
⑥ 보일러수를 농축시키지 말아야 한다.

09 기름연료의 연소 시 이상연소와 조치사항

1) 역화(백파이어)의 원인과 방지대책

(1) 역화의 원인
① 기름의 인화점이 너무 낮을 때
② 착화시간이 너무 늦을 때
③ 유압이 과대할 때
④ 1차 공기의 압력이 부족할 때
⑤ 프리퍼지가 부족할 때
⑥ 기름 내에 물이나 협잡물이 함유될 때
⑦ 배관기름 속에 공기가 누입될 때
⑧ 흡입통풍이 너무 약할 때
⑨ 공기보다 연료를 먼저 공급했을 때

(2) 역화의 방지대책
① 점화 시 착화는 신속하게 한다.
② 공기를 노 내에 공급하고 다음 연료공급을 한다.
③ 노 및 연도 내에 미연소가스가 발생하지 않도록 취급에 유의한다.
④ 점화 시 댐퍼를 열고 미연소가스를 배출시킨 후 점화한다.

2) 화염 중에 불똥(스파크)이 튀는 원인

① 기름온도가 낮을 때
② 연소실 온도가 낮을 때
③ 분무용 공기압이 낮을 때

④ 중유에 아스팔트성분이 많을 때
⑤ 버너타일이 맞지 않을 때
⑥ 노즐의 분무특성이 불량할 때
⑦ 버너 속에 카본이 부착했을 때

3) 연소불안정의 원인

① 기름점도가 과대할 때
② 펌프의 흡입량이 부족할 때
③ 기름온도가 너무 높을 때
④ 기름 내에 수분이 포함될 때
⑤ 연료의 공급상태가 불안정할 때
⑥ 기름배관 내에 공기가 누입될 때
⑦ 1차 공기의 압송량이 과대할 때

4) 점화불량의 원인

① 기름이 분사되지 않을 때
② 기름배관에 물, 슬러지가 들어갈 때
③ 기름온도가 너무 높을 때
④ 기름온도가 너무 낮을 때
⑤ 유압이 낮을 때
⑥ 버너노즐이 막혔을 때
⑦ 1차 공기압력이 너무 높을 때
⑧ 1차 공기량이 과대할 때
⑨ 착화버너의 불꽃이 불량할 때

5) 버너에서 기름이 분사되지 않는 원인

① 기름탱크의 기름이 부족할 때
② 버너노즐이 막혔을 때
③ 유압이 너무 낮을 때
④ 분연펌프가 작동되지 않을 때
⑤ 급유관이 이물질로 막혔을 때
⑥ 화염검출기의 작동이 불량한 때

6) 노벽에 카본이 축적되는 원인

   ① 기름의 점도가 과대할 때
   ② 무화된 기름이 직접 충돌할 때
   ③ 유압이 과대할 때
   ④ 1차 공기의 압력이 과대할 때
   ⑤ 노 내 온도가 낮을 때
   ⑥ 공기의 공급이 부족할 때
   ⑦ 노폭이 협소할 때
   ⑧ 버너팁의 모양 및 위치가 나쁠 때
   ⑨ 불완전연소가 되었을 때

7) 기름여과기가 막히는 원인

   ① 기름 내에 슬러지나 불순물이 많을 때
   ② 기름의 점도가 과대할 때
   ③ 기름온도가 너무 낮을 때
   ④ 여과기의 청소를 하지 않았을 때

8) 매연 발생의 원인

   ① 공기의 공급량이 부족 또는 과대할 때
   ② 연료 내의 회분량이 과대할 때
   ③ 무리한 연소를 할 때
   ④ 연소실 온도가 낮을 때
   ⑤ 연료 내에 중질분이 포함되었을 때
   ⑥ 연소장치가 부적당할 때

10 보일러 운전 중의 취급

1) 연소의 조절

연료공급량과 그것에 대한 공기량과의 비율이 항상 일정하게 유지되어 완전연소가 되도록 유의한다.

[표 1-16] 공기량에 따른 노 내의 상태와 연기의 색

공기량	노 내의 상태(불꽃의 색)	연기의 색
적당량	• 불꽃이 오렌지색으로 안정되고, 노의 구석이 약간 보인다.	옅은 회색 또는 무색
과잉, 부족	• 불꽃이 회백색이며, 노 내가 밝다. • 노 내 전체가 암적색을 띤다.	백색 또는 무색, 흑색

2) 수위의 유지

수위는 항상 상용수위를 유지해야 하며, 그 이하로 내려가면 저수위경보가 울려야 한다.

(1) 수면계 수위가 보이지 않을 때 조치
① 모든 버너의 기름공급 차단
② 급수역지밸브 폐쇄
③ 보일러 주·부정지밸브 폐쇄
④ 수면계 확인 및 방출(blow)

(2) 수면계 수위
수면계 수위가 높을 때는 수면방출을 실시하고, 낮을 때는 안전밸브 수동작동 및 공기조절문을 닫고 송풍기를 정지한다.

3) 보일러 전열면의 그을음(soot) 제거
수트 블로워(soot blower)를 사용하거나 10% 정도의 소다수로 물 세척한다.

4) 보일러의 정지

(1) 긴급사태에서의 정지순서
① 연료의 공급을 차단
② 연소용 공기공급을 멈춤
③ 급수
④ 다른 보일러와 연결된 경우 주증기정지밸브를 닫음
⑤ 자연압력강하를 기다림

(2) 보통 정지 시의 순서
① 연료의 공급을 차단
② 송풍기의 운전을 정지하고 댐퍼를 닫음
③ 상용수위보다 약간 높게 급수하고, 급수정지밸브를 닫음
④ 주증기정지밸브를 닫음

5) 운전 중의 고장과 그 대책

(1) 긴급사태 시 운전 중 비상정지
① 수면계에 수위가 보이지 않는 경우
② 보일러 본체의 과열 및 변형이 생긴 경우
③ 보일러수가 비정상적으로 많이 소모되는 경우
④ 급수계통의 이상으로 급수를 할 수 없는 경우
⑤ 안전밸브의 기능이 불량한 경우
⑥ 노의 내화벽돌손상 또는 증기누설인 경우
⑦ 증기관이나 밸브의 손상으로 보일러의 원활한 운전이 불가능한 경우

(2) 운전 중 비상정지방법
① 연료의 공급을 차단하고, 잠시 후 송풍기 정지
② 주증기정지밸브를 닫음
③ 필요 시 급수 정상수위를 유지
④ 댐퍼를 연 상태로 유지하여 자연통풍(역화방지)

(3) 이상소화의 원인
① 버너 팁이나 배관 중의 스트레이너(strainer)가 막힌 경우
② 연료유에 수분이 너무 많이 섞여 있는 경우
③ 공급연료량에 비하여 통풍이 너무 강한 경우
④ 연료의 가열부족으로 분무상태가 불량한 경우
⑤ 연료유 서비스탱크에 연료가 없는 경우
⑥ 전원이 상실된 경우

11 보일러의 안전장치(인터록)

① 압력차단 : 증기압력이 규정 이상으로 상승했을 때
② 저수위차단 : 보일러수위가 위험수위 이하로 되었을 때
③ 실화·불착화 : 착화에 실패했을 때, 운전 중에 실화했을 때
④ 불완전연소 : 연소 시 공기비가 적거나 연료량이 부적당할 때
⑤ 프리퍼지 : 연소실 내의 미연소가스가 존재할 때

12 기타사항

(1) 방폭문
연소실 내의 미연소가스에 의한 폭발이나 역화의 발생 시 그 폭발압을 외부로 배출시켜 역화에 의한 보일러의 손상이나 안전사고를 방지하기 위한 장치이며, 형식으로 개방식인 스윙식과 강제통풍방식인 밀폐형(스프링식)이 있다

(2) 보일러 안전수위
사용 중에 유지해야 하는 최저수면을 의미한다.

(3) 보일러의 안전밸브 설치 시 유의사항
① 안전밸브는 2개 이상 설치한다.
② 1개는 최고압력 이하에서 작동해야 한다.
③ 과열기용 보일러보다 먼저 작동해야 한다.
④ 과열기용은 설계온도 이상이 되지 않아야 한다.

(4) 가스보일러의 점화 시
연소실 내의 용적에 대해 4배 이상으로 환기한다.

(5) 보일러 파열사고
압력초과를 주로 발생한다.

(6) 보일러 내부검사 시 안전관리
① 내부점검은 2인 이상이 점검해야 한다.
② 드럼의 열기전력압력은 대기압(1atm), 온도는 30℃ 이하로 한다.
③ 보일러 내부에 출입 시 환기를 한다.
④ 보일러 내부에서 작업 시 모든 제어밸브는 잠그고 작업을 진행한다.

(7) 보일러의 부식원인
① 보일러수의 pH가 낮을 때
② 수중에 함유된 산소의 산화작용이 발생할 때
③ 수중에 함유된 탄산가스가 발생할 때

(8) 보일러 세척에 염산을 많이 사용하는 이유
　　① 스케일용해능력이 우수하다.
　　② 물의 용해도가 55~65℃로 커서 세관 후에 세척이 쉽다.
　　③ 가격이 저렴하다.

(9) 보일러 용량과 사용조건에 대한 연간계획
　　① 운전계획
　　② 연료계획
　　③ 정비계획

(10) 보일러가 단기간 정지했을 경우
　　만수보존법으로 유지한다.

(11) 보일러 수면계의 수위가 보이지 않은 경우
　　연료의 공급을 차단해야 한다.

(12) 보일러의 안전도검사를 실시하는 경우
　　① 보일러를 수리했을 경우
　　② 보일러를 신설했을 경우
　　③ 제작을 완료했을 경우

(13) 보일러수를 산소화할 목적으로 사용되는 약제
　　탄닌, 하이드라진, 아황산나트륨 등이 있다.

Chapter 09 냉동기 안전관리

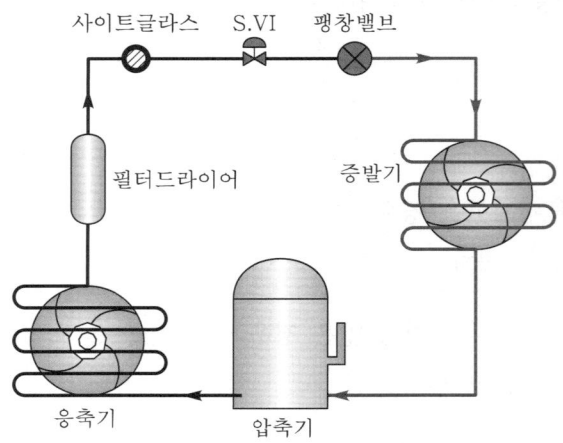

[그림 1-32] 표준 냉동사이클의 구성

01 냉동기 운전 시 안전관리

(1) 냉동기 운전 전 점검사항
① 압축기의 정상상태 확인
② 압축기와 응축기 사이의 밸브확인
③ 유압의 상태확인
④ 겨울철에는 응축기 및 수배관의 물을 제거하여 동파예방

(2) 냉동기 운전 중 점검사항
① 흡입압력과 온도
② 유압과 유온상승
③ 냉각수량과 수온

(3) 냉동기 운전 중 정전 시 조치사항
① 냉각수 공급을 중지한다.
② 수액기 출구밸브를 차단한다.

③ 흡입밸브를 닫고 모터가 정지한 후 토출밸브를 닫는다.
④ 냉동기 주전원을 차단한다.

(4) 냉동기 운전 시 주의사항
① 토출밸브를 개폐시킨다.
② 팽창밸브는 정확하게 세팅한다.
③ 안전밸브의 주밸브는 항상 개폐한다.
④ 흡입밸브를 천천히 조작을 한다.

(5) 냉동기 운전 중 토출압력 상승으로 안전밸브가 작동하거나 냉매가 유출되는 사고 발생 시 점검사항
① 계통 내 공기흡입 유무
② 응축기의 냉각수량
③ 풍량의 감소 여부
④ 응축기와 수액기 사이 균압관의 이상 유무

(6) 냉동기에서 발생하는 이상현상
① 유탁현상(emulsion) : 암모니아 냉매에 수분이 침투하여 오일을 우유빛으로 만드는 현상이다(에멀션현상).
② 동부착현상(copper plating) : 프레온 냉매에 수분이 침투하여 동에 스케일을 형성하는 현상이다.
③ 오일 포밍현상(oil foaming) : 냉동기를 정지상태에서 가동시키면 부압에 의한 압력강하로 순간적으로 진공이 걸리게 되며, 이때 오일 속의 냉매증기가 분리되면서 거품이 일어나 증발기의 냉동능력을 감소시키는 현상이다.
④ 오일 해머링현상 : 프레온 냉동장치에서 오일 포밍현상이 일어나면 실린더 내로 다량의 오일이 올라가 오일을 압축하여 실린더 헤드부에서 이상음이 발생하는 현상이다.

02 압축기 안전관리

1) 용량제어(실린더를 놀리는 방법)
증발압력이 낮아지면 저압스위치가 작동해 오일이 크랭크케이스로 빠지게 되며, 흡입밸브는 캠 링에 의해서 위로 올려져 압축작용이 없어진다. 작동순서는 저압 1단 → 저압 2단 → 저압 → 정지 순이다.

[그림 1-33] 압축기

(1) 용량제어의 목적
① 경제적인 운활
② 일정한 온도유지
③ 무부하가동
④ 압축기 보호

(2) 윤활
① 유압 : 저압 + 1.5~3.0kgf/cm^2
② 유면계 : 운전 중 $\frac{1}{2}$ 유면 유지
③ 유온 : 40℃(TC), 베어링의 적정온도
④ 오일은 비압축성으로 피스톤 내에서 압축 시 폭발(오일 해머링)하여 피스톤 헤드커버가 이탈되는 수가 있다. 폭발을 방지하기 위해 헤드커버 내에 고압스프링이 내장되어 토출측으로 압력을 이송하나, 순간적으로 일어날 때 폭발의 위험이 존재한다. 오일유압이 떨어지면 이물질(수분, 슬러지, 녹찌꺼기)이 생성되므로 크랭크케이스 청소(cleaning), 모터벨트 분해 긴장(tensing)조치를 한다.

(3) 유압이 떨어지는 원인
① 유압이 높을 때
② 유량 부족
③ 냉매혼입(흡입 쪽 동결, 크랭크케이스 동결, 습증기 냉매흡입 시)
④ 여과망 막힘

(4) 유압의 이상상승원인
① 유여과기의 파손
② 릴리프밸브의 작동불량
③ 유온이 낮은 경우
④ 관로의 파손

(5) 유소비량의 증가

① 유압이 높을 때
② 고진공운전
③ 냉매혼입 시
④ 포밍현상(거품)
⑤ 오일링 마모
⑥ 과충전

(6) 토출가스의 온도상승원인

① 흡입·토출밸브 누출
② 피스톤 누출(ring)
③ By-Pass 누출(고압)
④ 흡입가스과열도가 클 때(토출압력/흡입압력 5 이상 좋지 않으며, 압축비가 5 이상이면 2단으로 운전하는 것이 바람직)
⑤ 엔진 냉각수(jacket water) 불량(냉각수 불량, 스케일)
⑥ 고압상승
⑦ 압축기 실린더 가열은 암모니아가스의 토출가스온도가 높기 때문에 프레온보다 심함

(7) 압축기 흡입압력이 너무 낮은 원인

① 흡입여과기가 막혀 있다.
② 냉매충전량이 부족하다.
③ 팽창밸브가 많이 열려있다.

(8) 압축기 정상운전 중 이상음 발생원인

① 기초볼트 이완, 벨트플레이트 마모
② 흡입·토출밸브의 파손
③ 크랭크샤프트 및 피스톤 핀 마모
④ 압축기 내의 이물질 혼입
⑤ 액 해머(발생 시 압축기를 정지시키고 조치)

2) 안전 및 제어장치

(1) 고압차단용(HPC)

여름철에 주로 작동되며 고압이 설정치 이상일 때 전기접점이 Off되어 압축기를 정지시킨다. 압력설정은 정상고압보다 $4kgf/cm^2$ 높게 하며, 수동복귀형이다.

(2) 저압차단용(LPC)

진공운전을 방지하며 저압이 설정치 이하일 때 전기접점이 Off되어 압축기를 정지시킨다. 저압 1단($3kgf/cm^2$) → 저압 2단($2kgf/cm^2$) → 저압($1kgf/cm^2$) → 정지 순이며, 접점 릴레이가 살아 있으므로 온도가 상승하면 다시 기동된다.

(3) 유압차단용(OPC)

유압저하 시 90초 이내 작동되며 복귀는 45초 후 버튼을 눌러 작동시키고 수동복귀용이다.

(4) 차압차단용

액체의 유동압력에 의해서 전기접점을 On시키며, 용도는 브라인증발기 동결방지와 냉수차단용(Flow스위치로 냉각수 펌프 이동 시 작동)이다.

(5) 과부하방지장치(OCR)

압축기를 구동하는 동력장치의 과부하보호장치로 OCR 작동전류 계산은 다음과 같다.

$$P = \sqrt{3}\ V\cos\theta\,[kW]$$

(6) 안전밸브

안전장치 작동순서는 고압차단스위치 → 안전두(스크루형은 없음) → 안전밸브 순이며, 설계압력(정상고압 + $5kgf/cm^2$) 이상 또는 내압시험압력의 8/10 이하에서 작동되고 안전두스프링은 정상압력보다 $4kgf/cm^2$ 정도이며, 안전밸브분출압력은 고압차단압력계보다 높게 설정한다.

3) 기타

흡수식 냉동장치의 안전장치 설치목적은 다음과 같다.
① 냉수동결방지
② 흡수액결정방지
③ 압력상승방지

03 냉매의 취급과 안전관리

냉매는 냉동장치 내를 순환하면서 열을 운반하는 매체로서, 암모니아, R-11, R-22 등이 있다.

1) 브라인(brine)

시스템 밖을 순환하면서 열을 운반하는 매체로 냉매와 접촉하는 냉각수가 동결의 위험이 있을 때 비점이 낮은 2차 냉매인 브라인을 이용한다. 화학공장의 공정라인(Process Line)에서 사용하는 부속냉동이 그 예이며, 염화칼슘, 염화나트륨, 염화마그네슘 등이 있고 비점이 낮은 물질을 2차 냉매로 사용하지만 값은 고가이다.

2) 프레온

열에 대하여 비교적 안정하지만 800℃ 화염에 접하면 포스겐 독가스가 발생한다. 불연성, 비독성, 비폭발성의 특성을 가지고 있다.

(1) 프레온 냉매 중 수분의 영향
① 수분과 혼합하여 산(酸)을 생성하여 장치를 부식시킨다.
② 전기 전연물을 파괴한다.
③ 동부착현상(copper plating)이 일어난다.
④ 팽창밸브가 동결(진공이 불충분했을 때 발생)된다.
⑤ 암모니아에 비해 수분용해도가 매우 적다.

(2) 수분의 침입원인
① 기밀시험 때 공기를 사용하는 경우(기밀시험은 압력에 주의하여 질소 사용)
② 진공운전 시 연결부위 등에서 침입
③ 냉매나 윤활유 보충 시(특히 우천 시 윤활유 보충 때)

(3) 프레온 냉동장치의 효율적인 운전 시 주의사항
① 이상고압이 되지 않도록 한다.
② 냉매부족이 없도록 한다.
③ 냉매증기는 건압축이 되도록 한다.
④ 각부의 가스누설이 없도록 한다.

3) 암모니아(NH_3)

독성이 강하고(허용농도 25ppm) 가스비중은 0.59로 공기보다 가벼우며, 발화점은 651℃이며, 증발잠열은 327kcal/kg이다. 물에 용해가 잘되고(물에 1.46배 용해) 물에 흡수가 잘되기 때문에 중화조(수조)에 연결하여 방출한다. 5,000~10,000ppm 노출 시 단시간 내 사망하며 피부와 접촉 시 동상(화상)을 입는다. 피부접촉 시 물로 세척하고 운전 중 가장 위험한 것은 액 해머링현상이다. 또한 토출가스의 과냉각액은 5℃가 적당하고, 토출가스온도가 높기 때문에 공랭식을 채택하고 수분이 침투하면 영향은 다음과 같다.

① 수산화암모늄은 오일을 미립자로 만든다.
② 오일이 우윳빛(애멀전 현상)으로 변한다.
③ 유분리기에서 기름이 분리되지 않는다.
④ 증발기 온도가 상승한다.

4) 냉매와 윤활관계
① 프레온 냉매는 윤활과 용해성이 높다.
② 암모니아 냉매는 윤활과 용해성이 낮다.

5) 토출압력 상승에 의한 안전장치 작동 및 냉매유출사고 시 점검사항
① 계통 내의 공기혼입 유무
② 응축기의 냉각수량, 풍량의 감소 여부
③ 응축기와 수액기간의 균압관의 이상 여부

04 냉매가스의 시험방법과 안전관리

1) 냉매누설검사방법

(1) 암모니아 냉매
① 냄새로서 알 수 있다.
② 유황을 묻힌 심지에 불을 붙여 접근시키면 흰 연기가 발생한다.
③ 페놀프탈레인시험지가 홍색으로 변화한다.
④ 리트머스시험지가 청색으로 변화한다.
⑤ 물 또는 브라인에 암모니아가 누설하고 있을 때에는 네슬러시약을 사용하면 소량 누설 시에는 황색, 다량 누설 시에는 자색으로 색깔이 변한다.

(2) 프레온 냉매
① 누설의 의심이 있는 곳에 발포액(비눗물)을 발라 기포의 유무로서 검사한다.
② 이음부 등에서 기름이 누설될 때에는 냉매도 누설된다.
③ 폭발의 위험이 없을 때에는 헬라이드 토치(halide torch)를 사용하며, 연료가스는 아세틸렌, 프로판, 알코올 등이 있다. 프레온가스가 공기와 함께 흡인되어 적열된 염화에 접촉해서 불꽃이 선명한 자색으로 변화함으로, 이에 의해 프레온가스의 미량 검출이 가능하게 되고, 프레온가스의 농도가 짙어지면 불꽃색이 선명한 청자색이 된다.
④ 할로겐 누설검지기를 사용한다.

[그림 1-34] 헬라이드 토치

2) 냉매설비의 내압·기밀시험

냉매설비(제조시설 중 냉매가스가 통하는 부분)는 당해 시설의 기밀시험 및 내압시험에 합격한 것으로, 기밀시험은 설계압력 이상으로, 내압시험은 기밀시험과 배관 이외의 부분에 대해 설계압력의 1.5배 이상의 압력으로 행한다.

(1) 내압·기밀시험의 순서

냉매설비의 내압성능을 확인하기 위한 내압시험과 강도시험 및 기밀성능을 확인하기 위한 기밀시험 이외에 구조상 외압에 대한 강도를 확인하는 진공시험이 있다.
① 유닛형 냉동시설 : 내압시험 – 기밀시험(압축기, 용기 등) – 냉매충전 – 냉매설비의 누설확인
② 유닛형 이외의 냉동시설 : 내압시험 – 기밀시험(압축기, 용기 등) – 냉매충전 – 누설확인

(2) 내압시험의 요령

내압시험은 압축기, 압력용기 등 배관 이외의 부분에 대해 강도를 확인하기 위한 것으로, 시험압력이 높기 때문에 안전성을 고려하여 액압을 가압하는 것을 원칙으로 한다.
① 압축기, 부스타, 압력용기 등 내압강도를 확인해야 하는 설비마다 행한다. 다만, 내압시험 후 건조 등의 문제점이 발생할 우려가 있는 부분에는 불활성 기체(공기, 질소, 아르곤)로 갈음할 수가 있다.
② 사용되는 액체는 물, 기름, 기타 불연성, 난연성 액체를 사용해야 하며, 가솔린, 등유 등과 같이 인화되기 쉬운 것, 또는 독성, 부식성이 강한 물질은 사용을 피한다.
③ 피시험체에 액체를 채우고 공기를 완전히 제거한 다음 설계압력의 1.5배 이상으로 액압을 서서히 가하면서 피시험체의 각부 이상 유무를 확인한다.
④ 액압은 1분 이상 유지한 후 다시 시험압력의 8/10까지 저하시킨 다음, 용접이음매, 기타 이음매 등에 누설 유무를 확인하고 피시험체 전체의 각부에 변형, 파손 유무를 확인한다.
⑤ 자동제어장치나 축봉장치 등은 내압시험에서 제외한다.

05 응축기 취급과 안전관리

(1) 응축압력의 상승원인
① 수랭식일 경우 냉각수량 부족 및 냉각수온 상승 시
② 공랭식일 경우 송풍량 부족 및 외기온도 상승 시
③ 응축기 냉각관에 스케일(물 때 및 유막) 등의 부착 시
④ 냉매의 과충전이나 응축부하 과대 시
⑤ 불응축가스 존재 시

(2) 응축압력(고압) 상승 시 영향
① 압축비 증대
② 압축기 소요동력 증대
③ 피스톤 마모 및 토출가스 온도상승
④ 실린더 과열로 윤활유 열화 및 탄화
⑤ 성적계수 및 냉동능력 감소

(3) 불응축가스 존재 시 장치에 미치는 악영향
① 응축능력 감소(열교환 저하)
② 응축압력(고압) 상승으로 압축비 증대
③ 압축기 과열로 토출가스온도 상승
④ 압축기 소요동력 증대 등

(4) 응축압력이 저하되는 것을 방지하는 방법
① 송풍량을 조절한다.
② 팬의 회전수를 조절한다.
③ 냉각수량을 감소시킨다.

(5) 운전 중 수랭식 응축기의 파열을 방지하는 조치
① 냉각수 온도유량스위치를 작동시킨다.
② 냉각수 압력유량스위치를 작동시킨다.
③ 차압스위치를 작동시킨다.

P/A/R/T 02

기초열역학

Chapter 01 　열역학의 정의와 개론
Chapter 02 　계와 동작물질
Chapter 03 　상태와 성질
Chapter 04 　각종 물리량
Chapter 05 　주요 국제단위(SI단위)
Chapter 06 　과정과 사이클
Chapter 07 　비열, 열량, 동력, 열효율

Chapter 01 열역학의 정의와 개론

01 열역학의 정의

① 에너지와 엔트로피를 취급하는 학문이다.
② 계의 성질 및 일과 열의 평형관계를 취급하는 학문이다.

02 열역학의 목적

열을 경제적이고 효율적으로 일로 전환시키는 방법을 연구하는 것을 목적으로 한다.

03 물질을 보는 관점

(1) 미시적 관점

물질의 기술 가능한 모든 변수를 고려하는 관점이다.

$$\begin{bmatrix} 위치(\text{position}) : S = S(d_x, d_y, d_z) \\ 속도(\text{velocity}) : V = V(V_x, V_y, V_z) \\ 힘(\text{force}) : F = F(F_x, F_y, F_z) \end{bmatrix} \rightarrow 9개의 식이 필요$$

(2) 거시적 관점

기술 가능한 부분만 취급하는 관점, 즉 개개의 분자의 작용은 무시하고 전체적인 평균효과에만 관심(물질을 연속되어 있다고 보는 관점)으로 열역학적 관점이다.

04 연속체

분자와 분자 사이의 공간과 구멍이 존재하지 않는 물질, 즉 연속체(continuum)로 취급하는 공간의 영역이 분자의 자유행로보다 커야 한다. 예외로 저압의 기체는 분자 간 간격이 크고 입자가 넓게 분포되어 있으나 입자들의 집합체(연속체)로 취급한다.

Chapter 02 계와 동작물질

01 계

(1) 계의 개념

연구대상으로써 가상적으로 분리된 일정량의 물질이나 어떤 공간의 영역을 계(system)라 한다. [그림 2-1]에서 가스가 열역학적 계라면 경계는 적절히 선택할 수 있는 부분구역이고, 고정 또는 가변적일 수 있다. 또 계에 포함되어 있지 않은 나머지 모든 물질은 주위라 한다.

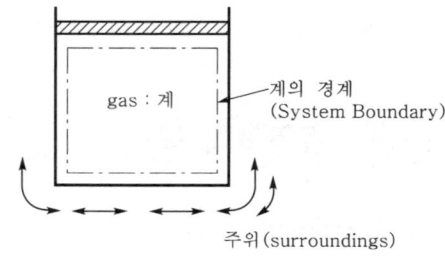

[그림 2-1] 계의 개념

(2) 계의 종류

① 개방계(open system=유동계) : 계가 경계를 통하여 물질의 이동이 가능한 계를 말하며, 이때 경계로 구별되는 일정한 체적을 검사체적(control volume)이라 하고, 경계면을 검사면(control surface)이라 한다.

② 밀폐계(closed system=비유동계) : 계가 경계를 통하여 물질의 이동이 없고, 따라서 계의 질량은 변하지 않는다. 이때 경계를 통해 열과 일의 이동은 가능하다.

③ 고립계(isolated system=절연계) : 밀폐계 중 주위로부터 완전히 고립되어 일 및 열의 어떤 형태의 에너지와 물질도 주위와 상호작용이 없는 계를 말한다.

02 동작물질(작업물질)

에너지를 저장 또는 운반하는 물질로, 예를 들면 열에너지를 일에너지로 바꾸는 내연기관 내의 혼합가스, 저온에서 고온으로 열을 운반하는 냉동기 내의 냉매, 증기터빈의 증기, 가스터빈의 공기와 연료의 혼합가스 등이 있다.

Chapter 03 상태와 성질

01 상태

물질이 각 상(phase : 고체, 액체, 기체)에서 각각의 압력과 온도 하에 일정한 물리적 값을 가질 때 이 시스템(계)은 어떤 상태(state)에 있다고 한다.

02 성질

시스템(계)의 상태에 따라 달라지는 어떤 양으로, 경로(path)와 무관한 상태량을 열역학에서 성질(性質, properties)이라 하고, 일과 열은 성질이 아니다. 온도(temperature), 압력(pressure), 밀도(density), 체적(volume) 등이 해당된다.

03 열역학적 성질(열역학적 상태량)

한 상태에서 물질의 서로 다른 상태를 구분할 수 있는 특성이다.
① 강도성 상태량(intensive property) : 나누면 값이 변하는 상태량(계가 질량과는 무관)
   예 압력, 온도, 밀도, 비체적
② 종량성 상태량(extensive property) : 나누면 값이 변하는 상태량(계가 질량과 정비례)
   예 전질량(=중량), 전체적, 전에너지량

04 열역학적 함수

(1) 상태함수(점함수 : point function)
경로에 관계없이 처음과 나중의 상태에 의해서만 결정되는 어떤 양(성질)을 말한다.
예 압력, 온도, 밀도, 체적, 질량, 에너지, 열량, 비체적

(2) 경로함수(도정함수 : path function)
과정(경로)에 의존하여 그 값이 달라지는 어떤 양(성질이 아니다)을 말한다.
예 일 및 열(heat)

Chapter 04 각종 물리량

01 비중량, 밀도, 비체적, 비중

(1) 비중량(specific weight) : γ

$$비중량 = \frac{중량}{체적} \rightarrow \gamma = \frac{G}{V} \ [\text{kgf}/\text{m}^3 : 공학단위, \ \text{N}/\text{m}^3 : \text{SI}단위]$$

(2) 비질량(specific mass) = 밀도(density) : ρ

$$비질량 = \frac{질량}{체적} \rightarrow \rho = \frac{m}{V}$$

$[\text{kg}/\text{m}^3 : 절대단위, \ \text{kgf} \cdot \text{s}^2/\text{m}^4 : 공학단위 \ 또는 \ 중력단위]$

(3) 비체적(specific volume) : v

① $비체적 = \dfrac{체적}{중량} \rightarrow v = \dfrac{V}{W} \ [\text{m}^3/\text{kgf} : 공학단위]$

② $비체적 = \dfrac{체적}{질량} \rightarrow v = \dfrac{V}{m} \ [\text{m}^3/\text{kg} : 절대단위]$

(4) 비중(specific gravity) : S

① $비중 = \dfrac{\gamma}{\gamma_w}$ (공학단위)

여기서, γ : 어떤 물질의 비중량(대상물질)
γ_w : 물의 비중량($= 1{,}000 \text{kgf}/\text{m}^3 = 9{,}800 \text{N}/\text{m}^3$)

② $비중 = \dfrac{\rho}{\rho_w}$ (SI단위)

여기서, ρ : 어떤 물질의 밀도(대상물질)
ρ_w : 물의 밀도($= 1{,}000 \text{kg}/\text{m}^3 = 1{,}000 \text{N} \cdot \text{s}^2/\text{m}^4 = 102 \text{kgf} \cdot \text{s}^2/\text{m}^4$)

(5) 강도성질과의 관계

① $\gamma = \dfrac{G}{V} = \dfrac{mg}{V} = \rho g$ (절대단위, 공학단위)

② $v = \dfrac{1}{\gamma}$ (공학단위)

③ $v = \dfrac{1}{\rho}$ (절대단위)

02 압력

압력(pressure)이란 한 작은 입자에 수직으로 작용되는 힘의 세기를 말한다.

※ 평균압력(average pressure) : 단위면적당 수직으로 작용하는 힘

$$압력 = \frac{힘}{면적}$$

$$\rightarrow P = \frac{F}{A} [\text{kgf/cm}^2,\ \text{psi}=\text{ln/in}^2,\ \text{Pa}=\text{N/m}^2,\ \text{mmAq, mmHg, mmbar, atm, ata, atg}]$$

① 표준대기압 : 1atm = 760mmHg(수은의 높이)
　　　　　　　 = 10,332mmAq(물의 높이)
　　　　　　　 = 10.332mAq(물의 높이)
　　　　　　　 = 1.0332kgf/cm² (공압기압)
　　　　　　　 = 1.013×10⁵Pa(SI단위)
　　　　　　　 = 1,013.25mbar = 1.01325bar
　　　　　　　 = 1,013.25hPa

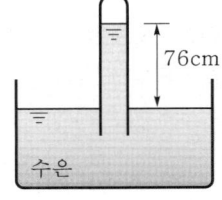

[그림 2-2] 수은으로 측정 시 1기압

② 공학기압 : 1ata = 1atm = 1kg/cm² abs
　　　　　　 1atg = 1kg/cm² g

③ 절대압력(absolute pressure)과 게이지압력(gauge pressure)
　㉠ 절대압력 : 완전진공을 기준(0)으로 측정한 압력
　㉡ 게이지압력 : 국소대기압을 기준(0)으로 측정한 압력
　㉢ $\begin{cases} 절대압력 = 국소대기압 + 게이지압력 (P_a = P_{atm} + P_g) \\ 절대압력 = 국소대기압 - 진공압력 (P_a = P_{atm} - P_g) \end{cases}$

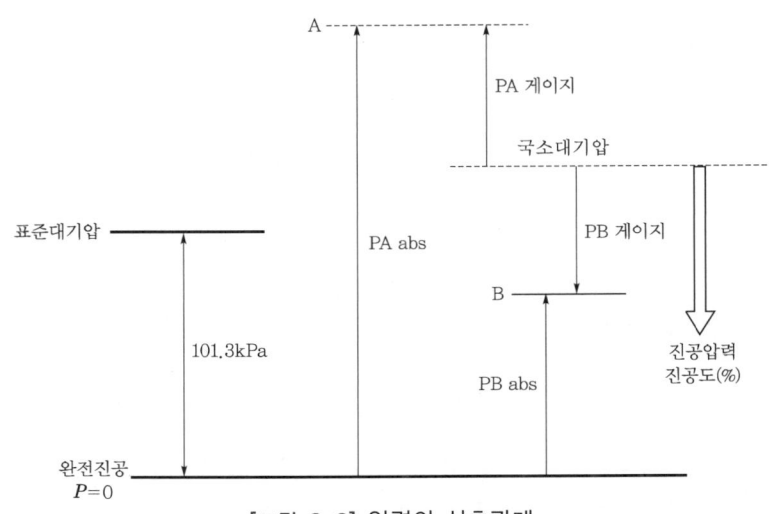

[그림 2-3] 압력의 상호관계

03 온도

(1) 섭씨와 화씨온도의 환산

① $°F = \dfrac{9}{5}°C + 32$

② $°C = \dfrac{5}{9}(°F - 32)$

(2) 절대온도(absolute temperature)

① 켈빈온도 : $K = °C + 273$

② 랭킨온도 : $°R = °F + 460$

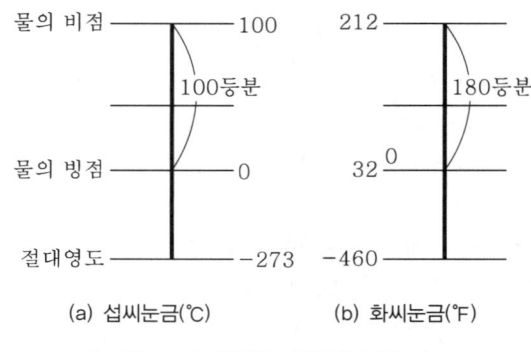

(a) 섭씨눈금(℃)   (b) 화씨눈금(℉)

[그림 2-4] 섭씨와 화씨온도의 비교

Chapter 05 주요 국제단위(SI단위)

01 국제단위(SI)의 기본단위와 보조단위

(1) 기본단위
① 길이 : m
② 질량 : kg
③ 시간 : sec
④ 전류 : A
⑤ 열역학적 온도 : K
⑥ 물리량 : mol
⑦ 광도 : cd

(2) 보조단위
① 평면각 : rad(라디안)
② 입체각 : strad(스테라디안)

02 국제단위(SI)의 유도단위

(1) 힘의 단위(Newton : N)
① $1N = 1kg \times 1m/s^2 = 1kg \cdot m/s^2$
② $1dyne = 1g \times 1cm/s^2 = 1g \cdot cm/s^2$
  $(1N = 1kg \cdot m/s^2 = 1,000g \times 100cm/s^2 = 10^5 g \cdot cm/s^2 = 10^5 dyne)$

(2) 일의 단위(Joule : J)
① $1J = 1N \times 1m = 1N \cdot m = 1kg \cdot m^2/s^2$
② $1erg = 1dyne \times 1cm = 1dyne \cdot cm = 1g \cdot cm^2/s^2$
  $(1J = 1N \cdot m = 10^5 dyne \times 100cm = 10^7 dyne \cdot cm = 10^7 erg)$

(3) 동력(Power)의 단위(Watt : W)
① $1W = 1J/s = 1N \cdot m/s = 1kg \cdot m^2/s^3$
② $1kW = 1,000J/s = 1,000N \cdot m/s = 1,000W = 1,000kg \cdot m^2/s^3$

(4) 중력단위(=공학단위)와 SI단위의 관계
힘(force)=kgf(중력단위), 힘(force)=N (SI단위), $1kgf = 1 \times 9.8kg \cdot m/s^2 = 9.8N$

Chapter 06 과정과 사이클

01 과정

계 내의 물질이 한 상태에서 다른 상태로 변화할 때 연속된 상태변화의 경로를 과정(process)라 한다.

(1) 과정
① 가역과정(reversible process) : 경로의 모든 점에서 역학적, 열적, 화학적 등의 모든 평형이 유지되면서 어떤 마찰도 수반되지 않는 과정이다.
② 비가역과정(irreversible process) : 계가 경계를 통하여 이동할 때 변화를 남기는 과정으로서, 이때 평형은 유지되지 않는다.

(2) 준평형과정
평형으로부터 미소 벗어남이 있는 과정으로, 거시적으로는 평형과정으로 본다.
① 등적과정(isometric process=정적과정) : 체적이 일정한 과정
② 등압과정(isobaric process) : 압력이 일정한 과정
③ 등온과정(isothermal process) : 온도가 일정한 과정
④ 단열과정(adiabatic process) : 엔트로피가 일정한 과정

02 사이클

계가 상태변화한 후에 과정이 시작되기 전의 원래의 상태로 돌아오는 과정을 사이클(cycle)이라 하고, 이때 사이클이 완성되면 모든 성질의 값이 최초상태의 값과 같아진다.

Chapter 07 비열, 열량, 동력, 열효율

01 비열

G[kg]의 물질을 온도 dt만큼 올리는 데 필요한 열량을 dQ라면 $dQ \propto Gdt$이 된다. 이때 C를 비열(specific heat)이라 한다.

$$dQ = GCdt \tag{1}$$

여기서, C[kcal/kg·℃, BTU/lb·℉]는 물질의 단위무게를 단위온도로 올리는 데 필요한 열량이다.

식 (1)을 적분하면

$$\int_1^2 dQ = \int_1^2 GC\,dt \rightarrow {}_1Q_2 = GC(t_2 - t_1) = GC\Delta t \tag{2}$$

① 평균비열

$$C_m = \frac{\int_{t_1}^{t_2} C\,dt}{t_2 - t_1} \tag{3}$$

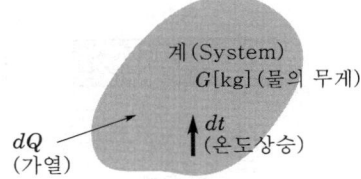

[그림 2-5] 물질의 온도변화에 따른 열량변화관계

따라서 평균비열로 식 (2)를 고쳐쓰면

$${}_1Q_2 = \frac{\int_{t_1}^{t_2} C\,dt}{t_2 - t_1}(t_2 - t_1) \tag{4}$$

② 2가지 이상의 물질을 혼합할 때 평균온도 : t_m
③ 2가지 물질의 혼합 시 평균온도 : t_1(1물질의 최초온도)<t_2(2물질의 최초온도)라고 가정하면

$$+(흡열)G_1C_1(t_m - t_1) = -(방열)G_2C_2(t_m - t_2)$$
$$\rightarrow GC_1t_m + G_2C_2t_m = G_2C_2t_2 + G_1C_1t_1$$
$$\therefore t_m = \frac{G_1C_1t_1 + G_2C_2t_2}{G_1C_1 + G_2C_2} \tag{5}$$

따라서 2가지 이상의 경우 평균온도 t_m은

$$t_m = \frac{\sum_{i=1}^{n} G_i C_i t_i}{\sum_{i=1}^{n} G_i C_i} \tag{6}$$

02 열량

- 열 : 분자의 운동에너지 결과
- 온도 : 분자의 운동에너지의 척도

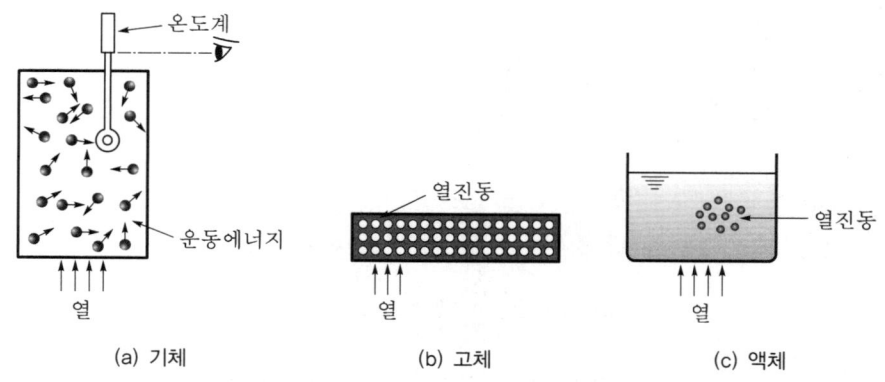

[그림 2-6] 물질에 따른 열의 운동

(1) 열량의 단위

① 1kcal : 물 1kg을 1℃ 올리는 데 필요한 열량(14.5~15.5℃의 1℃가 표준값)
② 1BTU : 물 1lb를 1°F 올리는 데 필요한 열량
③ 1CHU : 물 1lb를 1℃ 올리는 데 필요한 열량

㉠ 물의 비열 : 1kcal/kg・℃=1BTU/lb・°F=1CHU/lb・℃
㉡ 얼음의 비열 : 0.5kcal/kg・℃
㉢ 수증기 비열 : 0.441kcal/kg・℃
㉣ 공기의 비열 : 정압비열은 0.24kcal/kg・℃, 정적비열은 0.172kcal/kg・℃

(2) 열량의 단위환산

- 1 lb = 0.4536 kg
- 1 kg = 1/0.4536 = 2.205 lb
- 1 ft(1′) = 12 inch
- 1 inch(1″) = 2.54 cm
- 열량=중량×비열×온도차($Q = GC\Delta t$)

① 1kcal = 1kg×1kcal/kg・℃×1℃
    = 2.205lb×1BTU/lb・°F×$\dfrac{9}{5}$°F
    = 3.968BTU
    = 2.205lb×1CHU/lb・℃×1℃
    = 2.205CHU

② 1BTU = 1lb×1BTU/lb・°F×1°F
    = 0.4536kg×1kcal/kg・℃×$\dfrac{5}{9}$℃
    = 0.252kcal
    = 1lb×1CHU/lb・℃×$\dfrac{5}{9}$℃
    = $\dfrac{5}{9}$CHU

③ 1CHU = 1lb×1CHU/lb・℃×1℃
    = 0.4536kg×1kcal/kg・℃×1℃
    = 0.4536kcal
    = 1lb×1BTU/lb・°F×$\dfrac{9}{5}$°F
    = $\dfrac{9}{5}$BTU

03 동력(power)

① 1PS = 75kgf・m/s(공학단위), 1PS−h = $\dfrac{75 \times 3,600}{427}$ ≒ 632.3kcal

② 1HP(마력) = 76kgf・m/s(hourse power)

③ $1kW = 102 kgf \cdot m/s$, $1kW-h = \dfrac{102 \times 3,600}{427} \fallingdotseq 860 kcal$

※ SI단위의 환산
- $1kW = 1,000 J/s$, $1W = 1J/s = 1N \cdot m/s$
- $1PS = 0.735kW$, $1HP = 0.746kW$, $1kW = 1.36PS$

04 열효율(thermal efficient)

$$열효율(\eta_{th}) = \dfrac{얻은\ 동력(PS\ 또는\ kW) \times 632.3\ 또는\ 860}{연료의\ 저위발열량(H_l) \times 연료소\ 비율(f_b)}$$

여기서, H_l : kcal/kg
f_b : kg/hour

P/A/R/T

03

냉동기계

Chapter 01 냉동의 기초
Chapter 02 냉매와 윤활유(냉동기유)
Chapter 03 냉동사이클
Chapter 04 냉동장치의 종류
Chapter 05 냉동장치의 구조
Chapter 06 냉동장치의 응용

Chapter 01 냉동의 기초

01 냉동의 정의

냉동(refrigeration)이란 물체(특정 장소)를 상온보다 낮게 하여 소정의 저온도를 유지하는 것이며, 이때 사용하는 기계를 냉동기(refrigerator)라고 한다.

02 냉동의 분류

(1) 냉각(cooling)

주위온도보다 높은 온도의 물체로부터 열을 흡수하여 그 물체가 필요로 하는 온도까지 낮게 유지하는 것이다.

(2) 냉장(storage)

저온도의 물체를 동결하지 않을 정도로 물체가 필요로 하는 온도까지 낮추어 저장하는 상태이다.

(3) 동결(freezing)

물체의 동결온도 이하로 낮추어 유지하는 상태로, 좁은 의미로 냉동을 의미한다.

(4) 1제빙톤

1일 얼음 생산능력을 톤(1ton)으로 나타낸 것으로, 25℃의 원수 1ton을 24시간 동안에 -9℃의 얼음으로 만드는 데 제거해야 할 열량을 냉동능력으로 나타낸 것이다(외부손실 열량 20% 고려).

$$1제빙톤 = \frac{1{,}000 \times (25 + 79.68 + 0.5 \times 9) \times 1.2}{24 \times 3{,}320} = 1.65\text{RT}(냉동톤)$$

(5) 저빙

상품화된 얼음을 저장하는 것(제빙 : 얼음의 생산)이다.

03 열의 이동형식

열에너지는 온도가 높은 부분에서 낮은 쪽으로 이동한다. 이 현상을 열이동(heat transfer)이라고 한다(열의 이동은 일반적으로 전도, 대류, 복사의 복합적 열이동이 이루어진다).

1) 열전도(heat conduction)

고체열전달 프리에(Fourier)의 법칙은

$$Q = -\lambda A \frac{\partial t}{\partial x} \, [\text{kJ/h}]$$

열유속(heat flux)이란 단위시간, 단위면적당 통과열량으로

$$q = \frac{Q}{A} = -\lambda \frac{\partial t}{\partial x} \, [\text{kJ/h}]$$

여기서, λ : 물질에 따른 특성치(비례정수) = 열전도계수($\text{kJ/m} \cdot \text{h} \cdot \text{℃}$)

$\frac{\partial t}{\partial x}$: 온도구배(<0)

2) 대류(convection)열전달

고체표면이 유체와 접하고 있으면서 유체가 유동할 때 이 양자 간에 유동하는 열의 수수(授受)과정에서의 열이동으로, 뉴턴의 냉각법칙(Newton's cooling law)은

$$Q = hA(t_s - t_f) \, [\text{kJ/h}]$$

여기서, h : 열전달계수(heat transfer coefficient) = 표면전열계수(비례정수, $\text{kJ/m}^2 \cdot \text{h} \cdot \text{℃}$)
A : 고체표면적(m^2)
t_s : 고체의 표면온도(℃)
t_f : 유체의 온도(℃)

> **예제**
>
> 두께 6cm 엷은 콘크리트 벽이 있다. 두 면의 표면온도가 각각 20℃, 0℃일 때 1시간 1m²당 열유량을 구하라(단, 콘크리트 열전도율(λ) = 2.73kJ/m · h · ℃이다).
>
> ▲풀이 $q = -\lambda \frac{\partial t}{\partial x} = \lambda \left(\frac{t_1 - t_2}{x} \right) = 2.73 \times \frac{20 - 0}{0.06} = 910 \text{kJ/m}^2 \cdot \text{h}$

3) 복사열전달(Stefan-Boltzmann의 법칙)

절대온도(T)인 완전흑체표면에서 그 상반부인 반구상 공간에 단위시간, 단위면적당 방사되는 전에너지(E)는

$$E = \sigma \left(\frac{T}{1,000}\right)^4 [\text{kJ/m}^2 \cdot \text{h}, \ \text{W/m}^2]$$

여기서, $\sigma = 4.88 \times 10^{-8} \text{kcal/m}^2 \cdot \text{h} \cdot \text{K}^4 = 5.67 \text{W/m}^2 \cdot \text{K}^4$

E는 절대온도 4승에 비례하게 된다. 이것을 스테판-볼츠만의 법칙이라고 하며, $\sigma = 4.88 \times 10^{-8}$을 스테판-볼츠만정수(흑체복사계수)라고 한다.

4) 현열(sensible heat)과 잠열(latent heat)

(1) 현열(q_s)

물질의 상태는 변화 없이 온도만 변화되는 열량은

$$q_s = C(t_2 - t_1) [\text{kJ/kg, kcal/kgf}] \Rightarrow \text{단위질량(단위중량)당 가열량}$$
$$Q_S = m q_S = m C(t_2 - t_1) [\text{kJ}]$$

여기서, Q_S : 전체 현열량(kJ)
  m : 질량(kg)
  C : 비례상수(물질의 비열, kJ/kg·℃, kcal/kgf·℃)
  t_2 : 가열 후 온도(℃)
  t_1 : 처음(가열 전) 온도(℃)
  C : 물의 비열(=1kcal/kgf·℃=4.2kJ/kg·℃(K))

(2) 잠열(숨은열)

물질의 상태만 변화시키고 온도는 변화하지 않는(일정한) 상태의 열량
① 0℃ 얼음의 융해열(0℃ 물의 응고열)은 79.68kcal/kgf(334kJ/kg)
② 100℃ 물(포화수)의 증발열(100℃ 건포화증기의 응축열)은 539kcal/kgf(2,256kJ/kg)
③ 1kcal=3.968BTU=2.205CHU(PCU)=4.186kJ
④ 1Therm(썸)=10^5BTU

5) 비열(specific of heat) : C

단위질량(1kg)을 단위온도(1℃) 높이는 데 필요로 하는 열량(kJ)으로, 비열의 단위는 kJ/kg·℃, kcal/kgf·℃, BTU/lb·℉, CHU/lb·℃ 등이 있다.

(1) **정압비열**(C_p)

압력이 일정한 상태($P = C$) 하에서 기체(공기) 1kg을 1℃ 높이는 데 필요로 하는 열량(kJ)이다.

공기의 정압비열(C_p) = 0.24kcal/kgf · ℃ = 1.005kJ/kg · K

(2) **정적비열**(C_v)

체적이 일정한 상태($V = C$) 하에서 기체(공기) 1kg을 1℃ 높이는 데 필요로 하는 열량(kJ)이다.

공기의 정적비열(C_v) = 0.172kcal/kgf · ℃ = 0.72kJ/kg · K

6) **비열비(ratio of specific heat) : $k(\kappa)$**

비열비(k)란 기체의 정압비열(C_p)와 정적비열(C_v)의 비를 말한다.

$$k = \frac{C_p}{C_v}$$

기체(gas)인 경우 $C_p > C_v$이므로 $k > 1$이다(항상 1보다 크다).

[표 3-1] 냉매에 따른 비열비의 비교

기체(냉매)명	비열비(k)	기체(냉매)명	비열비(k)
암모니아(NH_3)	1.31	공기	1.4
프레온(R)-12	1.13	아황산가스(SO_2)	1.25
프레온(R)-22	1.18	탄산가스(CO_2)	1.41

(1) **냉동장치에 사용되는 냉매와 비열비의 관계**

냉매(refrigerant)는 비열비가 클수록 동일한 운전조건에서 압축 후 토출되는 냉매가스의 온도(토출가스온도)가 상승하여 압축기 실린더가 과열되고 윤활유가 열화(온도가 올라가고) 및 탄화(증기가 발생)하며 체적효율(η_v)이 감소된다. 냉동능력당 소요동력이 증대되고 냉매순환량이 감소하여 결과적으로 냉동능력이 감소하게 되는 나쁜(악) 영향을 초래하게 된다. 이런 이유에서 암모니아(NH_3)를 냉매로 사용하는 냉동장치의 압축기 실린더는 워터재킷(water jacket)을 설치하여 토출가스온도를 낮추기(냉각) 위해 수랭각시키고 있다.

(2) 워터재킷(물주머니)

수랭식 기관에서 압축기 실린더 헤드의 외측에 설치한 부분으로, 냉각수를 순환시켜 실린더를 냉각시킴으로써 기계효율(η_m)을 증대시키고 기계적 수명도 연장시킨다. 워터재킷을 설치하는 압축기는 냉매의 비열비(k)값이 1.8~1.20 이상인 경우 효과가 있다.

(3) 물질의 상태변화

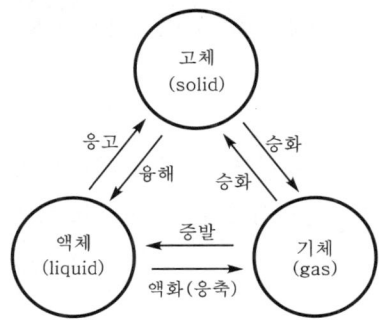

상태변화	열의 이동	잠열	예
액체 → 기체	흡열	증발열	539kcal/kgf(2,256kJ/kg)
기체 → 액체	방열	응축열	539kcal/kgf(2,256kJ/kg)
고체 → 액체	흡열	융해열	79.68kcal/kgf(334kJ/kg)
액체 → 고체	방열	응고열	79.68kcal/kgf(334kJ/kg)
고체 → 기체	흡열	승화열	CO_2(드라이아이스) 승화열 : -78.5℃에서 137kcal/kgf (573.48kJ/kg)

Chapter 02 냉매와 윤활유(냉동기유)

01 냉매

1) 냉매의 정의

냉동사이클 내를 순환하면서 냉동부하로부터 흡수한 열을 고온부에서 방출하도록 열을 운반하면서 냉동을 행하는 동작유체(working fluid)이다.

2) 냉매의 구비조건

(1) 물리적인 조건

① 소정의 온도조건에서도 증발압력은 대기압 이상이어야 하고 응축압력은 가능한 낮게 하여 증발압력이 대기압 이하로 외기(공기)의 침입을 막고 응축압력이 낮으므로 활용범위가 넓으며, 응축압력이 높아지면 기기, 기구, 배관재료의 강도가 요구되어 비경제성이다.

② 임계온도는 높고 응고점은 낮을 것 : 임계점(critical point)은 기체에 압력을 가하면 그 기체는 액체로 응축액화하게 되는데, 어느 일정한 한계점에서는 물리적으로 증발과 응축이 일어나지 않은 상태를 의미한다. 임계점에 해당하는 압력은 임계압력(P_c), 이때의 온도는 임계온도(T_c)라고 한다.

공기와 같이 임계온도가 낮아서 상온에서는 응축액화가 어려운 기체를 불응축가스(non condensible gas)라고 한다.

[표 3-2] 물질의 임계점

물질	임계압력 (MPa)	임계온도 (℃)	임계체적 (cm³/kg)	물질	임계압력 (MPa)	임계온도 (℃)	임계체적 (cm³/kg)
암모니아	4.06	113	4.24	공기	3.76	141	3.20
R-12	4.98	111.5	1.79	아황산가스	7.87	157.5	1.92
R-22	6.68	96	1.90	물	22.1	374.1	3.10
R-40	7.3	142.8	2.70	알코올	6.39	243.0	3.60
탄산가스	7.53	31	2.16	수은	9.8	1470	0.20

③ 증발잠열과 기체의 비열은 크고 증발잠열에 대한 액체의 비열은 적을 것 : 기체의 비열이 작으면 흡입가스의 과열도가 커지고 팽창 시 비체적이 커져 압축효율이 저하되고, 증발잠열이 큼으로써 동일 냉동능력에 대한 냉매순환량(kg/h, RT)이 감소하게 되고 설치 시에 배관의 구경이 크지 않아도 되며, 액체의 비열이 크면 프레쉬가스의 발생량이 증가하여 냉동능력이 감소한다.
④ 점도가 작고 정열은 양호하며 표면장력이 작을 것 : 점도가 크면 유체의 통과저항이 증가되고, 전열이 불량하면 응축기 및 증발기의 용량을 증가시켜 전열면적을 넓혀야 한다.
⑤ 윤활유 미수분과 작용하여 냉동작용에 악영향을 초래하지 않을 것
⑥ 누설 시에 누설발견이 용이할 것
⑦ 절연내력이 크고 전기 절연물을 침식하지 않을 것
⑧ 기체 및 액체의 비중이 적을 것(단, 원심식 냉동기의 냉매의 경우는 기체의 비중이 약간 클 것)

(2) 화학적인 조건

① 화학적으로 결합이 양호하여 고온에서도 분해하지 않고 금속에 대한 부식성이 없을 것 : 냉매의 배관을 선택할 경우 다음의 냉매는 금속을 부식하므로 사용해서는 안 된다.
  ㉠ 암모니아(NH_3) : 구리(동, Cu) 및 구리합금
  ㉡ 프레온(freon) : 마그네슘(Mg) 및 2% 이상의 마그네슘을 함유한 알루미늄(Al)합금
  ㉢ 메틸클로라이드(염화메틸, R-40) : 알루미늄(Al), 마그네슘(Mg), 아연(Zn) 및 그 합금
② 인화성 및 폭성이 없을 것

(3) 생물학적인 조건

① 독성 및 악취가 없을 것
② 인체에 해가 없고 냉장품을 손상시키지 않을 것 : 냉매전열효과는 암모니아(NH_3) > 물(H_2O) > 프레온(freon) > 공기(air)의 순이다.

3) 냉매의 종류

(1) 직접 냉매(1차 냉매)

냉동장치 내를 순환하면서 냉동부하로부터 직접 상태변화(증발잠열)를 하여 열을 흡수하는 물질을 말한다(암모니아, 프레온 등).

(2) 간접 냉매(2차 냉매)

냉동장치 사이클 밖을 순환하면서 냉동부하로부터 감열과 정(온도차에 의한)으로 열을 흡수하여 증발기 내의 직접 냉매에 전달하는 매개체로써, 일명 브라인(brine)이라고 한다($CaCl_2$ 브라인, NaCl 브라인, $MgCl_2$ 브라인, 물 등).

4) 일반적인 냉매의 특성

(1) 암모니아(NH_3, R-717)

① 연소성, 폭발성, 독성, 악취가 있다(폭발범위 13~27%).
② 표준대기압상태에서의 비등점은 -33.3℃, 응고점은 -77.7℃이다.
③ 임계점에서의 임계온도는 133℃, 임계압력은 11,417kPa(11,0427MPa)이다.
④ 물과 암모니아(NH_3)는 대단히 잘 용해되지만 윤활유와는 잘 용해하지 않는다.
⑤ 기준 냉동사이클의 온도조건에서 냉동효과는(269kcal/kg(1,126kJ/kg))로 현재 사용중인 냉매 중에서 가장 우수하며, 증발압력 236.18kPa 응축압력 1,166kPa로 다른 냉매에 비하여 높지 않는 편이므로 배관선정에 무리가 없다. 흡입증기의 비체적은 0.509㎥/kg이다. 기준 냉동사이클의 온도조건은 다음과 같다.
  ㉠ 증발온도 : -15℃<5℉
  ㉡ 응축온도 : 30℃(86℉)
  ㉢ 과냉각도 : 5℃(팽창밸브 직전의 온도는 25℃를 뜻함)
  ㉣ 흡입가스의 상태 : 건포화증기
    냉동효과가 크므로 동일 냉동능력당 냉매순환량이 적어도 되어, 그만큼 소요동력이 감소하게 되고 기기 및 배관의 용량이 적어도 운전이 가능하여 설비비가 절감된다.
⑥ 전열이 양호하여 냉각관에 핀(fin)을 부착시킬 필요가 없다.
⑦ 비열비(C_p/C_v)의 값이 크다. 비열비의 값이 커서 압축 후 토출가스온도가 높아 유분리기에서 분리된 윤활유도 열화 또는 탄화되어 있으므로 폐유처분해야 하며, 실린더에도 워터재킷을 설치하고 있다.
⑧ 구리 및 구리합금의 금속재료는 부식한다. 단, 암모니아용 압축기의 축봉부(shaft seal)의 베어링은 구리합금의 재질이나 유막의 형성으로 침식(부식)되지 않아 사용할 수 있다.
⑨ 480℃에서 분해가 시작되고 870℃에서 질소와 수소로 분해한다.
⑩ 물에 잘 용해하고 15℃에서 물은 약 900배(용적)의 암모니아기체를 흡수한다.
⑪ 윤활유와는 거의 용해하지 않는다. 장치 내로 유출된 윤활유는 냉매와 분리되어 기기(응축기, 수액기, 증발기 등) 하부에 체류하면서 유막 및 유층을 형성하여 전열을 악화시키다. 이러한 이유에서 암모니아장치에서는 토출관상에 반드시 유분리기(oil separator)를 설치하여 사전에 분리하며 배유(oil drain)작업이 필요하다.
⑫ 공기와의 혼합농도가 15~20%(용적비)이면 폭발한다.

> **참조** 유탁액(emulsion)현상과 영향
>
> 암모니아 냉동장치에 다량의 수분이 혼입하면 냉매와 작용하여 암모니아수(NH_4OH)를 생성한 후 윤활유와 다시 반응하여 윤활유의 색깔을 우유빛처럼 탁하게 변화시키는 현상으로, 윤활유의 점도가 저하하여 유분리기에서도 분리되기 어려우며 장치 내로 유출된 윤활유에 의해 전열이 불량해지고, 유압이 저하되는 결과로 마찰 부분의 윤활부족에 의한 운전불능의 위험까지 초래될 수 있다.

(2) 프레온그룹(freon group) 냉매의 공통적인 특성

① 탄화할로겐화 수소 냉매(Cl, C, F, H)의 총칭으로, 특허국에 등록된 제조회사의 상품이며, 현재 한국(kofron) 일본(flon : fluorocarbon) 등 여러 나라에서 제조되고 있다.
② 화학적으로 안정하며, 연소성, 폭발성, 독성, 취기가 없다.
③ 비열비가 암모니아에 비해서 크지 않아 압축기 실린더를 반드시 수랭각시키지 않아도 된다.
④ 열에는 안정하나 800℃ 이상의 고온과 접촉하면 포스겐가스(phosgen gas, $COCl_2$)인 독성 가스가 발생하게 된다.
⑤ 전기 절연물을 침식하지 않으므로 밀폐형 압축기에 사용이 가능하다.
⑥ 수분과의 용해성이 극히 작아 장치 내에 혼입된 공기 중의 수분과는 유리(분리)되어 팽창밸브 통과 시 저온에서 빙결되어 밸브를 폐쇄하여 냉매의 순환을 방해하게 되므로, 액관에는 반드시 드라이어(제습기)를 설치하고 있다
⑦ 윤활유와는 잘 용해한다.

02 현재 사용도가 많은 냉매의 특성

(1) R-12(CCl_2F_2)

① 임계온도는 111.5℃, 임계압력은 4.06MPa, 표준대기압상태에서의 비등점은 -29.8℃, 응고점은 -158℃이며, 공랭식 또는 수랭식으로 응축액화가 용이하다.
② 기준 냉동사이클의 온도조건에서의 증발압력은 0.18MPa, 응축압력은 0.74MPa 낮은 편이므로 배관의 내압력이 크지 않아도 된다.
③ 기준 온도조건에서 냉동효과는 123.49kJ/kg으로 암모니아의 1/9배 정도이며, 동일 냉동능력당의 냉매순환량은 많아야 한다.
④ 기준 온도조건에서 흡입증기 냉매의 비체적은 0.093m^3/kg으로 동일 냉동능력당 피스톤압축량은 암모니아보다 많다.
⑤ 비중이 커서 유동저항에 의한 압력강하가 크다.
⑥ 패킹의 재료로서 천연고무는 침식하므로 합성고무를 사용해야 한다.

(2) R-22(CHClF$_2$)

① 임계온도는 96℃, 임계압력은 4.92MPa, 표준대기압상태에서의 비등점은 -40.8℃, 응고점은 -160℃이다.
② 기준 온도조건에서 증발압력은 0.297MPa, 응축압력은 1.2MPa이다.
③ 기준 온도조건에서 냉동효과는 168.07kJ/kg이며, 흡입증기 냉매의 비체적은 0.078m^3/kg이다.
④ 1단 압축으로도 암모니아보다 낮은 온도를 얻을 수 있고, 2단 압축에 의해 극저온을 얻을 수 있다.
⑤ 피스톤압축량은 암모니아와 비슷하나 배관선정은 암모니아에 비해서 액관은 1.7배, 흡입관은 1.4배 커야 한다.
⑥ 윤활유와의 일정한 고온에서는 용해성이 양호하나, 저온에서는 윤활유가 많은 상부층과 냉매가 많이 용해된 하부층으로 분리된다.
⑦ 동일 냉동능력에 대해 암모니아보다 7배 정도의 냉매순환량이 필요하며, 중소 공기조화용 장치에 이용된다.

(3) R-11(CCl$_3$F)

① 터보냉동기용으로 많이 사용한다.
② 100RT 대용량 공기조화용으로도 사용한다.
③ 표준대기압상태에서의 비등점은 +23.7℃로 높고, 응고점은 -111℃, 임계온도는 198℃, 임계압력은 40.387MPa이다.
④ 냉매가스의 비중이 무겁고 압력이 낮아 원심식 압축기의 공기조화용에 적당하다. 기준 냉동사이클의 온도조건에서 증발압력은 0.021MPa이며, 응축압력은 0.126MPa 정도로 대단히 낮다. 증발온도 5℃에서 0.049MPa 정도로 대단히 낮다.
⑤ -15℃의 건조포화증기의 비체적은 0.76m^3/kg으로 크다.

(4) R-13(CClF$_3$)

① 임계온도는 +28.8℃로 대단히 낮으며, 임계압력은 3.86MPa이다.
② 표준대기압상태에서 비등점은 -81.5℃, 응고점은 -181℃로 대단히 낮고, 포화압력은 대단히 높아서 극저온을 얻는 저온냉동장치의 냉매로만 사용한다. 100℃의 증발압력은 0.033MPa로 대기압 이상이며, 상온의 응축온도 30℃에서의 포화압력은 임계점 이상이다.
③ 포화압력이 대단히 높아 R-13만으로는 사용하지 못하고, R-22 등과 조합한 2원 냉동방식으로 적합하다.

(5) R-113($C_2Cl_3F_3$)

① 임계온도는 214.1℃, 임계압력은 3.41MPa, 응고점은 -35℃, 비등점은 +47.6℃이다.
② 포화압력이 대단히 낮고 가스단위체적당 냉동효과가 적으며 압축비가 크다(공조용 터보냉동기에 많이 사용).
③ 냉매순환량은 R-11보다 많고 가스의 비체적이 크므로, 피스톤압축량은 R-11의 2배 이상으로 원심식 압축기의 공기조화용에서는 2단 압축기가 사용된다.

(6) R-21($CHCl_2F$)

비등점은 8.9℃로 높고 포화압력은 낮은 편이므로 냉각수의 불편이 많고, 과열에 노출되는 제강소의 크레인조정실과 같은 냉방장치에 이용된다.

(7) R-114($C_2Cl_2F_4$)

비등점은 3.6℃ 사용온도에 있어서 R-21보다 우수하며, 회전식 압축기용 냉매로서 소형에서 많이 사용된다.

(8) 물(H_2O, R-718)

증발온도를 0℃ 이하로 할 수 없는 조건이 최대의 단점이며, 저온용에는 사용할 수 없고 공기조화용으로 흡수식 냉동장치의 냉매로 사용된다.

(9) 탄산가스(CO_2, R-744)

① 불연성이며, 인체에 무독하다.
② 임계온도 31℃로 상온에서의 응축이 곤란하며, 포화압력이 높아 배관 및 기기의 냉압강도가 커야 한다.
③ 가스의 체적이 적어 선박 같은 좁은 장소의 냉동장치의 냉매로 사용된다.

(10) 아황산가스(SO_2, R-764)

① 비등점 -10℃, 응고점 -75.5℃, 임계온도 157.1℃, 임계압력 7.87MPa이다.
② 응축압력은 암모니아의 1/3 정도이며, 금속재료 선택에서도 구리 및 구리합금을 사용할 수 있다.
③ 불연성, 폭발성이 없다.
④ 공기 중의 수분과 화합하여 황산을 생성해서 금속을 부식한다.
⑤ 강한 독성 가스이다.

(11) 기타 냉매

부탄(C_4H_{16}), 프로판(C_2H_8), 에탄(C_2H_6), 에틸렌(C_2H_4) 등이 있으나, 연소성 및 폭발성 또는 독성의 위험이 있어 특수한 목적에 이용되고 있다.

03 혼합 냉매

(1) 단순혼합 냉매

서로 다른 두 가지의 냉매를 일정한 비율에 관계없이 혼합한 냉매로서, 사용할 때 액상과 기상의 조성이 변화하여 증발할 경우에는 비등점이 낮은 냉매가 먼저 증발하고, 비등점이 높은 냉매는 남게 되어 운전상태가 조성에까지 영향을 미치는 혼합 냉매를 뜻한다.

(2) 공비혼합 냉매

서로 다른 두 가지의 냉매를 일정한 비율에 의해 혼합하면 마치 한 가지 냉매와 같은 특성을 갖게 되는 혼합 냉매로서, 일정한 비등점 및 동일한 액상, 기상의 조성이 나타나는 냉매를 뜻한다.

[표 3-3] 공비혼합 냉매의 특성

종류	조합	혼합비율	증발온도(℃)		비고
R-500	R-152	26.2%	-24℃	-33.3℃	• R-12보다 압력이 높음 • 냉동능력은 R-12보다 20% 증대 • R-12 대신 50주파수 전원에 사용
	R-12	73.8%	-29.8℃		
R-501	R-12	25%	-29.8℃	-41℃	• R-22 사용으로 윤활유 회수가 곤란할 경우 사용
	R-22	75%	-40.8℃		
R-502	R-115	51.2%	-38℃	-45.5℃	• R-22보다 냉동능력 증가, 응축압력은 저하 • 전기절연내력이 크므로 밀폐형에도 적합
	R-22	48.8%	-40.8℃		

04 프레온 냉매의 번호 기입방법

프레온 냉매에서 R 또는 F 다음에 기입하는 번호는 다음과 같이 메탄(methane)계 냉매와 에탄(ethane)계 냉매로 구분하여 기입한다.

(1) 메탄계 냉매

CCl_4를 R-10으로 정하고, 한 자릿수는 불소(F)의 수효에 의해, 두 자릿수는 수소(H)의 수효에 +1을 하여 결정한다. 즉 H의 수효가 0이면 +1을 해서 두 자릿수는 10이 되고, H의 수효가 2이면 +1을 해서 두 자릿수는 30이 된다.

[표 3-4] 초저온에 사용되는 냉매의 특성

냉매명	R-13	R-14	R-22	프로판	에탄	에틸렌
화학기호	$CClF_3$	CF_4	$CHClF_2$	C_3H_3	C_2H_4	C_2H_4
분자량	104.5	88.01	86.5	44.1	30.07	28.05
비등점(℃)	-81.5	-128	-40.8	-421	-88.5	-10.39
응고점(℃)	-181	-184	-160	-187.7	-183	-169.2
임계온도(℃)	28.8	-45.5	96.0	94.2	32.2	9.9
임계압력(kg/cm^2 abs)	39.4	38.1	50.3	46.5	49.8	50.5
-90℃에 있어서의 증발압력(kg/cm^2 abs)	0.64	8.4	0.049	0.084	0.959	2.17
-40℃에 있어서의 응축압력(kg/cm^2 abs)	6.17	임계온도 이상	1.055	1.184	7.93	14.8
응축온도 -40℃, 증발온도 -90℃에서의 냉동력(kcal/kg abs)	9.64	-	22.2	14.0	8.3	6.3
-90℃에서의 증발열(kcal/kg)	36.8	약 25	62.5	101.4	116.3	107.9
응축온도 -40℃, 증발온도 -90℃에서의 냉동력(kcal/kg)	25.9	-	49.8	83.2	86.4	79.5
-90℃에서의 포화증기의 비체적(m^3/kg)	0.225	0.019	3.64	4.17	0.517	0.236
한국냉동톤(RT)에 대한 이론적인 피스톤압축량(m^3/h · RT)	29.3	-	24.3	16.5	19.7	9.85

(2) 에탄계 냉매

Cl_2Cl_4를 R-110으로 정하고 한 자릿수 및 두 자릿수의 결정은 메탄계와 같고, 다만 세 자릿수는 100으로 번호를 사용한다.

> **참조**
>
> 공비혼합 냉매는 R- 다음에 500단위를, 무기화합물 냉매는 R- 다음에 700단위를 사용하고, 두 자릿수는 물질의 분자량으로 결정한다.

05 CFC(Chloro Fluoro Carbon) 냉매

염소(Cl), 불소(F), 탄소(C)만으로 화합된 냉매로, 규제대상으로 R-11, R-12, R-113, R-114, R-115 등이, ODP는 0.6~10이다.

> **참조** 오존층파괴지수(ODP : Ozone Depletion Potential)
>
> 어떤 물질의 오존층 파괴능력을 상대적으로 나타내는 지표로서, CFC-11 1kg이 파괴하는 오존량을 기준으로 하며 다음과 같다.
>
> $$ODP = \frac{\text{어떤 물질 1kg이 파괴하는 오존량}}{\text{CFC-11 1kg이 파괴하는 오존량}}$$

06 HCF(Hydro Carbons Fluoro) 냉매

수소(H), 염소(Cl), 불소(F), 탄소(C)로 구성된 냉매로 염소가 포함되어 있어도 공기 중에서 쉽게 분해되지 않아 오존층에 대한 열량이 작으므로 대체 냉매로 쓰이나, 규제대상으로 R-22, R-123, R-124 등이 있으며, ODP는 0.02~0.05이다.

07 HFC(Hydro Fluoro Carbon) 냉매

수소(H), 불소(F), 탄소(C)로 구성된 냉매로 염소(Cl)가 혼합물에 포함되지 않아 몬트리올 의정서에 규제되는 CFC 대체 냉매로 각광받고 있으며, 규제대상으로 R-134a, R-125, R-32, R-143a 등이 있다.

08 냉매의 취급 시 유의사항

(1) 암모니아의 취급

독성 가스이므로 소량을 호흡해도 신체의 유해하고, 특히 눈에 들어간 경우나 다량 호흡 시에는 치명적인 상해를 입게 되어 평소의 취급에 특별히 주의를 요한다. 상해에 대한 구급법은 다음과 같다.

① 피부에 묻은 경우에는 물로 깨끗이 세척하고 피크린산 용액을 바른다.
② 눈에 들어간 경우에는 비비거나 자극을 피하고 깨끗한 물로 세척한 후 2%의 붕산액을 적하해서 5분 정도 씻어내고 유동파라핀을 2~3방울 점안한다.
③ 구급약품으로는 2%의 붕산액, 농피크린산 용액, 탈지면, 유동파라핀과 점안기 등이 있다.

(2) 프레온의 취급

무독 무취의 가스로서 치명적인 상해는 없으나, 부주의로 인한 동상의 위험은 크다. 상해에 대한 구급법은 다음과 같다.
① 피부에 묻은 경우는 암모니아와 동일하다
② 눈에 들어간 경우에는 살균된 광물유를 적하해서 세안한다.
③ 심할 경우에는 회붕산액(5%) 또는 염화나트륨 2% 이하의 살균식염수로 세안한다.

■ **동부착(copper plating)현상(동도금현상)**
프레온 냉동장치에 수분이 혼입되면 냉매와 작용하여 산성을 생성한 후 공기 중의 산소와 화합하여 구리와 반응을 일으켜서 석출된 구리가루가 냉매와 함께 장치 내 순환하면서 뜨겁고 정밀하게 연마된 부분(즉, 실린더벽, 피스톤, 밸브 등)에 부착되는 현상으로, 심하면 밸브판(valve plate)의 소손으로부터 압축기 운전불능을 초래하게 된다. 동부착현상이 발생하기 쉬운 경우는 다음과 같다.
- 냉매 중 수소원자가 많을수록
- 윤활유 중 왁스(wax)성분이 많을수록
- 장치 내에 수분이 많을수록(온도가 높을수록)

■ **오일 포밍현상(oil foaming)**
프레온 냉동장치의 압축기가 정지 중에 냉매와 윤활유가 용해되어 있는 상태에서 압축기를 기동하면 크랭크케이스 내의 압력이 급격히 낮아져 냉매가 증발하면서 윤활유와 분리되면서 유면이 약동하고 기포(거품)가 발생하게 되는 현상으로, 심할 경우에는 다량의 윤활유가 실린더 상부로 유입되어 오일압축에 의한 오일 해머링(oil hammering)으로 압축기 소손의 위험을 초래하게 된다. 이런 현상을 방지하기 위하여 크랭크케이스 내에 오일히터(oil hearter)를 설치하여 기동 전에 통전시킬 필요가 있다.

09 간접 냉매

직접 냉매에 구별되는 냉매로서, 2차 냉매라고 한다. 사용 시의 사태로 구분하면 기체 냉매(공기, 공기와의 혼합기체), 액체 냉매(브라인, 물, 알코올), 고체 냉매(얼음, 드라이아이스) 등이 있다.

1) 브라인의 구비조건

① 비열, 열전도율이 높고 열전달성능이 양호할 것
② 점도가 작고 비중이 작을 것
③ 동결온도가 낮을 것
④ 금속재료에 대한 부식성이 적을 것(pH가 중성일 것)

⑤ 불연성일 것
⑥ 피냉각물질에 해가 없을 것
⑦ 구입이 용이하고 염가일 것

2) 브라인의 분류

무기질 브라인은 금속에 대한 부식성이 비교적 많은 브라인으로, 염화칼슘 브라인, 염화마그네슘 브라인, 염화나트륨 브라인 등을 들 수 있다. 유기질 브라인은 금속에 대한 부식성이 적은 브라인으로서, 에틸렌글리콜, 프로필렌글리콜, 알코올, 글리세린 등이 있다.

3) 브라인의 종류 및 특성

(1) 염화칼슘($CaCl_2$) 브라인

① 제빙, 냉장 등의 공업용으로 가장 널리 이용된다.
② 공정점은 −55.5℃(비중 1.286에서)이며 −40℃ 범위에서 사용된다.
③ 흡수성이 강하고 냉장품에 저장하면 떫은맛이 난다.
④ 비중 1.20~1.24(Be 24~28)가 권장된다.

(2) 염화마그네슘($MgCl_2$) 브라인

① 염화칼슘의 대용으로 일부 사용되는 정도이다.
② 공정점은 −55.5℃(비중 1.286에서(농도 2.939%))이며 −40℃ 범위에서 사용된다.

(3) 염화나트륨(NaCl) 브라인

① 인체에 무해하며 주로 식품냉장용에 이용된다.
② 금속에 대한 부식성은 염화마그네슘 브라인보다도 많다.
③ 공정점은 −21.2℃이며 −18℃ 범위에서 사용된다.
④ 비중은 1.15~1.18(Be 19~22)이 권장된다.

> **참조 공정점**
> 서로 다른 여러 가지의 물질을 용해한 경우 그 농도가 진할수록 동결온도가 점차 낮아지면서 일정한 한계의 농도에서 최저의 동결온도(응고점)에 도달하게 되는데, 이때의 온도를 공정점이라고 한다. 공정점보다 농도가 짙거나 묽어도 동결온도는 상승하게 된다.

(4) 에틸글리콜($C_2H_6O_2$)

금속에 대한 부식성이 적어서 모든 금속재료에 적용할 수 있다.

(5) 물(H_2O)

인체에 무해하고 0℃ 이상에서 사용하며, 다른 물질(소금, 염화칼슘부동액)과 혼합하여 0℃ 이하의 온도에서 간접 냉매로 사용한다.

(6) 프로필렌글리콜

부식성이 적고 독성이 없으며 식품동결용에 이용한다.

(7) 메틸렌크롤라이드(R-40)

극저온용에 이용한다.

4) 브라인의 부식방지대책

① pH(산도측정)값은 7.5~8.2를 유지함이 이상적이다.
② 방식아연처리를 한다.
③ 방청재료를 첨가하여 사용한다.
　㉠ 방청재료는 중크롬산 소다($NA_2Cr_2O_7$)를 사용한다.
　　• 염화칼슘($CaCl_2$) 브라인의 경우 : 브라인 1l에 대하여 중크롬산 소다 1.6g씩을 첨가하고 중크롬산 소다 100g마다 가성소다 27g씩을 첨가한다.
　　• 염화나트륨($NaCl$) 브라인의 경우 : 브라인 1l에 대하여 중크롬산 소다 3.2g씩을 첨가하고 중크롬산 소다 100g마다 가성소다는 27g씩을 첨가하여 중화시키고 있다.
　㉡ 브라인의 pH값은 다음과 같이 유지해야 하며, 중화작업을 위해서는 다음의 중화제를 사용한다.

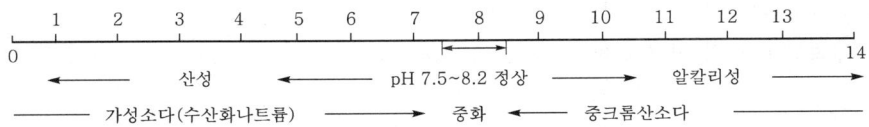

※ 중크롬산 소다는 중화제 및 방청제의 역할을 겸하고 있다.

[그림 3-1] 브라인의 pH값

10 냉동장치의 윤활유와 윤활

(1) 윤활유(냉동기유)의 구비조건

① 응고점(유동점)이 낮고 인화점이 높을 것

② 점도가 적당하고 온도계수가 적을 것
③ 냉매와의 친화력이 약하고 분리성이 양호할 것
④ 산에 대한 안전성이 높고 화학반응이 없을 것
⑤ 전기 절연내력이 클 것
⑥ 왁스(wax)성분이 적고 수분의 함유량이 적을 것
⑦ 방청능력이 클 것

> **참조 | 압축기의 정상흡입압력**
> - 입형 저속 압축기 : 정상흡입압력(저압) 0.5~1.5kgf/cm^2(49~147kPa)
> - 고속다기통 압축기 : 정상흡입압력(저압) 1.5~3.0kgf/cm^2(147~294kPa)

[표 3-5] 윤활유(냉동기유)의 규격

종류	1호	특2호	2호	특3호	3호
통칭	90냉동기유	150냉동기유	150냉동기유	300전기냉동고유	300냉동기유
인화점(℃)	145 이상	155 이상	155 이상	165 이상	165 이상
점도 30(℃) (센티 스토크스) 50℃	16~26 9.0 이상	32~42 13.5 이상	32~42 13.5 이상	69~79 22.0 이상	69~79 22.0 이상
유동점(℃)	-35 이하	-27.5 이하	-27.5 이하	-22.5 이하	-22.5 이하
절연파피전압(kV)	-	25 이상	-	25 이상	-
부식시험	합격	합격	합격	합격	합격

(2) 윤활유(냉동기유)와 프레온 냉매와의 용해성 비교

① 용해성이 큰 냉매 : R-11, R-12, R-113, R-500
② 용해성이 중간인 냉매 : R-22, R-114
③ 용해성이 비교적 작은 냉매 : R-13, R-14, R-502

Chapter 03 냉동사이클

01 자연적인 냉동방법(natural refrigeration)

물질의 물리적 화학적인 특성을 이용하여 행하는 냉동방법이다.

(1) 융해잠열(molting heat) 이용법

고체의 상태에서 액체로 변화할 때 흡수하는 열을 이용하여 행하는 냉동으로, 0℃의 얼음이 0℃의 물(333.54kJ/kg)로 변화한다.

(2) 증발잠열(boiling heat) 이용법

액체의 상태에서 기체로 변화할 때 흡수하는 열을 이용하여 행하는 냉동으로, 냉동물, 액화암모니아, 액화질소, R-12, R-22 등이 있다.

액화질소는 -196℃의 저온에서 증발열로서 약 48kcal/kgf(200.93kJ/kg)의 열을 흡수하며, 급속동결장치나 식품수송용 냉동차에 이용되고 있다.

[표 3-6] 증발잠열의 비교(압력 101.325kPa)

물질	온도(℃)	증발잠열량(kJ/kg)	물질	온도(℃)	증발잠열량(kJ/kg)
물	100	2,256	R-12	-29.8	167
NH_3	-33.3	1,369	R-22	-40.8	234

(3) 승화잠열(sublimate heat) 이용법

고체의 상태에서 직접 기체로 변화할 때 흡수하는 열을 이용하여 행하는 냉동으로, 고체 이산화탄소는 드라이아이스이다.

① 고체 이산화탄소(드라이아이스, dry ice) : 탄산가스(CO_2)가 고체화된 것으로 고체에서 직접 기체로 승화하며, -78.5℃에서 승화잠열은 137kcal/kg(573.48kJ/kg)이다.
② 기한제(freezer mixture) 이용법 : 서로 다른 두 가지의 물질을 혼합하여 온도강하에 의한 저온을 이용하여 행하는 냉동방법으로, 얼음과 염류(소금) 및 산류를 혼합하면 저온도를 얻을 수 있다. 소금과 얼음, 염화칼슘과 얼음이 좋은 예이다.

02 기계적인 냉동방법(mechanical refrigeration)

인위적인 냉동방법이라 하며, 열을 직접 적용시키거나 증기(steam), 연료 등의 에너지를 이용하여 연속적으로 행하는 냉동방법이다.

1) 증기압축기 냉동방법(vapor compression refrigeration)

냉(冷)을 운반하는 매개물질인 액화가스(냉매)가 기계적인 일에 의하여 냉동체계 내를 순환하면서 액체 및 기체상태로 연속적인 변화를 하여 행하는 냉동방법이다.

(1) 구성기기 및 역할

① **압축기(compressor)** : 증발기에서 증발한 저온 저압의 기체 냉매를 흡입하여 다음의 응축기에서 응축액화하기 쉽도록 응축온도에 상당하는 포화압력까지 압력을 증대시켜주는 기기이다(등엔트로피과정(isentropic)).

② **응축기(condenser)** : 압축기에서 압축되어 토출된 고온 고압의 기체 냉매를 주위의 공기나 냉각수와 열교환시켜 기체 냉매의 고온의 열을 방출시킴으로서 응축액화시키는 기기이다(등압과정).

③ **팽창밸브(expansion valve)** : 응축기에서 응축액화한 고온 고압의 액냉매를 교축작용(throttling)에 의하여 저온 저압의 액냉매로 강하시켜 다음의 증발기에서 액체의 증발에 의한 열흡수작용이 용이하도록 하며, 아울러 증발기에서 충분히 열을 흡수할 수 있도록 적정량의 냉매유량을 조절 공급하는 밸브이다(등엔탈피과정).

④ **증발기(evaporator)** : 팽창밸브를 통과하여 저온 저압으로 감압된 액체 냉매를 이용하여 주위의 피냉각물체와 열교환시켜 액체증발에 의한 열흡수로 냉동의 목적을 달성시키는 기기이다(등온 등압과정).

[표 3-7] 공조용 냉동기기의 종류 및 특성

종류		특성(용도)
압축식 냉동기	원심식	대량의 가스압축에 적당하여 공조용으로 사용
	왕복동식	압축비가 높을 경우 적합하며 소용량 공조용 또는 산업용으로 사용
	스크루식	회전식의 일종으로 압축비가 높을 경우 적합하며 소형/중형의 공조 및 산업용, 최근에는 스크루식의 경우 산업용으로 중·대용량(300~1,000RT)으로 확대되는 추세
흡수식 냉동기		고온수(증기)를 열원으로 하여 압축용의 전력은 불필요하며, 공조용에 적용

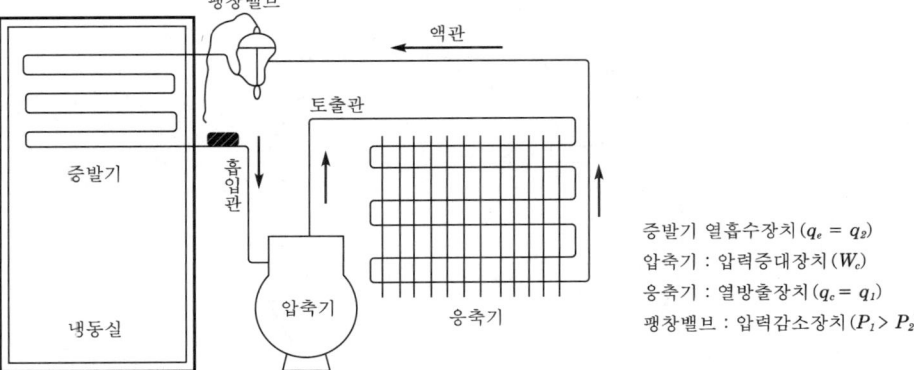

[그림 3-2] 소형 냉동장치의 기본 구성기기

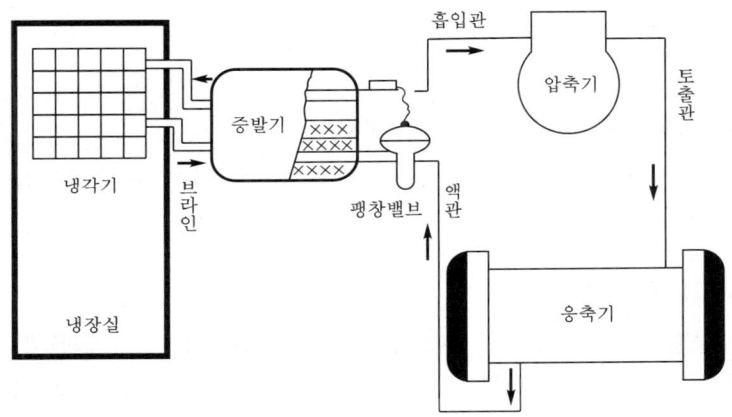

[그림 3-3] 중·대형 냉동장치의 기본 구성기기(칠링유닛의 경우)

(2) 냉동사이클

① **냉동장치의 고압측 명칭** : 압축기 토출측 → 토출관 → 응축기 → (수액기) → 액관 → 팽창밸브 직전

② **냉동장치의 저압측 명칭** : 팽창밸브 직후 → 증발기 → 흡입관 → 압축기 흡입측

③ 압축기의 크랭크케이스 내부의 압력은 왕복동식 압축기의 경우는 저압이고, 회전식 압축기의 경우는 고압이다.

④ **교축과정(throttling)=등엔탈피과정** : 유체가 밸브(valve), 기타 저항이 큰, 좁은 곳을 통과할 때 마찰이나 흐름의 흐트러짐(난류)에 의하여 압력이 강하하게 되는 작용이다. 이와 같이 좁혀진 부분에 있어서의 압력강하를 교축이라 하며, 냉동장치에서의 교축부분은 팽창밸브이다. 실제 기체(냉매, 증기)가 교축팽창 시 압력과 온도가 떨어지는 현상(Joule-Thomson effect)이라고 한다.

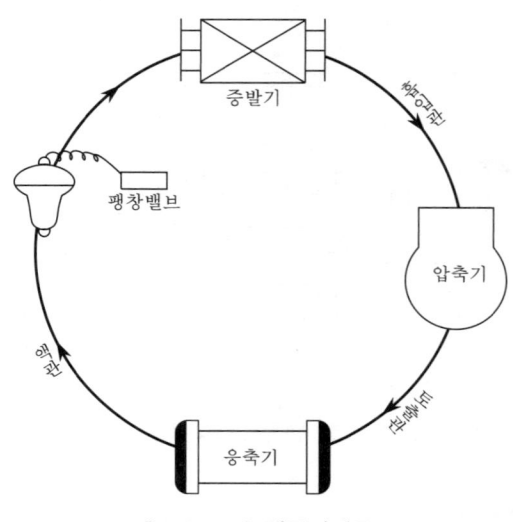

[그림 3-4] 냉동사이클

2) 흡수식 냉동방법(absorption refrigeration)

직접 고온의 열에너지(heat energy)를 이용(공급)하여 행하는 냉동방법으로, 흡수식 냉동기에서 압축기 역할을 하는 것(발생기(재생기), 흡수식, 흡수용액펌프)이다.

(1) 주요 구성기기 및 역할

① **흡수식** : 증발기로부터 증발된 냉매기체는 흡수제액에 흡수되어 희용액(냉매+흡수제)이 되어 용액펌프(흡수액펌프)에 의해 열교환기를 거쳐 발생기로 보내진다. 열교환기는 발생기에서 냉매와 분리되어 흡수기로 되돌아오는 고온의 농용액과 열교환한다.

② **발생기(재생기)** : 흡수기에서 흡수된 냉매기체와 흡수제가 혼합된 희용액이 증기 및 열원으로 가열되어 냉매를 증발분리시켜 냉매는 응축기로 보내고, 농흡수액은 열교환기를 통해 다시 흡수기로 회수시킨다.

③ **응축기** : 발생기에서 흡수제액과 분리된 냉매기체는 응축기를 순환하는 냉각수에 의해 응축액화되어 직접 진공상태의 증발기로 공급되거나 감압밸브를 거쳐 증발기로 유입된다. 냉각수와 열교환하여 응축액화된다.

④ **감압밸브** : 증발기에서 액체의 증발이 원활히 행해지도록 압력을 강하시키는 역할을 하는 밸브이다. 냉동부하에 따른 적정량의 냉매유량조절은 별도의 용량조절밸브를 설치하고 있다.

⑤ **증발기** : 냉매펌프에 의해서 공급(또는 분사)되어 냉매의 증발열에 의한 냉동부하로부터 열을 흡수하여 냉동작용을 행한다.

[표 3-8] 냉매와 흡수제

냉매	흡수제	냉매	흡수제	냉매	흡수제
암모니아(NH_3)	물(H_2O)	물(H_2O)	LiBr & LiCl	물(H_2O)	황산(H_2SO_4)
물(H_2O)	가성칼리(KOH) & 가성소다(NaOH)	염화에틸 (C_2H_5Cl)	4클로드에탄 ($C_2H_2Cl_4$)	메탄올 (CH_3OH)	LiBr+CH_3OH

(2) 흡수식 냉동사이클

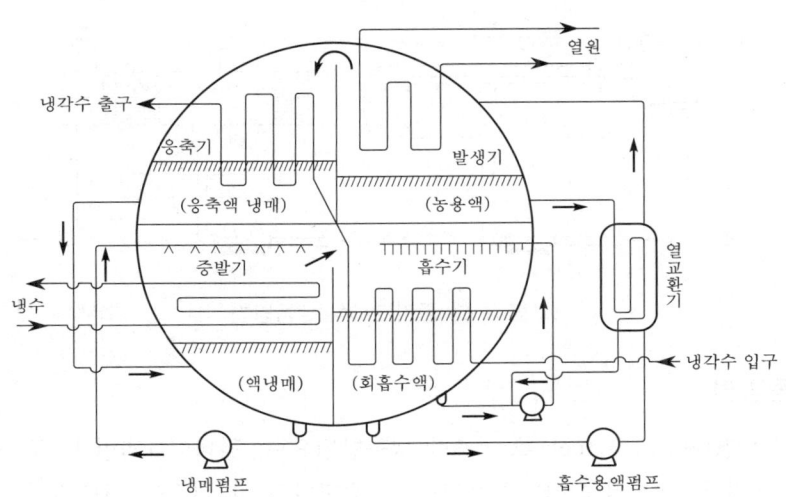

[그림 3-5] 흡수식 냉동방법

 냉매는 H_2O, 흡수제는 LiBr(리튬브로마이드)를 사용한다. 예를 들어, 증발기 내의 압력을 7mmHg abs로 유지하면 물의 증발온도 5℃, 냉수 입구온도 12℃, 냉수 출구온도 7℃이다.

(3) 흡수식 냉동기의 장단점

① 장점
  ㉠ 전력수요가 적다
  ㉡ 소음·진동이 적다
  ㉢ 운전경비가 절감된다.
  ㉣ 사고 발생 우려가 적다.

② 단점
  ㉠ 예냉시간이 길다(오래 걸린다).
  ㉡ 설비가 많이 든다.
  ㉢ 급냉으로 결정사고가 발생되기 쉽다.
  ㉣ 부속설비가 압축식의 2배 정도로 커진다.

3) 증기분사식 냉동방법(steam jet refrigeration)

증기 이젝터(steam ejector)를 사용하여 부압작용(negative pressure)으로 증발기 내를 진공(750mmHg vac 정도)으로 형성하여 냉매(물)를 증발시켜(5.6℃ 정도) 증발잠열에 의하여 저온의 냉수(브라인)를 만들어 냉수펌프에 의해 냉동부하측으로 순환하면서 냉동의 목적을 달성하는 방법이다.

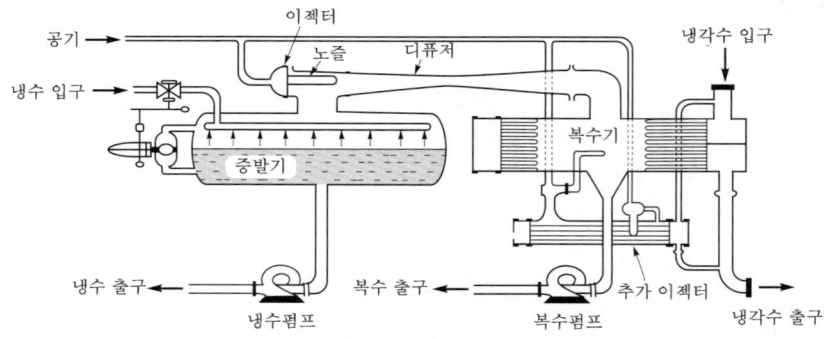

[그림 3-6] 증기분사식 냉동방법

4) 전자냉동방법

펠티어효과(Peltier effect)를 이용한 냉동방법으로, 펠티어효과란 [그림 3-7]의 구조처럼 서로 다른(2종) 금속선의 각각의 끝을 접합하여 양 접점을 서로 다른 온도로 하여 전류를 흐르게 하면 한쪽의 접합부에서는 고온의 열이 발생하고 다른 한쪽에서는 저온이 얻어지는데, 이 저온을 이용하여 냉동의 목적을 달성하는 방법이다.

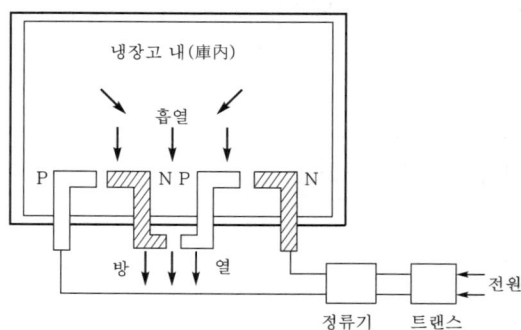

[그림 3-7] 전자냉동방법

[표 3-9] 전자냉동방법과 증기압축식 냉동방법의 비교

전자냉동	증기압축식 냉동
P-N 소자재	압축기
고온측 방열부	응축기
저온측 접합부	팽창밸브
저온측 흡열부	증발기
전원	압축기, 전동기
도선	배관
전자	냉매

5) 진공냉각방법(vaccum cooling)

증기분사식 냉동방법의 증기 이젝터의 역할 대신에 진공펌프를 사용하여 냉각하는 원리이다.

수분은 증발 시에 비체적이 크므로(수분 1g은 표준상태에서 1cc이나 4.6mmHg에서는 20만cc이다) 냉각탱크 내에 냉각 코일을 설치하여 증발된 수분은 응결, 제거시킴으로써 진공펌프의 용량을 최소화할 수 있다.

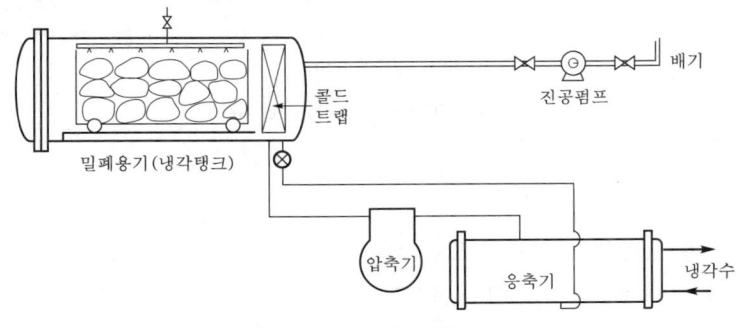

[그림 3-8] 진공냉각방법

03 몰리에르 선도(Mollier chart)와 상변화

냉동장치 내를 순환하고 있는 냉매는 끊임없이 그 상태가 변화하고 있다. 따라서 냉동기기 운전자는 장치의 어느 곳에서 냉매의 상태가 어떻게 되어 있는가를 예측할 필요가 있고 효율이 좋은 운전조작을 한다거나 냉동능력이나 소요동력 등을 계산할 필요도 있다. 이때 선도를 이용하면 편리하다.

선도에는 다음과 같은 종류가 있다.

- 압력-체적 선도($P-V$ 선도)
- 온도-엔탈피 선도($T-h$ 선도)
- 엔탈피-엔트로피 선도($h-S$ 선도)
- 압력-엔탈피 선도($P-h$ 선도)

거의 $P-h$ 선도만을 사용하므로, 여기에서는 몰리에르 선도만 다루기로 한다.

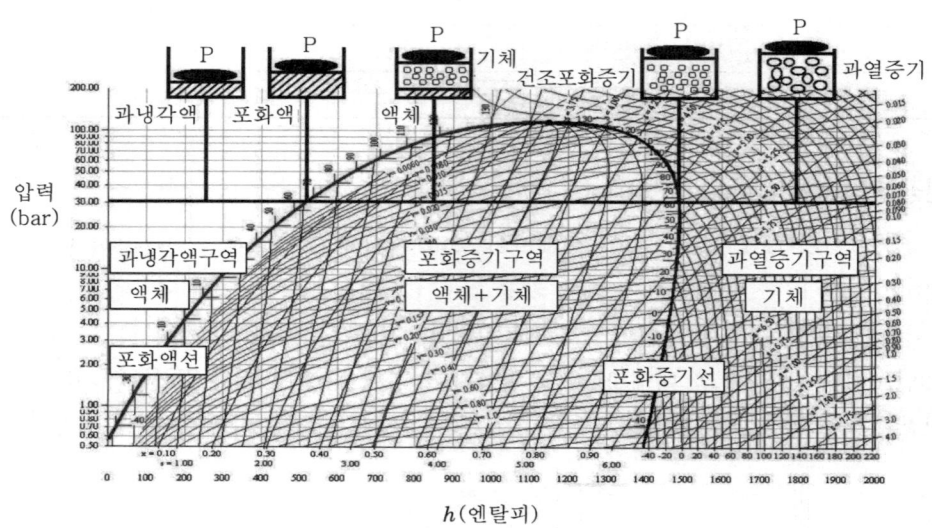

[그림 3-9] 몰리에르 선도의 구성

1) $P-h$ 선도(몰리에르 선도)

냉동공학에서 냉매의 $P-h$ 선도는 대단히 중요하며, 어떤 운전상태라도 냉매 선도 ($P-h$ 선도) 상에 표시할 수 있어야 한다. 이 $P-h$ 선도를 사용하면 냉동기의 크기, 냉동능력, 냉동기의 운전에 필요한 전동기의 크기 등을 쉽게 구할 수 있다. 다음 선도는 냉매 R-717(NH_3, 암모니아)의 몰리에르 선도를 나타낸 것이다.

(1) 등압선

선도에서 횡으로 그어진 선 위의 냉매압력은 모두 같다. 등압선에 표시된 압력은 절대압력(절대압력=게이지압+대기압)을 사용하므로 냉동장치의 압력계(게이지압)과 비교할 때에는 주의해야 한다. 압력의 단위는 $kg/cm^2 abs$이다.

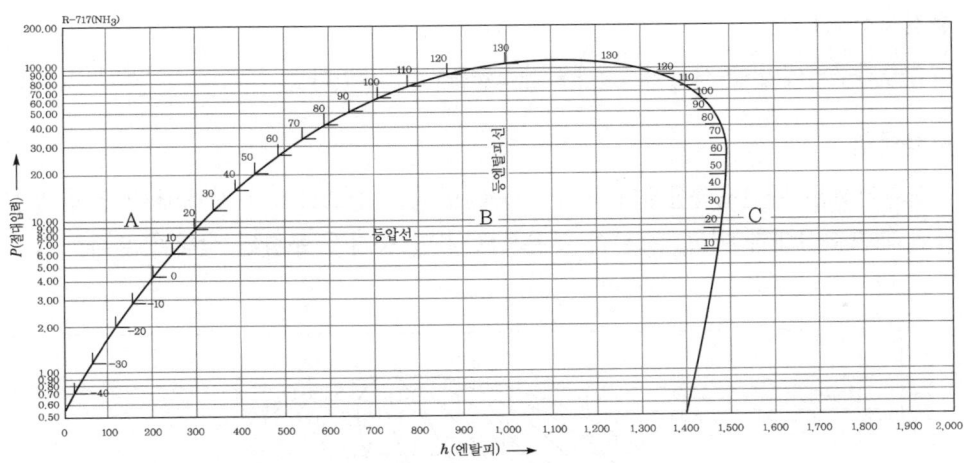

[그림 3-10] 몰리에르 선도(등압선과 등엔탈피선)

[그림 3-10]에서 A, B, C 실선은 동일 압력으로
① A는 과냉각구간으로 포화온도보다 낮다.
② B는 액체-기체구간으로 포화온도이다.
③ C는 과열구간으로 포화온도보다 높다.

(2) 등엔탈피선

냉동효과, 응축열량, 소요동력 계산이 가능하며, 0℃ 포화액 엔탈피는 100kcal/kg이며 0℃ 건조공기의 엔탈피를 0으로 한다.

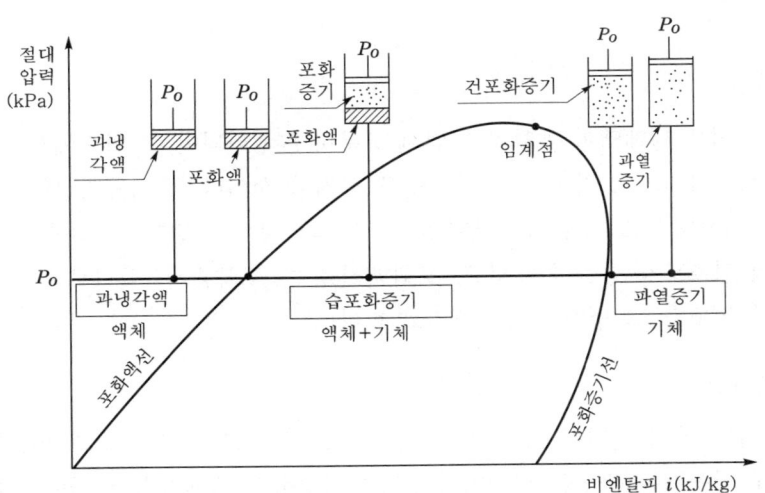

[그림 3-11] 몰리에르 선도(엔탈비에 따른 변화과정)

(3) 등건도선(x)

습증기구역에만 존재하며, 플래시가스량을 알 수 있다.

(4) 포화액선

포화액선은 완전포화상태의 상태점들을 연결한 선으로, 이 상태에서 왼쪽 부분으로 가면 과포화상태가 되고, 오른쪽 부분으로 가면 증기가 포함된 상태가 된다.

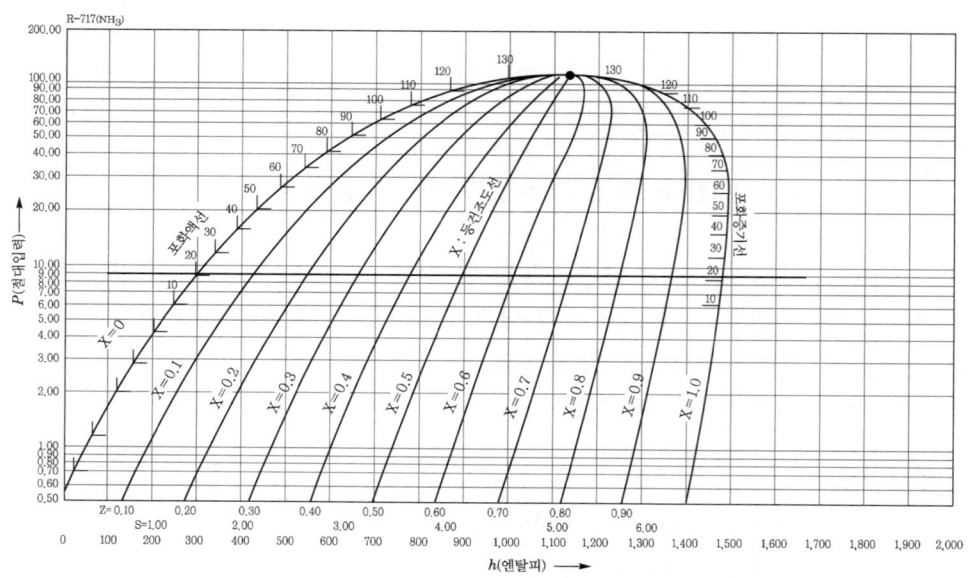

[그림 3-12] 몰리에르 선도(등건조도와 포화액선)

(5) 포화증기선

포화증기선은 냉매액이 엔탈피를 얻어 충분히 활성화되어 그 압력에서 액으로서의 냉매를 하나도 가지고 있지 않은 상태점들을 연결한 선이다. 포화증기선의 왼쪽 부분으로 가면 습증기상태이고, 오른쪽 부분으로 가면 과열증기가 된다. 포화증기선에 가까울수록 냉매의 건조도가 증가하게 되고, 포화액선을 0, 포화증기선을 1로 잡아 그 사이에서의 건조한 정도를 그 냉매의 건조도라고 한다.

(6) 등엔트로피선

엔트로피는 열의 출입이 없을 때 변하지 않으며, 냉동장치의 압축기에서 냉매가스를 압축할 때 일어나는 과정을 단열압축이라고 가정하면 냉매가스의 엔트로피는 변화하지 않으나 냉매의 압력, 온도, 비체적 등은 등엔트로피선을 따라 변화한다.

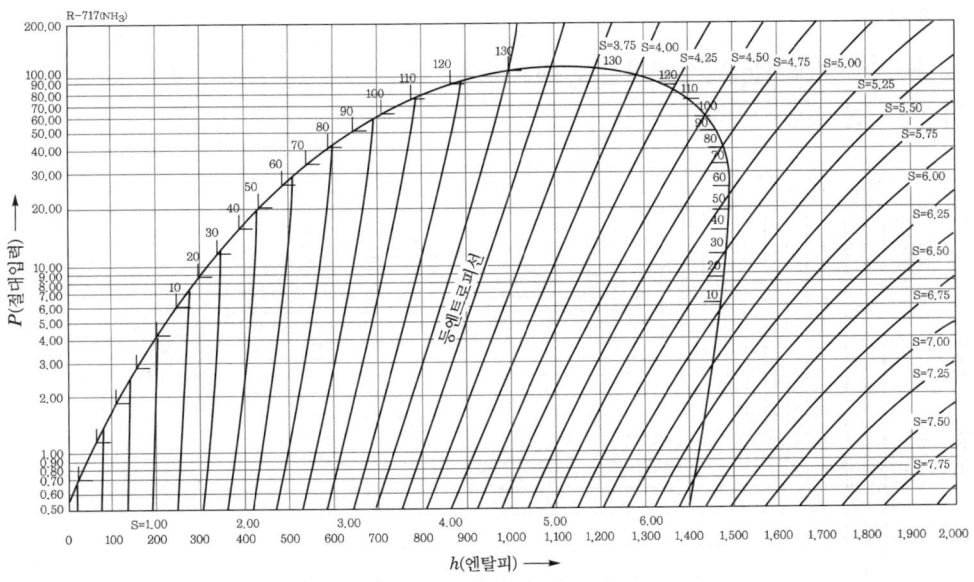

[그림 3-13] 몰리에르 선도(등엔트로피선)

(7) 등비체적선

등비체적선은 냉매의 비체적, 즉 냉매 1kg당의 체적이 같은 점을 연결한 곡선이다. $v=0.1\text{m}^3/\text{kg}$이라고 표시된 등비체적선은 냉매 1kg당 체적이 0.1m^3인 냉매를 나타내고 있는 것이며, 등비체적선은 습증기, 과열증기구역만 존재, 흡입증기의 비체적을 알 수 있다.

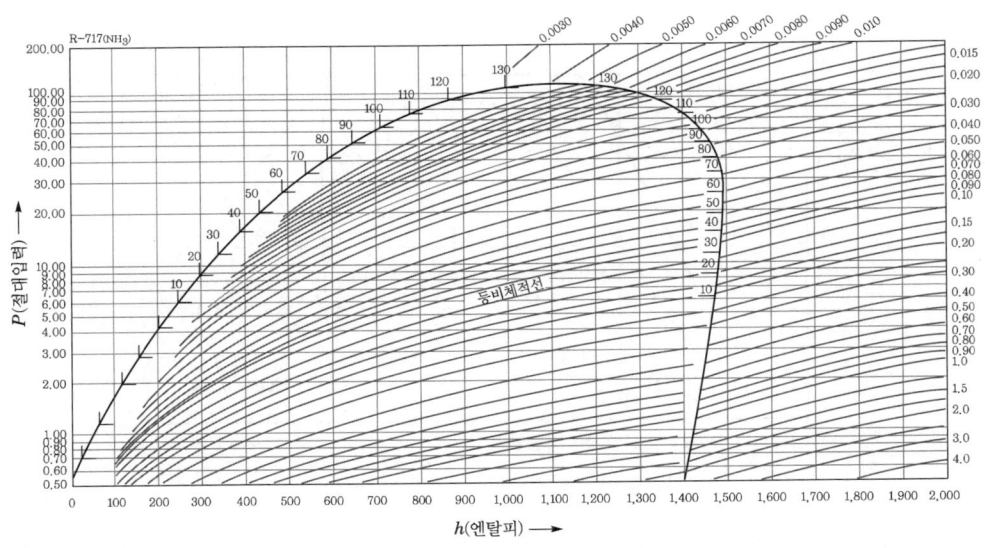

[그림 3-14] 몰리에르 선도(등비체적선)

(8) 등온선

과냉각구역에서는 등엔탈피선과 직교하며, 증발온도, 응축온도, 흡입가스온도, 토출가스온도를 알 수 있다.

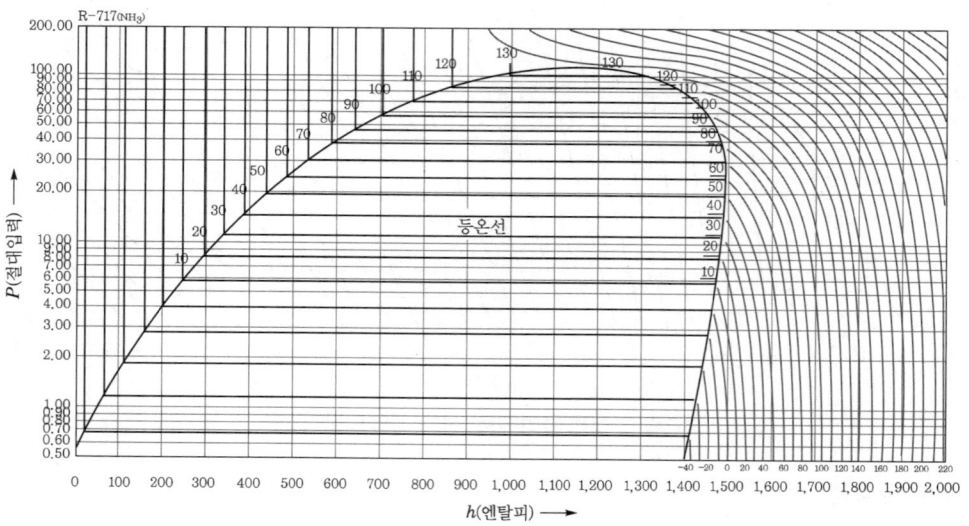

[그림 3-15] 몰리에르 선도(등온선)

2) 몰리에르 선도의 구성

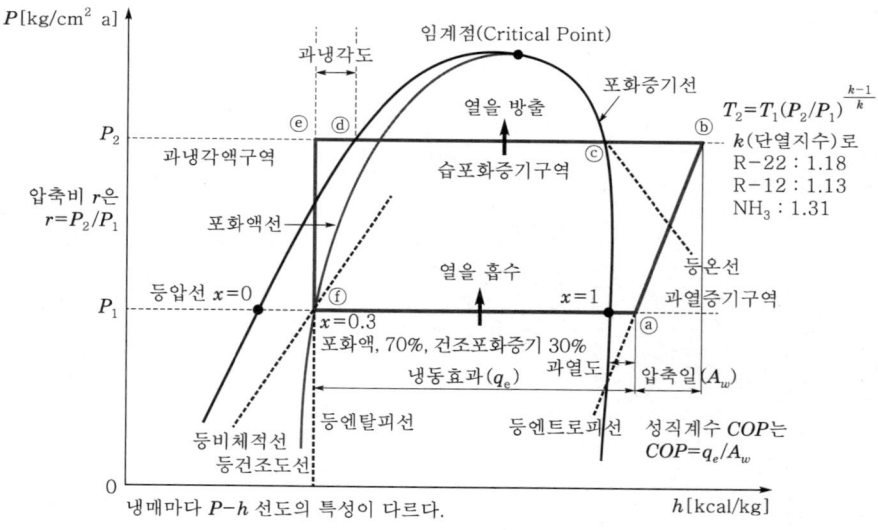

[그림 3-16] 몰리에르 선도의 구성

① 과냉각도가 크면 클수록 팽창밸브 통과 시 플래시가스(flash gas) 발생량이 감소하므로 냉동능력이 증가된다.

② 과냉각과정은 과냉각도＝응축온도－팽창밸브 직전 온도이다.
③ 플래시가스는 응축기에서 응축된 냉매액이 과냉각이 되지 않아 팽창변으로 가는 도중에 액의 일부가 기체로 된 것을 말하며, 과냉각이 덜 되면 손실열량이 커지며 냉동능력 감소, 소용동력 증가, 압축기 과열 등을 야기시킨다.

3) 몰리에르 선도에 나타나는 현상

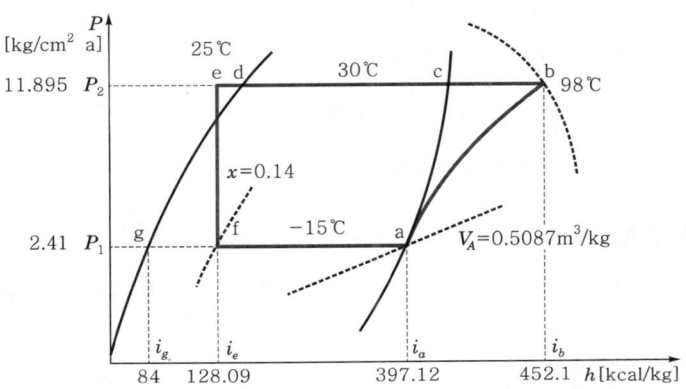

[그림 3-17] 기준 냉동사이클의 암모니아 몰리에르 선도

[표 3-10] 몰리에르 선도에 나타나는 현상

구분	과정	압력	온도	비체적	엔트로피	엔탈피	건조도
a → b	압축	상승	상승	감소	불변	증가	
b → c	과열 제거	불변	강하	증대		감소	
c → d	응축	불변	일정			감소	
d → e	과냉각	불변	강하			감소	감소
e → f	팽창	강하	강하	증대		일정	
f → a	증발	불변	일정			상승	

04 냉동사이클

1) 개요

(1) 체적효율

$$\eta_v = \frac{\text{실제 피스톤압축량}}{\text{이론 피스톤압축량}} = \frac{V_a}{V_{th}} = \frac{V_a}{V}$$

(2) 냉매순환량

$$G = \frac{V_a}{v} = \frac{\eta_v V_{th}}{v} = \frac{\eta_v V}{v}$$

(3) 이론 피스톤압축량

① 왕복동 압축기 : $V = \frac{\pi}{4}d^2 L \cdot 60aN$

여기서, d : 직경, L : 행정, N : 회전수(rpm), a : 기통수

② 회전 압축기 : $V = \frac{\pi}{4}(d_2^2 - d_1^2)t \cdot 60N$

여기서, d_1 : 내경, d_2 : 외경, t : 두께(폭)

(4) 냉동톤, 냉동효과, 냉동능력

① 한국냉동톤 : 1일에 0℃의 물 1ton을 0℃의 얼음으로 만드는 데 필요한 냉동능력

$$1\text{RT} = \frac{1,000}{24} \times 79.68 = 3,320\,\text{kcal/h}\,(1냉동톤) ≒ 13.9\text{MJ/h}$$

② 미국냉동톤 : 1일에 0℃의 물 2,000lb를 0℃의 얼음으로 만들 수 있는 냉동능력

$$1\text{USRT} = \frac{2,000 \times 0.4536}{24} \times 79.68 = 3,024\,\text{kcal/h}\,(1냉동톤) ≒ 12.7\text{MJ/h}$$

$$\text{RT} = \frac{Q_2}{3,320} = \frac{Gq_2}{3,320} = \frac{\eta_v V q_2}{3,320 v}$$

③ 냉동효과 : 증발기에서 냉매 1kg이 순환할 때 흡수한 열량($q_2 = q_L$)
④ 냉동능력 : 증발기에서 1시간당 흡수량 열량($Q_2 = Gq_2\,[\text{kcal/h}]$)

(5) 응축부하(= 냉동능력 + 압축부하)

$$Q_1 = Q_2 + W_H$$
$$q_1 = q_2 + w_H$$

(6) 압축동력

$$L_{PS} = \frac{W_H}{632.3} = \frac{G(h_2 - h_1)}{632.3} = \frac{\eta_v V(h_2 - h_1)}{632.3 v}$$

$$L_{KW} = \frac{W_H}{860} = \frac{G(h_2 - h_1)}{860} = \frac{\eta_v V(h_2 - h_1)}{860 v}$$

2) 증기 냉동사이클

액체와 기체의 두 상으로 변하는 물질을 냉매로 하는 냉동사이클이다.

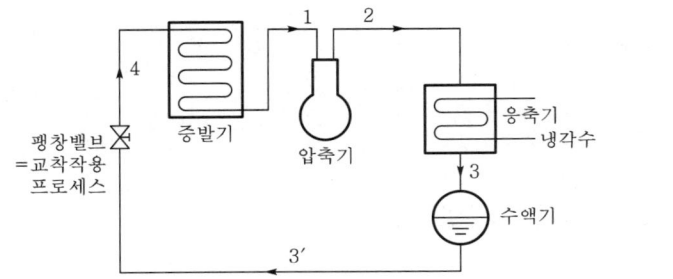
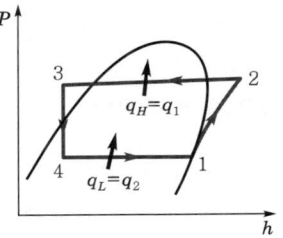

[그림 3-18] 증기냉동사이클의 개략도   [그림 3-19] 증기냉동사이클의 $P-h$ 선도

(1) 냉동효과

$$q_2 = h_1 - h_4 \,[\text{kJ/kg}] \tag{1}$$

(2) 냉동능력

$$Q_2 = Gq_2 = G(h_1 - h_4)\,[\text{kJ/h}] \tag{2}$$

여기서, G : 냉매순환량(kg/h)

(3) 압축일의 열당량

$$w_c = h_2 - h_1 \,[\text{kJ/kg}] \tag{3}$$

(4) 압축동력의 열당량

$$W_H = Gw_H = G(h_2 - h_1)\,[\text{kJ/h}] \tag{4}$$

(5) 응축열량(응축부하)

$$q_1 = h_2 - h_3 \,[\text{kJ/kg}]$$
$$Q_1 = G(h_2 - h_3)\,[\text{kJ/h}] \tag{5}$$

(6) 성적계수

$$\varepsilon = COP = \frac{q_2}{w_c} = \frac{h_1 - h_4}{h_2 - h_1} \tag{6}$$

3) 역카르노사이클

(1) 냉동기 성적계수

$$\varepsilon_R = \frac{q_2}{w_c} = \frac{q_2}{q_1 - q_2} = \frac{T_2(s_3 - s_2)}{T_1(s_4 - s_1) - T_2(s_3 - s_2)} = \frac{T_2}{T_1 - T_2} \tag{7}$$

(2) 열펌프의 성적계수

$$\varepsilon_H = \frac{q_1}{w_c} = \frac{q_1}{q_1 - q_2} = \frac{T_1(s_4 - s_1)}{T_1(s_4 - s_1) - T_2(s_3 - s_2)} = \frac{T_1}{T_1 - T_2} \tag{8}$$

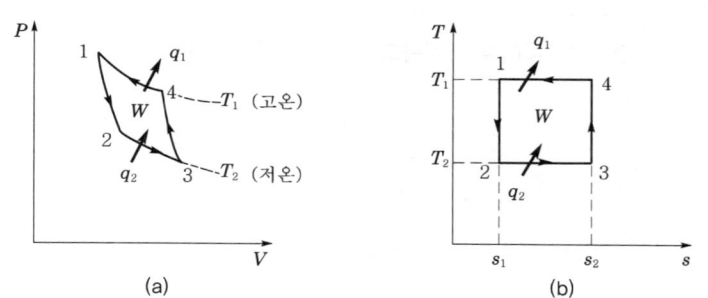

[그림 3-20] 역카르노사이클의 $P-V$ 선도와 $T-s$ 선도

4) 공기 냉동(역브레이튼)사이클

(1) 성적계수

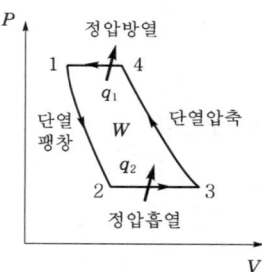

[그림 3-21] 역브레이튼사이클의 $P-V$ 선도

$$\begin{aligned} COP &= \frac{q_2}{w_c} = \frac{q_2}{q_1 - q_2} = \frac{C_p(T_3 - T_2)}{C_p(T_4 - T_1) - C_p(T_3 - T_2)} \\ &= \frac{T_3 - T_2}{(T_4 - T_1) - (T_3 - T_2)} \\ &= \frac{1}{\dfrac{T_4 - T_1}{T_3 - T_2} - 1} \end{aligned} \tag{9}$$

① 1-2과정(단열)

$$\frac{T_2}{T_1} = \left(\frac{p_2}{p_1}\right)^{\frac{k-1}{k}} \Rightarrow T_2 = T_1\left(\frac{p_2}{p_1}\right)^{\frac{k-1}{k}}$$

② 3-4과정(단열)

$$\frac{T_3}{T_4} = \left(\frac{p_3}{p_4}\right)^{\frac{k-1}{k}} = \left(\frac{p_2}{p_1}\right)^{\frac{k-1}{k}} \Rightarrow T_3 = T_4\left(\frac{p_2}{p_1}\right)^{\frac{k-1}{k}}$$

$$\therefore \varepsilon = COP$$
$$= \frac{1}{\dfrac{T_4 - T_1}{T_4\left(\dfrac{p_2}{p_1}\right)^{\frac{k-1}{k}} - T_1\left(\dfrac{p_2}{p_1}\right)^{\frac{k-1}{k}}} - 1} = \frac{1}{\dfrac{1}{\left(\dfrac{p_2}{p_1}\right)^{\frac{k-1}{k}}} - 1}$$
$$= \frac{1}{\dfrac{1}{(T_2/T_1)} - 1} = \frac{1}{(T_1/T_2) - 1}$$
$$= \frac{T_2}{T_1 - T_2} \tag{10}$$

Chapter 04 냉동장치의 종류

운전 중인 냉동기는 냉매의 저압과 고압의 두 압력상태가 존재하며, 냉동기는 냉동사이클 및 압축방식에 따라 크게 [표 3-11]과 같이 분류된다.

[표 3-11] 냉동사이클 및 압축방식에 따른 분류

원리	작용	개요	장치의 종류	
기계식 냉동	압축방식	저온에서 증발한 가스를 압축기로 압축하여 고온으로 이동시킴	용적식	왕복동식 스크루식 스크롤식 로터리식
			원심식	터보식
화학식 냉동	흡수방식	저온측에서 증발한 가스를 흡수제에 흡수시켜 가열에 의하여 고온측으로 이동시킴	암모니아-물 물-리튬브로마이드	
흡착식 냉동	흡착방식	저온측에서 증발한 가스를 흡수제에 흡수시켜 가열에 의하여 고온측으로 이동시킴	흡착식 냉동기	
전자식 냉동	펠티에식	서로 다른 금속체에 전류를 흘리면 접합부에 저온이 발생함을 이용	전자식 냉동기	

01 용적식 냉동기

용적식 냉동기는 여러 형태의 용적식 압축기에 따라 용량과 용도가 구분되고 있으며, 압축기의 운전상태는 응축온도, 증발온도 및 흡입가스의 과열도에 의해 크게 좌우되며, 압축기의 성능은 체적효율, 압축효율 및 기계효율의 3가지 성능값에 따라 좌우된다.

일반적으로 공조용에 사용되는 체적식 냉동기는 공기를 냉각시켜 이용하는 패키지형 공기조화기(packaged air conditioner)와 물 또는 브라인을 냉각시켜 사용하는 워터칠링유닛(water chilling unit)으로 구분된다. 사용하는 압축기의 종류에 따라 스크루식, 왕복동식, 회전식으로 구분이 되며, 중·소용량에는 회전식 및 왕복동식이 사용되고, 중·대용량에는 왕복동식 및 스크루식이 주로 사용된다. 최근에는 점점 소용량에는 스크롤 냉동기가, 중·대용량으로는 스크루 냉동기가 애용되는 추세이다.

(1) 왕복동식 냉동기

피스톤의 왕복운동에 의해 실린더 내의 기체상태의 냉매를 압축시켜 액냉매를 생성하며, 외형상 밀폐형과 반밀폐형으로 분류된다. 최근 스크롤 냉동기와 스크루식 냉동기에 의해 그 사용이 점차 감소하는 추세에 있으며, 특징은 다음과 같다.

① 피스톤과 실린더의 조합
② 피스톤의 이동에 따라 냉매가 흡입, 압축, 토출
③ 가공방법이 단순하므로 원가저렴
④ 진동, 맥동 심함
⑤ 주로 소형에 적용
⑥ 재팽창손실 존재

(2) 스크롤식 냉동기

대개 10HP 이하의 스크롤방식의 압축기를 내장한 냉동기로써, 소형 냉장장치, 소형 칠러 등이 주를 이룬다. 스크롤 압축기의 특성인 고효율, 고성능 특성이 있고 흡입, 토출밸브가 없기 때문에 약간의 액압축을 견딜 수 있는 장점을 갖고 있어 저온용 및 상온용으로 널리 쓰이고 있다.

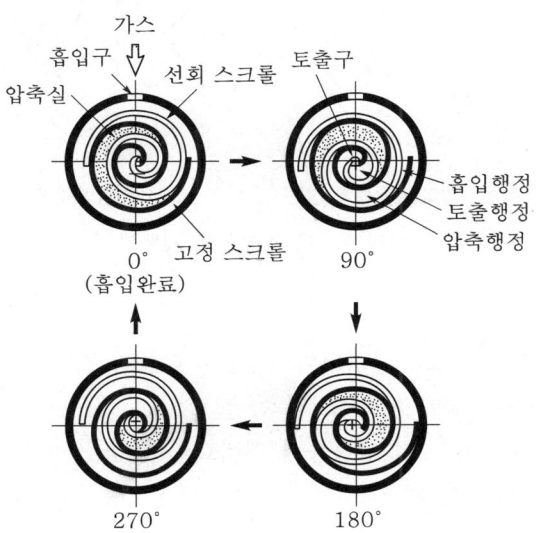

[그림 3-22] 스크롤식 냉동기의 원리

(3) 스크루식 냉동기

용량으로써는 중·대형용량인 20~1,000HP에 이르는 넓은 범위에서 공조, 냉장, 냉동, 공장 프로세스 냉각 등에 널리 쓰이고 있으며, 최근 고효율, 고성능화에 힘입어 그 사용용도가 다양해지고 있다. 기계적 특징으로는 수로터와 암로터가 한 조가 되어 케이싱과 함께 밀폐공간을 형성하여 스크루 로터의 회전에 따라 점차 압축공간이 줄어들면서 압축을 하기 때문에 진동과 소음이 적고 흡입, 토출밸브가 없어 약간의 액압축을 견딜 수 있다. 30~100RT급의 중형에서는 가장 경제적이며, 1930년경 스웨덴 SRM사에 의해 상용화되고 간극은 0.1mm이며 저온용, 상온용으로 널리 쓰이고 있다.

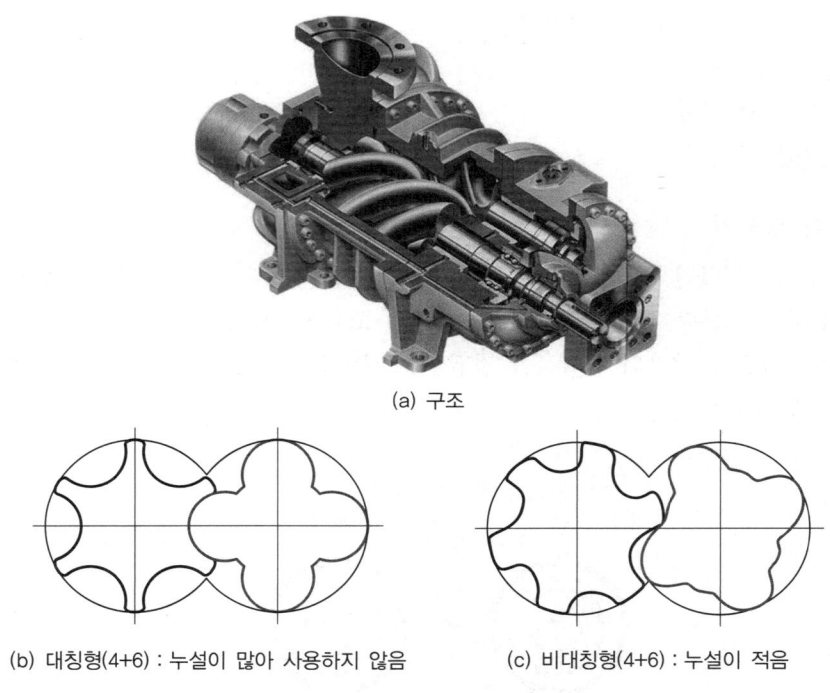

(a) 구조

(b) 대칭형(4+6) : 누설이 많아 사용하지 않음   (c) 비대칭형(4+6) : 누설이 적음

[그림 3-23] 스크루식 냉동기

(4) 로터리식 냉동기

회전롤러와 베인이 한 조로 구성되며, 특징은 다음과 같다.
① 롤러의 회전에 따라 냉매가 흡입, 압축, 토출
② 재팽창에 의한 손실이 없어 왕복동식 대비효율이 높음
③ 가공 시 높은 정밀도가 요구
④ 주로 소형에 사용

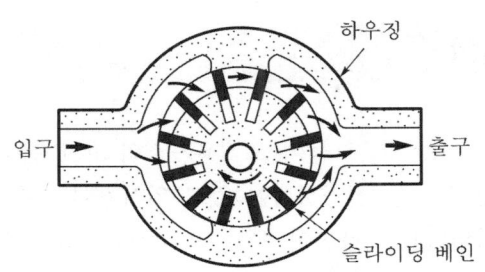

[그림 3-24] 로터리식 냉동기의 원리

02 원심식 냉동기

고속으로 회전하는 압축기로 유체에 속도를 주고 이 속도를 압력으로 바꾸어 압축하는 원심식 압축기가 있다. 터보압축기라고도 한다. 대용량에 적합한 냉동기로써 주로 200~1,500HP의 범위에서 냉동용, 공조용, 공장 프로세스용 등으로 널리 쓰이고 있다. 고속회전 형식으로 진동이 적고 설치면적이 동급 용량에서 적은 편이며, 10%에서 약 100%까지 연속 제어특성을 갖고 있다.

또한 부하에 따른 제어특성이 우수하고 내부 구동부에서의 마찰손실 등이 적어 높은 성적 계수를 발휘한다. 단, 서징에 의한 염려가 있으나 운전제어기술이 개선되어 큰 문제없이 사용되고 있다.

03 흡수식 냉동기

흡수식 냉동기는 주로 20~2,000USRT급의 넓은 범위에서 사용되고 있으며, 주로 증기, 유류, 가스 및 온수 등을 가열원으로 쓰고 있어 전기를 사용하는 냉동의 대체효과가 크며 기계식 냉동기에 비해 운전비가 저렴한 편이다. 25~100% 정도 비례제어가 가능한 특성이 있고 부하변동에 따른 추종성이 기계식 냉동기에 비해 느린 편이다. 흡수식의 원리를 응용한 기술은 에너지를 회수하여 재이용하는 기술로서 폭넓게 활용될 수 있어 열원의 사용용도에 따라 다음과 같이 구분할 수 있다.

① 80℃ 이상의 온수를 이용하여 구동하는 저온수 이용 흡수식 냉동기
② 냉각탑 등을 통하여 배출하고 있는 20~30℃의 저온 폐열을 회수하여 보일러 보급수의 가열 또는 지역난방용 온수로의 이용이 가능한 제1종 흡수식 열펌프
③ 80℃ 이상의 폐열을 이용하여 100℃ 이상의 고온수 또는 증기를 생산하는데 이용할 수 있는 제2종 흡수식 열펌프 등

04 흡착식 냉동기

흡착식 냉동기에 대한 연구는 최근 들어 프레온가스의 규제 움직임과 더불어 활성화되고 있다. 원래 흡착식에 대한 연구는 전기시설이 없고 일사량이 많은 열대지방인 아프리카 및 남아메리카 등지에서 태양열만을 이용하여 백신 및 상하기 쉬운 식료품을 보관하기 위한 냉장고로 개발되었으며, 현재 전기 또는 화석연료를 열원으로 하는 흡착식 냉동기의 연구가 일본 및 프랑스 등에서 활발히 진행되고 있다.

흡착식 냉동기는 이러한 원리를 이용하여 중·저온열원을 투입함으로써 냉열을 얻고, 탈착과정 시에는 온열을 얻을 수 있는 시스템이며, 흡착제 충진조, 응축기, 증발기로 구성되어 있고, 사용흡착제 및 냉매의 조합에 따라 일정한 주기를 갖는 사이클로 구성된다.

일반적인 흡착제와 열매의 조합으로서는 제올라이트(zeolite) + 물(water), 제올라이트(zeolite) + 메탄올(methanol), 제올라이트(zeolite) + 암모니아(ammonia), 활성탄(active carbon) + 활성탄(active carbon) + 암모니아(ammonia) 등이 있다.

열교환기의 효율 및 준비운전시간에서의 회수효율 향상, 작동온도범위 내에서 흡·탈냉매 장치를 크게 할 수 있는 흡착제의 개발 등에 따라 저온열원에서 COP를 0.7~0.8 정도까지 얻을 수 있다.

05 Vuilleumier(VM)사이클 열펌프

VM사이클 열펌프는 밀폐용기 내의 헬륨가스를 가열, 냉각함으로 생기는 압력변화를 이용해 냉동사이클을 구동하여 공조를 하는 사이클로서, 1918년 Rudolph Vuilleumier에 의해 고안된 것이다. 최근 들어 프레온가스의 국제조치에 대한 대책의 일환으로 독일, 덴마크, 일본 등지에서 연구되고 있다. 성능으로서 난방COP는 1.5 이상을 나타내고 있으나, 냉방COP는 0.35~0.8 정도에 불과하여 개선되어야 할 부분이 많은 것으로 알려져 있다. 실용화를 위해서는 밀봉장치, 내열재료의 개발, 공기예열기와 연소시스템의 효율적 제어 등 기술적으로 연구, 검토되어야 할 부분이 많고, 제작비용에 대한 경제성 문제가 있다.

06 맥동관 냉동기

근래 −120℃ 이하의 극저온에서의 냉동을 필요로 하는 우주개발, 진공, 수송, 의료분야에서 센서나 전자부품 등의 사용증대에 따라 장기간의 보수가 필요없는 고신뢰성의 소형 극저온 냉동기의 개발이 추진되고 있다. 맥동관(pulse tube) 냉동기는 스터링 냉동기 저온측의 가동부를 1개의 용기로 치환한 형태이며, 이 용기에는 관벽과 관내의 열수송에 의해 압축기 측에 저온단부, 반대측에 고온단부로 구성되어 저온단부로부터 냉동을 얻는 것으로, 기본적인 맥동관 냉동기의 이론은 1963년에 Gifford에 의해 확립되었으며, 맥동관의 폐관부에 임상제어기구로써 오리피스 범퍼 챔버를 도입하여 성능을 향상시켰다.

맥동관 냉동기는 저온측의 구동부가 없으므로 구조가 간단하고 저온부의 진동이 없으며 Joule Thompson 냉동기와 같이 오염물질에 의하여 오리피스가 막힐 염려가 없는 등의 장점이 있어 고신뢰성을 갖는 냉동기로 알려져 있다.

07 전자냉동

펠티에(Peltier)효과는 1834년경 발견되어 1900년대 초에 이론적으로 확립된 기술로써 전류를 흘려주면 전도성 물질 여러 층의 양 끝에 온도차이가 지속되는 현상을 이용한 것이다. 저온 냉각을 필요로 하는 반대편의 고온 부분을 강제 냉각시키면 저온부의 열이 고온 쪽으로 전달되는 것이다.

전자냉동시스템은 열교환기, 송풍팬, 접착제 및 전용 직류전원, 정밀온도조절기 등의 주변기기에 많이 응용되고 있으며, 최근 들어 자동차의 실내냉방과 소형 생의학장치, 섬유광학장치 등의 특수한 분야에 적용되고 있다. 또한 여행용 소형 이동식 냉장고, 냉온정수기, 공기조화기 등에도 적용을 검토하고 있으나 효율이 낮기 때문에 개선되어야 할 부분이 많다.

일반적으로 상용되는 냉동기의 경제성 비교를 [표 3-12]에 나타내었다.

[표 3-12] 일반적인 특성과 경제성 비교표

항목	왕복식	스크루식	원심식	흡수식
설비비(소규모)	B	B	C	D
설비비(대규모)	B	D	A	C
운전비	C	B	B	A
용량제어성	C	A	A	B
유지 보수성	B	B	A	B
설치면적	B	B	C	D
필요설치높이	B	B	B	C
운전 시 중량	B	B	C	D
진동소음	D	B	B	A

08 신재생에너지

1 풍력에너지

1) 풍력 발전의 원리

풍력 발전은 바람의 운동량을 흡수하여 회전력으로 전기에너지로 변환시키는 것이 풍력 발전시스템이다. 풍력 발전기의 주요 구성요소로는 날개(blade)와 허브(hub)로 구성된 회전자와 회전을 증속하여 발전기를 구동시키는 증속장치(gear box), 발전기 및 각종 안전장치를 제어하는 제어장치, 유압 브레이크장치와 전력제어장치 및 지지탑(tower)으로 구성되며, 약 15m/s 정도의 풍속에서 가장 많은 출력을 낼 수 있도록 설계한다.

풍력 발전기는 회전자 축의 방향에 따라 ① 수직축 풍력 발전시스템(vertical axis wind turbine)과 ② 수평축 풍력 발전시스템(horizontal axis wind turbine)으로 나눈다. 또한 운전형태에 따라 ① 계통연계운전형과 ② 독립운전형으로 나눈다. 상업용 발전으로 가장 흔하게 보급된 방식은 수평축 풍력 발전시스템과 계통연계운전형이 사용된다.

2) 동력전달장치의 구조에 따른 분류

풍력 발전시스템은 동력전달장치의 구조에 따라서 기어박스가 있는 경우와 기어박스가 없는 경우로 나누어지며, 그 특징, 장단점, 내부구조는 다음과 같다.

[표 3-13] 동력전달장치의 구조에 따른 분류

구분	기어박스가 있는 경우	기어박스가 없는 경우
특징	• 일정 속도운전 • 비동기형 유도발전기 • Stall제어 또는 Pitch제어	• 가변속도운전 • 동기형 발전기 • Pitch제어 또는 Stall제어
장점	• Direct 계통연결 가능 • 발전기의 가격이 상대적으로 낮음(저원가 생산가능) • 제작사 및 보급모델의 다양화 • 운전경험이 풍부	• AC/DC/AC방식으로 계통연계성이 우수 • 풍력자원의 활용도 높음 • 증속기 제거로 신뢰성 향상 • 높은 풍속에서 고속회전으로 torque 감소 및 drive train에 부하경감
단점	• 높은 풍속에서 에너지캡쳐가 적음 • 유도전동기의 효율 낮음(약 92.6%) • Gearbox의 유지 보수 및 신뢰성문제 • Tower head mass의 증가 • 소음의 과다 발생	• Torque가 큼으로써 발전기 중량 증대, 다극구조로 반경이 커짐 • 유도발전기에 비해 가격이 높음 • 계통연결을 위해서 AC/DC/AC변환 필요

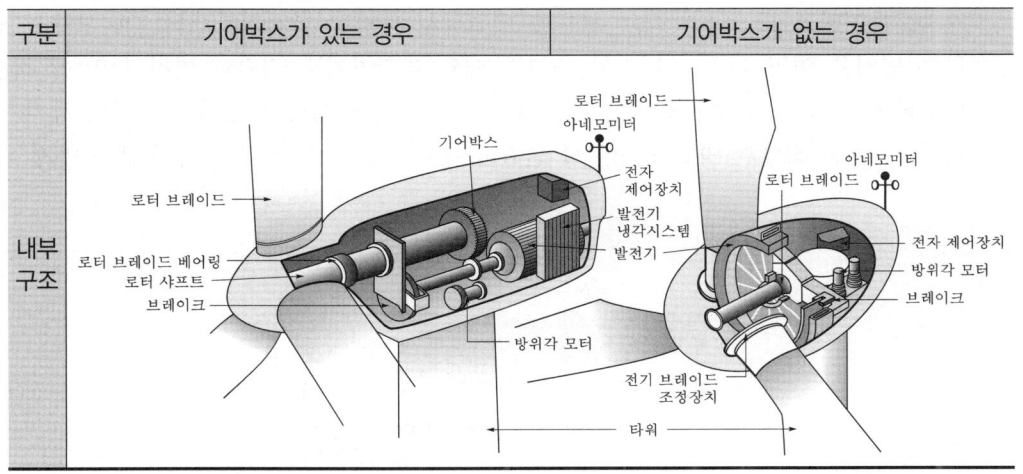

그러나 최근에는 이러한 2가지 기술을 접목시킨 풍력 발전기도 등장하고 있으며, 풍력 발전기는 동력전달장치에 기어를 사용하여 영구자석형 풍력 발전기의 극수를 줄였다. 그러므로 발전기의 무게를 감소시키고 풍력자원의 활용도가 높고 전력품질이 우수한 반면에, 가격이 고가이고 기어박스의 유지 보수 및 신뢰성이 문제 시 된다는 단점이 있다.

2 태양에너지

태양전지를 이용한 전력생산은 환경적인 측면에서 볼 때 화석연료 사용을 줄일 수 있고, 이를 통해 온실가스 배출을 감소시킬 수 있다는 장점을 지니고 있다. 태양에너지를 이용하는 방식은 크게 둘로 나눌 수 있다. ① 태양빛을 전기생산에 이용하는 태양광 발전과 ② 태양에너지를 집열장치를 통해서 모아들여 난방용이나 온수용 열을 생산하는 태양열장치로 나눈다. 그 밖에도 빛을 모아서 요리를 하는 태양열 조리기, 접시 모양의 태양빛 응집기로 빛을 모아 수백 도 이상의 열을 발생시키는 접시형 집열장치, 포물선형태로 구부러진 홈통형 반사판으로 빛을 모아서 열을 얻는 장치, 거대한 태양열 응집기를 이용해서 수천 도에 달하는 열을 만들어서 발전하는 태양열 발전기, 태양열 건조장치, 태양열을 냉방장치 등 다양한 장치가 나와 있다. 그러나 현재 세계적으로 널리 사용되고 있고 앞으로 빠르게 확산될 것으로 전망되는 것은 태양광 발전기와 태양열 집열장치이다.

(1) 태양광 발전 : 태양전지

태양광 발전은 반도체(semiconductor)로 만들어진 태양전지(photovoltaic cell)에 빛에너지(광자)가 투입되면 전자의 이동이 일어나서 전류가 흐르고 전기가 발생하는 원리를 이용하는 것이다. 태양전지를 여러 개 붙이고 유리 등의 보호장치를 붙인 것을 태양전지모듈이라 한다. 여러 개의 모듈을 연결해서 태양광 발전기를 만들 때 모듈을 연결하는 방식은 여러 개의 건전지를 연결할 때와 마찬가지로 직렬과 병렬이 있다. 직렬로 연결하면 전압이 늘어나고, 병렬로 연결하면 전압은 늘어나지 않지만 전류의 세기가 늘어난다. 보통 직렬과 병렬을 섞어서 연결하는데, 이를 통해서 원하는 전압을 얻게 된다.

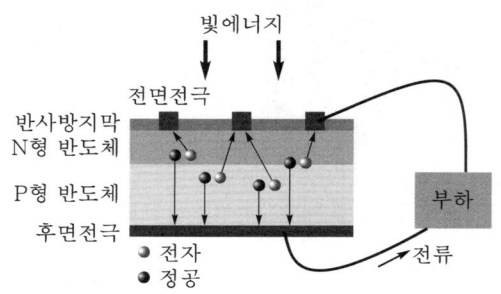

[그림 3-25] 태양광 발전의 원리

(2) 태양열 발전

태양열 발전은 햇빛을 반사판을 통해서 집중시켜 섭씨 1,000도 가까운 열을 얻은 다음, 이 열을 이용해서 전기를 생산하는 것이다. 이때 반사판은 집열판의 경우 간접광도 이용하는 것과는 달리 직광만을 이용할 수 있기 때문에 태양열 발전을 하기에는 구름이 적고 햇빛이 강한 지역이 적합하다. 사막이 최적지라 할 수 있는데, 이러한 사막의 1%에만 태양열 발전시설을 설치하면 전 세계의 전기수요가 모두 충족될 수 있을 것으로 추정된다.

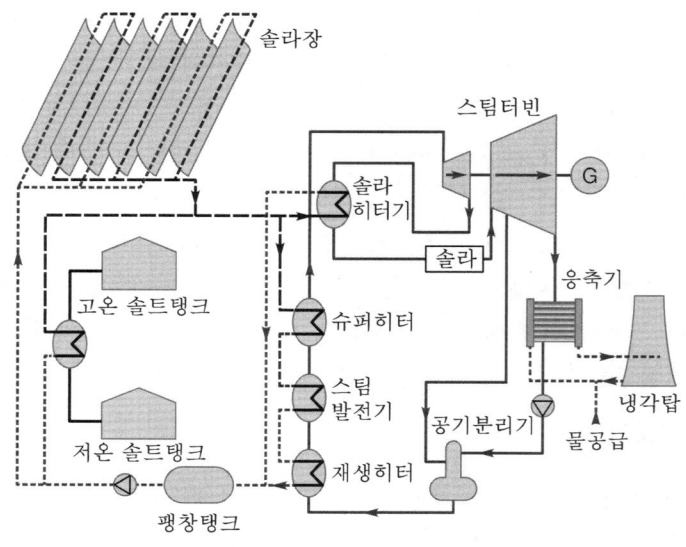

[그림 3-26] 태양열 발전의 원리(구유형 방식)

3 바이오에너지

1) 바이오에너지의 정의

바이오매스는 식물과 미생물의 광합성에 의해 생성되는 식물체, 균체와 이를 먹고 살아가는 동물체를 포함하는 생물유기체를 말한다. 바이오에너지는 이와 같은 바이오매스 자원을 에너지화한 것을 말한다. 따라서 바이오에너지는 바이오디젤, 바이오에탄올, 바이오가스와 바이오매스의 직접연소에 의한 열 및 전기를 포함한다.

바이오매스는 재생 가능한 식물로부터 생성된 유기물을 말하며, 이 중에는 에너지작물, 나무와 식품, 사료 등 농산물 및 부산물, 임산 부산물, 수생식물, 동물 분뇨, 도시쓰레기, 산업쓰레기 중의 유기성 폐기물을 포함한다. 이러한 바이오매스는 에너지 생산에 쓰일 수 있다.

2) 바이오에너지의 장단점

바이오매스자원은 재생이 가능하고 광역분산형 에너지로서, 물과 온도조건만 맞으면 지구의 어느 곳에서나 얻을 수 있는 장점이 있다. 그리고 최소의 자본으로 이용기술의 개발이 가능하고 원자력 등에 비해 환경 친화적이다. 바이오매스는 전환과정에서 이산화탄소가 발생하나, 이는 원래 대기 중에 존재하던 이산화탄소로 화석연료의 연소같이 이산화탄소의 증가가 아니며, 이산화탄소의 순환이다. 그러나 넓은 면적의 토지가 필요하고 토지 이용에서 농업과 경쟁한다는 단점이 있다.

3) 바이오에너지 원료별 특성

(1) 바이오디젤

바이오디젤의 원료가 되는 기름은 크게 유채씨, 해바라기씨, 대두 등과 같이 다량의 야채유를 함유하는 종자를 이용하거나 기타, 쌀기름과 같이 각종 곡식물의 가공처리과정에서 발생하는 부산물 기름 혹은 폐식용유 등을 이용하고 있다. 미국의 경우 건강상의 이유로 저지방 육류를 선호함에 따라 닭고기, 돼지고기 등에서 인위적으로 기름을 제거하여 이때 발생한 다량의 동물성 유지를 바이오디젤의 원료로 이용하기도 한다. 이들 원료를 이용하여 알칼리 촉매와 존재하는 상태에서 에스테르화반응을 시키고 부산물인 글리세롤을 정제하면 경유와 비슷한 균질상 지방산 에스테르, 즉 바이오디젤이 생성된다.

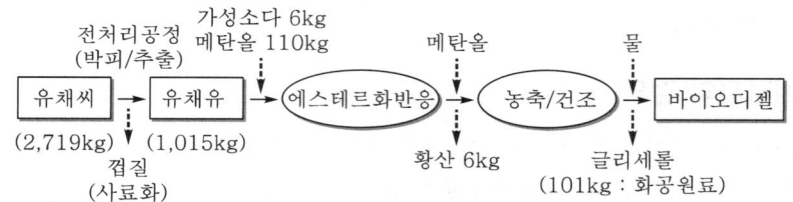

[그림 3-27] 바이오디젤의 제조공정

(2) 바이오에탄올

목질계를 원료로 하는 경우에도 목질계의 주성분인 셀룰로스를 산이나 효소로 분해하는 과정을 거쳐 발효하여 에탄올을 얻게 된다.

이러한 바이오에탄올은 수송용 대체연료로서 아주 우수한 특성을 갖고 있음이 입증되고 있다. 에탄올은 휘발유와 혼합연료의 형태, 산화물의 혼합연료 혹은 수화에탄올로 기존 내연기관에 거의 완벽하게 사용될 수 있다. 즉, 공연비(air/fuel ratio)를 낮게 유지할 수 있으며, 증발잠열이 높고, 옥탄가가 높으며 화염온도는 낮다. 실제로 바이오에탄올은 이와 같은 이유로 Indianapolis 500과 같은 고성능 자동차 경주에서 종종 휘발유보다 우수한 연료로 경주차에 사용되기도 하며, 브라질에서는 수화에탄올자동차가 휘발유자동차보다 더 많이 출고되기도 하였다.

[표 3-14] 바이오에탄올과 가솔린의 연료특성 비교

연료특성	바이오에탄올	가솔린
열량(kcal/l)	5,060	7,589
옥탄가(RON)	111	91~98
증발열(kcal/l)	158	62
비중	0.789	0.70~0.76
비등점(℃)	78.7	27~205
분자량	46.1	100~105
탄소함유량(g/l)	412	640
공연비	9.0	14.5
발화한계농도(Vol%)	3.3~19	1.4~7.6
인화점(℃)	13.1	−42.4
자동착화점(℃)	218	125

(3) 바이오가스

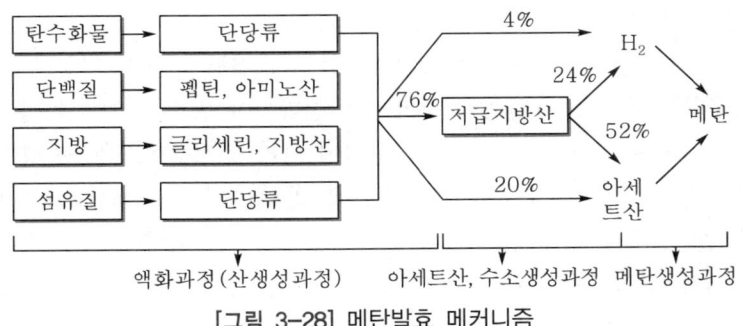

[그림 3-28] 메탄발효 메커니즘

[그림 3-28]은 메탄발효에 의해서 다양한 유기물이 바이오가스(메탄가스+이산화탄소)로 분해되는 과정을 도시한 것이다.

복잡한 유기물은 액화과정(산성생성과정)에서 산생성 미생물균의 작용으로 분자량이 적은 물질을 거쳐 저급지방산, 젖산, 에탄올 등으로 분해된다. 그 다음 저급지방산 등은 수소생성 미생물에 의해 수소와 아세트산으로 변환되고, 마지막으로 메탄생성 미생물에 의해 메탄과 이산화탄소로 분해되는 것이다.

최근 실용화되고 있는 고형물을 다량 함유한 유기성 폐기물 혐기소화 처리공정은 투입기질의 초기 농도에 따라서 건량기준 6~10%의 유기물농도로 원료가 투입되는 습식공정과 25~40%의 유기물농도로 원료가 투입되는 건식공정으로 나눌 수 있다. 우리나라에서는 에너지기술연구원이 연속 습식공정으로 중온 혐기성 여상형 반응기를 이용한 2상 소화시스템이 개발되어 파주시(30톤/일) 등에서 활용되고 있다. 그리고 건식 메탄발효 현상을 이용한 것으로 매립지 가스활용을 들 수 있다. 매립지 가스는 유기물을 포함한 도시 쓰레기를 매립하였을 때 자연적으로 매립층에서 혐기소화가 일어나며 메탄가스 50~60%의 매립지 가스(LFG : Land Fill Gas)가 발생하는 것을 에너지원으로 이용하는 기술인데, 전 세계에서 여러 가지 형태로 활용되고 있다.

(4) 바이오매스 열화학적 변환기술

바이오매스를 열화학적으로 변환하여 에너지로 이용하는 방법은 직접 연소하는 방법 외에도 여러 가지 기술이 있다.

열화학적 변환기술은 연소, 열분해, 액화 및 가스화로 대별할 수 있다. 먼저 직접연소는 바이오매스 이용의 가장 간단한 방법의 하나로서 바이오매스를 공기 중에서 태워 열, 수증기 등을 얻고 궁극적으로는 전기를 일으킬 수도 있다. 지금 개발도상국에서는 38% 이상의 1차 에너지를 바이오매스를 연소시켜 충당하고 있고, 선진국에서도 폐기물 소각로에 의한 발전, 석탄발전소에서의 혼소 등으로 전 세계 1차 에너지 소비의 15%를 담당하고 있다. 서유럽에서는 열병합 발전에 의한 지역냉난방, 태국 등 자원이 풍부한 개발도상국에서는 바이오매스 발전, 미국, 일본 등에서는 석탄 발전소 혹은 쓰레기 소각로에서의 혼합연소 발전 등에 다양하게 활용되고 있다.

열분해는 수분함량 20~40%의 바이오매스를 산소결핍 하에서 가열(부분연소)하면 목탄, 열분해유(목초액) 및 가연성 가스가 얻어진다. 이 방법은 전통적 숯가마의 원리와 동일하다. 바이오매스 가스화는 가스화 형식에 따라 고정층형, 유동층형, 분류층형으로 나누며 약 200여 종류가 있다. 가스화반응에 의해 수소, 일산화탄소, 저급탄화수소를 포함하는 합성 가스를 생성할 수 있다. 바이오매스 가스화에서 열량이 낮을 경우에는 석탄 등을 함께 집어넣는 경우도 있으며, 바이오매스, 석탄통합 가스화 프로세스 등이 유망할 것으로 전망된다.

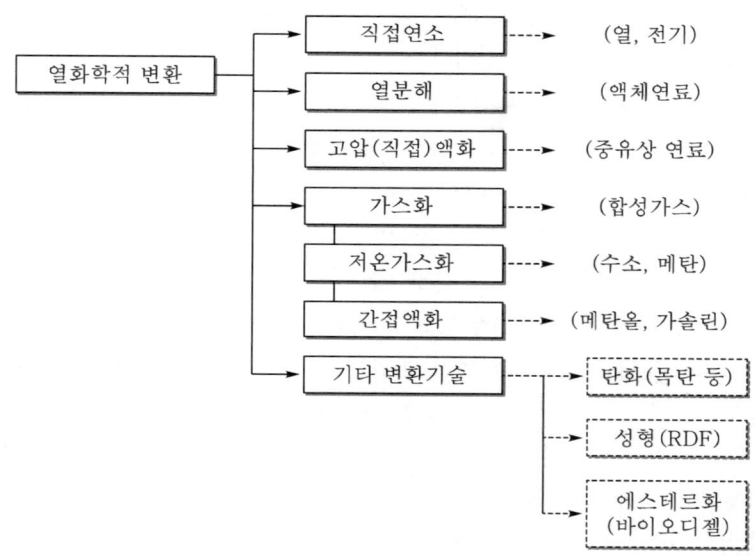

[그림 3-29] 바이오매스원료 열화학적 에너지변환기술

4 수소에너지

에너지원을 중심으로 석유가 공급 부족과 경제성 상실로 점차 쇠퇴한 후 다음 시대 인류의 주에너지원으로 많은 이들의 기대를 받고 있는 것이 바로 수소에너지이다. 지금까지 살펴본 대부분의 대체에너지원은 무형의 에너지원이다. 풍력이나 태양열 등은 모두 석유나 석탄과 같은 어떤 유형의 물질이 아니다. 따라서 그 에너지원은 그 에너지원을 공급받을 수 있는 특정 지역에서만 활용될 수 있을 뿐, 이를 변형하거나 저장하여 다른 지역으로 이동시키는 것이 힘이 들며 석유처럼 사용하기에는 한계가 있다.

그러나 수소는 생산된 수소를 고압이나 저온으로 액화시키거나 고체 물질에 흡착하는 방법 등으로 저장하여 운송하는 것이 가능하다. 그러면서 다른 신재생에너지원들과 같이 고갈

되지 않고 재생 가능한 특징을 지닌다. 수소는 지구상에 가장 풍부하게 존재하는 원소로, 물을 비롯한 다양한 화합물에 존재한다. 물만 해도 지구표면의 약 70%를 덮고 있을 정도로 충분하게 있기 때문에 고갈의 위험은 거의 없다. 또한 연소나 화학반응으로 에너지를 생산하고 난 이후에는 다시 물로 배출되기 때문에 재생 가능한 자원이다. 그리고 연소과정에서도 극소량의 질소화합물 이외에는 다른 오염물질을 발생시키지 않기 때문에 환경문제에서도 자유로운 청정에너지원이다.

5 연료전지

연료전지는 수소에너지시스템의 한 축으로, 현재 석유시스템의 내연기관과 같은 존재이다. 석유에너지원이 처음 발견 당시에는 등불로 쓰이다가 내연기관의 발전과 함께 급격하게 기존 에너지시스템을 대체하였다. 이는 석유가 내연기관을 통해 효율적으로 석유를 열, 동력, 전기에너지로 변환되었기 때문이다.

연료전지는 이러한 내연기관과 유사하게 수소 혹은 수소를 추출할 수 있는 물질을 에너지원으로 하여 효율적으로 전기에너지를 생산하는 기능을 한다. 그러나 수소의 경우 활용할 수 있는 기반시설이 부족하기 때문에 현재 개발 중인 대부분의 연료전지는 수소를 다량으로 포함하는 물질인 메탄올이나 천연가스 등을 연료로 하는 연료전지이다. 이러한 연료전지의 개발은 보다 효율적인 전기생산을 가능하도록 해 주겠지만, 궁극적으로는 수소에너지사회를 앞당기는 중요한 요인이 될 것이다.

전지는 화학적 에너지를 전기에너지로 변환해 주는 기기를 말한다. 이러한 기능을 갖는 전지는 크게 1차 전지와 2차 전지, 연료전지의 세 가지 종류로 나눌 수 있는데, 그 특징은 [표 3-15]와 같다.

[표 3-15] 연료전지의 종류 및 특성 비교

구분	종류	특징
1차 전지	망간 건전지, 알카라인 건전지 등	일반건전지로 내부 화합물의 화학반응을 통해 전기를 생산, 화학반응이 끝나면 수명이 다한다.
2차 전지	Ni-Cd 충전지, 리튬이온 충전지, 리튬폴리머 충전지 등	충전지로 외부에서 전기를 공급받아 이를 화학적 에너지로 변환하여 저장한 후, 이를 다시 전기로 바꾸어 사용한다.
연료전지	PEMFC, PAVC, MCFC 등	외부에서 연료물질을 공급받아 이를 반응시켜 전기를 생산한다. 연료공급을 통해 지속적으로 전기생산이 가능하다.

현재 대부분의 전기생산은 연료를 연소시켜 발생한 열에너지를 전기에너지로 변환하여 생산하는 구조이다.

이 경우 각각의 에너지변환과정에서 손실이 크기 때문에 효율이 낮아지게 된다. 그러나 연료전지의 경우 연료를 연소시키지 않고 직접적인 화학반응을 통해 전기를 생산하기 때문에 기존에 비해 효율이 매우 뛰어나다. 또한 반응과정에서 열에너지가 발생하기 때문에 이를 재활용할 경우 전체적인 효율은 더욱 높아진다.

6 원자력에너지

원자력이란 핵분열이 연쇄적으로 일어나면서 생기는 막대한 에너지를 말하며, 원자력발전소는 원자력을 동력으로 하여 전기를 만드는 곳이다. 원자로는 석탄이나 석유를 태우는 화력 발전소의 보일러 역할을 하고 있으며, 이 원자로의 연료인 우라늄은 핵분열로 2~3개의 중성자와 막대한 에너지를 낸다. 가령 1g의 우라늄이 전부 핵분열될 때 나오는 에너지는 석유 9드럼 또는 석탄 3톤이 탈 때 내는 에너지와 맞먹는다. 원자력은 우리나라처럼 에너지 부존자원이 부족하고 에너지 수입의존도가 높은 나라에서는 필수적인 대체에너지이다.

원자력 발전소는 발전소를 세우는 초기비용은 많이 들지만 연료비용이 매우 싸고 화석연료를 태울 때처럼 나오는 오염물질도 없어 친환경적인 에너지로 각광받고 있다.

Chapter 05 냉동장치의 구조

01 압축기

압축기(compressor)는 증발기에서 증발한 저온 저압의 기체 냉매를 흡입하여 응축기에서 응축액화하기 쉽도록 응축온도에 상당하는 포화압력까지 압력을 증대시켜주는 기기이다.

1 분류

1) 구조(외형)에 의한 분류

(1) 개방형(open type)

압축기와 전동기(motor)가 분리된 구조로, 직결구동식은 압축기의 축(shaft)과 전동기의 축이 직접 연결되어 동력을 전달하는 형태이고, 벨트구동식은 압축기의 관성차(fly wheel)와 전동기의 풀리(pulley) 사이에 V벨트로 연결하여 동력을 전달하는 형태이다.

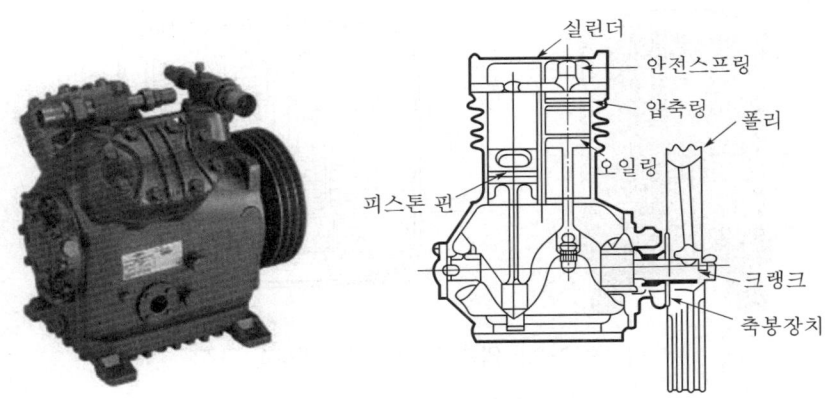

[그림 3-30] 압축기(개방형)의 외형과 구조

(2) 밀폐형(hermetic type)

압축기와 전동기가 하나의 용기(housing) 내에 내장되어 있는 구조이다.

① 반밀폐형 : 볼트로 조립되어 분해조립이 가능하고 서비스밸브(service valve)가 흡입 및 토출측에 부착되어 있으며, 오일플러그(oil plug) 및 오일사이트글래스(oil sight glass)가 부착되어 유량측정이 가능하다.

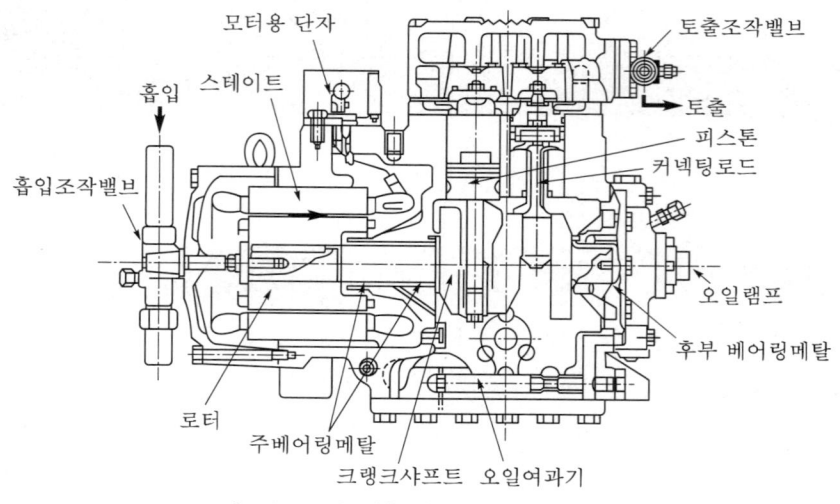

[그림 3-31] 압축기(반밀폐형)의 구조

② **완전밀폐형** : 밀폐된 용기 내에 압축기와 전동기가 동일한 축에 연결되어 있으며, 가정용 냉장고 및 룸쿨러(room cooler) 등에 사용되고 있다.
③ **전밀폐형** : 완전밀폐형과 동일한 구조이며, 다만 흡입측 또는 토출측에 1개의 서비스밸브가 부착되어 있다(주로 흡입부에 부착).

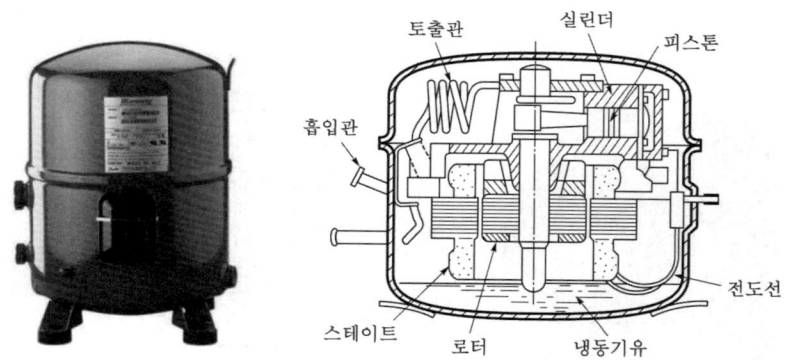

[그림 3-32] 압축기(밀폐형)의 외형과 구조

[표 3-16] 개방형 압축기와 밀폐형 압축기의 장단점 비교

분류 비교	개방형	밀폐형
장점	• 압축기의 회전수 가감이 가능하다 • 고장 시에 분해·조립이 가능하다. • 전원이 없는 곳에서도 타 구동원으로 운전이 가능하다.	• 과부하운전이 가능하다. • 소음이 적다. • 냉매의 누설 우려가 적다. • 소형이며 경량으로 제작된다.

분류 비교	개방형	밀폐형
장점	• 서비스밸브를 이용하여 냉매, 윤활유의 충전 및 회수가 가능하다.	• 대량생산으로 제작비가 저렴하다.
단점	• 외형이 커서 설치면적이 커진다. • 소음이 커서 고장발견이 어렵다. • 냉매 및 윤활유의 누설 우려가 있다. • 제작비가 비싸다.	• 수리작업이 불편하다. • 전원이 없으면 사용할 수 없다. • 회전수의 가감이 불가능하다. • 냉매, 윤활유의 충전, 회수가 불편하다.

2) 압축방식에 의한 분류

① 왕복동식 압축기 : 실린더(기통) 내에서 피스톤(piston)의 상하 또는 좌우 왕복운동에 의해 가스를 압축하는 구조이다.

② 회전식 압축기 : 실린더 내에서 회전피스톤(rotor)의 회전에 의해 가스를 압축하는 구조이다.

③ 스크루 압축기 : 암(female), 수(male)의 치형(lobe)을 갖는 2개의 로터(rotor)가 서로 맞물려 회전하면서 가스를 압축하는 구조이다.

④ 원심식 압축기 : 터보(turbo)냉동기라고도 하며, 임펠러(impeller)의 고속회전에 의한 원심력을 이용하여 가스를 압축하는 구조이다.

3) 기통수통(실린더)의 배열에 의한 분류

① 입형 압축기(vertical type compressor)
② 횡형 압축기(horizental type compressor)
③ 고속 다기통 압축기(high speed multi type compressor)

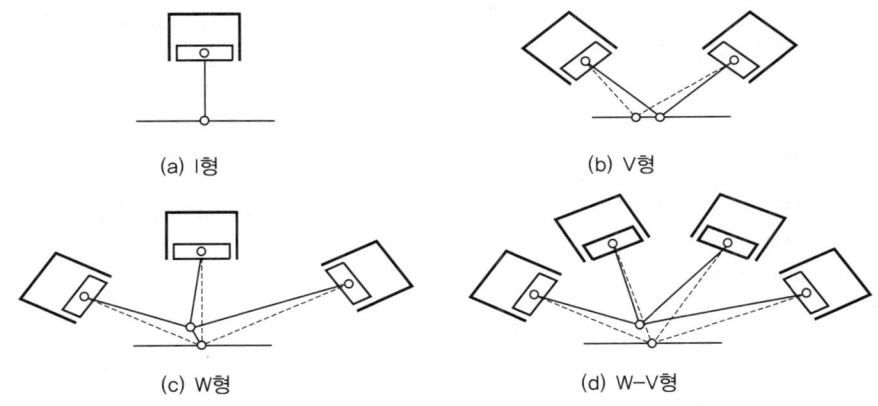

(a) I형　　(b) V형　　(c) W형　　(d) W-V형

[그림 3-33] 압축기의 실린더 배열에 의한 분류

4) 기타

속도에 의한 분류(저속, 중속, 고속) 및 사용 냉매에 의한 분류(암모니아, 프레온, 탄산가스 등)로 대별할 수 있다.

2 왕복동 압축기의 종류 및 특징

1) 입형 압축기

① 암모니아 및 프레온용으로 제작하며, 기통수는 1~4기통이다. 보통 2기통을 사용하고, 회전수는 저·중속으로 제작되고 있다. 톱 클리어런스(top clearance)는 0.8~1mm 정도로 좁고 실린더 상부에 안전두(safety head)를 설치한다. 암모니아용은 실린더를 냉각하기 위해 워터재킷을 설치하고, 프레온용은 냉각핀(fin)을 부착한다.

② 통극(top clearance) : 피스톤의 최상부의 위치(상사점)와 밸브판과의 사이에 해당하는 공간이다.

③ 안전두(safety) : 실린더의 헤드커버(head cover)와 밸브판의 토출밸브시트(seat) 사이를 강한 스프링으로 지지하고 있는 것으로, 냉동장치의 운전 중에 실린더 내로 이물질이나 액냉매가 유입되어 압축 시에 이상압력의 상승으로 압축기가 소손되는 것을 방지하는 역할을 하며, 작동압력은 정상 토출압력보다 294kPa 정도 높을 경우이다.

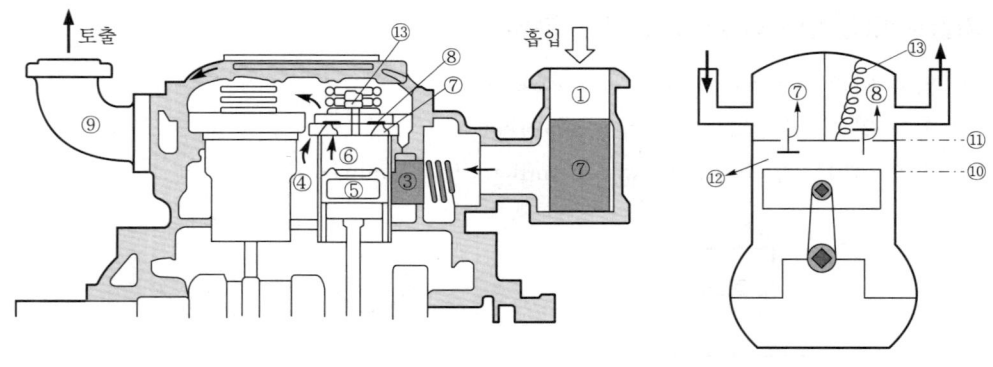

① 흡입관(흡입지변)　② 스케일트랩(scale trap)　③ 흡입여과망(suction strainer)
④ 크랭크케이스 흡입실　⑤ 피스톤　⑥ 실린더
⑦ 흡입밸브　⑧ 토출밸브　⑨ 토출관(discharge line)
⑩ 상사점　⑪ 밸브 플레이트　⑫ 통극
⑬ 안전두 스프링

[그림 3-34] 입형 압축기의 단면도와 명칭

2) 횡형 압축기

안전두가 없으며, 통극은 3mm 정도로 커서 체적효율이 적고, 주로 1기통이며 복동식이다. 중량 및 설치면적이 크며, 진동이 심하므로 대형 이외는 제작하지 않고 크랭크케이스가 대기 중에 노출되어 있다.

단동(single acting)식은 크랭크축(crank shaft)의 1회전으로 흡입행정과 토출행정이 1회에 한정되는 압축이고, 복동(double acting)식은 크랭크축의 1회전으로 흡입행정과 토출행정이 각각 2회에 한정되는 압축이다.

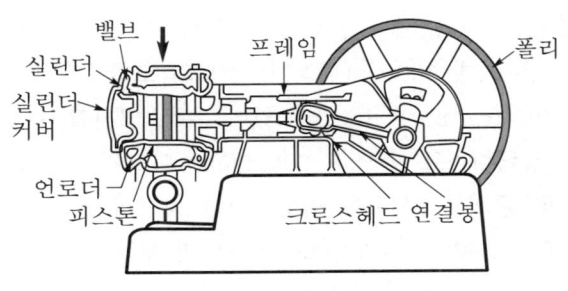

[그림 3-35] 횡형 압축기

3) 고속다기통 압축기

그 특징은 다음과 같다.
① 회전수가 빠르고(900~3,500rpm) 실린더의 수가 많기 때문에(4~16기통) 능력에 비하여 소형이며, 경량으로 설치면적이 적다.
② 동적 및 정적인 균형이 양호하고 진동이 적으며 기초공사가 용이하다.
③ 실린더라이너를 교환할 수 있는 구조로 부품의 호환성이 있다.
④ 용량제어와 기동 시 경부하운전이 가능하며, 자동운전이 용이하다.

[그림 3-36] 고속다기통 압축기

⑤ 고속회전에 의해 실린더가 과열하기 쉽고 윤활유의 소비량이 많으며, 냉각장치(oil cooler)가 필요하다.
⑥ 통극이 비교적 크며 마찰저항이 커서 체적효율이 저하하며, 고진공을 얻기 어렵다.
⑦ 활동부의 마찰마모가 크다.
⑧ 운전 중 기계의 음향이 커서 고장발견이 어렵다.

4) 주요 구성부품

(1) 실린더(cylinder)

피스톤의 운동으로 증기 냉매를 압축하는 기통으로 입형 저·중속 압축기는 본체와 일체이며, 실린더경은 최대 300mm(내직경) 정도의 고급주철로 되어 있다. 고속다기통 압축기는 실린더라이너(cylinder liner)가 있어 분해, 교환할 수 있으며, 실린더경은 최대 180mm 정도의 강력주철로 제작 후 30kgf/cm^2 이상의 수압으로 내압시험을 행하고, 간극(실린더벽과 피스톤과의 사이)은 입형에서는 직경의 0.7/1,000~1/1,000이 기준이고, 다기통에서는 0.8/1,000이다(2/1,000 이상이면 보링을 필요로 한다).

(2) 피스톤(piston)

실린더 내에서 왕복운동으로 증기 냉매를 압축하는 기구로, 중량감소와 냉각을 위해서 속이 빈 상태로 제작한다. 재질은 강력주물 또는 알루미늄합금으로, 본체에는 2~3개의 피스톤링(압축링과 오일링)이 끼워져 있으며, 피스톤의 형태에 따라 구별하는 종류에는 다음과 같다.

① **플러그형(plug type, 평두형)** : 냉매가스를 피스톤 상부에서 흡입하여 압축 후 상부로 토출하는 형식으로, 흡입밸브와 토출밸브는 밸브플레이트(밸브판)에 부착되어 있으며, 실린더의 헤드 부분은 저압측과 고압측으로 구분된다. 크랭크케이스 내의 윤활유와 접촉하지 않은 형태이므로 오일포밍현상이 감소될 수 있으며, 소형 프레온용에 사용되고 있다.

② **개방형(open type, single trunk type)** : 피스톤 하부에서 흡입하여 압축 후 상부로 토출하는 형식으로, 흡입밸브는 피스톤헤드에 토출밸브는 밸브판에 부착되어 있으며, 오일포밍현상을 유발할 가능성이 많다.

③ **피스톤링(piston ring)** : 압축행정 시에 가스의 누설을 방지하고 실린더벽면에 윤활작용을 하며, 원형의 링(ring)으로 한 곳이 절단되어 있다. 역할에 따라 압축링과 오일링으로 구분한다.

④ **피스톤핀(piston pin)** : 피스톤 보스(boss)에 끼워져 연결봉과 피스톤을 결합시키며, 중량의 감소를 위해 중공상태로 제작된다. 실린더벽으로 윤활을 용이하게 하고 고정식(set screw type)은 암모니아용, 유동식(floating type)은 프레온용에 주로 사용한다.

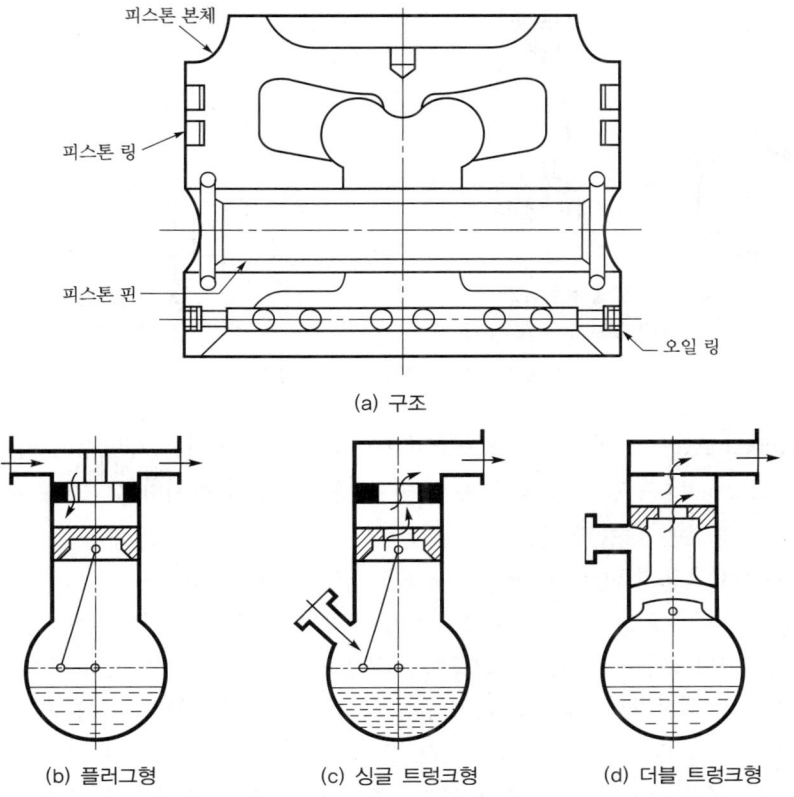

[그림 3-37] 피스톤의 구조와 종류

⑤ **연결봉(connecting rod)** : 피스톤과 크랭크축을 연결하여 크랭크축의 회전운동을 피스톤의 왕복운동으로 전달하며, 대단측 베어링(big end bearing)의 형태에 따라서 분할형과 일체형으로 구분한다.
  ㉠ 일체형 : 대단측 베어링은 분해되지 않으며, 연결되는 크랭크축은 편심형으로 행정이 짧은 소형에 주로 사용된다.
  ㉡ 분할형 : 대단측 베어링이 볼트와 너트로 조립되어 있으며, 행정(行程)이 큰 대형에 주로 사용된다.
⑥ **크랭크축(crank shaft)** : 압축기의 주축으로 회전에너지를 전달받아 연결봉을 통해 피스톤에 운동에너지를 공급하며, 재질은 탄소강으로 제작된다. 내마모성을 증가시키기 위해 표면처리를 하고, 형태에 따른 종류에는 크랭크형, 편심형, 스카치 요크형 등이 있다.
  ㉠ 편심형 : 축심은 휘어져 있지 않고 행정이 짧은 소형에 사용되며, 연결봉은 일체형이 연결된다.
  ㉡ 크랭크형 : 축자체가 휘어져 있으며, 피스톤행정이 큰 대형에 사용하고 연결되는 연결봉은 분할형이다.
  ㉢ 스카치 요크형 : 연결봉이 없는 구조로 소형(가정용) 밀폐형에 이용된다.

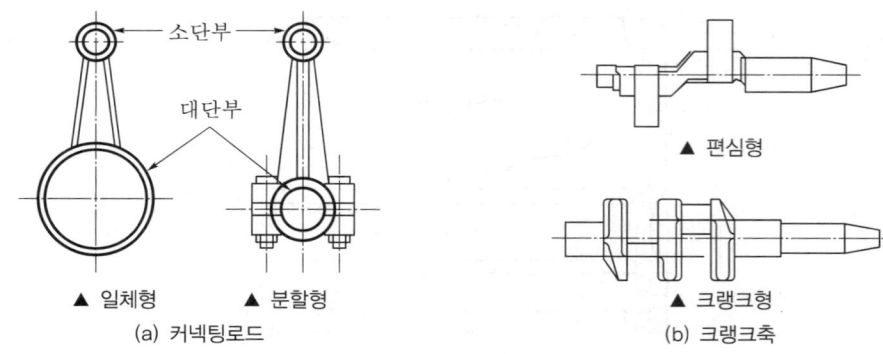

[그림 3-38] 커넥팅로드와 크랭크축

⑦ **축봉(shaft seal)** : 크랭크축이 크랭크케이스 외부로 관통하는 개방형 압축기(open type compressor)에서 냉매, 윤활유 누설 및 외기의 침입을 방지하고 기밀을 유지하기 위한 장치로, 종류는 다음과 같다.

㉠ 축상형 축봉장치(stuffing box type) : 글랜드패킹(gland packing type)형이라고도 하며, 저속용으로 스터핑박스 안에 패킹이 들어있고 윤활유가 공급되어 누설을 방지한다. 기동할 때는 그랜드패킹 조임볼트를 풀어주고, 정지 중에는 조인다.

㉡ 기계적 축봉장치(mechanical seal, 활윤식) : 일명 러빙링식이라고도 하며, 고속용에 사용된다. 재질은 금속재와 고무류로, 형식에는 주름통식(bellows type)과 막상형(diaphragm type)이 있다. 주름통식에서 회전식은 주름통 내측에 냉매가스압력이 걸리며(축과 함께 회전), 고정식은 주름통 외측에 냉매가스압력이 걸린다(축만 회전).

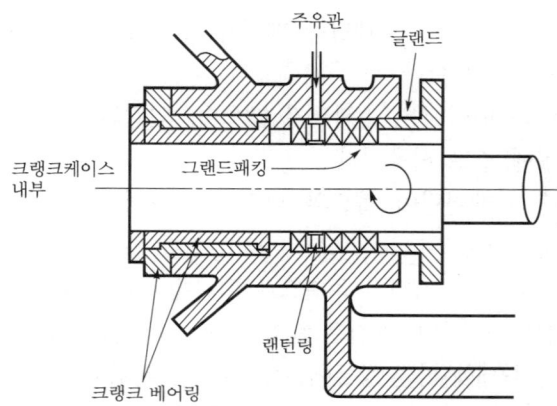

[그림 3-39] 글랜드패킹식 축봉장치

⑧ **흡입밸브와 토출밸브**

㉠ 밸브의 구비조건
- 동작이 경쾌하고 가벼울 것

- 냉매통과저항이 작을 것
- 마모와 파손에 강하고 변형이 작을 것
- 닫히면 가스의 누설이 없을 것

ⓒ 밸브의 종류
- 포핏밸브(poppet valve) : 구조가 견고하고 파손이 적으며, 밸브의 운동을 안내하는 밸브스템(stem)이 있다. 개폐가 확실하나 중량이 무거워 고속다기통에는 부적당하며, 저속용의 흡입밸브로 적당하다. 가스의 통과속도는 40m/s 정도이며, 밸브의 리프트는 3mm 정도이다.

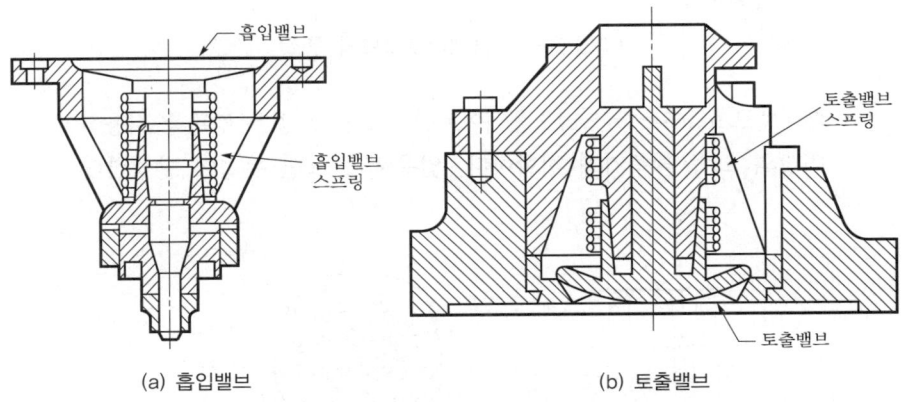

(a) 흡입밸브　　　　　　　　(b) 토출밸브

[그림 3-40] 포핏밸브의 구조

- 리드밸브(reed valve) : 자체의 탄성에 의해서 개폐되며, 중량이 가볍고 작동이 경쾌하다. 소형 프레온용에 적합하며, 상부의 밸브판에 흡입밸브와 토출밸브가 부착되어 있다. 밸브를 보호하는 리테이너(retainer)가 부착되어 있다.

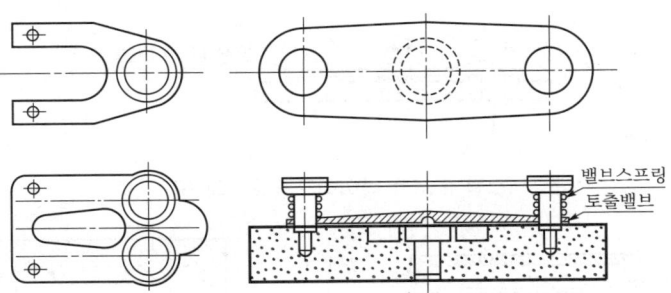

[그림 3-41] 리드밸브의 구조

- 플레이트밸브(plate valve) : 얇은 원형 또는 환형(ring)으로 중량이 가볍고 작동이 경쾌하며, 고속다기통 압축기의 흡입 및 토출밸브로 사용된다.

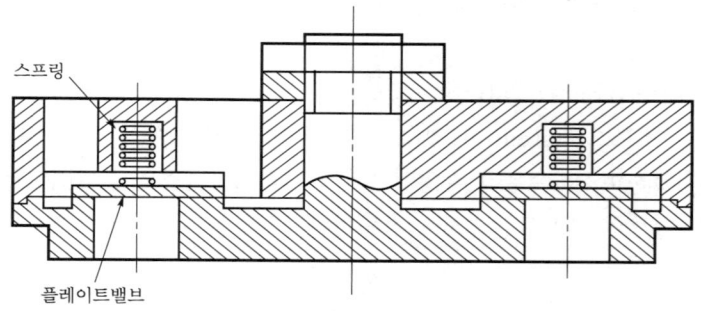

[그림 3-42] 플레이트밸브의 구조

- 페더밸브(feather valve) : 플레이트밸브보다 더 얇은 강판을 사용하며, 1,000rpm 이상의 고속 압축기에 적합하다. 압축비가 크면 누설이 발생한다.

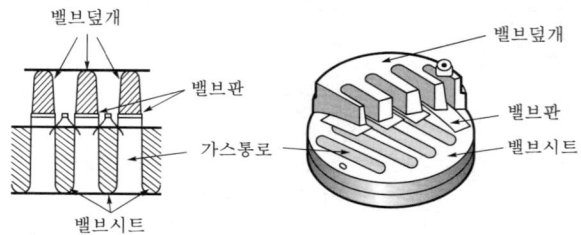

[그림 3-43] 페더밸브의 구조

- 다이어프램밸브(diaphragm valve) : 0.3~0.6mm의 얇은 원형 강판을 사용하며, 고속다기통 암모니아 압축기의 배출밸브로 사용한다. 리퀴드해머에 의한 파손의 우려가 있어 플레이트밸브를 선호한다.

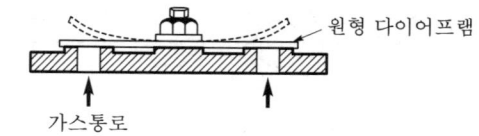

[그림 3-44] 다이어프램밸브의 구조

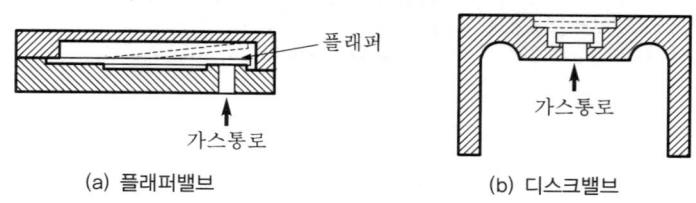

(a) 플래퍼밸브   (b) 디스크밸브

[그림 3-45] 기타 밸브

- 서비스밸브(service valve) : 냉매의 통로를 개폐조절하며, 냉매, 윤활유의 충전 및 회수, 공기의 방출, 압력측정 등 고장탐구 등에 이용된다. 압축기의 흡입측 또는 토출측에 부착되어 있다.

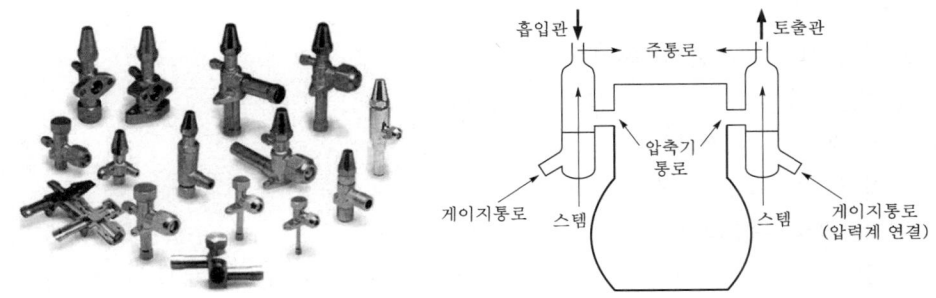

[그림 3-46] 서비스밸브의 종류와 작동방향

[표 3-17] 밸브의 개폐상태

스템의 위치	주통로	압축기통로	게이지통로
앞자리	닫힘	열림	열림
중간자리	열림	열림	열림
뒷자리	열림	열림	닫힘

3 회전식 압축기의 구조 및 장단점

(1) 구조

고정날개형은 축과 실린더는 동심이며, 축에 편심인 회전피스톤(rotor)의 회전에 의해 가스를 압축한다. 로터(rotor)의 한쪽 면은 실린더 내벽면에 접촉되어 있고, 다른 한쪽 면은 2개의 블레이드(blade)에 밀착되어 있다.

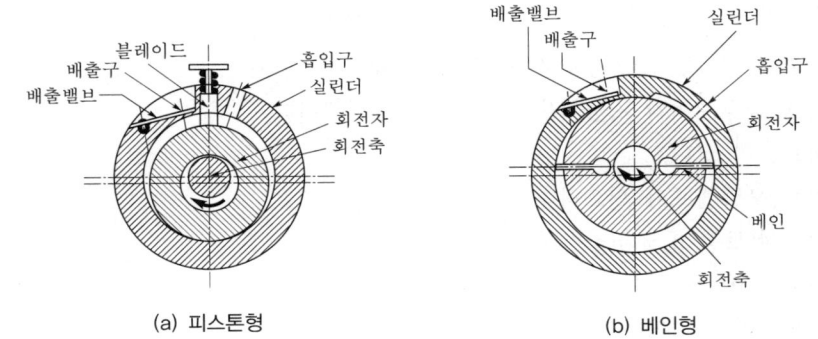

(a) 피스톤형   (b) 베인형

[그림 3-47] 회전식 압축기의 구조

회전날개형은 축과 로터는 동심이며, 실린더에는 편심으로 고정되어 있다. 로터 속에는 2~4개의 날개(vane)가 삽입되어 있으며, 회전 시 원심력에 의해 실린더벽면에 밀착되어 가스를 압축한다.

(2) 장단점

① 로터의 회전에 의한 압축이다.
② 왕복동식에 비해 부품수가 적고 간단하다.
③ 진동 및 소음이 적다.
④ 오일냉각기(oil cooler)가 있다.
⑤ 체적효율이 양호하다.
⑥ 흡입밸브가 없고 토출밸브는 역시 밸브이며, 크랭크케이스 내부는 고압이다.
⑦ 압축이 연속적이며 고진공을 얻을 수 있어 진공펌프용으로 적합하다.
⑧ 활동 부분은 정밀도와 내마모성을 요구한다.
⑨ 기동 시에 경부하기동이 가능하다.
⑩ 원심력에 의한 베인의 밀착으로 압축되므로 회전수는 빨라야 한다.

4 스크루(screw) 압축기의 구조 및 장단점

(1) 구조

수로터(male rotor)와 암로터(female rotor)가 회전하면서 냉매가스를 흡입하여 압축 및 토출을 하며, 흡입밸브 및 토출밸브가 없어 밸브의 마모와 밸브에서의 소음이 없다. 운전 및 정지 중에 고압가스가 저압측으로의 역류를 방지하기 위해 흡입과 토출측에 역지밸브(check valve)를 설치해야 한다.

(2) 장단점

① 냉매압력손실이 없어서 효율이 향상된다.
② 크랭크샤프트, 피스톤링, 커넥팅로드 등의 마모 부분이 없어 고장률이 적다.
③ 왕복동식과 동일 냉동능력일 때 압축기 체적이 적다.
④ 무단계 용량제어가 가능하며, 연속적으로 행해진다.
⑤ 체적효율이 크다.
⑥ 독립된 오일펌프가 필요하다.
⑦ 고속회전(보통 3,500rpm)이므로 소음이 많다.
⑧ 경부하 시에 동력이 많이 소요된다.
⑨ 운전유지비가 비싸다.

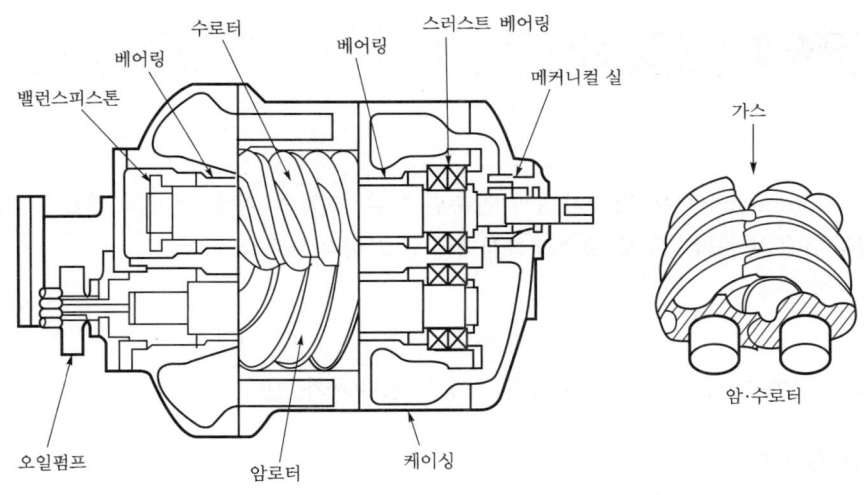

[그림 3-48] 스크루 압축기의 구조

[그림 3-49] 스크루 압축기의 원리

5 원심식 압축기의 특징

① 회전운동으로 동적인 균형이 안정되고 진동이 적다.
② 마찰 부분(흡입 및 토출밸브, 실린더와 피스톤, 크랭크샤프트 등)이 없어 고장이 적고 마모에 의한 손상이나 성능저하가 적다. 아울러 보수가 용이하고 수명이 길다.
③ 중·대용량의 경우에 다른 기기에 비해서 냉동능력당 설치면적이 적다.
④ 저압 냉매의 사용으로 위험이 적다.
⑤ 용량제어가 간단하고 제어범위가 넓다.
⑥ 소용량의 경우에는 제작상의 한계로 채용하기 어렵다.

02 응축기

1) 역할

응축기(condenser)는 압축기에서 압축된 고온 고압의 기체 냉매의 열을 주위의 공기 및 냉각수에 방출함으로서 응축액화시키는 기기이다.

2) 분류

응축방법에 따라 공랭식 응축기와 수랭식 응축기가 있다.

(1) 공랭식 응축기

공랭식 응축기의 특징은 응축기의 냉각관 사이로 공기를 자연 또는 강제적으로 순환시켜 응축시키는 방법으로, 전열이 불량하고 응축온도 및 압력이 높아지는 이유로 소형 프레온장치에서만 사용이 가능하다. 그 종류는 다음과 같다.

① **자연대류식** : 공기의 자연순환에 의한 응축방법으로 전열이 불량(전열계수(열통과율) : $21kJ/m^2 \cdot h \cdot ℃$)해 소형 냉장고에 사용할 수 있다.

② **강제대류식** : 송풍기(fan)을 설치하여 공기를 강제적으로 순환시키므로서 전열의 효과를 증대시켜(전열계수 : $105kJ/m^2 \cdot h \cdot ℃$) 응축하는 방법으로, 냉각수의 공급이 복잡한 장소에서 이용가치가 넓다.

(2) 수랭식 응축기

응축기 내에 냉각수를 통과시켜 냉매의 열을 방출하여 응축하는 방법으로, 전열이 양호하며 응축온도 및 응축압력이 낮고 동일 냉동능력에서 공랭식보다 기기가 소형화될 수 있으므로 대용량의 암모니아 및 프레온에 많이 사용된다. 종류는 다음과 같다.

① **입형 셸 앤 튜브식 응축기**(vertical shell and tube type condenser)
   ㉠ NH_3용의 대용량(10~150RT)까지 이용된다.
   ㉡ 구조는 여러 개의 냉각관(유효길이 4,190~4,800mm, 외경 51mm, 두께 2.9mm)을 원통(shell, 외경 560~965mm) 내에 수직으로 세우고 원통의 상・하경판에 용접하였다.
   ㉢ 원통 내에는 냉매, 냉각관에는 냉각수가 순환한다.
   ㉣ 냉각관의 상부에는 개별적으로 스월(swirl)을 삽입하여 냉각수가 냉각관 내를 선회하도록 하여 전열을 증가시키고 냉각수의 소비를 절감시킨다.

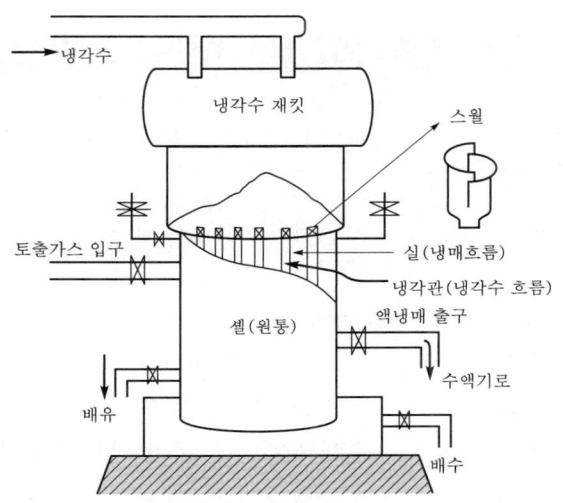

[그림 3-50] 입형 셸 앤 튜브식 응축기

② 횡형 셸 앤 튜브식 응축기(horizental shell and tube type condenser)
  ㉠ NH_3 및 프레온용의 대·중·소형에 공통으로 이용된다.
  ㉡ 냉각수의 수속이 1.5~2.0m/s 정도로 일반적으로 냉각관 내를 2패스(2~16pass까지 있음) 순환한다.
  ㉢ 냉매는 원통(셸) 상부로 유입되어 하부로 흐르고, 냉각수는 원통 하부의 냉각관으로 유입되어 냉매와 열교환한 후 상부로 흐른다.
  ㉣ 냉각관은 NH_3용은 강관, 프레온용은 로 핀 튜브(low finned tube)를 사용한다.
  ㉤ 수액기의 역할을 겸용할 수 있으며, 이런 경우에는 별도로 수액기를 설치하지 않아도 된다.

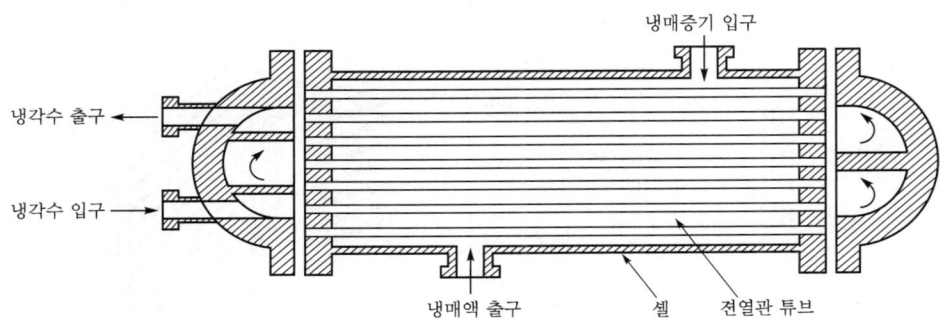

[그림 3-51] 횡형 셸 앤 튜브식 응축기

Chapter 05. 냉동장치의 구조 **187**

> **참조 핀 튜브(finned tube)**
>
> 냉동장치에서 냉매와 다른 유체(냉각수, 냉수, 공기 등)와의 열교환에서 전열이 불량한(전열저항이 큰) 측에 전열면적을 증가시켜 주기 위해 튜브(tube : pipe)에 핀(fin : 냉각날개)을 부착한 것으로, 일반적으로 전열이 불량한 프레온용 냉각관에서 이용되고 있으며, 부착형태에 따라 다음과 같이 구별된다.
> - 로 핀 튜브(low finned tube) : 튜브 외측면에 핀을 부착한 형태의 핀 튜브
> - 이너 핀 튜브(inner finned tube) : 튜브 내측면에 핀을 부착한 형태의 핀 튜브

③ 7통로식 응축기(sever pass shell and tube type condenser)
  ㉠ 1대당 10RT용으로 제작되어 냉동능력에 대응하여 증감해 설치할 수 있다.
  ㉡ 원통(직경 200mm, 길이 4,800mm) 내에 외경 51mm의 냉각관을 7본 삽입배열하고 냉각수를 순차적으로 순화시켜 원통 내의 냉매와 열교환시킨다.

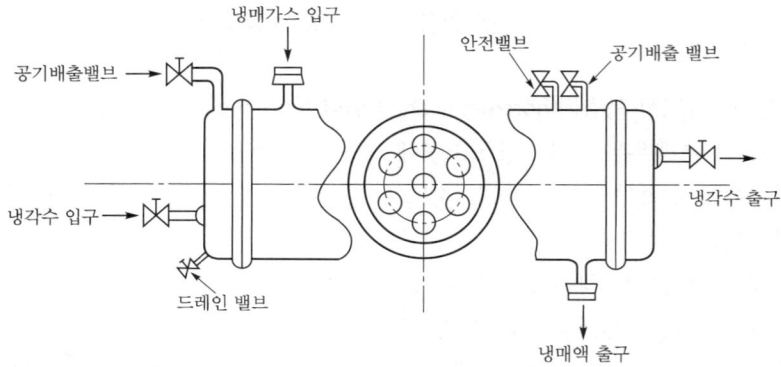

[그림 3-52] 7통로식 응축기

④ 이중관식 응축기(double tube type condenser)
  ㉠ 외관과 내관의 이중관으로 제작하여 NH_3 및 프레온용에 사용하고 있다.

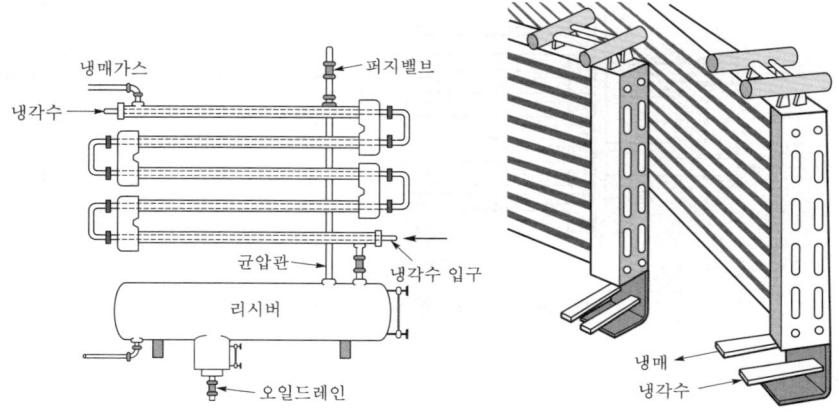

[그림 3-53] 이중관식 응축기

ⓒ 내관에는 냉각수가 흐르고, 외관(내관과 외관의 환상 부분)에는 냉매가 흐르며, 냉각수와 서로 교차함으로써 역류형 응축기라고도 한다.
  ⓓ NH₃용은 내·외관 모두 강판이며, 프레온용의 내관은 반드시 동관으로 핀 튜브를 사용하기도 한다.
⑤ 셸 앤 코일식 응측기(shell and coil type condenser)
  ⓐ 원통 내에 나관(裸管) 및 동관제의 코일이 여러 개 감겨 있다.
  ⓑ 원통 내에는 냉매, 코일 내에는 냉각수가 순환하며 응축한다.

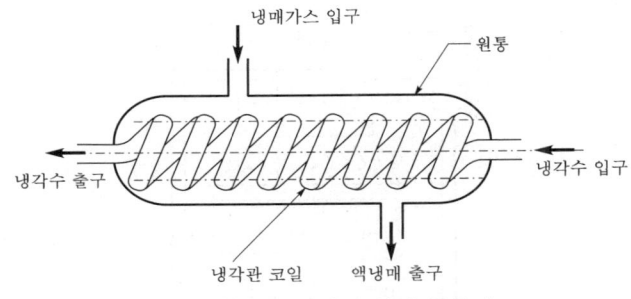

[그림 3-54] 셸 앤 코일식 응측기

⑥ 대기식 응축기(atmospheric condenser)
  ⓐ 냉매는 냉각관 내의 하부에서 상부로 흐르고, 냉각수는 상부에서 하부로 냉각관 외표면을 흐르며 열교환하여 응축한다.
  ⓑ 응축된 액냉매는 냉각관 4단마다 설치된 블리더(bleeder)를 통하여 액헤더(liquid header)에 모인다.
  ⓒ 냉각수는 냉각수펌프(pump)에 의해 관상부에서 분산된다.
  ⓓ 겨울철에는 공랭식으로만 사용할 수 있다.
  ⓔ 냉각수의 분사로 물의 증발작용에 의한 냉각이 병행된다.
  ⓕ 블리더식(bleeder type)이라고도 한다.

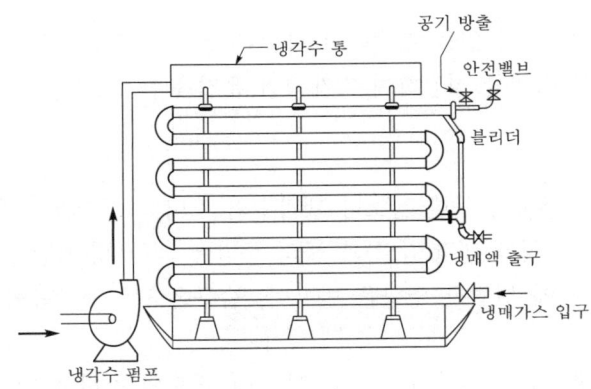

[그림 3-55] 대기식 응축기

⑦ 증발식 응축기(evaporative condenser)
  ㉠ 냉매와 냉각수의 열교환에 의한 온도차이와 물의 증발잠열을 병행하여 응축한다.
  ㉡ 냉각수의 소비수량은 증발된 수량(水量)과 비산수량 등에 불과하여 다른 수랭식 응축기에 비해 적다.
  ㉢ 외기(외부공기)의 습구온도와 풍속은 응축기의 능력에 밀접한 영향을 미친다.
  ㉣ 냉각관 내에서의 압력강하가 다른 응축기에 비해서 크다.
  ㉤ 겨울철에는 공랭식으로만 사용할 수 있다.

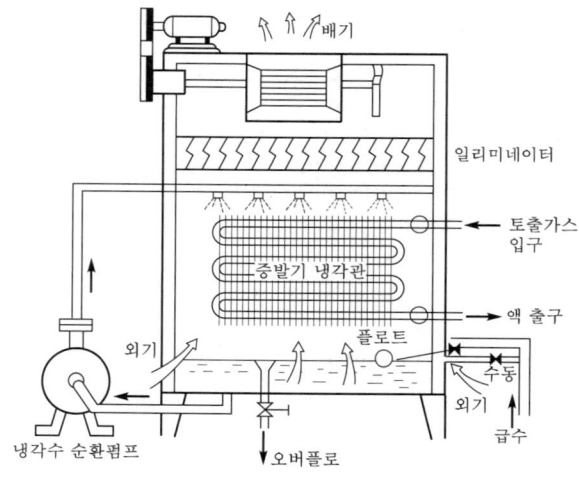

[그림 3-56] 증발식 응축기

03 냉각탑

(1) 냉각탑(cooling tower)

응축기에서 냉매로부터 열을 흡수하여 상승한 냉각수 출구수온을 냉각시켜 다시 사용함으로써 냉각수의 소비를 절감하여 경제적인 운전을 도모한다.

(2) 특징

① 수원(水原)이 풍부하지 못한 장소나 냉각수의 소비를 절감할 경우 사용된다.
② 공기와의 접촉에 의한 냉각(감열)과 물의 증발에 의한 냉각(잠열)이 이루어진다.
③ 외기의 습구온도에 밀접한 영향을 받으며, 습구온도는 냉각탑의 출구수온보다 항상 낮다.
④ 물의 증발로 냉각수를 냉각시킬 경우에는 2% 정도의 소비로 1℃의 수온을 저하시킬 수 있으며, 95% 정도의 회수가 가능하다.

(3) 분류

① 송기(送氣)방법에 따라 대기식, 자연대류식, 강제통풍식이 있다.
② 물의 흐름과 공기의 통과방향에 따라 역류형과 직교류형이 있다.
③ 송풍기의 위치에 따라 흡입식과 압입식이 있다.

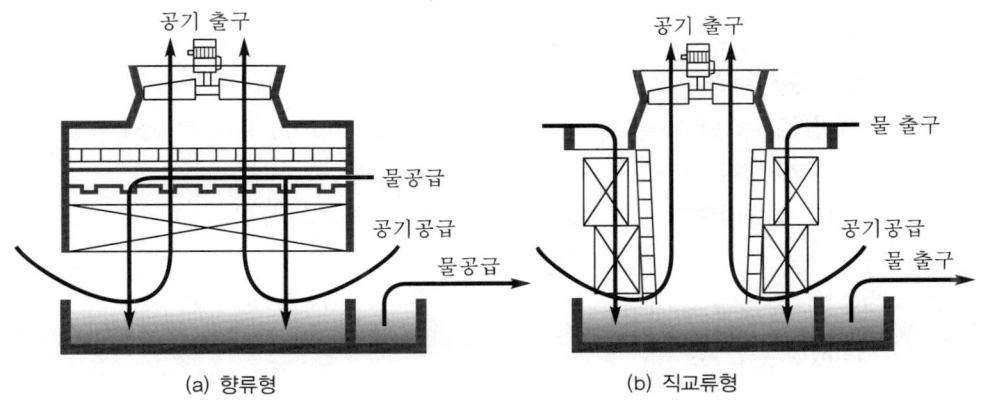

[그림 3-57] 향류형과 직교류형 냉각탑

(4) 냉각탑의 냉각능력

① 냉각능력(kcal/h) = 순환수량(ℓ/min)×비열(C)×60×(냉각수 입구수온(℃)-냉각수 출구수온(℃))
  = 순환수량(ℓ/min)×비열(C)×60×쿨링레인지
② 쿨링레인지(cooling range) = 냉각탑의 냉각수 입구수온(℃) - 냉각탑의 냉각수 출구수온(℃)

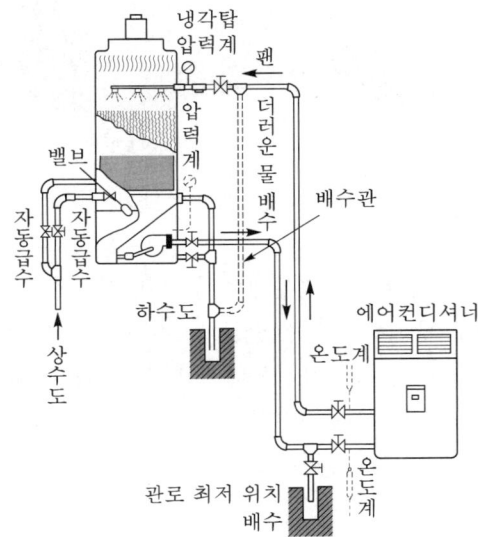

[그림 3-58] 냉각탑의 구조

③ 쿨링어프로치(cooling approach)=냉각탑의 냉각수 출구수온(℃)-입구공기의 습구 온도(℃)
④ 1냉각톤=3,900kcal/h(16,325.4kJ/h)로 기준하며, 조건은 다음과 같다.
  ㉠ 입구공기의 습구온도 : 27℃
  ㉡ 냉각수 입구수온 : 37℃
  ㉢ 냉각수 출구수온 : 32℃
  ㉣ 냉각수 순환수량 : 13ℓ/min
    즉, 1냉각톤=3,900kcal/h=13×60×5(1냉각톤=16,325.4kJ/h=13×60×5×4,186)
    ※ 응축기 냉각수의 입구수온=냉각탑 냉각수의 출구수온
       응축기 냉각수의 출구수온=냉각탑 냉각수의 입구수온

04 수액기

수액기(receiver tank)는 응축기와 팽창밸브 사이의 액관 중에서 응축기 하부에 설치된 원통형 고압용기로서, 액화 냉매를 일시저장하는 역할을 한다.

[그림 3-59] 횡형 수액기

① 수액기의 용량은 암모니아장치의 경우에는 충전 냉매량의 1/2을 저장할 수 있는 크기, 프레온장치에서는 충전 냉매량의 전량(全量)을 저장할 수 있는 크기를 표준하여 정한다.
② 수액기 내의 액저장량은 장치의 운전상태에 따라 증발기 내의 냉매량이 변해도 항상 액냉매가 잔류할 수 있도록 하며, 어떤 경우에도 만액시켜서는 안 된다.
③ 수액기 상부와 응축기와는 균압관을 설치하여 응축기의 액화 냉매가 수액기로 순조롭게 유입되도록 한다.
④ 직경이 서로 다른 2대 이상의 수액기를 병렬로 설치할 경우에는 상단끼리 일치시키는 것이 위험으로부터 안전하다.

⑤ 액면계는 파손의 위험을 대비하여 금속제의 커버(cover)를 씌우고 파손 시 냉매의 분출을 방지하기 위해 자동밸브(ball valve)를 설치한다.

> **참조 균압관(equalizer line)**
>
> 응축기 내부압력과 수액기 내부압력은 이론상 같은 것으로 생각하나, 응축기에서 사용하는 냉각수온이 낮고 수액기가 설치된 기계실의 온도가 높은 경우, 또는 불응축가스의 혼입으로 수액기의 압력이 더 높아지면 응축기 내의 액화 냉매는 수액기로 순조롭게 유입할 수 없게 되므로 양자의 압력을 균등하게 유지하거나 수액기 내의 압력이 높아지지 않도록 응축기의 수액기 상부를 연결한 배관을 말한다.

05 팽창밸브

1) 역할

팽창밸브(expansion valve)는 액냉매가 증발기에 공급되어 냉동부하로부터 액체의 증발에 의한 열흡수작용이 용이하도록 압력과 온도를 강하시키며, 동시에 냉동부하의 변동에 대응하여 적정한 냉매유량을 조절 공급하는 기기이다.

2) 종류

(1) 수동팽창밸브(MEV : Manual Expansion Valve)

프레온용 및 암모니아용으로 이용되며, 재질은 주철제이다. 냉동부하의 변동에 대응하여 냉매소요량을 수동에 의해 조절 공급한다. 니들밸브(needle valve)로 되어 있으며, 수동으로 운전되는 냉동장치 이외에는 만액식 증발기의 저압측 후 로트밸브(LFV)의 바이패스(by pass)팽창밸브로 사용되거나 플로트스위치(float switch)와 전자밸브(solenoid valve)를 결합시켜 일정한 액면을 유지할 경우의 팽창밸브로 사용된다.

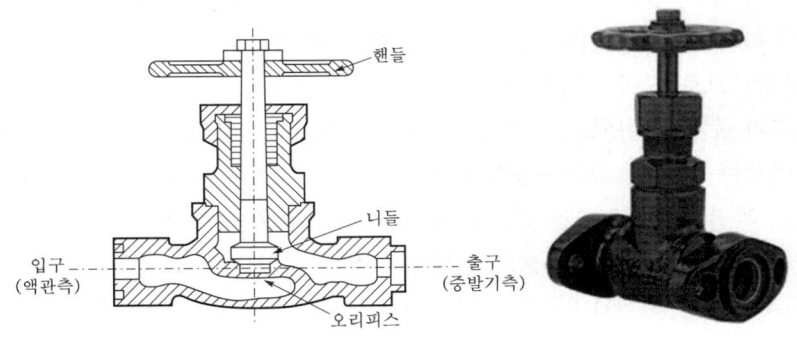

[그림 3-60] 수동팽창밸브

(2) 정압식 자동팽창밸브(AEV : constant pressure Automatic Expansion Valve)

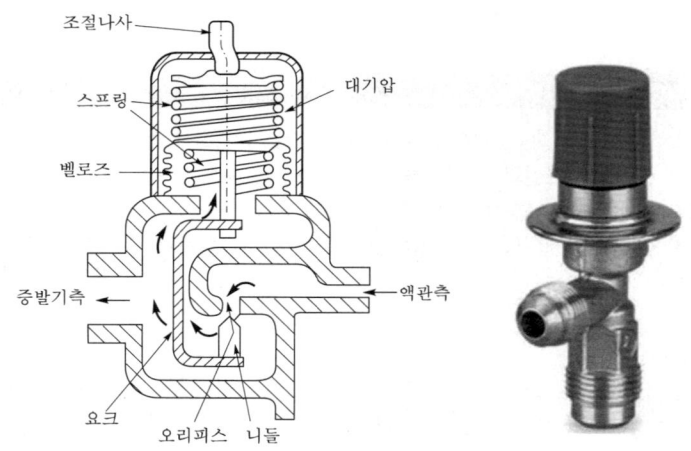

[그림 3-61] 정압식 자동팽창밸브

① 증발기 내의 압력(증발압력)을 일정하게 유지하며 개폐한다. 냉동부하의 변동에 관계없이 증발압력에 의해서만 작동되므로 부하변동이 적은 소용량에 적합하다. 냉동부하의 변동이 심한 장치에서는 과열압축 및 액압축이 유발되기 쉬우며, 내부구조에 따라 벨로즈형(bellows type)과 다이어프램형(diaphragm type)이 있다. 작동원리는 동일하다.

② 벨로즈 및 다이어프램의 상부에 작용하는 스프링의 압력과 하부에 작용하는 증발압력과의 차이에 의해서 개도가 조절되며, 냉동기가 정지하면 증발압력이 상승하여 자동적으로 AEV는 닫힌다. 조절나사의 조정은 우회전(CW)하면 열리게 되고, 좌회전(CCW)하면 개도는 닫히게 된다(일반밸브와 반대작동). 압력식 자동팽창밸브 또는 자동팽창밸브라고도 한다.

(3) 온도식 자동팽창밸브(TEV : Thermal Expansion Valve)

① 증발기 출구의 흡입증기 냉매의 과열도(super heat)를 일정하게 유지하며 개폐한다. 냉동부하의 변동에 대응하여 개도가 조절될 수 있으며, 프레온용 건식원통형 증발기의 팽창밸브로 많이 사용된다.

② 과열도가 증가하면(냉동부하의 증가) 밸브는 열리고, 과열도가 감소하면(냉동부하의 감소) 밸브는 닫힌다. 조름팽창밸브 또는 수퍼히트(super heat)밸브라고도 한다.

③ 구조는 과열도를 감지하는 감온구(feeler bulb, 감온통)와 동력부(power element, 모세관+다이어프램 상부)와 밸브 본체로 구성되어 있으며, 본체의 구조에 따라 벨로즈(bellows, 주름통)식과 다이어프램(diaphragm, 격막)식이 있다. 감온구의 충전방식에 따라 가스충전식, 액충전식, 크로스충전식으로 구분한다.

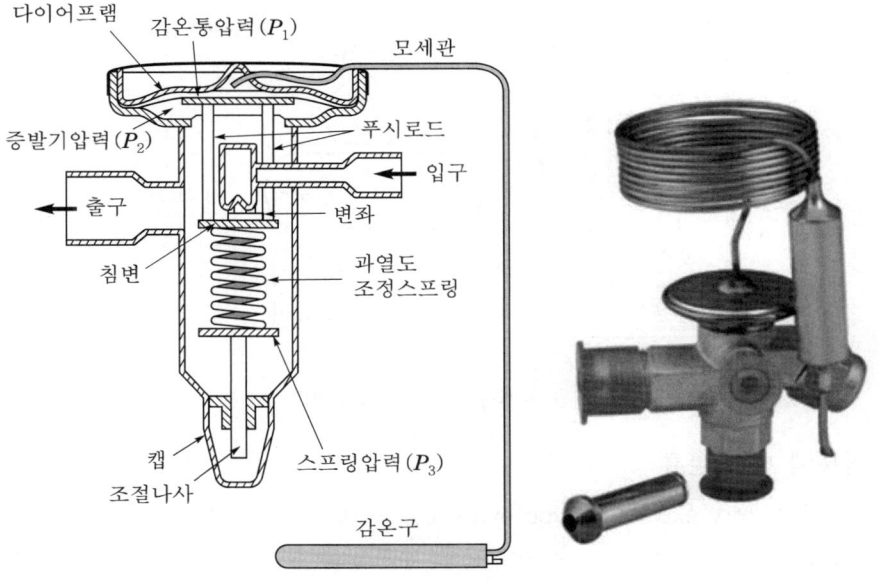

[그림 3-62] 온도식 자동팽창밸브

06 증발기

증발기(evaporator)는 저온 저압의 액냉매가 증발작용에 의하여 주위의 냉동부하로부터 열을 흡수(증발잠열)하여 냉동의 목적을 달성시키는 기기이다.

(1) 냉동부하로부터 열을 흡수하는 방법에 따른 분류

① 직접팽창식 증발기(direct expansion type evaporator) : 증발기가 냉동공간(냉장실) 내에 설치되어 냉동부하로부터 액체의 증발잠열에 의해 직접 열을 흡수하는 증발기를 뜻한다.

② 간접팽창식 증발기(indirect expansion type evaporator) : 일명 브라인(brine)식 이라고도 하며, 액냉매의 증발에 의해 냉각된 브라인(2차 냉매)을 냉동부하에 순환시켜 브라인과의 온도차이(감열과정)로 열을 흡수하는 증발기를 뜻한다.

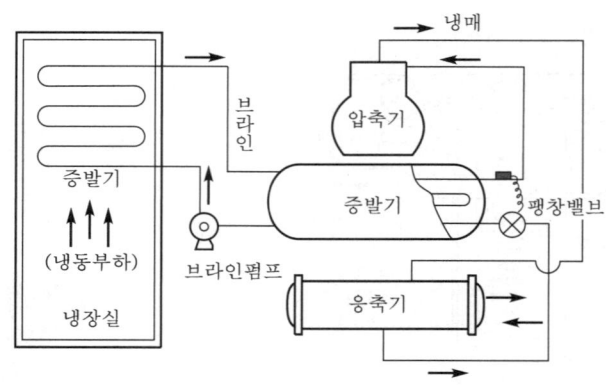

[그림 3-63] 간접팽창식 증발기

(2) 냉매상태에 따른 분류

① **건식 증발기**(dry expansion type evaporator) : 냉매는 증발기 상부에서 하부로 공급되며(down feed), 냉매의 소요량이 적고 윤활유의 회수가 용이하다. 냉매상태는 습증기가 건조포화증기로 되면서 열을 흡수하므로 전열이 불량하여 대용량의 증발기로는 적합하지 않고 공기냉각용에 주로 이용된다(냉매액 25%, 가스 75%).

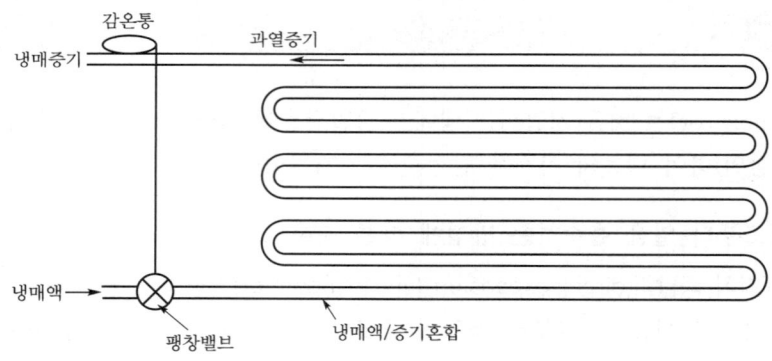

[그림 3-64] 건식 증발기

② **습식 증발기**(wet expansion type evaporator) : 냉매는 증발기 하부에서 상부로 공급되고(up feed), 건식 증발기에 비해 냉매소요량이 많고 전열이 양호하다. 증발기 냉각관 내에 윤활유가 체류할 가능성이 있다.

③ **만액식 증발기**(flood type evaporator) : 증발기 내에는 일정량의 액냉매가 들어 있으며, 습식에 비해 전열이 양호하다(냉매액 75%, 가스 25%). 증발기 내에서 윤활유가 냉매와 함께 체류할 가능성이 많다. 대용량의 액체냉각용에 이용되고 증발기 내의 액면조절은 저압측 플로트밸브(LFV) 또는 플로트스위치(FS)와 전자밸브(SV)를 조합시켜 사용한다.

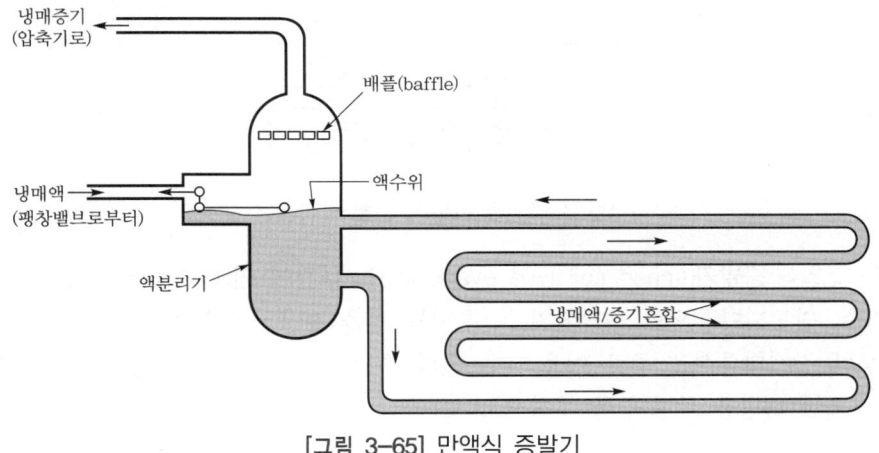

[그림 3-65] 만액식 증발기

④ 액순환식(액펌프) 증발기(liquid circulation type evaporator) : 저압수액기와 증발기 입구 사이에는 액펌프를 설치하고, 증발하는 액매량의 4~6배의 액냉매를 강제순환시킨다. 전열이 양호하며, 증발기 내에 윤활유가 체류할 염려가 없다. Liquid Back을 방지할 수 있으며 제상의 자동화가 용이하고, 증발기 냉각관 내에서의 압력강하의 문제를 해소하며, 대용량 및 저온용에 적합하다.

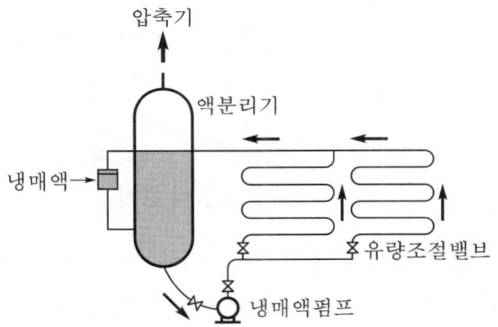

[그림 3-66] 액순환식(액펌프) 증발기

(3) 구조에 따른 종류

① 관 코일식 증발기(나관형 : bare pipe type evaporator) : 냉장실 내의 천정, 벽면, 바닥면에 설치하여 공기냉각용 증발기로 이용되며, 동관 및 강관으로 밴딩(bending)하여 제작한다. 냉장고, 쇼케이스(show case)용으로 건식 및 습식으로 제작되고, 전열이 불량한 편이며 표면적이 적어 냉각관의 길이가 길어지기 쉬워 압력강하의 문제가 수반된다. 냉각관의 길이에 알맞은 팽창밸브의 선정에 유의를 해야 한다.

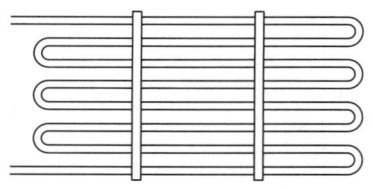

[그림 3-67] 관 코일식 증발기(나관형)

② **핀 코일식 증발기**(finned coil type evaporator) : 나관에 핀(fin)을 부착한 구조로 동관 또는 암모니아용으로 제작되며, 알루미늄 핀을 사용하기도 한다. 송풍기(fan)를 이용한 강제대류식을 주로 이용하며, 핀의 수는 1인치당 2~4매(냉동용 증발기) 또는 8~12매(냉방용 증발기)를 부착하고 있다.

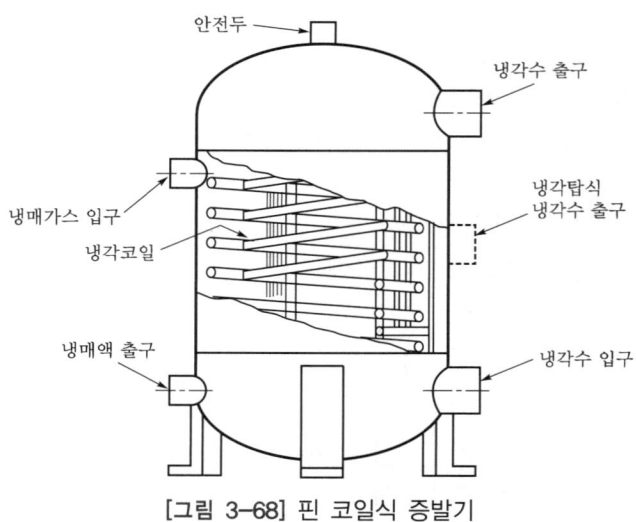

[그림 3-68] 핀 코일식 증발기

③ **판형 증발기**(plate type evaporator) : 알루미늄판을 압접(알루미늄롤본드가공)하여 만든 구조로, 재질이 약한 편이며 누설 부위는 화학접착제인 에폭시나 데프콘을 사용하여 밀봉한다. 가정용 냉장고에 주로 사용되고 있다.

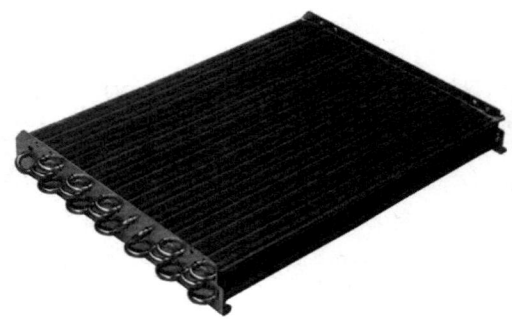

[그림 3-69] 판형 증발기

④ 캐스케이드 증발기(cascade evaporator) : 공기 동결용의 선반 및 벽 코일로 제작하며, 액냉매를 냉각관 내에 순차적으로 순환시키면서 증발된 기체 냉매는 분리하여 압축기로 흡입시킨다. 냉매의 순환계통은 ② → ① → ④ → ③ → ⑥ → ⑤ 순이다.

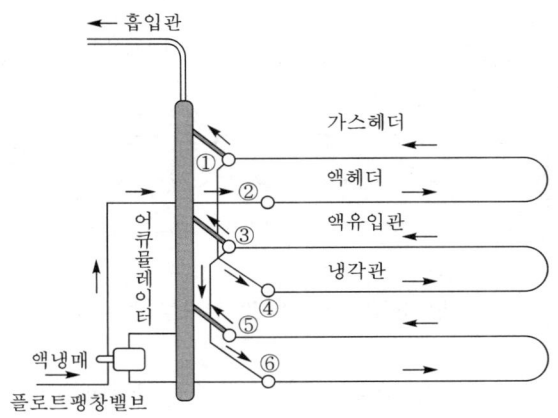

[그림 3-70] 캐스케이드 증발기

⑤ 멀티피드 멀티석션 증발기(multi feed multi suction evaporator) : 공기 동결용의 선반 및 벽 코일로 제작하며, 암모니아용으로 액냉매를 공급하고 가스를 분리하는 형식이다.

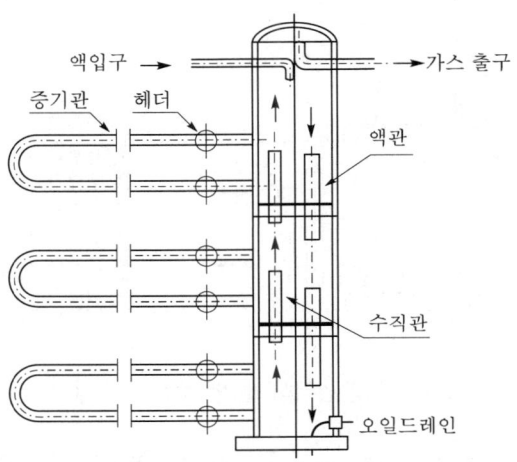

[그림 3-71] 멀티피드 멀티석션 증발기

⑥ 건식 셸 앤 튜브식 증발기 : 원통(shell) 내에 다수의 냉각관이 삽입되어 있고, 냉각관 내에는 냉매가 순환하며 원통 내에는 브라인이 순환하면서 열교환하는 구조로, 원통 내에 윤활유가 체류하는 일이 없어 특별한 유회수장치의 설치가 필요 없다. 브라인

의 흐름을 유도하는 베플플레이트(baffle plate)를 설치하여 냉매와의 열교환을 증대시키고 있다. 냉각관의 동파위험이 만액식 셸 앤 튜브식 증발기에 비해 적으며, 프레온용의 공기조화장치의 칠러유닛(chillier unit)에 적합하다.

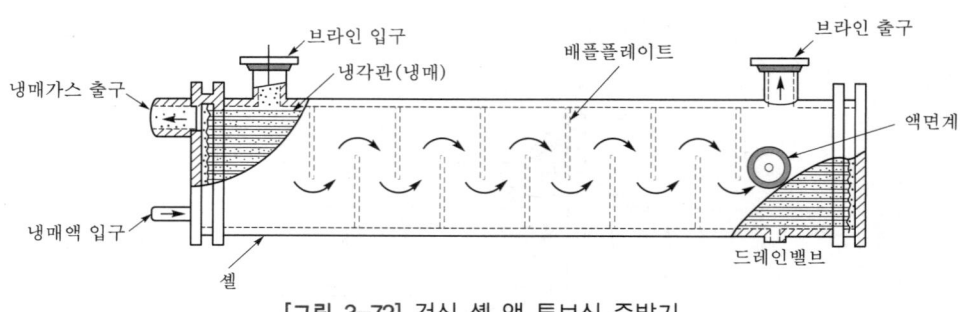

[그림 3-72] 건식 셸 앤 튜브식 증발기

⑦ **만액식 셸 앤 튜브식 증발기** : 원통 내에 다수의 냉각관이 삽입되어 있으며, 냉각관 내에는 브라인이 순환되며 원통 내에는 냉매가 순환하면서 열교환하는 구조로, 원통 내에 일정한 높이의 액면유지는 저압측 플로트밸브(LFV)나 플로트스위치(FS)와 전자밸브(SV)의 조합으로 행한다. 건식 셸 앤 튜브식 증발기에 비해 동파의 위험이 크며, 증발기 내에 윤활유가 체류할 경우가 많으므로 특별한 유회수장치(프레온장치)가 필요하다. 브라인 출구측의 온도조절기(TC)는 브라인의 온도가 일정 이하로 낮아지면 작동하여 압축기를 정지시켜 브라인의 통경에 의한 냉각관의 동파를 방지할 수 있다.

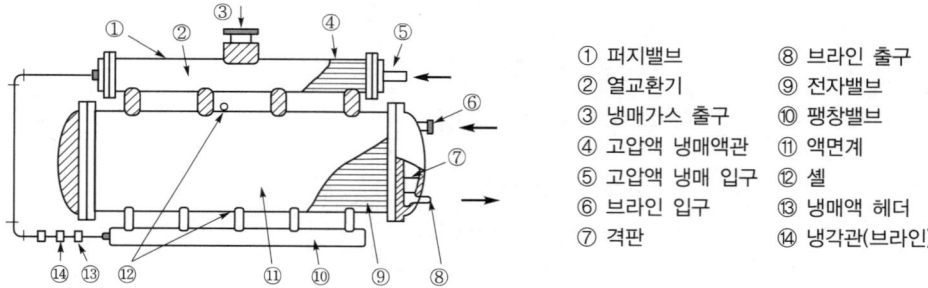

① 퍼지밸브 ⑧ 브라인 출구
② 열교환기 ⑨ 전자밸브
③ 냉매가스 출구 ⑩ 팽창밸브
④ 고압액 냉매액관 ⑪ 액면계
⑤ 고압액 냉매 입구 ⑫ 셸
⑥ 브라인 입구 ⑬ 냉매액 헤더
⑦ 격판 ⑭ 냉각관(브라인)

[그림 3-73] 만액식 셸 앤 튜브식 증발기

⑧ **탱크형(헤링본형, herring bone type) 증발기** : 다량의 액체(브라인)를 수용하는 브라인 탱크와 냉각관으로 구성되며, 교반기(agitator)에 의해 탱크 내의 브라인을 순환시켜 브라인의 온도를 균일히 유지한다. 암모니아용 제빙장치에 많이 이용된다.

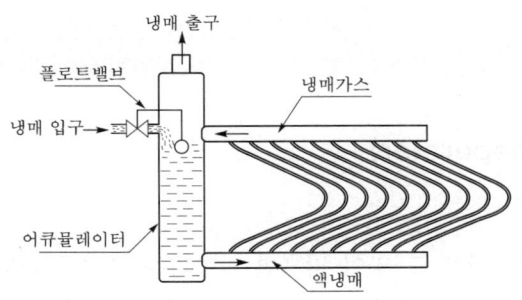

[그림 3-74] 탱크형(헤링본형) 증발기

⑨ 셸 앤 코일식 증발기 : 원통 내에는 브라인이 순환하고, 코일 내에는 냉매가 순환하면서 열교환하는 구조이다. 음료수 냉각기 등 비교적 소형장치의 증발기로 이용되고, 입형 또는 횡형으로 제작할 수 있다.

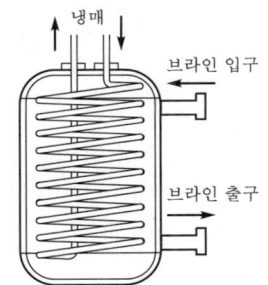

[그림 3-75] 셸 앤 코일식 증발기

⑩ 보델로형 증발기(baudelot evaporator) : 음료수(물 및 우유 등) 냉각용에 이용되며, 냉각관의 상부에서 피냉각물체(액체)가 흘러내리고 냉매는 냉각관 내를 순환한다. 냉각관의 재질을 스테인리스로 사용하여 위생적이며 청소가 용이하다.

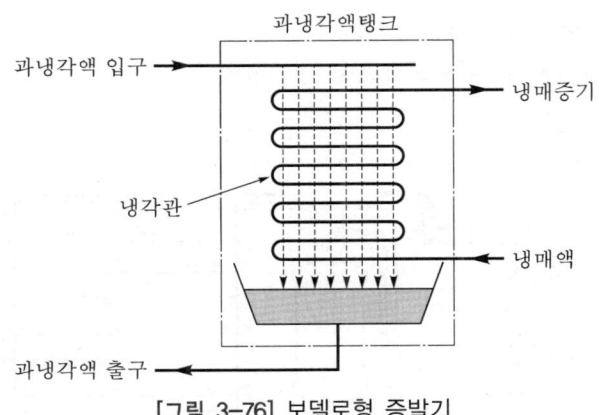

[그림 3-76] 보델로형 증발기

07 부속기기

1 유분리기(oil separator)

(1) 역할

급유된 냉동기유도 함께 그 양이 많으면 압축기는 오일 부족의 상태가 되며 윤활불량을 일으킨다. 압축기로부터 냉매가스가 토출될 때 실린더에 일부 윤활유는 응축기, 수액기, 증발기 및 배관 등의 각 기기에 유막 또는 유층을 형성하여 전열작용을 방해하고 압축기에는 윤활공급의 부족을 초래하는 등 냉동장치에 악영향을 미치게 되므로 토출가스 중의 윤활유를 사전에 분리하기 위한 것이 유분리기이다.

(2) 종류

원심분리형, 가스충돌분리형, 유속감소분리형이 있다.

(3) 설치위치

압축기와 응축기 사이의 토출배관에 설치하며, 효과적인 유분리를 위해서는 다음과 같이 위치를 선정한다.
① 암모니아(NH3)장치 : 응축기 가까운 토출관
② 프레온(freon)장치 : 압축기 가까운 토출관

(4) 설치경우

① 암모니아용 냉동장치
② 증발기에 윤활유가 체류하기 쉬운 만액식 증발기를 사용하는 냉동장치
③ 운전 중에 다량의 윤활유가 토출가스와 함께 유출되는 프레온용 냉동장치
④ 저온용으로 사용하는 프레온용 냉동장치(증발온도가 낮은 경우)
⑤ 토출배관이 길어지게 되는 프레온용 냉동장치

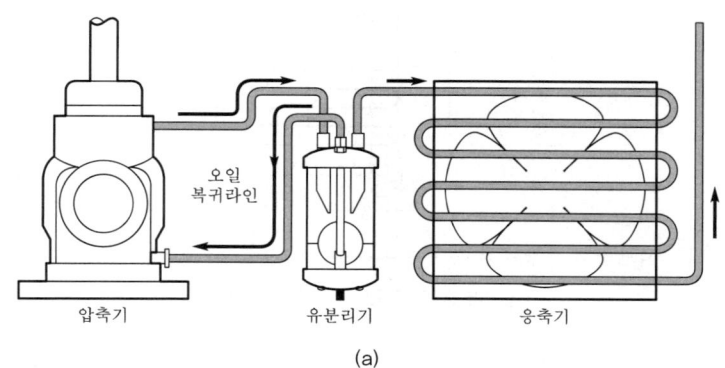

(a)

(b)

[그림 3-77] 유분리기

2 축압기(accumulator)

1) 역할

압축기로 흡입되는 가스 중의 액체 냉매(액립)를 분리제거하여 액백(liquid back)에 의한 영향을 방지하기 위한 기기이다(압축기 보호).

2) 설치위치

① 증발기와 압축기 사이의 흡입배관
② 증발기의 상부에 설치하며, 크기는 증발기 내용적의 20~25% 정도의 용량을 선정

3) 분리된 냉매의 처리방법

① 증발기로 재순환하는 방법 : 만액식 증발기의 경우
② 압축기로 회수하는 방법 : 열교환기를 설치하는 경우

4) 액백(liquid back)

(1) 영향

① 흡입관에 서리가 너무 많이 쌓임
② 토출가스온도 저하
③ 실린더가 냉각되고 심하면 이슬부착 및 서리가 쌓임
④ 전류계의 지침이 요동
⑤ 소요동력 증대
⑥ 냉동능력 감소
⑦ 심하면 액 해머(liquid hammer) 초래, 압축기 소손 우려

(2) 대책(운전 중인 상태)

① 경미한 액백의 경우
   ㉠ 흡입지변을 닫고
   ㉡ 팽창밸브를 약간 닫은 후
   ㉢ 운전을 계속하여 정상으로 회복되면
   ㉣ 흡입지면을 서서히 연 후에 팽창밸브를 원상태로 조절한다.

② 심한 액백의 경우
   ㉠ 흡입지변을 닫고
   ㉡ 전원을 차단하여 압축기 정지 후
   ㉢ 토출지변을 닫는다.
   ㉣ 워터재킷(water jacket)을 차단한다.
   ㉤ 크랭크케이스(crank case)를 가열하여 냉매를 증발시킨다.
   ㉥ 기동순서에 의해 압축기를 기동 후 정상운전에 들어간다.
   • 증상에 따라서는 윤활유를 교환하고 각부의 이상 유무를 확인한다.

③ 액백을 방지하기 위한 운전상의 유의점
   ㉠ 팽창밸브의 조정을 신중히 행할 것
   ㉡ 증발기의 제상 및 배유작업을 적시에 행할 것
   ㉢ 냉동부하의 급격한 변동을 삼가할 것
   ㉣ 기동조작에 신중을 기할 것
   ㉤ 극단적인 습(액)압축을 피할 것

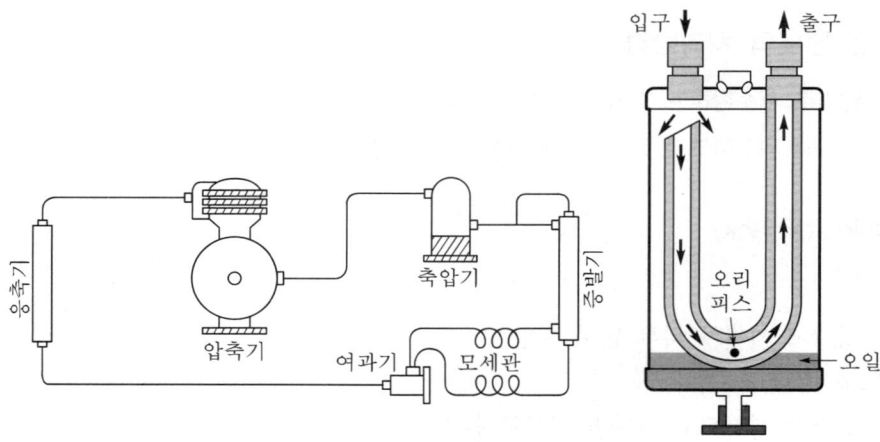

[그림 3-78] 축압기

3 냉매건조기(드라이어(drier), 제습기)

1) 역할

프레온 냉동장치의 운전 중에 냉매에 혼입된 수분을 제거하여 수분에 의한 악영향을 방지하기 위한 기기로서, 혼입된 수분이 장치에 미치는 영향은 다음과 같다.

① 프레온 냉매와 수분과는 용해성이 극히 작아 유리된 상태로 팽창밸브를 통과 시에 빙결(동결)되어 오리피스(orifice)의 폐쇄로 냉매순환을 저해한다.
② 냉매와의 가수분해현상에 의해 생성된 염산 또는 불화수소산이 장치의 금속을 부식시킨다.
③ 윤활유와의 작용으로 윤활성능을 열화시킨다.

2) 설치

① 프레온 냉매를 사용하는 냉동장치(NH_3용은 제외)
② 팽창밸브 직전의 액관에 설치(가능한 수직설치)

3) 구조

① 밀폐형 : 내부의 제습제를 교환할 수 없는 구조
② 개방형 : 제습제를 교환할 수 있도록 볼트로 조합된 구조

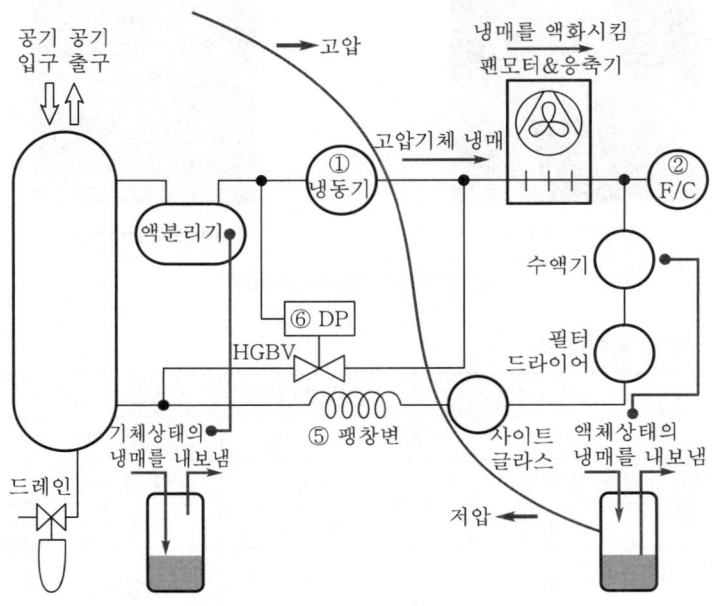

[그림 3-79] 냉매건조기

4) 제습제

(1) 구비조건
① 냉매, 윤활유와의 반응으로 용해되지 않을 것
② 높은 건조도와 효율이 좋을 것
③ 다량의 수분을 흡수해도 분말화되지 않을 것
④ 취급이 편리하고 안전성이 높고 염가일 것

(2) 종류
① 실리카겔(silica gel)
② 활성알루미나(activated alumina)
③ S/V소바비드(sovabead)
④ 몰레큘러시브(molecular sieve)

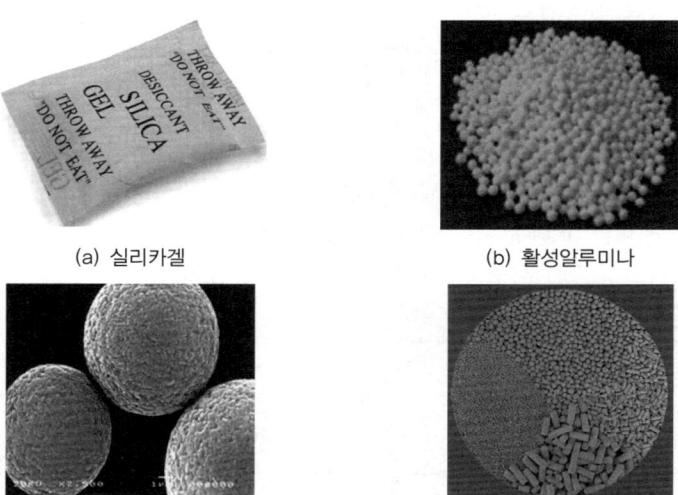

(a) 실리카겔   (b) 활성알루미나
(c) S/V소바비드   (d) 몰레큘러시브

[그림 3-80] 제습제의 종류

[표 3-18] 제습제의 종류별 특성

종류		실리카겔	알루미나	S/V소바비드	몰레큘러시브
성분		$SiO_2 \cdot nH_2O$	$Al_2O_3 \cdot nH_2O$	규소의 일종	합성 제올라이트
외관	흡수 전	무색 반투명 가스질	백색	반투명 구상	미립 결정체
	흡수 후	변화 없음	변화 없음	변화 없음	변화 없음
독성, 연소성, 위험성		없음	없음	없음	없음
미각		무미, 무취	무미, 무취	무미, 무취	무미, 무취

종류	실리카겔	알루미나	S/V소바비드	몰레큘러시브
건조강도 (공기 중의 성분)	• A형 : 0.3mg/L • B형 : A형보다 약간	실리카겔과 같다.	실리카겔과 대략 같다.	실리카겔보다 크다.
포화흡수량	• A형 : 약 40% • B형 : 약 80%	실리카겔보다 작다.	실리카겔과 대략 같다.	실리카겔보다 크다.
건조제 충진용기	용기재질에 제한이 없다.	동좌	동좌	동좌
재생	약 150~200℃로 1~2시간 가열해서 재생. 재생 후 성질의 변화는 없다.	실리카겔과 같다.	200℃로 8시간 내에 재생할 것	가열에 의해 재생용이 약 200~250℃
수명	반영구적	동좌	• 반영구적 • 액상수에 접촉하면 파괴	반영구적

4 열교환기(liquid-gas heat exchanger)

1) 역할

① 증발기로 유입되는 고압액 냉매를 과냉각시켜 플래시가스의 발생을 억제하여 냉동효과를 증발시킨다.
② 흡입가스를 가열시켜 압축기로의 액백을 방지한다.
③ 흡입가스를 과열시킴으로써 성적계수의 향상과 냉동능력당 소요동력을 감소시킨다 (특히 R-12, R-500의 경우 5℃ 과열 : 3.7%HP/RT 감소).

2) 종류

① 셸 앤 튜브식 : 대형장치용으로, 원통(셸) 내에는 흡입가스가, 관(튜브) 내에는 고압액 냉매가 흐르며 열교환한다.

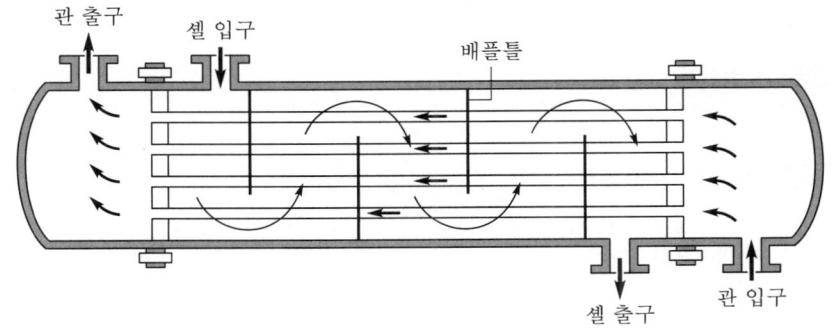

[그림 3-81] 셸 앤 튜브식

② 관 접촉식 : 소형장치용(가정용 등)으로, 흡입관을 모세관으로 감아서 접촉시킨다.
③ 이중관식 : 외측관에 가스를, 내측관에는 액냉매를 흐르게 하는 것이 일반적이다.

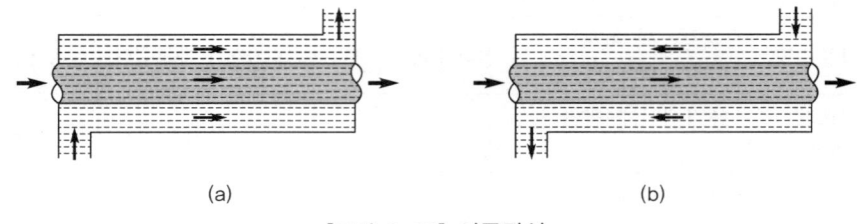

[그림 3-82] 이중관식

3) 플래시가스(flash gas)

(1) 발생원인
① 액관이 현저하게 입상한 경우
② 액관 및 액관에 설치한 각종 부속기기의 구경이 작은 경우(전자밸브, 드라이어, 스트레이너, 지변 등)
③ 액관 및 수액기가 직사광선을 받고 있을 경우
④ 액관이 방열되지 않고 따뜻한 곳을 통과할 경우

(2) 발생영향
① 팽창밸브의 능력감소로 냉매순환이 감소되어 냉동능력이 감소된다.
② 증발압력이 저하하여 압축비의 상승으로 냉동능력당 소요동력이 증대한다.
③ 흡입가스의 과열로 토출가스온도가 상승하며, 윤활유의 성능을 저하하여 윤활불량을 초래한다.

(3) 발생방지대책
① 액가스 열교환기를 설치한다.
② 액관 및 부속기기의 구경을 충분한 것으로 사용한다.
③ 압력강하가 적도록 배관설계를 한다.
④ 액관을 방열한다.

5 투시경(sight glass)

(1) 역할
냉동장치 내의 충전 냉매량의 부족 여부를 확인하기 위한 기기이다.

(2) 설치위치

액관상에 설치하며, 응축기(또는 수액기) 가까운 곳이 이상적이다.

(3) 냉매의 부족상태 확인방법

사이트글래스 내에서 연속적으로 심한 기포를 발생하며, 흐를 경우 공기조화용 장치 등에서는 냉매 중에 수분의 혼입량을 식별하기 위해서 투시경 내에 드라이 아이(dry eye)를 설치하여 변화된 색깔의 정도로 확인할 수 있다. 드라이 아이는 수부 지시기(moisture indicator)와 동일하다.

[그림 3-83] 투시경

[표 3-19] 드라이 아이와 색깔의 정도

냉매	냉매온도(℃)	수분량(ppm)		
		녹색(운전가능)	황녹색(운전주의)	황색(운전불가)
R-12	24	5 이하	5~15	15 이상
	38	10 이하	10~30	30 이상
	52	20 이하	20~50	5 이상
R-22	24	30 이하	30~90	90 이상
	38	45 이하	45~130	130 이상
	52	60 이하	60~180	180 이상

6 여과기(strainer)

(1) 역할

냉동장치의 계통 중에 혼입된 이물질(scale)을 제거하기 위한 기기이다.

(2) 특징

① 형태(구조)에 따라 Y형, L형, 라인(line)형 등이 있다.
② 액관에 설치하는 여과망(liquid filter)의 규격은 80~100mesh(메시) 정도이며, 흡입관에 설치하는 여과망(suction strainer)은 40~60mesh 정도이다.
③ 여과기의 설치에서는 충분한 단면적을 확보하여 통과저항을 최소화해야 한다.

[그림 3-84] 여과기

7 플로트스위치(float switch)

① 액면높이에 따른 플로트(float : 부자)의 위치변화에 의해서 전원을 공급하거나 차단시키는 일종의 수은스위치이다.
② 액면의 상승 또는 저하에 따라 전기접점이 개폐(ON, OFF)된다.
③ 만액식 증발기, 액화수장치, 이단압축장치의 중간냉각기의 액면조절을 위하여 전자밸브(solenoid valve)와 조합하여 전기적인 액면제어방법으로 널리 사용된다.

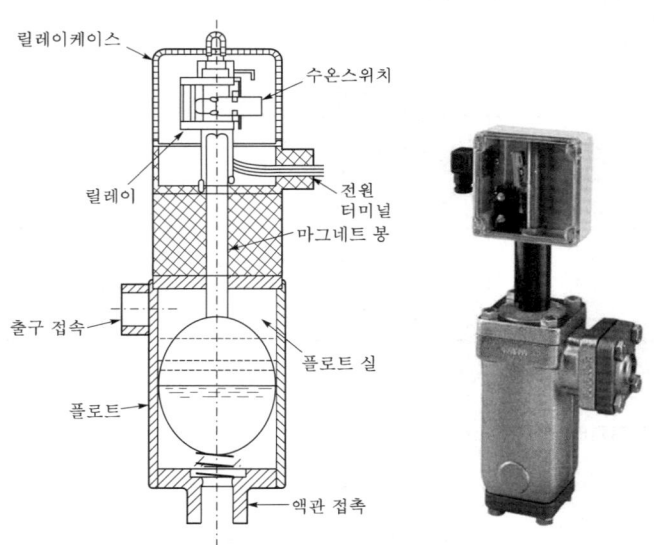

[그림 3-85] 플로트스위치

8 전자밸브

(1) 역할

전기적인 조작에 의하여 밸브(SV) 본체를 자동적으로 개폐하여 유량을 제어한다.

(2) 종류 및 구조

① **직동식 전자밸브(direct operative solenoid valve)** : 전자 코일에 전류가 흐르면 플런저(plunger)가 들어 올려져 밸브가 열리게 되고, 전류가 차단되면 플런저의 자중(自重)에 의해 밸브는 닫히게 되며, 밸브시트(변좌)의 제한으로 소용량에 이용된다.

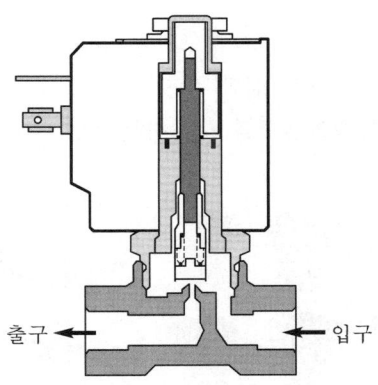

[그림 3-86] 직동식 전자밸브

② **파일럿식 전자밸브(pilot operative solenoid valve)** : 대용량에서는 필연적으로 플런저 및 밸브의 구조가 커지게 되어 전자 코일의 힘만으로는 확실한 밸브의 작동을 기대할 수 없기 때문에 밸브와 플런저를 분리한 파일럿 전자밸브가 사용되며, 메인밸브(main valve)는 밸브의 출·입구 압력차이에 의해서 개폐된다.

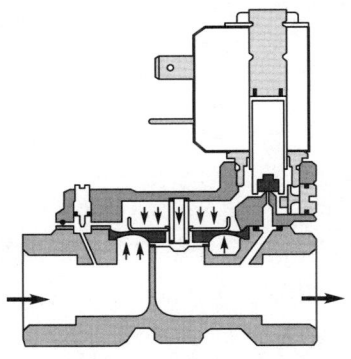

[그림 3-87] 파일럿식 전자밸브

(3) 설치 시 유의사항

① 코일 부분이 상부에 위치하도록 수직으로 설치해야 한다.
② 유체의 흐름방향(입·출구측)을 일치시켜야 한다.
③ 용량에 맞춰 사용하고 사용전압에 유의해야 한다.
④ 용접 시에는 코일 부분이 타지 않도록 분해하거나 물수건 등으로 보호해야 한다.

9 냉매분배기(distributor)

(1) 역할
팽창밸브 출구와 증발기 입구 사이에 설치하여 증발기에 공급되는 냉매를 균등히 배분함으로서 압력강하의 영향을 방지하고 효율적인 증발작용을 하도록 한다.

(2) 설치의 경우
① 증발기 냉각관에서 압력강하가 심한 장치
② 외부균압형 온도식 자동팽창밸브를 사용하는 장치

[그림 3-88] 냉매분배기의 종류와 설치 예

10 온도조절기(thermostat)

1) 역할
측온부의 온도를 감지하여 전기적인 작동으로 기기를 기동(ON) 및 정지(OFF)시키는 역할을 한다.

2) 종류

(1) 바이메탈식
팽창계수가 서로 다른 두 가지의 금속을 접합시켜 변형되는 성질을 이용한 구조이다.
① **와권형** : 저온의 경우에 OFF되는 냉방용과 ON되는 난방용이 있으며, 스냅액션을 주기 위해 영구자석이 사용된다.
② **원판형** : 원판형의 바이메탈로, 자체에 전류가 흐르면서 온도변화에 의해 ON, OFF된다.
③ **평판형** : 전동기(motor)의 권선(coil) 중에 삽입하여 권선의 온도상승에 의한 소손을 방지하기 위해 ON, OFF된다.

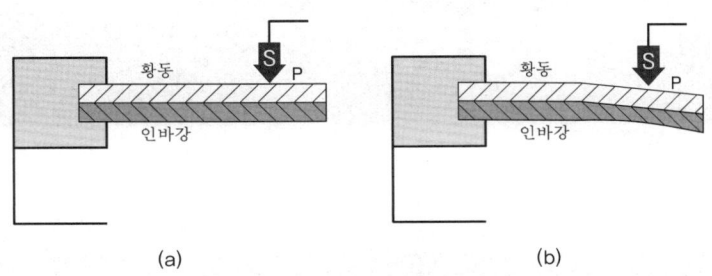

[그림 3-89] 바이메탈식

(2) 감온통식

감온통을 감지할 부분에 접촉시켜서 감온통 내에 봉입된 액화가스의 포화압력의 변화에 따라 ON, OFF된다.

① 가스충전식은 액충전식과 크로스충전식으로 구분된다.
② 냉동장치의 온도조절기로 많이 사용되고 있다.

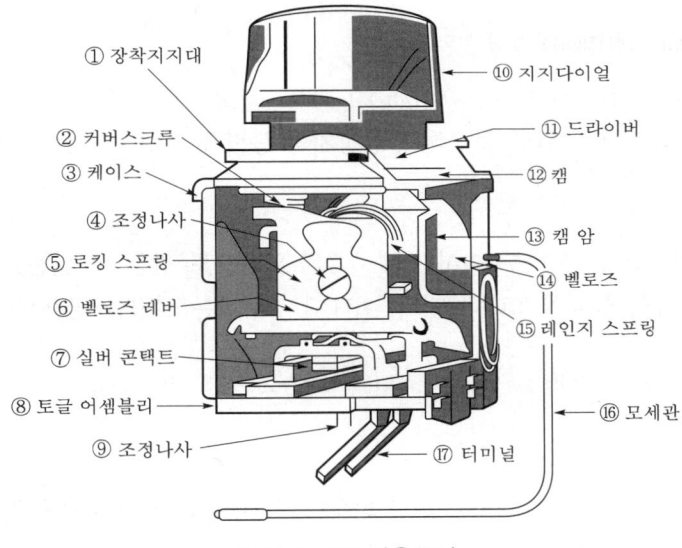

[그림 3-90] 감온통식

(3) 전기저항식

온도변화에 의하여 전기적인 저항이 변하는 금속의 성질을 이용하여 ON, OFF되며, 공기조화용에 이용되고 있다.

[그림 3-91] 전기저항식

Chapter 06 냉동장치의 응용

01 냉동능력과 제빙

1) 냉동능력($Q_e = Q_2$)

냉동능력이란 냉동기가 단위시간(24시간 또는 1시간) 동안에 증발기에서 흡수하는 열량으로 정의되며, 기호는 Q_e, 단위는 kJ/h 또는 RT(냉동톤)로 표시한다(BTU/h 등이 있다).

2) 냉동톤(ton of refrigeration)

냉동능력의 단위로 사용되는 kcal/h(kJ/h)는 그 숫치가 커짐으로 인해 실용상 복잡성을 고려하여 간편한 단위로 설정해 냉동장치의 능력을 RT로 표시한 것이다.

(1) 1한국냉동톤

0℃의 물 1ton(톤)을 하루(24시간)에 0℃의 얼음으로 만들 수 있는 열량(응고열 또는 융해열)과 동등한 능력을 1RT라 한다. 1RT에 상당하는 열량을 산출하면

$$Q_e = Gr_0 = 1,000 \times 79.68 = 79,680 \text{kcal/h} = 13,898 \text{kJ/h}$$

(2) 1미국냉동톤

32°F의 물 1ton(1USRT=2,000lb)을 하루(24시간)에 32°F의 얼음으로 만들 수 있는 열량과 동등한 능력을 1USRT라 한다. 즉 1USRT에 상당하는 열량을 산출하면 $Q_e = Gr_0 = 2,000 \times 144 = 28,800$BTU이며, 시간당으로 환산하면 $28,800 \div 24 = 12,000$BTU/h에 상당한다.

$$1\text{USRT} = \frac{28,800 \text{BTU}}{24\text{h}} = 1,200 \text{BTU/h}$$
$$= 3,021 \text{kcal/h} = 1,265 \text{kJ/h} = 200 \text{BTU/min}$$

[표 3-20] 냉동능력의 비교

단위 국명	RT(냉동톤)	kcal/h	kJ/h	BTU/min	RT	한국	미국	영국
한국	1	3,320	13,898	219.5	한국	1	1.097	0.994
미국	1	3,024	12,658.46	200.0	미국	0.911	1	0.985
영국	1	3,340	13,981.24	220.9	영국	1.006	1.104	1

3) 제빙톤

하루 동안에 생산되는 얼음의 중량(ton)으로서, 제빙공장의 능력을 표시하는 단위이다. 즉, 제빙 10톤의 제빙공장의 능력이라 함은 하루에 10톤(10,000kgf)의 얼음을 생산하는 규모를 뜻한다.

(1) 제빙톤

원료수(물)를 이용하여 1일 1ton의 얼음을 −9℃로 생산하기 위하여 제거해야 하는 열량에 상당하는 능력을 1제빙톤이라 하며, 원료수의 처음 온도에 따라서 상당하는 열량의 값은 다르게 된다.

(2) 얼음의 결빙시간

얼음의 결빙시간은 얼음두께의 제곱에 비례하며 다음의 계산식에 의한다.

$$h = \frac{0.56t^2}{-t_b} [\text{hour}]$$

여기서, t_b : 브라인의 온도(℃)
t : 얼음의 두께(cm)

예제

10cm의 얼음을 생산하는데 10시간이 소요되었을 때 두께 20cm의 얼음을 생산하는 데는 몇 시간이 소요되는가? (단, 결빙시간은 얼음두께의 제곱에 비례(t^2)한다.)

풀이 $10^2 : 20^2 = 10 : h$

$h = \frac{400 \times 10}{100} = 40$

∴ 40시간

※ 위의 식에 대입하여 브라인의 온도를 구한 후 계산해도 동일한 답을 얻을 수 있다.

02 히트펌프

(1) 원리

열은 높은 곳에서 낮은 곳으로 이동하는 성질이 있는데, 히트펌프(heat pump)는 반대로 낮은 온도에서 높은 온도로 열을 끌어올린다 하여 붙여진 이름이다. 처음에는 냉장고, 냉동고, 에어컨과 같이 압축된 냉매를 증발시켜 주위의 열을 빼앗는 용도로 개발되었다. 그러나 지금은 냉매의 발열 또는 응축열을 이용해 저온의 열원을 고온으로 전달하는 냉방장치, 고온의 열원을 저온으로 전달하는 난방장치, 냉난방 겸용 장치를 포괄하는 의미로 쓰인다.

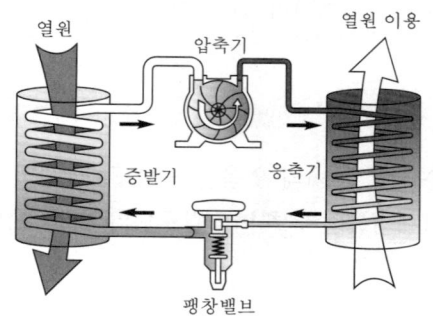

[그림 3-92] 히트펌프의 원리

(2) 종류

구동방식에 따라 전기식과 엔진식, 열원에 따라 공기열원식, 수열원식(폐열원식), 지열원식 등으로 구분된다. 또 열공급방식에 따라 온풍식·냉풍식과 온수식·냉수식, 펌프의 이용범위에 따라 난방, 냉방, 제습 및 냉난방 겸용 등으로 분류된다.

(3) 구조

구조는 압축기, 증발기, 응축기, 팽창밸브 등으로 이루어져 있다. 작동원리는 난방용의 경우 압축기에서 고온 고압으로 압축된 냉매를 기화시킨 다음 응축기로 보내 높은 온도의 열을 온도가 낮은 바깥쪽으로 내뿜는 사이클을 반복하도록 구성되어 있다. 냉방용은 이와 반대로 응축기는 증발기로, 증발기는 응축기로 작용하도록 만들어 응축된 냉매가 더운 바깥 공기와 열교환됨으로써 냉방을 하고자 하는 대상지점을 차갑게 만들도록 시스템이 구성되어 있다.

현재 대부분의 히트펌프는 냉방과 난방을 겸용하는 구조로 되어 있다. 보통 공기열원식은 외부온도가 5℃ 이하가 되면 성능이 떨어지고, 기계적 손상도 발생해 작동이 원활하지 않게 되는 단점이 있다. 반면 수열원식이나 지열원식은 혹한 지역에서도 지속적으로 열을 공급할 수 있고, 에너지효율도 높아 공기열원식을 대체하는 새로운 히트펌프로 주목받고 있다.

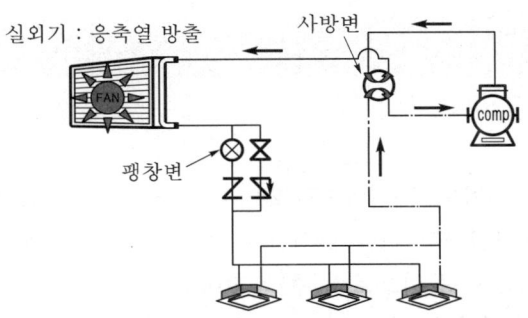

[그림 3-93] 히트펌프 냉방사이클(실내기 : 증발열 흡수 : 냉방)

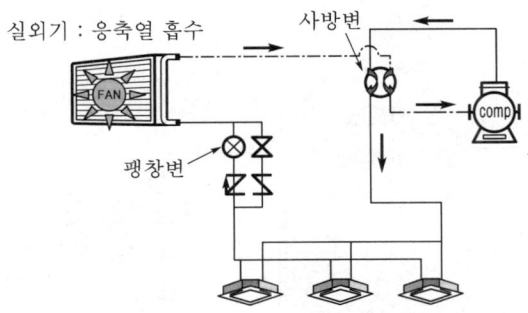

[그림 3-94] 히트펌프 난방사이클(실내기 : 응축열 방열 : 난방)

[표 3-21] 히트펌프의 특징비교

구분	수열원 히트펌프 (water source heat pump)	공기열원 히트펌프 (air source heat pump)
에너지원	히트펌프의 에너지원을 물타입으로 흡수하는 방식	공기 중 또는 대기 중의 열원을 air형태로 흡수하여 air 또는 water형태로 방출하는 방식
이용형식	• 물 대 물(Water to Water) • 물 대 공기(Water to Air)	• 공기 대 공기(air to air) • 공기 대 물(air to water)
종류	• 수열원 히트펌프(대표적인 지열시스템) • 지하수 이용 히트펌프 • 하천수, 저수지, 댐, 바닷물을 이용 • 폐열(목욕탕, 사우나 등)	• 에어컨타입의 EHP(전기), GHP(가스)히트펌프 • 환기열 이용(root top heat pump) • 대기열 이용(heat pump)
특징	• 히트펌프로 물을 열원으로 순환시킨다. • 순환배관펌프가 있다. • 지중열교환기를 이용한다.	• 실외기, 실내기가 구분된다. • 실외기는 반드시 개방된 공간에 설치한다. • 공기를 흡입하고 방출한다.

03 축열시스템

(1) 빙축열시스템

값싼 심야전력을 사용하여 심야시간(22:00~08:00)에 냉동기를 가동하여 얼음을 얼려 축열조에 저장하였다가 이를 낮시간에 녹여 이용(0℃에서 얼음이 상변화 시 발생되는 잠열 80kcal/kg 이용)함으로써 주간 최대부하 시의 냉방전력 사용을 줄이거나 피할 수 있는 냉방시스템이다.

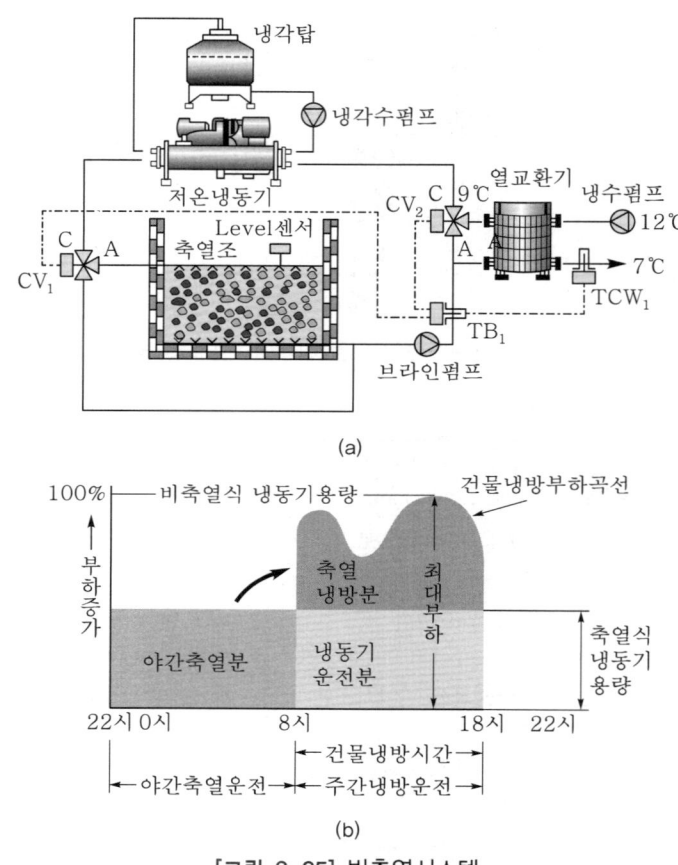

[그림 3-95] 빙축열시스템

(2) 수축열시스템

심야시간대에 냉동기를 가동하여 얼음 대신 5℃ 내외의 냉수를 생산하여 축냉조에 저장하였다가 주간시간대에 냉수(현열)를 이용하여 냉방하는 시스템으로서, 빙축열시스템에 비해 축냉조가 커지는 단점이 있으나, 일반 상온냉동기를 사용할 수 있고 효율이 좋다는 장점이 있다.

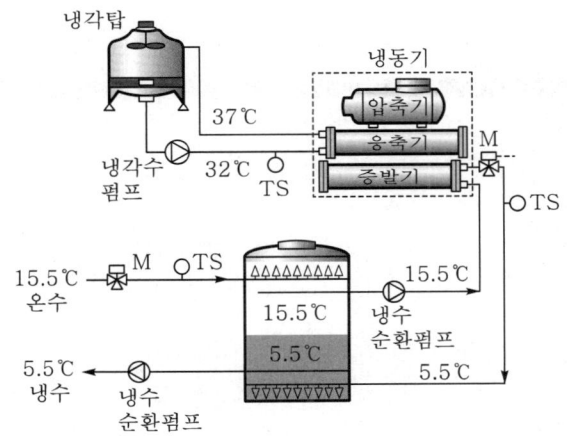

[그림 3-96] 수축열시스템

M/E/M/O

P/A/R/T 04

배관 일반

Chapter 01 수기가공 및 측정
Chapter 02 배관공구 및 기계의 종류와 용도
Chapter 03 관
Chapter 04 배관재료
Chapter 05 관의 접합(연결)방법
Chapter 06 보온재와 페인트
Chapter 07 밸브의 종류 및 특징
Chapter 08 배관의 도시기호

Chapter 01 수기가공 및 측정

01 줄작업

줄작업(filing)은 공작물을 바이스에 고정시키고 줄로 평면이나 곡면을 절삭가공하는 작업으로서, 다듬질작업에서 가장 기본적인 작업이며 중요한 위치를 차지한다.

평면 줄질을 위한 방법에는 3가지의 줄작업방법이 있다. 직진법은 줄의 길이방향으로 줄질하는 것으로, 다듬질면이 곱고 절삭방향이 바르게 되어 최종 다듬질에 이용되는 방법이지만 숙련되어 있지 않으면 평활한 면이 잘 나오지 않는다.

사진법은 줄을 우측 전방으로 밀어서 줄질하는 방법으로 절삭량이 많으므로 거친 절삭에 적합하다. 또한 병진법은 가늘고 긴 공작면을 줄질할 때 사용하는 방법이며, 한 방향의 고운 다듬질면을 얻을 수 있다.

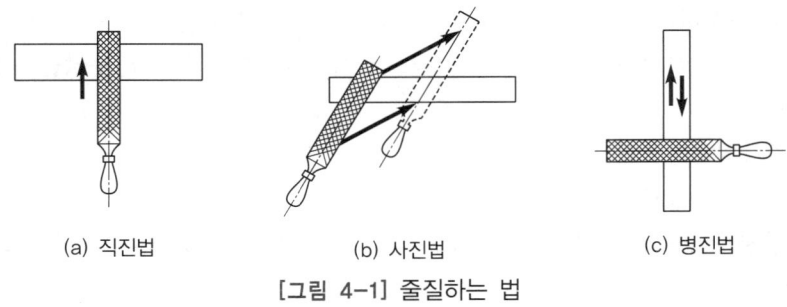

(a) 직진법　　　(b) 사진법　　　(c) 병진법

[그림 4-1] 줄질하는 법

02 구멍 뚫기와 리머작업

드릴(drill)을 사용하여 핀구멍, 볼트구멍, 기초 나사구멍 등을 뚫는 작업을 말하며, 주로 탁상드릴, 전기드릴 등을 이용한다. 또 드릴로 뚫은 구멍의 내면을 보다 정확하고 매끄럽게 다듬질하는 리머작업(reaming)도 있다.

03 나사내기

나사내는 방법(tapping)에는 여러 가지가 있으나 손 다듬질에서는 드릴로 먼저 구멍을 뚫고 탭(tap)으로 암나사를 내는 탭작업과 원형 단면봉에 수나사를 내는 다이스(dies)작업이 있다. 다이스는 그 지름을 조절할 수 있는 것과 없는 것이 있으나, 보통 지름을 조절할 수 있도록 조절나사가 붙은 원형 다이스가 널리 사용된다.

04 측정

현장에서 제작된 여러 배관요소들은 항상, 치수 및 다듬질면과 재료가 공작도면에 표시된 일정한 요구를 충족시켜야 한다. 이때 형상이나 면을 공작 중이나 공작이 완료된 후에 측정 또는 검사하는 것을 정밀측정(precision measurement) 혹은 공작측정이라 한다.

길이측정은 측정의 기본이며 측정빈도가 높다. 종류로는 자, 버니어 캘리퍼스, 마이크로미터 등의 길이측정기가 있다. 이 중 버니어 캘리퍼스(vernier calipers)에 대해 알아보자.

버니어 캘리퍼스는 측정물의 외경, 내경, 깊이 등을 측정할 수 있다. 크기는 측정할 수 있는 최대길이로 표시하며, 150mm, 200mm, 300mm 등이 가장 많이 사용된다. 버니어의 읽는 법으로는 가장 많이 사용되는 아들자 눈금으로서, 어미자의 $(n-1)$눈금을 n등분한 것으로 되어 있다.

① S : 어미자의 1눈금의 간격
② V : 아들자의 1눈금의 간격
③ C : 아들자로 읽을 수 있는 최소 측정값이라고 하면 $(n-1)S = nV$이므로

$$V = \frac{n-1}{n}S \tag{1}$$

$$C = S - V \tag{2}$$

$$C = S - \frac{(n-1)S}{n} = \frac{S}{n}$$

식 (1)을 식 (2)에 대입하면 길이만큼 작다.

$C = \dfrac{S}{n}$ 눈금을 읽을 때에는 처음에 버니어의 0에 접하는 본척의 눈금길이를 읽고, 다음에 본척의 눈금과 버니어 눈금선과 서로 교선되는 부분의 버니어 눈금을 읽으면 된다. 본척 1눈금이 1mm 버니어 눈금수 20개이므로 읽을 수 있는 최소값, 즉 1/20 = 0.05이므로 만나

는 점을 찾아보면 13번째이므로 이 길이의 치수는 $14+\left(\dfrac{1}{20}\times 13\right)=14+0.65=14.65\,\mathrm{mm}$ 가 된다.

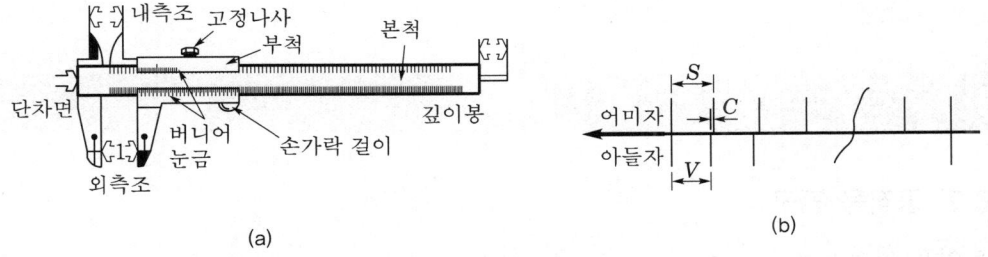

[그림 4-2] 버니어 캘리퍼스

Chapter 02 배관공구 및 기계의 종류와 용도

01 강관 공작용 공구와 기계

1) 강관 공작용 공구

(1) 파이프 바이스(pipe vise)

관의 절단과 나사절삭 및 조립 시 관을 고정시키는데 사용되며, 파이프 바이스의 크기는 고정 가능한 관경의 치수로 나타낸다. 대구경관에는 체인을 이용한 체인 바이스(chain vise)를 사용하며, 관의 구부림작업에는 기계 바이스를 사용한다. 바이스작업 시 주의사항은 다음과 같다.

① 바이스는 이가 서로 대칭되게 할 것
② 작업 중 바이스는 풀리거나 자리 잡음으로 인하여 헐거워지므로 자주 조일 것
③ 무겁거나 강도가 있는 재질은 단단히 조이고, 연한 재료를 사용할 때는 받침대를 사용하여 재료에 흠집이 없게 할 것
④ 작업 시 조임이 끝나면 머리나 손의 안전을 위해 핸들을 뒤쪽으로 이동시킬 것

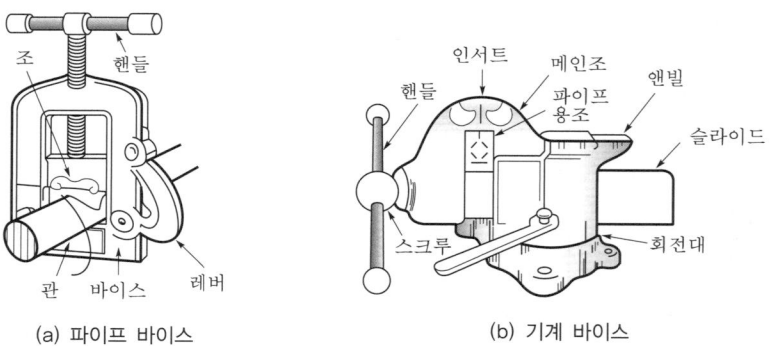

(a) 파이프 바이스   (b) 기계 바이스

[그림 4-3] 파이프 바이스와 기계 바이스

(2) 파이프 커터(pipe cutter)

관을 절단할 때 사용되며, 1개의 날에 2개의 롤러가 장착되어 있는 것과 3개의 날로 되어 있는 것이 있다. 크기는 관을 절단할 수 있는 관경으로 표시하며, 관을 절단 후에 버(burr)의 제거는 파이프 리머로 하고, 주철, 합금강 파이프를 절단 시 사용되는 쇠톱의 1인치당 잇수는 다음과 같다.

① 14산 : 동합금, 주철, 경합금
② 18산 : 강관, 동, 납, 탄소강
③ 24산 : 강관, 합금강, 형강
④ 34산 : 박판, 구조용 강판, 소경 합금강

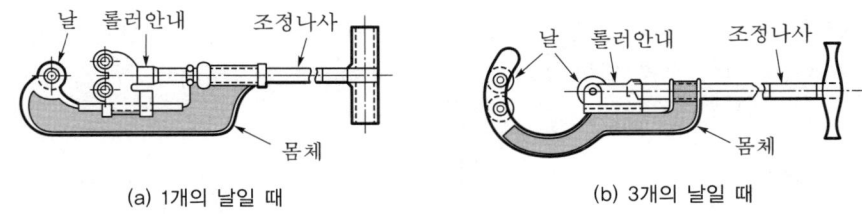

(a) 1개의 날일 때 (b) 3개의 날일 때

[그림 4-4] 파이프 커터

(3) 쇠톱(hack saw)

관과 환봉 등의 절단용 공구로 피팅홀(fitting hole)의 간격에 따라 200m, 250mm, 300mm의 3종류가 있다. 톱날의 산수는 재질에 따라 알맞은 것을 선택사용해야 한다.

(4) 파이프 리머(pipe reamer)

관 절단 후 관 단면의 안쪽에 생기는 거스러미(burr)를 제거하는 공구이다.

(5) 파이프 렌치(pipe wrench)

관을 회전시키거나 나사를 죌 때 사용하는 공구이다. 크기는 사용할 수 있는 최대의 관을 물었을 때의 전 길이로 표시하며, 호칭치수도 표시한다. 또한 체인식 파이프 렌치는 200mm 이상의 관 물림에 사용된다.

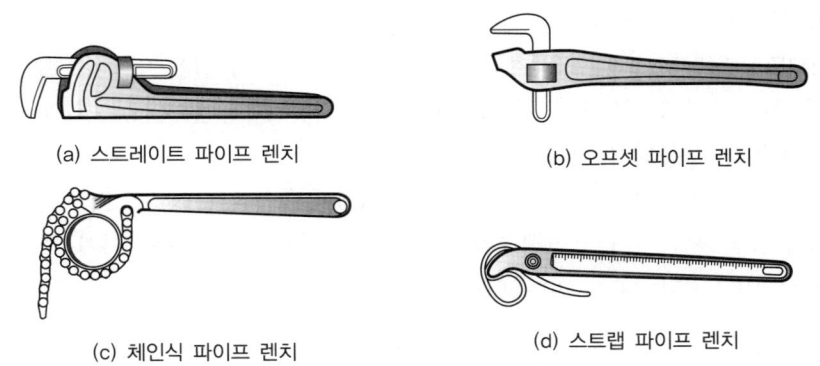

(a) 스트레이트 파이프 렌치   (b) 오프셋 파이프 렌치

(c) 체인식 파이프 렌치   (d) 스트랩 파이프 렌치

[그림 4-5] 파이프 렌치

(6) 나사절삭기(die stock)

수동으로 나사를 절삭할 때 사용하는 공구로서, 오스터형(oster type)과 리드형(reed type)으로 나눌 수 있으며, 그 외에 비버형, 드롭헤드형 등이 있다.

① **리드형 나사절삭기** : 2개의 날이 1조로 되어 있는데, 날의 뒤쪽에는 4개의 조로 파이프의 중심을 맞출 수 있는 스크롤(scroll)이 있다.

② **오스터형 나사절삭기** : 4개의 날이 1조로 되어 있는데, 15~20A는 나사산이 14산, 25~250A는 나사산이 11산으로 되어 있다.

(a) 리드형 (b) 오스터형 (c) 드롭헤드형

[그림 4-6] 나사절삭기

2) 강관 공작용 기계

(1) 동력 나사절삭기(pipe machine)

동력을 이용하여 나사를 절삭하는 기계로, 오스터, 다이헤드(die head), 호브(hob) 등을 이용한 것 등이 있다.

① **오스터식** : 동력으로 관을 저속회전시키며, 나사절삭기를 밀어 넣는 방법으로 나사가 절삭되며, 50A 이하 작은 관에 주로 사용한다.

② **다이헤드식** : 관의 절단, 나사절삭, 거스러미 제거 등의 일을 연속적으로 할 수가 있기 때문에 다이헤드를 관에 밀어 넣어 나사를 가공한다. 관지름 15~100A, 25~150A까지의 것도 사용되고 있다.

③ **호브형** : 나사절삭 전용 기계로서, 호브를 100~180rpm의 저속으로 회전시키면 관은 어미나사와 척의 연결에 의해 1회전할 때마다 1피치만큼 이동나사가 절삭된다. 관지름 50A 이하 65~150A, 80~200A의 나사내기 종류가 있다.

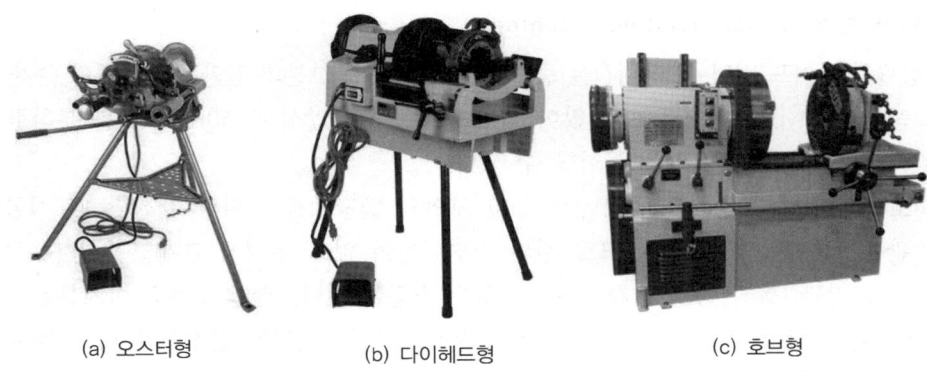

(a) 오스터형　　　(b) 다이헤드형　　　(c) 호브형

[그림 4-7] 동력 나사절삭기

(2) 기계톱(hack sawing machine)

관 또는 환봉을 절단하는 기계로서, 절삭 시에는 톱날의 하중이 걸리고, 귀환 시에는 하중이 걸리지 않는다. 작동 시 단단한 재료일수록 톱날의 왕복운동은 천천히 한다. 절단이 진행되는 시점부터 절삭유의 공급을 필요로 한다.

(3) 고속숫돌절단기(abrasive cut off machine)

두께 0.5~3mm 정도의 얇은 연삭 원판을 고속회전시켜 재료를 절단하는 기계로서, 커터 그라인더 머신이라 부르기도 한다. 연삭숫돌은 알런덤(alundum), 카보런덤(carborundum) 등의 입자를 소결한 것이다. 절단할 수 있는 관의 지름은 100mm까지이고, 연삭절단기의 회전수는 약 200~230rev/min 정도이다. 절단 시 갑작스런 절삭량 증대는 숫돌의 파손원인이 되며, 드레서는 숫돌표면이 고르지 못한 경우 숫돌표면의 산화물과 표면을 고르게 만들어 주는 역할을 한다.

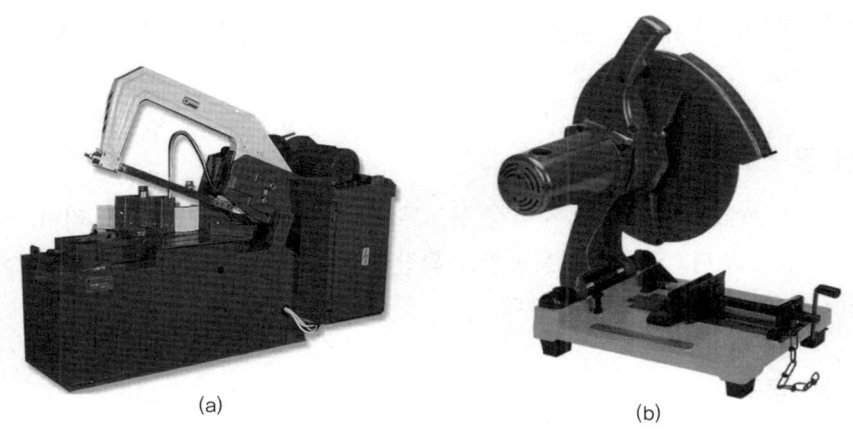

(a)　　　　　　　(b)

[그림 4-8] 기계톱과 고속숫돌절단기

(4) 파이프 벤딩기(pipe bending machine)

강관의 파이프 벤딩 시 용접선은 중간에 놓여야 용접 부분의 갈라짐을 방지할 수가 있다.
① 램식(ram type) : 현장용으로 많이 쓰이며 수동식(유압식)은 50A, 모터를 부착한 동력식은 100A 이하의 관을 굽힘할 수 있다.
② 로터리식(rotary type) : 공장에서 동일 모양의 벤딩제품을 다량 생산할 때 적합하다. 관에 심봉을 넣고 구부리므로 관의 단면변형이 없고 두께에 관계없이 강관, 스테인리스 강관, 동관 등을 쉽게 굽힐 수 있는 장점이 있다. 관의 구부림 반지름은 관경의 2.5배 이상이어야 하며, 벤딩 시 타원형으로 되는 원인은 받침쇠가 너무 들어가 있거나 관의 안지름과 간격이 클 때와 받침쇠의 재질이 부드럽거나 두께가 얇은 경우이다.
③ 수동 롤러식(hand roller type) : 32A 이하의 관을 구부릴 때 관의 크기와 곡률반지름에 맞는 포머(formaer)를 설치하고, 롤러와 포머 사이에 관을 삽입하고 핸들을 서서히 돌려서 180°까지 자유롭게 굽힘할 수 있다.

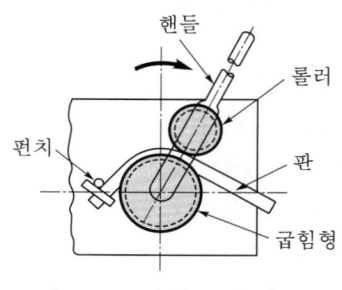

[그림 4-9] 수동 롤러식

3) 연관용 공구

연관용 공구의 종류에는 봄볼, 드레서, 벤드벤, 턴핀, 맬릿이 있으며, 연관에서 가스용으로 쓰이는 것은 PbP_3이다.

4) 동관용 공구

동관용 공구에는 토치램프, 사이징 툴, 튜브벤더, 튜브커터, 파이프 리머, 익스팬더, 플레어링 툴이 있다. 익스팬더는 동관을 확장시키며, 20mm 이하의 관에 적용하고 최소 곡률반지름은 지름의 4~5배로 한다.

5) 주철관용 공구

주철관용 공구에는 납 용해용 공구세트, 클립, 링크형 파이프 카터, 코킹정이 있다. 링크형 파이프 커터는 매설 주철관인 대형관을 절단 시 사용한다.

Chapter 03 관

01 관의 개념

어떤 정해진 기기에서 기기로 물, 가스, 증기 등 각종 유체를 운송하기 위한 수단으로서 유체의 종류에 따라 각종 관(pipe)이 사용된다. 기계문화의 발전과 고도산업화에 따라 관의 종류도 다양해졌으며, 이중 산업분야에서 가장 많이 사용하는 것은 강관(steel pipe)이다.

02 관의 치수

(1) 관의 치수
관의 치수에는 외경과 내경, 그리고 두께가 있다.

(2) 호칭치수(nominal size)
관의 크기에 있어서 실제 치수를 나타내는 것이 아니라 일반 공칭규격이며, 주철관, 배관용 강관, 전선관, 스테인리스 강관 등은 크기를 호칭치수로 나타낸다. 인치(inch)법에서는 숫자 뒤에 B 또는 "로서 표시하며, 미터(meter)법에서는 숫자 뒤에 A로서 나타낸다.
예 인치 : 4B 또는 4", 미터 : 100A

(3) 외경으로 나타내는 관
외경을 치수로 나타내는 관은 보일러 및 열교환기용 강관, 동관, 일반 구조용 강관 등이 있다. 숫자 뒤에 mm 또는 ϕ로써 표시한다.
예 50mm 또는 $\phi 50$

(4) 내경으로 나타내는 관
내경을 치수로 나타내는 관은 연관, 도관, 철근관, PVC 등이 있다. 숫자 뒤에는 mm로써 표시한다.

03 강관의 두께에 대한 치수체계

관의 치수체계는 매우 복잡한 편이다. 두께에 대해서는 장치가 복잡하고 규모가 대형인 선박이나 플랜트의 경우 적당한 관두께를 선정하는 작업은 대단히 복잡하다. 그래서 두께의 계열화는 작업의 간소화 및 재료의 재고(stock)관점에서 크게 도움이 된다.

(1) 스케줄계(schedule계)

두께의 계열화는 1938년 ANSI가 스케줄번호방식으로 발표했으며, 이 방식은 부식여유관의 나사절삭여유 및 관두께에 대한 제조허용차 등을 고려하여 두께를 산출하는 공식은 다음과 같다.

$$T = \frac{P}{S}\frac{D}{175} + 2.54 [mm]$$

여기서, S : 허용응력(kg/mm^2), P : 사용압력(kgf/mm^2), D : 관의 외경(mm)

위의 공식을 기초로 하여 SCH. No.별로 각 관치수에 따라 두께를 정해 놓았다. 스케줄번호방식에 의한 SCH.번호는 사용압력에 비례하고, 허용응력에 반비례해서 얻어지는 숫자의 10배에 해당한다.

즉, SCH. No. $= 10\frac{P}{S}$이며 사용압력 및 허용응력에 의해 관의 두께를 선정할 때의 기준을 얻을 수 있음과 제조과정에서의 치수체계에 편리를 가져다 준다.

예제

사용압력 65kgf/mm²의 배관에 STPG 38을 사용할 경우 어떤 SCH. No.를 사용해야 하는가?

풀이 STPG 38의 파이프 허용응력은 38의 $\frac{1}{4}$이다. 그러므로 $S = 38 \times \frac{1}{4} = 9.5 kg/mm^2$이다. 따라서 SCH. No. $= 10 \times \frac{65}{9.5} = 69$이다. 결국 SCH. 80을 선정하고 관경은 배관을 흐르는 유량에 따라 필요한 것을 사용하면 된다.

---

(2) 웨이트계(weight계)

이 방식은 관단위길이당 중량을 기준으로 MSS(Manufacture Standardization Society)가 내놓은 두께시리즈이며 세 종류가 있다.
① 표준 : STD(standard weight)
② 특별강도 : XS(extra strong)
③ 2중 특별강도 : XXS(double extra strong)

04 스케줄번호

 탄소강관의 SCH.번호는 10~160까지 10등분으로 나누며, 스테인리스강관은 그 인장강도가 다른 일반 탄소강관에 비교하여 대단히 크므로, 동일 SCH.번호의 두께에서는 여유가 너무 많아 비경제적으로 동일 SCH.번호라도 약간 얇게 한 다른 시리즈를 만들어 SCH.번호 뒤에 S를 붙여 구별하였다.

[표 4-1] 배관의 스케줄번호

SCH.계	SCH. No.
Normal SCH.	10, 20, 30, 40, 60, 80, 100, 120, 140, 160
스테인리스강 SCH.	5S, 10S, 20S, 40, 80, 120, 160

Chapter 04 배관재료

01 금속관

1) 주철관(cast iron pipe)

(1) 특징

① 내식성과 내마모성, 내구성(압축강도)이 크다.
② 수도용 급수관, 가스공급관, 통신용 케이블 매설관, 화학공업용 배관, 오수배수관 등에 사용한다(매설용 배관에 많이 사용된다).
③ 재질에 따라 보통주철(인장강도 10~20kgf/mm^2)과 고급주철(인장강도 25kgf/mm^2)로 구분된다.

(2) 종류

① 보통주철관
② 고급주철관
③ 구상흑연주철관(수도용 원심력 덕타일주철관)

[그림 4-10] 주철관

(3) 가스배관재료의 구비조건

① 가스유통이 원활한 재료일 것

② 내부압력 및 외부압력과 충격에 견딜 수 있는 재료일 것
③ 내식성이 높고 가소성이 좋은 재료일 것
④ 가스누설을 방지할 수 있는 재료일 것

(4) 가스배관의 선정요소
① 최단거리로 할 것
② 구부러지거나 오르내림이 적을 것
③ 은폐 매설은 피할 것
④ 가능한 옥외에 설치할 것
⑤ 용접 및 절단가공이 용이한 재료일 것

2) 강관(steel pipe)

(1) 특징
① 연관(납관), 주철관에 비해 가볍고 인장강도가 크다.
② 관의 접합작업이 용이하다.
③ 내충격성, 유연성이 크다.
④ 연관, 주철관보다 가격이 싸다.
⑤ 연관, 주철관보다 부식되기 쉽다.

(2) 용도
강관은 용도별로 배관용, 수도용, 열전달용, 구조용으로 구분되며, KS규정에 정해진 용도별 명칭과 규격은 [표 4-2]와 같다.

[그림 4-11] 강관

[표 4-2] 각종 배관용 재질의 기호와 용도 및 특성

종류		KS규격기호	용도와 특징
배관용	배관용 탄소강관 (일명 가스관)	SPP*	사용압력이 낮은(10kgf/cm^2 이하) 증기, 물, 기름, 가스, 공기 등의 배관용으로 사용, 호칭지름은 15~65A이고, 사용온도는 100℃
	압력배관용 탄소강강관	SPPS*	350℃ 이하에서 사용하는 압력배관용 보일러증기관, 수도관, 유압관에 사용, 사용압력은 10~100kgf/cm^2
	고압배관용 탄소강강관	SPPH*	350℃ 이하에서 사용압력(100kgf/cm^2)이 높은 고압배관용 암모니아 합성과 내연기관분사관 화학공업용 배관, 이음매 없는(seamless pipe)관이며 4종이 있음
	고온배관용 탄소강강관	SPHT	350~450℃ 호칭지름은 SCH.에 의함. 고온의 배관으로 사용되며, 과열증기관에 사용
	배관용 아크용접 탄소강강관	SPW*	사용압력이 낮은(10kgf/cm^2 이하) 증기, 물, 기름, 가스 및 공기 등의 배관용으로 사용, 호칭지름이 350~1,500A이며 17종이고, 관의 호칭경은 mm[A], inch[B]로 표시
	배관용 합금강강관	SPA	주로 고온배관용(호칭지름 6~500A)
	배관용 스테인리스강관	STS×TP	내식용, 내열용, 고·저온 배관용에 사용
	저온배관용강관	SPCT	빙점 이하. 저온배관용(호칭지름 6~500A)
수도용	수도용 아연도금강관	SPPW	정수도 100m 이하의 수도로서, 주로 급수배관용, 호칭지름 10~300A
	수도용 도복장 강관	STPW	정수도 100m 이하의 수도로서, 주로 급수배관용, 호칭지름 80~2,400A
열전달용	보일러 열교환기용 탄소강강관	STH	관의 내외에서 열의 수수를 행함을 목적으로 하는 장소에 사용됨. 보일러의 수관, 연관, 가열관, 공기예열관, 화학공업, 석유공업의 열교환기, 가열로관 등에 사용
	보일러 열교환기용 합금강강관	STHA	
	보일러 열교환기용 스테인리스강관	STS-TB	
	저온열교환기용 강관	STLT	빙점 이하의 특히 낮은 온도에서 관의 내외에서 열의 수수를 행하는 열교환기관, 콘덴서관 등에 사용
구조용	일반구조용 탄소강강관	SPS	토목, 건축, 철탑, 지주와 비계, 말뚝 기타의 구조물용
	기계구조용 탄소강강관	STM	기계, 항공기, 자동차, 자전차 등의 기계부품용
	구조용 합금강강관	STA	항공기, 자동차 기타의 구조물용

주) *표시규격은 출제가 자주 되는 배관기호이므로 용도와 특징을 암기할 것

3) 파이프 호칭방법

예를 들어, SPPS 38이라면 SPPS는 압력배관용 탄소강관을 의미하고, 38은 파이프의 최저 인장강도(kgf/cm^2)를 표기한다.

02 비철금속관

(1) 동관(구리관)

주로 이음매 없는 관(seamless pipe, 심리스관)으로 타프피치동, 무산소동, 인탈산동관, 황동관 등이 있다.
① 열전도율이 크고 내식성, 전성, 연성이 풍부하여 가공하기 쉽다(열교환기, 급수관에 사용).
② 담수에는 내식성이 양호하나, 연수에는 부식된다.
③ 아세톤, 휘발유, 프레온가스 등의 유기물에는 침식되지 않는다.
④ 가성소다, 가성칼리 등 알칼리성에는 내식성이 강하다.
⑤ 암모니아수 및 암모니아가스, 황산 등에는 침식된다.
⑥ 배관의 마찰손실이 적고 한냉 시 동파되지 않으며, 열전도율이 좋지만 마찰저항에는 약하다. 동관의 용도는 열교환기 튜브, 압력계 장치, 급수관, 급탕관, 온돌바닥, 간접가열식 급탕설비의 가열관에 사용한다.

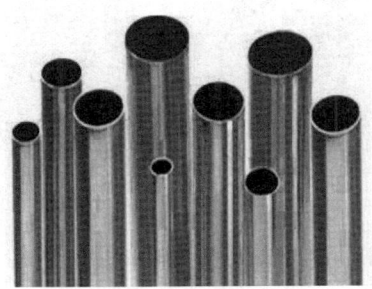

[그림 4-12] 동관(구리관)

(2) 연관(lead pipe)

납관이라고도 하며, 종류에는 1종, 2종, 3종이 있다.
① 알칼리에 강하다.
② 내식성이 좋다(알칼리에는 강하나, 산에는 약하다).
③ 굴곡성이 좋아 가공이 쉽다(전·연성이 풍부하여 가공이 용이하다).

④ 수도용 배관, 배수용 배관에 사용된다.
⑤ 중량이 커서 수평배관 시 늘어난다(비중 11.37).
⑥ 가격이 비싸고, 산에 약하다.

[그림 4-13] 연관

(3) 알루미늄관
① 구리(Cu) 다음으로 열전도율이 크다.
② 내식성이 풍부하다.
③ 전·연성이 풍부하고, 순도가 높을수록 가공이 쉽다.
④ 아세톤, 아세틸린, 유류에는 침식되지 않으나, 해수, 황산, 가성소다 등의 알칼리에 약하다.

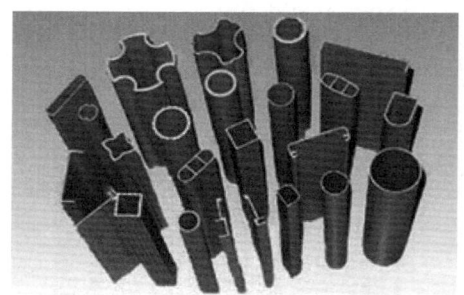

[그림 4-14] 알루미늄관

03 비금속관

1) 합성수지관(plastic pipe)

합성수지관은 석유, 석탄, 천연가스(LNG) 등으로부터 얻어지는 메틸렌, 프로필렌, 아세틸렌, 벤젠 등의 원료로 만들어지며 경질염화비닐관과 폴리에틸렌관으로 나눈다.

(1) 경질염화비닐관(PVC : Poly Vinyl Chloride)
    ① 내식, 내산, 알칼리성이 크다.
    ② 전기의 전열성이 크다.
    ③ 열의 불량도체이다.
    ④ 가볍고 강인하다(비중 1.4).
    ⑤ 배관가공이 쉽고, 가격이 저렴하여 시공비가 적게 든다.
    ⑥ 저온, 고온에서 강도가 약하고 충격강도가 작다.
    ⑦ 열팽창률이 크다(강관의 7~8배).

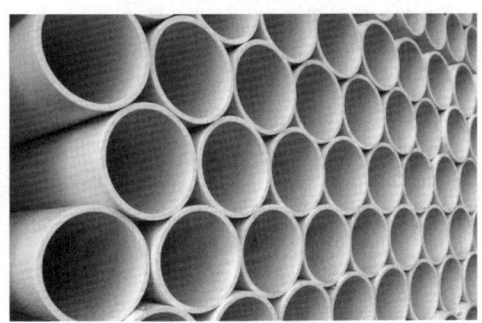

[그림 4-15] 경질염화비닐관

(2) 폴리에틸렌관(polyethilene pipe)
    ① 내충격성과 내한성이 좋다.
    ② 경질염화비닐관(PVC)보다 가볍다.
    ③ 상온에서도 유연성이 좋아 탄광의 운반도 가능하다.
    ④ 보온성, 내열성이 PVC보다 우수하다.
    ⑤ 시공이 용이하고 경제적이다.
    ⑥ 내약품성이 강하다.
    ⑦ 인장강도는 PVC의 1/5 정도이고, 화력에 극히 약하다.

[그림 4-16] 폴리에틸렌관

2) 콘크리트관(concrete pipe)

① 철근 콘크리트관 : 옥외배수관(단거리 부지 하수관) 등에 사용한다.
② 원심력 콘크리트관(흄관) : 상·하수도용 배수관에 많이 사용한다.

[그림 4-17] 콘크리트관

3) 석면 시멘트관(asbestos cement pipe = eternit pipe(이터닛관))

① 내식성과 내알칼리성이 크다(금속관에 비해서).
② 조직이 치밀하고 강도도 크다.
③ 비교적 고압에 견딘다.
④ 탄성이 작아 수직작용이 있는 곳은 사용이 곤란하다.
⑤ 수도관, 가스관, 배수관, 도수관 등에 사용한다.

[그림 4-18] 석면 시멘트관

4) 도관(clay pipe)

점토를 주원료로 성형한 관을 구워서 만든 두께에 따라 보통관(농업용), 후관(두꺼운 관)은 도시 하수관용, 아주 두꺼운 관(특후관)은 철도용 배수관용 및 빗물배수관에 많이 사용한다.

[그림 4-19] 도관

5) 에이콘관(acorn pipe)

① 내식성이 크다.
② 폴리부틸렌을 원료로 하여 제조된 관이다.
③ 온수 온돌배관, 화학배관, 압축공기배관용으로 최근에 개발된 관이다.
④ 끼워 맞춤형이므로 시공이 용이하다(나사 및 용접이음이 불필요하다).

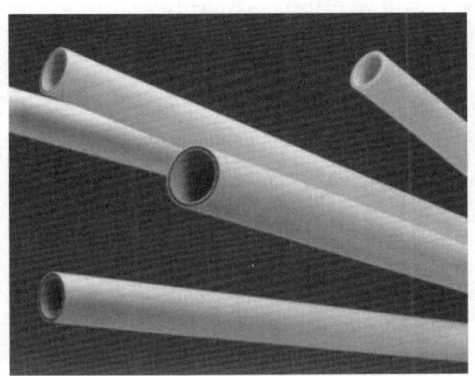

[그림 4-20] 에이콘관

Chapter 05 관의 접합(연결)방법

01 관 이음

(1) 나사 이음(screw joint)쇠의 종류

① 배관의 방향을 변화시킬 경우 : 엘보(elbow), 밴드(band)
② 관의 도중에서 분리시킬 경우 : 티(tee), 와이(Y), 크로스(cross) 등
③ 동일 직경의 관을 직관으로 접합할 경우 : 소켓(socket), 유니언(union), 플랜지(flange), 니플(nipple) 등
④ 서로 다른 직경(이경)의 관을 접합할 경우 : 리듀서(reducer), 부싱(bushing), 이경엘보, 이경티
⑤ 관의 끝을 막을 경우 : 플러그(plug), 캡(cap)

[그림 4-21] 나사 이음의 종류

(2) 용접 이음(welding joint, 영구 이음)의 특징

① 접합부의 강도가 높다.
② 누설이 어렵다.
③ 중량이 가볍다.
④ 배관 내외면에서의 유체의 마찰저항이 작다.
⑤ 분해, 수리가 어렵다.

(3) 플랜지 이음(flange joint)
① 관 자체를 회전하지 않고 플랜지 사이에 개스킷을 넣고 볼트(bolt)로 체결하는 접합방법이다.
② 고압의 유체탱크의 배관 및 밸브, 펌프, 열교환기 등의 접속 및 관의 해체, 교환을 필요로 한 곳에 사용된다.

(4) 비철금속의 접합방법
플레어 이음, 경납땜 이음(이상동관의 경우), 플라스턴 이음(연관의 경우에서 주석 40%와 납 60%의 합금을 용융) 등이 있다.

02 강관

1) 강관 접합(체결)의 종류

(1) 나사(screw) 체결
볼트와 너트에 의해서 접합하며, 기밀을 필요하지 않은 구조물에 사용한다. 1인치에 대한 관용나사 나사산 수는 15A, 20A는 14산, 25A, 32A, 40A, 50A는 11산이다. 나산식 강관 이음쇠(파이프 조인식)는 소구경이고, 저압($10kgf/cm^2$)의 배관에 사용한다.

(2) 플랜지(flange) 체결
관과 관의 접합, 끝막음에 적용하며, 분해를 할 필요가 있는 구조물에 접합하다. 가스관 플랜지 접합시공 시 주의사항은 다음과 같다.
① 고정 나사산이 1~2산 남겨 누수 시 재조임을 한다.
② 플랜지 볼트위치를 정한다.
③ 볼트조임 시 대각선 방향으로 조여야 하며, 한쪽 방향으로 조이면 누설 우려가 있다.

(3) 용접(welding) 접합
수밀과 기밀유지를 위한 접합으로 기계적 성질이 향상되며, 다른 접합보다 작업공정이 적다. 접합방법은 맞대기용접, 슬리브용접, 플랜지용접이 있다.
① 가스관의 맞대기용접 시 주의사항
  ㉠ 관단면은 베벨가공으로 V형(30~90°)이다.
  ㉡ 고정은 편심이 없게 고정한다.
  ㉢ 가접은 3~4개소 한 후 본용접을 한다.
  ㉣ 가스용접 후 본용접은 하향용접이다.

② 용접 시 용입불량의 원인
  ㉠ 용접전류가 너무 낮을 때
  ㉡ 운봉 및 봉의 유지각도가 불량할 때
  ㉢ 용접봉 선택을 잘못할 때

(4) 소켓 접합

납을 사용하는 접합으로 주철관 접합하며, 급수 또는 배수용으로 사용한다.

2) 판재 구부림작업

(1) 원통 구부림

① 원통의 지름이 바깥지름으로 표시되었을 경우의 계산식 : (바깥지름－판재의 두께)×π≒둥글게 구부리는 데 필요한 판재길이
② 원통의 지름이 안지름으로 표시되었을 경우의 계산식 : (안지름+판재의 두께)×π≒둥글게 구부리는 데 필요한 판재길이

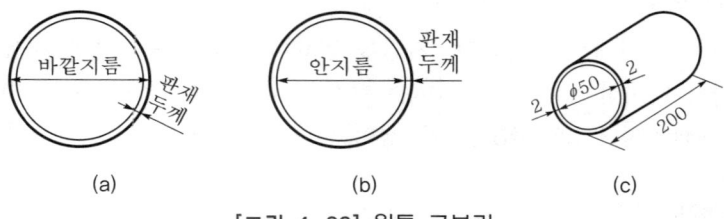

[그림 4-22] 원통 구부림

(2) 곡률반지름이 큰 구부림

[그림 4-23]에서와 같이 곡률반지름이 클 경우에는 다음 식에 의해 쉽게 구할 수가 있다.

$$L = L_1 + L_2 + \frac{(2R+t)\pi D}{360°} \text{[mm]}$$

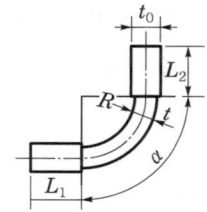

[그림 4-23] 판재의 구부림 계산

(3) 휨(bending)

판재를 구부리면 구부린 부분의 바깥쪽이 휘는 현상을 휨이라 하며, 휨의 크기는 h/l 로 나타내고 1/100~5/1,000 정도이다.

03 주철관

(1) 주철관의 결합

납과 야안을 이용하여 접합한다.

(2) 플랜지 체결

플랜지를 사용하여 배관을 중간에 분기 또는 막음을 할 경우 사용하며 주철제 및 동합금제 플랜지를 사용하는 시트는 전면시트를 한다.

(3) 메커니컬(mechanical) 체결 = 기계적 체결

삽입관에 푸시링과 고무링을 끼워 접합하는 방법으로, 지름이 큰 관에 사용한다.

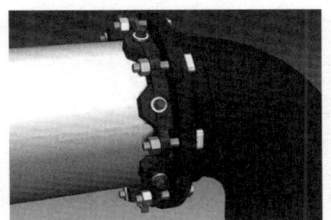

[그림 4-24] 메커니컬 체결

(4) 빅톨릭(victaulic) 체결

파이프 내의 압력이 높아지면 고무링은 더욱 더 파이프벽에 밀착되어 누설을 방지하는 방법이다.

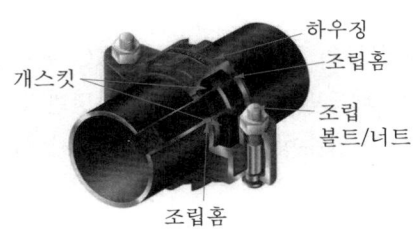

[그림 4-25] 빅톨릭 체결

(5) 타이톤(tyton) 접합

미국의 파이프회사에서 개발한 세계특허품으로, 현재 널리 이용되고 있는 접합법이다.

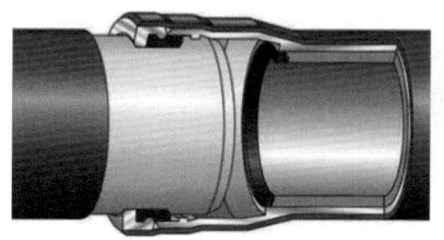

[그림 4-26] 타이톤 접합

04 동관

(1) 동관의 접합
① 납땜 접합
② 압축 접합(플레어 접합) : 동관의 끝을 넓혀 압축이음쇠로 접합하며, 20mm 이하의 동관 접합에 사용한다.
③ 용접 접합 : 주로 가스용접으로 접합한다.
④ 경납땜 접합
⑤ 분기관 접합(가지관 접합) : 가지관 이음에서 본관에서 가지관의 안지름보다 1~2mm 큰 구멍으로 가공한다.

(2) 동관 접합의 특징
배관의 기기점검과 보수 등을 위해 분해할 필요가 있을 때 플레어 접합을 사용하고, 주로 경납땜 접합을 사용한다.

(3) 동관의 작업방법
① 동관의 굽힘가공은 굽힘부의 진원도가 우수하고, 벤딩온도는 600~700℃이다. 가공성이 좋고, 연질관은 헤드벤더를 사용하여 벤딩한다.
② 동관의 이음 시 끝부분을 암수형태로 한 후 조립 시 삽입부 길이는 관지름의 1.5배로 한다.
③ 동관의 납땜 이음 시 이음쇠와 동관의 틈새는 0.04~2mm 정도가 적당하다.

05 연관의 접합

(1) 플라스턴(plastan joint) 접합

동관이나 납관의 접합방법의 하나로, 납과 주석(Sn 40% + Pb 60%)을 합금용융온도 232℃로 합금하고, 이것에 중성용제를 혼합한 플라스턴을 이음 부분에 삽입한 다음, 가열하여 접합하는 이음이다.

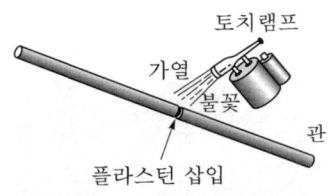

[그림 4-27] 플라스턴 접합

(2) 오버캐스트 접합

납땜을 연관의 외부에서 감싸주어 접합하는 방법이다.

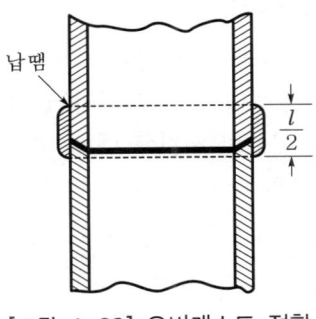

[그림 4-28] 오버캐스트 접합

(3) 납땜 접합

2개의 연관을 밀착한 다음, 납을 녹여서 접합하는 방법이다.

(4) 용접 접합

2개의 연관을 밀착한 다음, 용접으로 접합하는 방법이다.

06 이음의 종류 및 특징

(1) 슬리브형 신축 이음(sleeve expansion joint)

이음본체 속에 미끄러질 수 있는 슬리브 파이프를 놓고 석면을 흑연(또는 기름)으로 처리한 패킹을 끼워 밀봉한 것이다. 슬리브형은 복식과 단식이 있고, 50A 이하의 것은 나사결합식이고, 65A 이상의 것은 플랜지결합식이다. 루프형에 비해 설치장소는 많이 차지하지 않지만, 시공 시 유체 누설에 주의해야 한다.

[그림 4-29] 슬리브형 신축 이음

(2) 벨로즈형 신축 이음(bellows joint)

재료에 따라 구리, 고무, 인청동, 스테인리스강의 제품으로 주름이 신축을 흡수하는 것으로, 전부 밀폐되어 있어 누설이 없고 트랩과 같이 사용할 수도 있어 난방, 냉방용 어느 용도나 사용할 수 있다. 가스의 성질에 따라 부식을 고려해야 하며, 신축으로 인한 응력은 받지 않는다. 축방향 신축만이 아니고, 축에 직각방향의 변위, 각도변위 등을 흡수하는 것도 있다. 벨로즈형 신축 이음은 일명 패크리스(pacless) 신축 조인트라고도 한다.

[그림 4-30] 벨로즈형 신축 이음

(3) 스위블형 신축 이음(swivel joint)

2개 이상의 엘보를 사용하여 관절을 만들어 나사의 회전에 따라 관의 신축을 흡수하므로 가스나 큰 신축관인 경우에는 누설할 염려가 있다.

① 굴곡부에서 압력강하가 있어 압력손실이 있다.
② 신축량이 너무 큰 배관은 나사이음부가 헐거워져 누설 우려가 있다.
③ 설치비가 적고 손쉽게 제작, 조립하여 사용가능하다.
④ 주관의 신축이 수직관에 영향을 주지 않고, 또 수직관의 신축도 주관에 영향을 주지 않는다.

[그림 4-31] 스위블형 신축 이음

(4) 루프형 신축 이음(loop joint)

루프형은 강판 또는 동관 등을 루프상으로 만들어 생기는 휨에 의해 신축을 흡수한다.
① 디플렉션(deflection)을 이용한 신축 조인트이다.
② 장소에 따라 구부림을 달리한다.
③ 응력을 수반하는 결점이 있다.
④ 고압증기의 옥외배관에 이용된다.
⑤ 굽힘 반지름은 파이프 지름의 6배 이상이어야 한다.

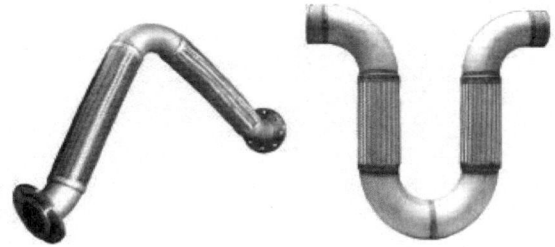

[그림 4-32] 루프형 신축 이음

(5) 상온 스프링(cold spring)

상온 스프링은 열의 팽창을 받아서 배관이 자유팽창하는 것을 미리 계산해 놓고 시공하기 전에 파이프 길이를 조금 짧게 절단하여 강제 배관하는 것이다. 이 경우 절단하는 길이는 계산에서 얻은 자유팽창량의 1/2 정도로 한다.

※ 신축 이음의 흡수 정도 : 루프 > 슬리브 > 벨로즈 > 스위블

(6) 신축 이음(expansion joint)의 목적

재료의 열팽창이 큰 금속일수록, 전체 길이가 길수록, 온도차가 큰 금속일수록 신축량도 크다. 관 내에 온수, 냉수, 증기 등이 통과할 때 고온과 저온에 따른 온도차가 커짐에 따라 팽창수축이 생기며, 관, 기구 등을 파손 또는 구부러뜨린다. 이런 현상을 방지하기 위해 직선배관 도중에 신축 이음을 설치한다.

(7) 동관의 신축

① 루프(loop) = 동관의 팽창수축량(mm)에 대한 길이치수(m) × 2
② 오프셋(off set) = 동관의 팽창수축량(mm)에 대한 길이치수(m) × 3

(8) 배관계에서의 응력

① 열팽창에 의한 응력
② 내압에 의한 응력
③ 냉간가공에 의한 응력
④ 용접에 의한 응력
⑤ 파이프 내부의 유체무게에 의한 응력
⑥ 배관 부속물, 밸브, 플랜지, 배관재료 등의 무게에 의한 응력

(9) 배관의 진동원인

① 펌프, 압축기 등에 의한 진동
② 파이프 내부를 흐르는 유체의 압력변화에 의한 것
③ 파이프 굽힘에 의해 생기는 힘의 영향
④ 안전밸브 분출에 의한 영향
⑤ 지진, 바람 등에 의한 것

Chapter 06 보온재와 페인트

01 보온재의 구비조건

① 내열성 및 내식성이 있을 것
② 기계적 강도·시공성이 있을 것
③ 열전도율이 적을 것
④ 온도변화에 대한 균열 및 팽창수축이 적을 것
⑤ 내구성이 있고 변질되지 않을 것
⑥ 비중이 적고 흡수성이 없을 것
⑦ 섬유질이 미세하고 균일하며 흡습성이 없을 것

02 보온재의 구분

① 보냉재 : 일반적으로 100℃ 이하의 냉온을 유지시키는 것이다.
② 보온재 : 800℃ 이하(200℃ 정도까지 견딜 수 있는 유기질과 300℃ 정도까지 견디는 무기질이 있다)의 온도를 유지시키는 것이다.
③ 단열재 : 800~900℃ 이상 1,200℃까지 견디는 것이다.
④ 내화단열재 : 내화물과 단열재의 중간에 속하는 것으로, 대부분 1,300℃ 이상 견디는 것이다.

03 보온재의 종류

1) 유기질 보온재

재질 자체가 독립기포로 된 다공질 물질로, 높은 온도에 견딜 수 없으므로 증기실에 보온재로 사용하지 않고 보냉재로 이용된다.

(1) 특징

① 보온능력이 우수하며 가격이 싸다.
② 열전도율이 적으며, 독립기포로 된 다공질구조다.
③ 비중이 작으며, 내흡수성 및 내흡습성이 크다.

(2) 종류

① **펠트(felt)** : 우모 펠트와 양모 펠트가 있으며, 주로 방로피복에 사용된다. 곡면 등의 시공이 가능하다. 아스팔트를 방습한 것은 -60℃까지의 보냉용에 사용할 수 있다. 안전 사용온도는 100℃ 이하이다.

[그림 4-33] 펠트

② **텍스류** : 목재, 톱밥 펠트를 주원료로 해서 압축판 모양으로 만든 단열재로, 안전 사용온도는 120℃이다. 주택, ART, 학교 등의 천장재, 실내벽 등의 보온 및 방음용으로 쓰인다. 단열, 방습, 흡음 등의 3대 효과를 갖춘 것으로 간단히 시공할 수 있으며, 1급 불연재로 화재 시 연기나 유독가스가 발생하지 않는다.

③ **기포성 수지** : 일명 스펀지라고 하는 합성수지, 고무 등으로 다공질제품으로 만든 폼(from)류 단열재이다. 안전 사용온도는 80℃ 이하이다.

④ **코르크(cork)** : 냉장고·건축용 보온, 보냉재, 냉수, 냉매배관, 냉각기 및 펌프 등의 보냉재이며, 탄화코르크는 방수장을 형상시키기 위해 아스팔트를 결합한 것이다. 안전 사용온도는 130℃ 이하이다.

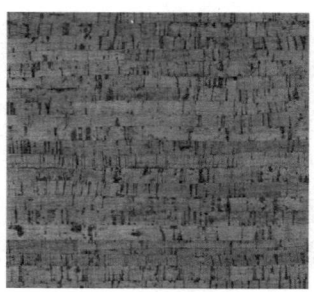

[그림 4-34] 코르크

2) 무기질 보온재

발포제를 가해 독립기포를 형성한 것으로, 그 종류 및 특징은 다음과 같다.

① 탄산마그네슘($MgCO_3$) : 염기성 탄화마그네슘 85%를 배합한 것으로, 열전도율은 0.045~0.065kcal/m·h·℃이므로 25℃ 이하의 보냉으로 사용된다. 300~320℃에서 열분해하므로 최고 사용온도는 30~250℃이고, 방습가공한 것은 습기가 많은 곳, 옥외배관에 적합하다.

② 석면(casbestos) : 아스베스토스질 섬유로 되어 있으며, 400℃ 이하의 보온재로 사용된다. 400℃ 이상에서 탈수분해하고, 800℃ 이상에서 보온성을 잃게 된다. 최고 사용온도는 350~550℃ 정도이고, 사용 중 잘 갈라지지 않는다. 진동을 받는 장치에 사용되고, 열전도율은 0.045~0.065kcal/m·h·℃이므로 보온재로 사용된다.

③ 암면 : 안산암, 현무암에 석회석을 섞어 용융, 섬유 모양으로 만든 것이며, 석면보다 꺾이기 쉬우나 값이 싸다. 아스팔트가공한 것은 습기가 있는 곳에 보냉용으로 사용된다. 열전도율은 0.039~0.048kcal/m·h·℃이다. 안전 사용온도는 400~600℃로, 알칼리성에는 강하나 산에는 약하다.

④ 규조토 : 다른 보온재보다 단열효과가 낮으며, 열전도율은 0.08~0.095kcal/m·h·℃으로 두껍게 시공한 파이프 덕트, 탱크 보온, 보냉재로 사용한다. 안전 사용온도는 석면 사용 시 500℃, 삼여물 사용 시 250℃이다.

⑤ 규산칼슘 : 규산질 재료, 석회질 재료, 암면 등을 혼합하여 수열반응시켜 규산칼슘을 주제로 하며, 접착제를 쓰지 않는 보온재로 압축강도가 커서 반영구적이다. 열전도율은 0.05~0.065kcal/m·h·℃이며, 안전 사용온도는 650℃이며 내수성이 크고 내구성이 우수하다. 시공이 편리하므로 고온 공업용에 가장 많이 사용된다.

⑥ 글라스 섬유 보온재·유리섬유(class wool) : 용융유리를 압축공기나 원심력을 이용하여 섬유형태로 제조한 것으로, 안전 사용온도는 300℃ 이하이며 방수처리된 것은 600℃까지 가능하다. 흡수성이 크기 때문에 방수처리를 해야 하며, 열전도율이 0.036~0.054kcal/m·h·℃이므로 보냉, 보온재로 냉장고, 덕트, 용기 중에 사용한다. 기계적 강도가 크다. 폼글라스는 유리분말에 발포제를 가하여 노에서 가열용융시켜 발포와 동시에 경화융착시킨 보온재이다.

⑦ 실리카 파이버 보온재 : 실리카(SiO_2)를 주성분으로 하여 압축성형하여 만든 보온재이다(안전 사용온도 1,100℃).

⑧ 세라믹 파이버 보온재 : 실리카와 알루미나를 주성분으로 하여 만든 보온재이다(안전 사용온도 1,300℃).

⑨ 버미큘라이트 보온재 : 질석을 약 1,000℃의 고온으로 가열하여 팽창시켜 만든 보온재를 말한다.

04 페인트(녹방지용 도료)

(1) 광명단 도료(연단)
① 밀착력이 강하고 도막도 단단하여 풍화에 강하다.
② 연단(도료)에 아마인유를 배합한 것으로, 녹스는 것을 방지하기 위해 널리 쓰인다.
③ 다른 착색 도료의 초벽(under coating)으로 우수하다.
④ 내수성이 강하고 흡수성이 작은 우수한 방청 도료이다.

(2) 산화철 도료
① 산화 제2철에 보일유나 아마인유를 섞은 도료이다.
② 도막이 부드럽고 값도 저렴하다.
③ 녹방지효과는 불량하다.

(3) 알루미늄 도료(은분)
① Al분말에 유성 바니시(oil varnish)를 섞은 도료이다.
② Al도막이 금속광택이 있으며, 열을 잘 반사한다.
③ 400~500℃의 내열성을 지니고 있는 난방용 방열기 등의 외면에 도장한다.

(4) 합성수지 도료
① **프탈산계** : 상온에서 도막을 건조시키는 도료이다(5℃ 이하 온도에서 건조가 잘 안된다).
② **요소멜라민계** : 내열성, 내유성, 내수성이 좋다.
③ **염화비닐계** : 내약품성, 내유성, 내상성이 우수하여 금속의 방식 도료로서 우수하다. 합성수지 도료는 증기관, 보일러, 압축기 등의 도장용으로 쓰인다.

(5) 타르 및 아스팔트
① 관의 벽면과 물과의 사이에 내식성 도막을 만들어 물과의 접촉을 방해한다.
② 노출 시에는 외부원인에 따라 균열이 발생한다.

(6) 고농도 아연 도료
최근 배관공사에 많이 사용되고 있는 방청용도의 일종으로, 도료를 칠했을 때 핀홀(pin hole)에 물이 고여도 주위 철 대신 부식되어 철을 부식으로부터 방지하는 전기부식작용을 행하는 것이 고농도 아연 도료의 특징이다.

05 패킹제

접합부로부터의 누설을 방지하기 위해 사용하는 것으로, 동적인 부분(운동 부분)에 사용하는 것을 패킹(panking), 정적인 부분(고정 부분)에 사용하는 것을 개스킷(gasket)이라 한다.

1) 플랜지패킹

(1) 고무패킹

① 천연고무
  ㉠ 탄성은 우수하나 흡수성이 없다.
  ㉡ 내산, 내알칼리성은 크지만, 열과 기름에 약하다.
  ㉢ 100℃ 이상의 고온 배관용으로는 사용 불가능하며, 주로 급수, 배수, 공기의 밀폐용으로 사용된다.

② 네오프렌(neoprene) : 천연고무와 유사한 합성고무로, 천연고무에서 얻을 수 없는 유리한 성질을 갖고 있다. 천연고무보다 내유·내후 및 내산성과 기계적 성질이 우수하다.
  ㉠ 내열범위가 −46~121℃인 합성고무제이다.
  ㉡ 물, 공기, 기름, 냉매배관용(증기배관에는 제외)에 사용된다.

[그림 4-35] 네오프렌

(2) 석면조인트 시트

① 섬유가 가늘고 강한 광물질로 된 패킹제이다.
② 450℃까지의 고온에도 견딘다.
③ 증기, 온수, 고온의 기름배관에 적합하며, 슈퍼히트(super heat) 석면이 많이 쓰인다.

(3) 합성수지패킹 : 사불화 에틸렌, 테플론

가장 많이 쓰이는 테플론은 기름에도 침해되지 않고 냉열범위도 −260~260℃이다.

(4) 금속패킹
① 구리, 납, 연강, 스테인리스강제 금속이 많이 사용된다.
② 탄성이 적어 관의 팽창, 수축, 진동 등으로 누설할 염려가 있다.

(5) 오일실패킹
① 화지를 일정한 두께로 겹쳐 내유가공한 것
② 내열도는 낮으나 펌프, 기어박스 등에 사용

2) 나사용 패킹
① 페인트 : 광명단을 섞어 사용하며, 고온의 기름배관을 제외한 모든 배관에 사용된다.
② 일산화연 : 페인트에 소량 타서 사용하며, 냉매배관용으로 많이 쓰인다.
③ 액화합성수지 : 화학약품에 강하며 내유성이 크다. −30~130℃의 내열범위를 지니고 있고, 증기, 기름, 약품 수송배관에 많이 쓰인다.

3) 글랜드패킹
① 석면 각형 패킹 : 내열성, 내산성이 좋아 대형의 밸브 글랜드용
② 석면 얀 : 소형 밸브, 수면계의 콕, 기타 소형 글랜드용
③ 아마존패킹 : 면포와 내열고무 컴파운드를 가공성형한 것으로, 압축기의 글랜드용
④ 몰드패킹 : 석면, 흑연, 유리 등을 배합성형한 것으로, 밸브, 펌프 등의 글랜드용

4) 패킹의 선정 시 고려사항
① 관 내 물질의 물리적 성질 : 온도, 압력, 물질의 상태, 밀도, 점도 등
② 관 내 물질의 화학적 성질 : 화학성분과 안정도, 부식성, 용해능력, 휘발성, 인화성, 폭발성 등
③ 기계적 조건 : 고체의 난이, 진동의 유무, 내압과 외압에 대한 강도 등

Chapter 07 밸브의 종류 및 특징

01 게이트밸브(gate valve, 사절밸브)

① 일명 슬루스밸브(sluive valve), 칸막이 밸브라고 한다.
② 수배관, 저압증기관, 응축수관, 유관 등에 사용된다.
③ 마찰손실은 적으나 절반 정도 열어놓고 사용할 경우에는 와류로 인한 유체의 저항이 커지고 밸브의 마모 침부식되기 쉽다. 유량조절은 부적합하고 유도개폐용으로 적합하다.
④ 밸브스템의 나사형태에 따라 구분한다.
　㉠ 암나사형(65A 이상의 관용) : 밸브스템의 회전에 의해서 밸브디스크만 상하 개폐(비입상식)되어 좁은 장소의 설치에 유리하다.
　㉡ 수나사형(50A 이하 관용) : 밸브스템의 상하 움직임과 함께 밸브디스크도 움직여 개폐(입상식)되어 장착하는 공간은 넓게 차지하나 개폐 여부를 외부에서 쉽게 식별가능하다.

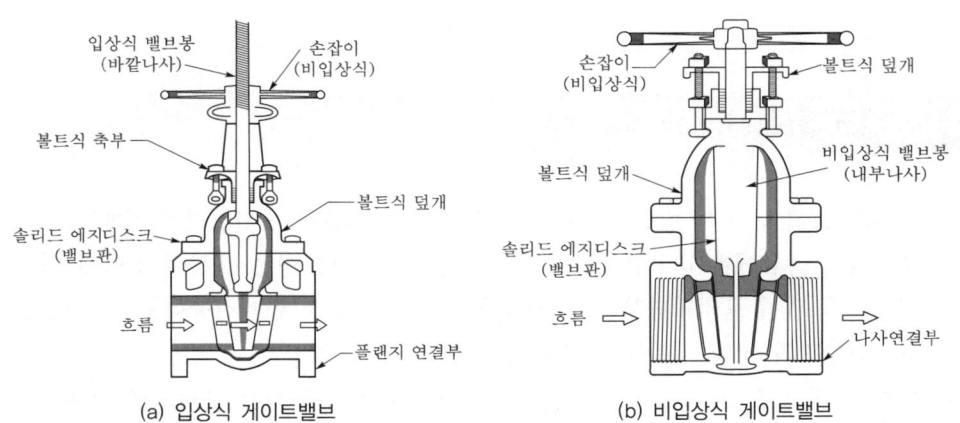

[그림 4-36] 게이트밸브

02 글로브밸브(globe valve)

① 일명 구(볼)형 밸브, 스톱밸브라고도 한다.
② 유량조절에 적합하다.
③ 게이트밸브에 비해 단시간에 개폐가 가능하며 소형 경량이다.
④ 유체의 흐름은 밸브시트 아래쪽에서 위쪽으로 흐르도록 장착한다.
⑤ 유체의 흐름에 대한 마찰저항이 크다.
⑥ 형식에 따라 앵글밸브, Y형 밸브, 니들밸브가 있다.

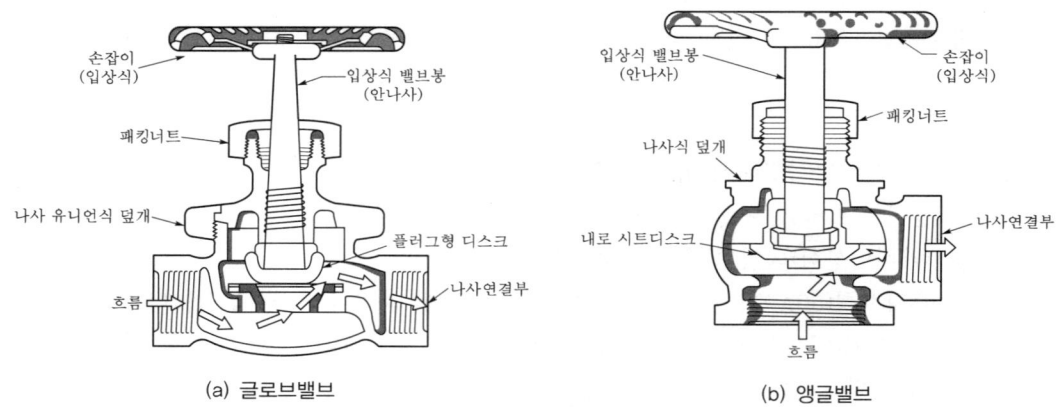

[그림 4-37] 글로브밸브와 앵글밸브

03 체크밸브(check valve)

① 유체의 흐름을 한쪽 방향으로만 흐르도록 하고 역류를 방지한다(역지밸브).
② 형식상의 종류에는 리프트형과 스윙형이 있다. 리프트형은 유체의 압력에 의해 밸브 디스크가 밀어 올려지면서 열리므로 배관의 수평 부분에만 사용하고, 스윙형은 수평관, 입상관의 어느 배관에도 사용이 가능하다.
③ 밸브가 열릴 때 생기는 와류를 방지하거나 수격을 완화시킬 목적으로 설계된 스모렌스키체크밸브도 있다.
④ 장착 시 화살표의 표시방향과 일치해야 한다.

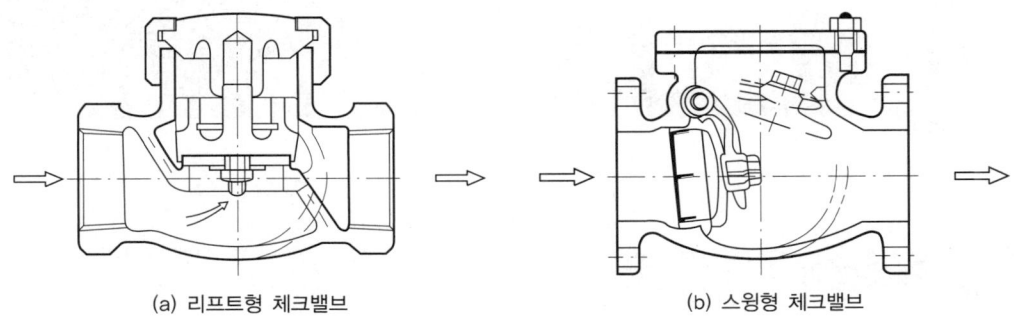

(a) 리프트형 체크밸브   (b) 스윙형 체크밸브

[그림 4-38] 체크밸브

04 버터플라이밸브(butterfly valve)

① 게이트밸브의 일종이나 나비형 밸프, 스로틀밸브(throttle valve)라고 한다.
② 밸브디스크가 유체 내에서 회전할 수 있어 유량조절이 가능하며, 개폐가 용이하다.

[그림 4-39] 버터플라이밸브

05 콕(cock)

① 급속히 유로를 개폐할 경우 및 유량의 균형을 유지할 때 사용된다.
② 90℃(1/4회전) 회전으로 개폐되므로 드레인, 수배관, 가스배관 등에 유용하다.
③ 글랜드의 유무에 따라 있는 것은 글랜드콕, 없는 것은 메인콕 또는 피콕이라 한다.
④ 고온의 유체배관과 대용량의 구경에는 사용하지 않는다.

[그림 4-40] 콕

Chapter 08 배관의 도시기호 (KS B 0051-1990)

01 적용범위

이 규격은 일반 광공업에서 사용하는 도면에 배관 및 관련 부품 등을 기호로 도시하는 경우에 공통으로 사용하는 기본적인 간략 도시방법에 대해 규정한다.

02 관의 표시방법

관은 원칙적으로 1줄의 실선으로 도시하고, 동일 도면 내에서는 같은 굵기의 선을 사용한다. 다만, 관의 계통, 상태, 목적을 표시하기 위해 선의 종류(실선, 파선, 쇄선, 2줄의 평행선 등 및 틀의 굵기)를 바꿔서 도시해도 좋다. 이 경우 각각의 선의 종류의 뜻을 도면상의 보기 쉬운 위치에 명기한다. 또한 관을 파단하여 표시하는 경우는 [그림 4-41]과 같이 파단선으로 표시한다.

[그림 4-41] 관의 표시방법

03 배관계의 시방 및 유체의 종류 · 상태의 표시방법

이송유체의 종류·상태 및 배관계의 종류 등의 표시방법은 다음에 따른다.

(1) 표시

표시항목은 원칙적으로 다음 순서에 따라 필요한 것을 글자와 글자기호를 사용하여 표시한다. 또한 추가할 필요가 있는 표시항목은 그 뒤에 붙인다. 또 글자기호의 뜻은 도면상의 보기 쉬운 위치에 명기한다.
① 관의 호칭지름
② 유체의 종류·상태, 배관계의 식별

③ 배관계의 시방(관의 종류·두께·배관계의 압력구분 등)
④ 관의 외면에 실시하는 설비·재료

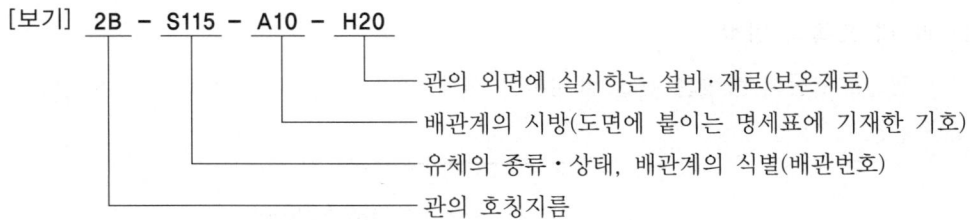

※ 관련 규격
    KS A 3016 : 계장용 기호
    KS A 0111 : 제도에 사용하는 투상법
    KS A 0113 : 제도에 있어서 치수의 기입방법
    KS A 3015 : 진공장치용 도시기호
    KS B 0054 : 유압·공기압 도면기호
    KS B 0063 : 냉동용 그림기호
    KS V 0060 : 선박통풍계통의 그림기호
    KS V 7016 : 선박용 배관계통도 기호

(2) 도시방법

[그림 4-42]는 관을 표시하는 선의 위쪽에 선을 따라서 도면의 밑변 또는 우변으로부터 읽을 수 있도록 기입한다. 다만, 복잡한 도면 등에서 오해를 일으킬 우려가 있을 때에는 각각 인출선을 사용하여 기입해도 좋다([그림 4-43] 참조).

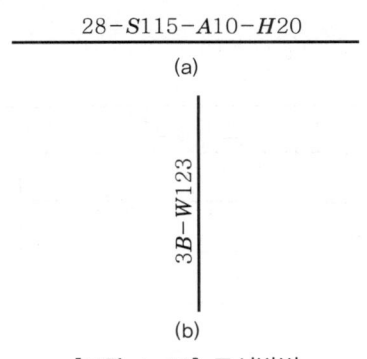
[그림 4-42] 도시방법

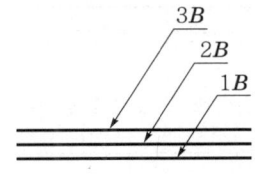
[그림 4-43] 인출선을 사용한 도시방법

04 유체흐름의 방향표시방법

(1) 관 내 흐름의 방향

관 내 흐름의 방향은 관을 표시하는 선에 붙인 화살표의 방향으로 표시한다.

⟶

[그림 4-44] 관 내 흐름의 방향표시방법

(2) 배관계의 부속품·부품·구성품 및 기기 내의 흐름의 방향

배관계의 부속품·기기 내의 흐름의 방향을 특히 표시할 필요가 있는 경우에는 그 그림기호에 따르는 화살표로 표시한다.

[그림 4-45] 배관계 부속품 등 기기 내의 흐름의 방향표시방법

05 관 접속상태의 표시방법

관을 표시하는 선이 교차하고 있는 경우에는 [표 4-3]의 표시방법에 따라 각각의 관이 접속하고 있는지, 접속하고 있지 않는지를 표시한다.

[표 4-3] 관 접속상태의 표시방법

관의 접속상태		도시방법
접속하고 있지 않을 때		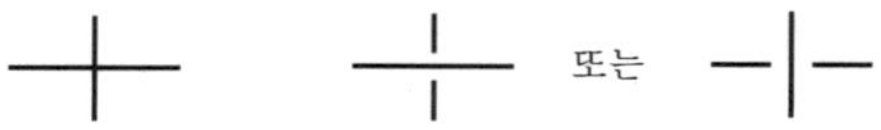 ─┼─ ─┼─ 또는 ─┤├─
접속하고 있을 때	교차	 ─┼─
	분기	 ─┼─

[비고] 접속하고 있지 않은 것을 표시하는 선의 끊긴 자리, 접속하고 있는 것을 표시하는 검은 동그라미는 도면을 복사 또는 축소했을 때에도 명백하도록 그려야 한다.

06 관 결합방식의 표시방법

관의 결합방식은 [표 4-4]의 그림기호에 따라 표시한다.

[표 4-4] 관 결합방식의 표시방법

결합방식의 종류	그림기호
일반	—┼—
용접식	—•—
플랜지식	—╫—
턱걸이식	—)—
유니언식	—╫╂—

07 관 이음의 표시방법

(1) 고정식 관 이음쇠

엘보, 밴드, 티, 크로스, 리듀서, 하프 커플링은 [표 4-5]의 그림기호에 따라 표시한다.

[표 4-5] 고정식 관 이음쇠의 표시방법

관 이음쇠의 종류		그림기호	비고
엘보 및 밴드		∟ 또는 ∠	[표 4-4]의 그림기호와 결합하여 사용한다. 지름이 다르다는 것을 표시할 필요가 있을 때에는 인출선을 사용하여 그 호칭을 기입한다.
티		⊤	
크로스		╋	
리듀서	동심	▷	특히 필요한 경우에는 [표 4-4]의 그림기호와 결합하여 사용한다.
	편심	◁	
하프 커플링		⊓	

(2) 가동식 관 이음쇠

팽창 이음쇠 및 플렉시블 이음쇠는 [표 4-6]의 그림기호에 따라 표시한다.

[표 4-6] 가동식 관 이음쇠의 표시방법

관 이음쇠의 종류	그림기호	비고
팽창 이음쇠		특히 필요한 경우에는 [표 4-4]의 그림기호와 결합하여 사용한다.
플렉시블 이음쇠		

08 관 끝부분의 표시방법

관의 끝부분은 [표 4-7]의 그림기호에 따라 표시한다.

[표 4-7] 관 끝부분의 표시방법

관 끝부분의 종류	그림기호
막힌 플랜지	
나사 박음식 캡 및 나사 박음식 플러그	
용접식 캡	

09 밸브 및 콕 몸체의 표시방법

밸브 및 콕의 몸체는 [표 4-8]의 그림기호를 사용하여 표시한다.

[표 4-8] 밸브 및 콕 몸체의 표시방법

밸브·콕의 종류	그림기호	밸브·콕의 종류	그림기호
밸브 일반		앵글밸브	
게이트밸브		3방향밸브	
글로브밸브		안전밸브	
체크밸브	또는		

밸브·콕의 종류	그림기호	밸브·콕의 종류	그림기호
볼밸브	⋈	콕 일반	⋈
버터플라이밸브	⋈ 또는 ⋈		

[비고]
① 밸브 및 콕과 관의 결합방법을 특히 표시하고자 하는 경우는 [표 4-4]의 그림기호에 따라 표시한다.
② 밸브 및 콕이 닫혀 있는 상태를 특히 표시할 필요가 있는 경우에는 그림기호를 칠하여 표시하든가, 또는 닫혀 있는 것을 표시하는 글자('폐', 'c' 등)를 첨가하여 표시한다.

10 밸브 및 콕 조작부의 표시방법

밸브 개폐조작부의 동력조작 또는 수동조작의 구별을 명시할 필요가 있는 경우에는 [표 4-9]의 그림기호에 따라 표시한다.

[표 4-9] 밸브 및 콕 조작부의 표시방법

개폐조작	그림기호	비고
동력조작	(그림)	조작부, 부속기기 등의 상세에 대하여 표시할 때에는 KS A 3016(계장용 기호)에 따른다.
수동조작	(그림)	특히 개폐를 수동으로 할 것을 지시할 필요가 없을 때에는 조작부의 표시를 생략한다.

11 계기의 표시방법

계기를 표시하는 경우에는 관을 표시하는 선에서 분기시킨 가는 선의 끝에 원을 그려서 표시한다([그림 4-46] 참조).

계기의 측정하는 변동량 및 기능 등을 표시하는 글자기호는 KS A 3016에 따른다. 그 예는 [그림 4-47]과 같다.

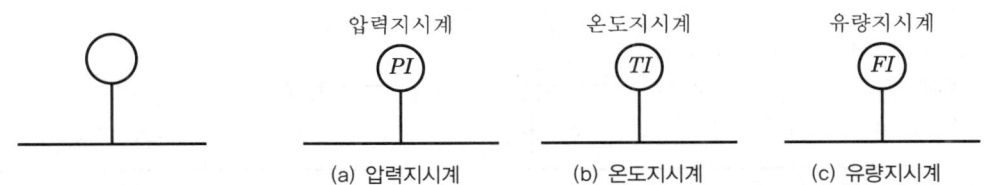

[그림 4-46] 계기의 표시방법   [그림 4-47] 계기의 표시방법 예시

12 지지장치의 표시방법

지지장치를 표시하는 경우에는 [그림 4-48]의 그림기호에 따라 표시한다.

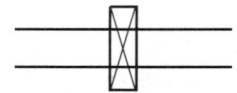

[그림 4-48] 지지장치의 표시방법

13 투명에 의한 배관 등의 표시방법

(1) 관의 입체적 표시방법

1방향에서 본 투영도로 배관계의 상태를 표시하는 방법은 [표 4-10] 및 [표 4-11]에 따른다.

[표 4-10] 화면에 직각방향으로 배관되어 있는 경우

	정투영도		각도
관 A가 화면에 직각으로 바로 앞쪽으로 올라가 있는 경우	(A, 반원)	또는 (A, 점 있는 원)	(A)
관 A가 화면에 직각으로 반대쪽으로 내려가 있는 경우	(A, 반원)	또는 (A, 원)	(A)
관 A가 화면에 직각으로 바로 앞쪽으로 올라가 있고 관 B와 접속하고 있는 경우	(A, B, 반원)	또는 (A, B, 원)	(A, B)
관 A로부터 분기된 관 B가 화면에 직각으로 바로 앞쪽으로 올라가 있으며 구부러져 있는 경우	(A, 반원, B)	또는 (A, 원, B)	(A, B)
관 A로부터 분기된 관 B가 화면에 직각으로 반대쪽으로 내려가 있고 구부러져 있는 경우	(A, 반원, B)	또는 (A, 원, B)	(A, B)

[비고] 정투영도에서 관이 화면에 수직일 때 그 부분만을 도시하는 경우에는 다음 그림기호에 따른다 ([그림 4-49] 참조).

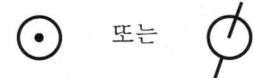

[그림 4-49] 관의 입체적 표시방법

[표 4-11] 화면에 직각 이외의 각도로 배관되어 있는 경우

	정투영도	등각도
관 A가 위쪽으로 비스듬히 일어서 있는 경우	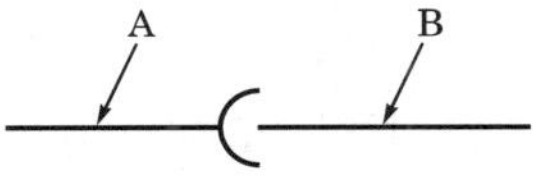	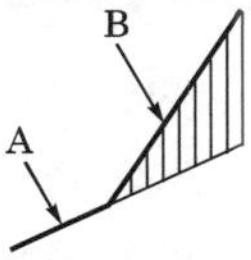
관 A가 아래쪽으로 비스듬히 내려가 있는 경우	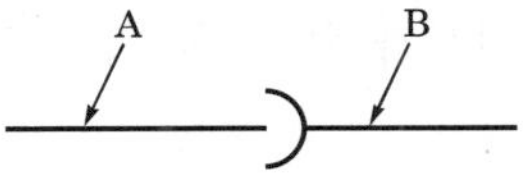	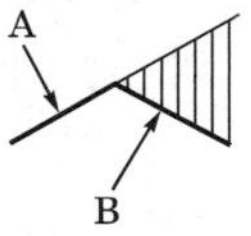
관 A가 수평 방향에서 바로 앞쪽으로 비스듬히 구부러져 있는 경우	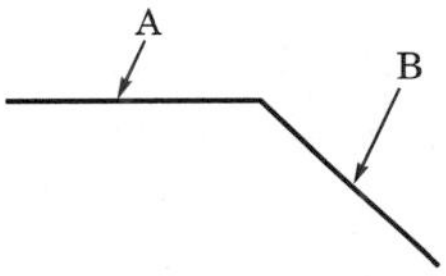	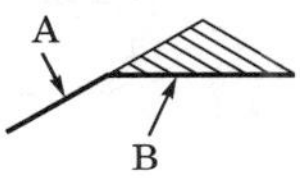
관 A가 수평 방향으로 화면에 비스듬히 반대쪽 윗 방향으로 일어서 있는 경우		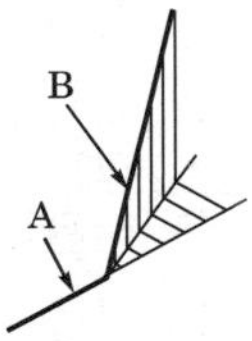
관 A가 수평 방향으로 화면에 비스듬히 바로 앞쪽 윗 방향으로 일어서 있는 경우	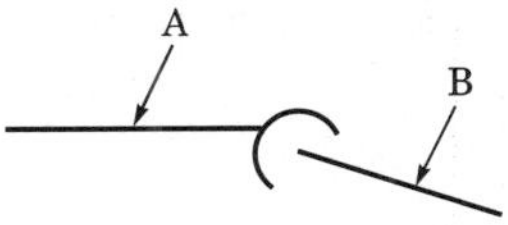	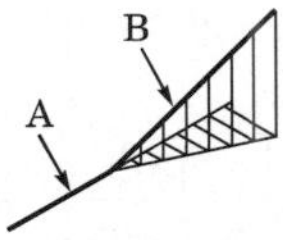

[비고] 등각도의 관의 방향을 표시하는 가는 실선의 평행선 군을 그리는 방법에 대해서는 KS A 0111(제도에 사용하는 투상법)을 참조한다.

(2) 밸브, 플랜지, 배관 부속품 등의 입체적 표시방법

밸브, 플랜지, 배관 부속품 등의 등각도 표시방법은 [그림 4-50]에 따른다.

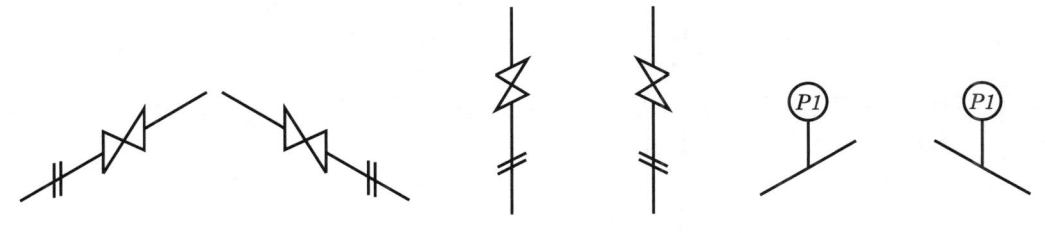

(a) 수평방향 배관　　　　(b) 연직방향 배관

[그림 4-50] 밸브, 플랜지, 배관 부속품 등의 입체적 표시방법

14 치수의 표시방법

(1) 일반원칙의 치수

원칙적으로 KS A 0113(제도에 있어서 치수의 기입방법)에 따라 기입한다.

(2) 관 치수의 표시방법

도시한 관에 관한 치수의 표시방법은 다음에 따른다.

① 관과 관의 간격([그림 4-51]의 (a) 참조), 구부러진 관의 구부러진 점으로부터 구부러진 점까지의 길이([그림 4-51]의 (b) 참조) 및 구부러진 반지름 각도([그림 4-51]의 (c) 참조)는 특히 지시가 없는 한 관의 중심에서의 치수를 표시한다.

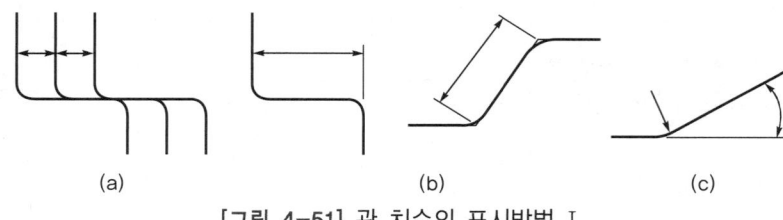

[그림 4-51] 관 치수의 표시방법 Ⅰ

② 특히 관의 바깥지름면으로부터의 치수를 표시할 필요가 있는 경우에는 관을 표시하는 선을 따라서 가늘고 짧은 실선을 그리고, 여기에 치수선의 말단 기호를 댄다. 이 경우 가는 실선을 붙인 쪽의 바깥지름면까지의 치수를 뜻한다([그림 4-52] 참조).

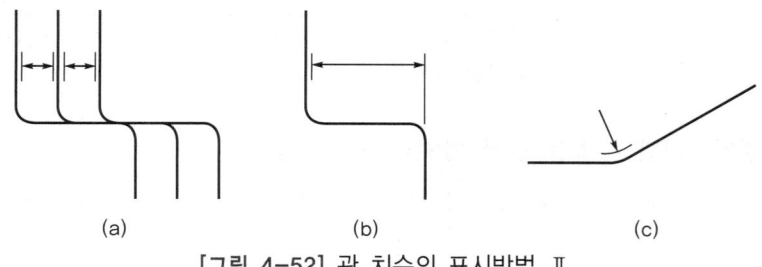

[그림 4-52] 관 치수의 표시방법 Ⅱ

③ 관의 결합부 및 끝부분으로부터의 길이는 그 종류에 따라 [표 4-12]에 표시하는 위치로부터의 치수로 표시한다.

[표 4-12] 결합부 및 끝부분의 위치

결합부·끝부분의 종류	그림기호	치수가 표시하는 위치
결합부 일반		결합부의 중심
용접식		용접부의 중심
플랜지식		플랜지면
관의 끝		관의 끝면
막힌 플랜지		관의 플랜지면
나사 박음식 캡 및 나사 박음식 플러그		관의 끝면
용접식 캡		관의 끝면

(3) 배관의 높이표시방법

배관의 기준으로 하는 면으로부터의 고저를 표시하는 치수는 관을 표시하는 선에 수직으로 댄 인출선을 사용하여 다음과 같이 표시한다.

① 관 중심의 높이를 표시할 때 기준으로 하는 면으로부터 위인 경우에는 그 치수값 앞에 '+'를, 기준으로 하는 면으로부터 아래인 경우에는 그 치수값 앞에 '-'를 기입한다([그림 4-53] 참조).

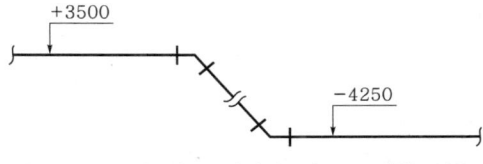

[그림 4-53] 관 중심의 높이로 표시할 경우

② 관 밑면의 높이를 표시할 필요가 있을 때는 ①의 방법에 따른 기준으로 하는 면으로부터의 고저를 표시하는 치수 앞에 글자기호 'BOP'를 기입한다([그림 4-54] 참조).
[비고] BOP는 'Bottom Of a Pipe'의 약자이다(ISO/DP 6412/1).

[그림 4-54] 관 밑면의 높이를 표시할 경우

(4) 관의 구배표시방법

관의 구배는 관을 표시하는 선의 위쪽을 따라 붙인 그림기호 '▷'(가는 선으로 그린다)와 구배를 표시하는 수치로 표시한다([그림 4-55] 참조). 이 경우 그림기호의 뾰족한 끝은 관의 높은 쪽으로부터 낮은 쪽으로 향해 그린다.

▷ 1 : 500	◁ 1/500	▷ 0.2%	◁ 3°
(a)	(b)	(c)	(d)

[그림 4-55] 관의 구배표시방법

P/A/R/T 05

전기 일반

Chapter 01 　직류회로
Chapter 02 　교류회로
Chapter 03 　3상 교류회로
Chapter 04 　전기와 자기
Chapter 05 　전기기기의 구조와 원리 및 운전
Chapter 06 　시퀀스제어
Chapter 07 　전기측정

Chapter 01 직류회로

01 전기의 본질

(1) 대전
어떤 물체가 전기를 띤 상태를 말한다.

(2) 전하
대전된 물체가 가지고 있는 전기를 말한다.

(3) 전하량
전하가 가지고 있는 전기의 양으로, 단위는 쿨롱(coulomb)이며 C을 사용한다. 1개의 전자는 1.602×10^{-19}C의 음의 전기량을 가진다.

02 전기회로의 전압·전류

(1) 전원과 부하
전류가 흐르는 통로를 전기회로(electric circuit) 또는 회로(circuit)라 하며, 회로에 전기에너지를 공급하는 원천을 전원(electric source)이라 하고 전원에서 전기를 공급받아 어떤 일을 하는 것을 부하(load)라 한다.

(2) 전류
전기는 양극에서 음극으로 흐르며, 이와 같은 전기의 이동을 전류라 한다. 전류의 단위는 암페어(ampere, A)이며, 그 크기는 1초 동안에 도체를 이동한 전기의 양으로 나타낸다.

① 전류 계산

$$I = \frac{Q}{t} [A]$$

여기서, Q : 전기량(coulomb, 쿨롱, C)
t : 시간(sec)

② 1A : 1초 동안에 1C의 전기량이 이동한 것을 말한다.

(3) 전압

물질의 전기적인 높이를 전위라 하고 전류는 높은 곳에서 낮은 곳으로 흐르며, 그 차를 전위차(전압)라 한다. 이들의 단위는 볼트(volt, V)이며, 그 크기는 1C의 전기량이 이동할 때 얼마만큼의 일을 할 수 있는가에 따라 결정된다.

어떤 도체에 Q[C]의 전기량이 이동하여 W[J]의 일을 했다면 이때의 전압 V는 다음과 같다.

$$V = \frac{W}{Q} [\text{V}]$$

여기서, W : 일의 양(J)
Q : 전기량(C)

즉, 1C의 전기량이 두 점 사이를 1J의 일을 할 때 이 두 점 사이의 전위차는 1V이다. 또 전지와 같이 전위차를 만들어 주는 힘을 기전력이라 한다.

03 옴의 법칙

(1) 전기저항(R)

전류의 흐름을 방해하는 작용을 전기저항 또는 저항(resistance)이라 하고, 단위는 옴(ohm, Ω)을 쓴다. 반대로 전류가 흐르기 쉬운 정도를 나타내는 것으로서 컨덕턴스라 하고, 단위는 모(mho, ℧)를 쓴다.

R[Ω]의 저항을 가진 어떤 물체의 컨덕턴스 G는 $G = \frac{1}{R}$[℧]로 표시된다. 도체의 전기저항을 계산하면

$$R = \rho \frac{l}{A} = \frac{l}{kA} [\Omega]$$

즉, 전기저항은 고유저항과 도체의 길이에 비례하고 단면적에 반비례한다.

① **고유저항** : 길이 1m, 단면적 1m^2의 물체의 저항을 물질에 따라 표시한 것을 그 물체의 고유저항이라 한다.

$$1\Omega \cdot \text{m} = 10^2 \Omega \cdot \text{cm} = 10^6 \Omega \cdot \text{mm}^2/\text{m}$$

② 도전율

$$K = \frac{1}{\rho} = \frac{1}{\frac{RA}{l}} = \frac{l}{RA} \, [\mho/m]$$

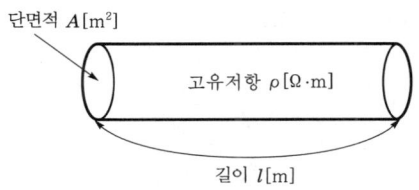

[그림 5-1] 전기저항

(2) 옴의 법칙(Ohm's law)

도선의 두 점 사이를 흐르는 전류의 세기는 그 두 점 사이의 전위차에 비례하고 전기저항에 반비례한다. 이것을 옴의 법칙이라 한다. 즉, 두 점 사이의 전압을 $E[V]$, 그 사이를 흐르는 전류를 $I[A]$, 저항을 $R[\Omega]$이라 하면 다음 식이 성립되며, 저항의 단위는 옴(ohm, Ω)이다.

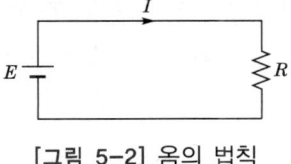

[그림 5-2] 옴의 법칙

$$I = \frac{E}{R} \, [A]$$

$$\therefore E = IR \, [V]$$

[표 5-1] 보조단위
전류, 전압, 저항 등의 기본단위에 대해서 실용적으로 더 큰 단위나 작은 단위

명칭	기호	배수	명칭	기호	배수
테라(tera)	T	10^{12}	피코(pico)	p	10^{-12}
기가(giga)	G	10^{9}	나노(nano)	n	10^{-9}
메가(mega)	M	10^{6}	마이크로(micro)	μ	10^{-6}
킬로(kilo)	K	10^{3}	밀리(milli)	m	10^{-3}

04 키르히호프의 법칙

(1) 키르히호프(Kirchhoff)의 제1법칙

회로망에 있어서 임의의 접속점으로 흘러들어오고 흘러나가는 전류의 대수합은 0이다. 즉, $\sum I = 0$이다. [그림 5-3]에서 $I_1 - I_2 + I_3 - I_4 - I_5 = 0$이다.

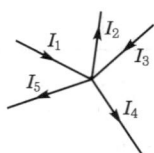

[그림 5-3] 키르히호프의 제1법칙

(2) 키르히호프의 제2법칙

회로망에서 임의의 한 폐회로의 각부를 흐르는 전류와 저항과의 곱의 대수합은 그 폐회로 중에 있는 모든 기전력의 대수합과 같다.

$$\sum IR = \sum E$$

[그림 5-4]의 ①의 폐회로에서는

$$I_1 R_1 + I_1 R_4 - I_2 R_2 = E_1 - E_2$$

[그림 5-4]의 ②의 폐회로에서는

$$I_2 R_2 + I_3 R_5 - I_3 R_3 = E_2 - E_3$$

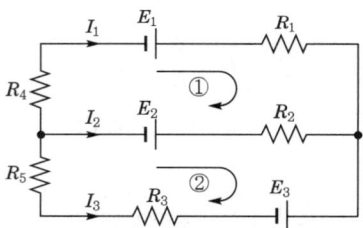

[그림 5-4] 키르히호프의 제2법칙

05 도체와 절연체

(1) 도체

전하가 이동하기 쉬운 물질, 즉 전류가 흐르기 쉬운 물질(금속, 염류, 전해용액)이다.

(2) 절연체(부도체)

전하의 이동을 허용하지 않는 물질, 즉 전류를 거의 통해 주지 않는 물질(공기, 도자기, 운모, 에보나이트, 유리, 고무)이다.

(3) 반도체

저온에서는 전류가 흐르기 힘들어 절연체와 같지만, 온도가 높아지면 도체와 같이 전류가 흐르기 쉬운 물질(셀렌, 게르마늄, 규소)이다.

06 저항접속

1) 직렬접속

$$V_1 = R_1 I [V], \quad V_2 = R_2 I [V]$$
$$V = V_1 + V_2 = R_1 I + R_2 I = (R_1 + R_2) I [V]$$

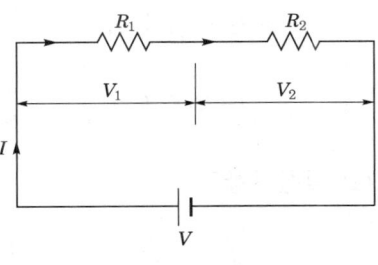

[그림 5-5] 직렬접속

(1) 합성저항

$$R_0 = R_1 + R_2 [\Omega]$$

(2) 전류

$$I = \frac{V}{R_1 + R_2} [A]$$

(3) 분압법칙(각 저항의 전압강하)

① $V_1 = R_1 I = R_1 \left(\dfrac{V}{R_1 + R_2} \right) = \left(\dfrac{R_1}{R_1 + R_2} \right) V [V]$

② $V_2 = R_2 I = R_2 \left(\dfrac{V}{R_1 + R_2} \right) = \left(\dfrac{R_2}{R_1 + R_2} \right) V [V]$

(4) 배율기

전압계의 측정범위를 확대하기 위해서 전압계와 직렬로 접속한 저항을 말한다.

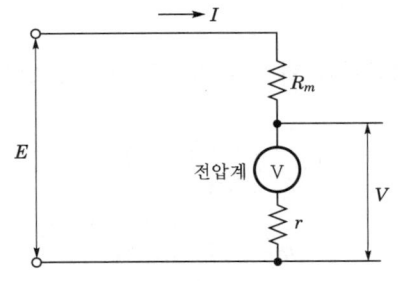

여기서, E : 측정할 전압(V)
V : 전압계의 눈금(V)
r : 전압계 내부저항(Ω)
R_m : 배율기 저항(Ω)

[그림 5-6] 배율기

전압계 전압 $V = \dfrac{r}{R_m + r}$ 에서 $\dfrac{E}{V} = \dfrac{R_m + r}{r} = 1 + \dfrac{R_m}{r}$ 이 된다.

즉, 전압계의 최대눈금의 $m = 1 + \dfrac{R_m}{r}$ 배까지의 전압을 측정할 수 있다.

이때 $m = \dfrac{E}{V} = 1 + \dfrac{R_m}{r}$ 을 배율기의 배율이라고 한다.

2) 병렬접속

$$I_1 = \dfrac{V}{R_1}[\text{A}], \quad I_2 = \dfrac{V}{R_2}[\text{A}]$$

$$I = I_1 + I_2 = \dfrac{V}{R_1} + \dfrac{V}{R_2} = \left(\dfrac{1}{R_1} + \dfrac{1}{R_2}\right)V[\text{A}]$$

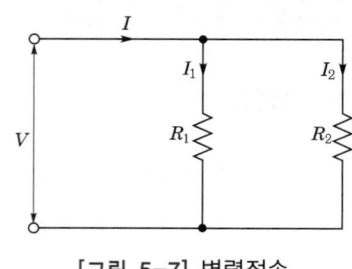

[그림 5-7] 병렬접속

(1) 합성저항

$$\dfrac{1}{R_0} = \dfrac{1}{R_2} + \dfrac{1}{R_2}[\Omega]$$

$$\therefore R_0 = \dfrac{1}{\dfrac{1}{R_1} + \dfrac{1}{R_2}} = \dfrac{R_1 R_2}{R_1 + R_2}[\Omega]$$

(2) 전전압

$$V = R_0 I = \left(\dfrac{R_1 R_2}{R_1 + R_2}\right)I[\text{V}]$$

(3) 분류법칙(각 저항에 흐르는 전류)

① $I_1 = \dfrac{V}{R_1} = \dfrac{1}{R_1}\left(\dfrac{R_1 R_2}{R_1 + R_2}\right)I = \left(\dfrac{R_2}{R_1 + R_2}\right)I[\text{A}]$

② $I_2 = \dfrac{V}{R_2} = \dfrac{1}{R_2}\left(\dfrac{R_1 R_2}{R_1 + R_2}\right)I = \left(\dfrac{R_1}{R_1 + R_2}\right)I[\text{A}]$

(4) 분류기

전류계의 측정범위를 확대하기 위해서 전류계와 병렬로 접속한 저항을 말한다.

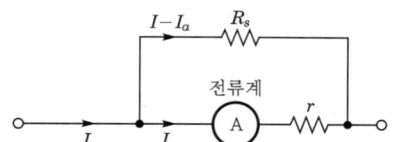

여기서, I : 측정할 전류값(A)
I_a : 전류계의 눈금(A)
r : 전압계 내부저항(Ω)
R_s : 분류기 저항(Ω)

[그림 5-8] 분류기

전류계에 흐르는 전류 $I_a = \left(\dfrac{R_s}{R_s+r}\right)I$ 이므로 분류기의 배율 $m = \dfrac{I}{I_a} = \dfrac{R_s+r}{R_s} = 1 + \dfrac{r}{R_s}$ 이 된다.

07 전력과 전력량

(1) 전력

1초 동안에 운반되는 전기에너지, 즉 전기가 하는 일을 전력이라 하고, 와트(watt, W)라는 단위로 표시한다.

$$P = \frac{W}{t} = \frac{Q}{t}\frac{W}{Q} = VI \,[\text{W}]$$

$R\,[\Omega]$의 저항에 전류 $I\,[\text{A}]$가 흐르고 그 양끝의 전압이 $E\,[\text{V}]$이면 저항에서 소비되는 전력 $P\,[\text{W}]$는

$$P = EI = I^2R = \frac{E^2}{R} \,[\text{W}]$$

기계적인 동력의 단위로는 마력을 사용하는 일이 많고, 와트와의 사이에는 다음과 같은 관계가 있다.

$$1\text{마력} = 1\text{HP} = 746\text{W} ≒ \frac{3}{4}\text{kW}$$

(2) 전력량

어느 일정 시간 동안의 전기에너지의 총량으로 전력을 $P\,[\text{W}]$, 시간을 $t\,[\text{s}]$, 전력량을 W라 하면

$$W = Pt = VIt\,[\text{W}\cdot\text{s}] = VIt\,[\text{J}]$$
$$1\text{kWh} = 10^3\text{Wh} = 10^3 \times 3{,}600\text{W}\cdot\text{s} = 3.6 \times 10^6 \text{J}$$

단위는 J보다 W·s로 표시하나, 실용적으로는 Wh 또는 kWh로 사용한다.

(3) 효율(η)

출력에너지와 입력에너지의 비로서, 손실로 에너지를 얼마나 잃었는지, 즉 얼마나 입력에너지가 유효하게 작용하는지를 나타내는 것을 말한다.

$$효율(\eta) = \frac{출력}{입력} \times 100 = \frac{입력 - 손실}{입력} \times 100 [\%]$$

08 전열

(1) 줄의 법칙

도선에 전류가 흐르면 열이 발생하게 되는데, 이 열은 저항과 전류의 제곱 및 흐른 시간에 비례한다. 이 법칙을 줄의 법칙(Joule's law)이라 한다.

열량 $H = 0.24 I^2 R t [\text{cal}]$, $W = Pt = I^2 R t [\text{J}]$

$1\text{J} = 0.24\text{cal}, \ 1\text{cal} = 4.186\text{J}$

(2) 전열의 발생

$P[\text{kW}]$의 전력을 $t[\text{시간}]$를 써서 발생하는 열량 Q는 1kWh = 860kcal이므로

$Q = 860 P t [\text{kcal}]$

(3) 열절연체와 전기절연체

전열기의 절연재료는 고온에서 잘 견디고 고온에서도 전기저항이 커야 한다. 석면(800℃), 유리(400℃), 운모(500~900℃), 사기, 내화벽돌 등은 열절연체이면서 전기절연체이다.

Chapter 02 교류회로

01 사인파 교류

1) 교류

(1) 정의

시간의 변화에 따라 크기와 방향이 주기적으로 변화하는 전류·전압을 교류전류, 교류전압이라 한다. 반대로 크기와 방향이 변화하지 않고 흐르는 방향이 일정한 것을 직류전류, 직류전압이라 한다.

(2) 사인파 교류의 발생원리 : 발전기

자장 안에 도체를 놓고 도체의 축을 회전시키면 자속을 도체가 끊으면서 기전력을 발생한다.

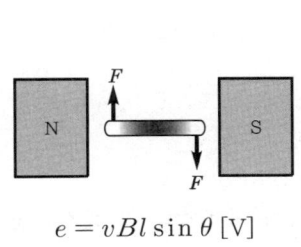

$e = vBl \sin \theta$ [V]

[그림 5-9] 플레밍의 오른손 법칙

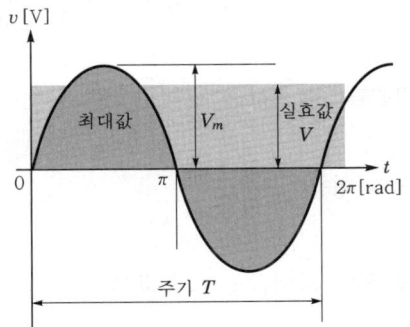

[그림 5-10] 사인파 교류

2) 주기와 주파수

① 주기(T) : 1주파의 변화에 요하는 시간을 주기라 한다. 단위는 sec이다.
② 주파수(f) : 1초 동안에 변화하는 주파의 수를 주파수라 한다. 단위는 Hz이다.
③ 주기와 주파수 사이의 관계 : $T = \dfrac{1}{f}$ [sec], $f = \dfrac{1}{T}$ [Hz]
④ 각주파수(ω) : 시간에 대한 각도의 변화율 $\omega = \dfrac{\theta}{t} = \dfrac{2\pi}{T} = 2\pi f$ [rad/s]

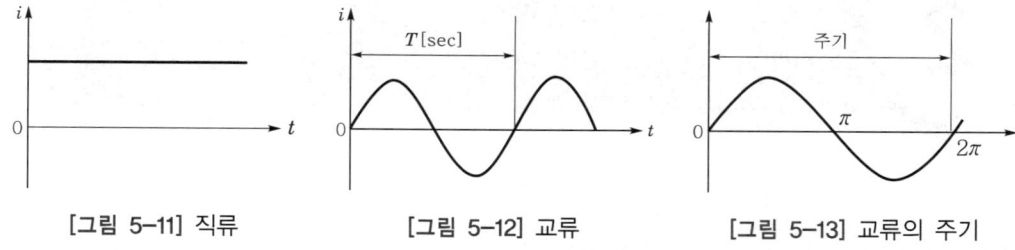

[그림 5-11] 직류　　　　[그림 5-12] 교류　　　　[그림 5-13] 교류의 주기

3) 평균값

교류의 순시값이 0이 되는 순간에서 다음 0으로 되기까지의 양(+)의 반주기에 대한 순시값의 평균을 평균값이라고 하며, 평균값 E_{av}와 최대값 E_m와의 사이에는

$$E_{av} = \frac{2}{\pi}E_m ≒ 0.637E_m [\text{V}]$$

의 관계가 있다.

4) 파고율과 파형률

파고율과 파형률은 교류의 파형(전압, 전류 등이 시간의 흐름에 따라 변화하는 모양)이 어떤 형태를 이루고 있는지를 분석하기 위하여 사용되는 것으로서 다음 식으로 구해진다.

① **파형률** : 실효값을 평균값으로 나눈 값으로, 파의 기울기 정도이다.

$$파형률 = \frac{실효값}{평균값}$$

② **파고율** : 최대값을 실효값으로, 나눈 값으로 파두(wave front)의 날카로운 정도이다.

$$파고율 = \frac{최대값}{실효값}$$

02 교류의 크기

(1) 순시값

교류는 시간에 따라 변하고 있으므로 임의의 순간에 있어서의 크기를 교류의 순시값이라고 한다.

$$V = V_m \sin \omega t \, [\text{V}]$$

여기서, V : 전압의 순시값
V_m : 전압의 최대값
ω : 각속도

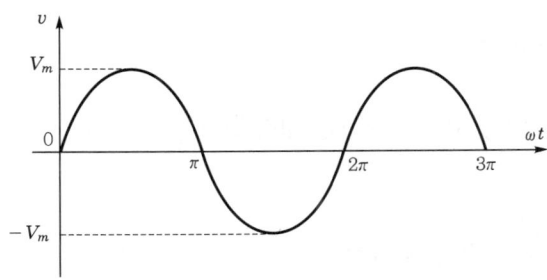

[그림 5-14] 교류의 순시값

(2) 실효값

교류의 크기를 그것과 같은 일을 하는 직류의 크기로 바꿔 놓은 값을 실효값이라 한다.
① 정의 : 일반적으로 사용되는 값으로, 교류의 순시값의 제곱에 대한 1주기 평균의 제곱근을 실효값(effective value)이라 한다.

$$I = \sqrt{i^2 \text{의 1주기 평균값}} \, [\text{A}]$$
$$V = \sqrt{v^2 \text{의 1주기 평균값}} \, [\text{V}]$$

사인파의 실효값 V는 최대값 V_m의 $\dfrac{1}{\sqrt{2}}$배, 즉 $V = \dfrac{1}{\sqrt{2}} V_m$이다.

② 실효값과 최대값과의 관계 : 사인파 전압의 순시값 v를 실효값 V를 사용하여 표시하면 다음과 같다.

$$v = V_m \sin \omega t \, [\text{V}]$$
$$v = \sqrt{2} \, V \sin \omega t \, [\text{V}]$$

03 사인파 교류와 벡터

(1) 회전벡터

① 크기 및 방향을 가진 양을 벡터량이라 하고, 크기만 가진 양을 스칼라량이라고 한다.
② 벡터량은 화살표로서 방향과 크기를 표시한다.

③ 벡터에는 정지벡터와 회전벡터가 있다.
④ 사인파 교류는 회전벡터로 표시할 수 있다.

(2) 정지벡터

다음과 같이 표시되는 교류는

$$v = 50\sqrt{2}\sin\omega t \, [\text{V}]$$

$i = 100\sqrt{2}\sin\left(\omega t + \dfrac{\pi}{3}\right)$[A]의 실효값 정지벡터의 표시는 각각 $\dot{V} = 50\underline{/0}$, $\dot{I} = 100\underline{/\dfrac{\pi}{3}}$ 로 표시한다.

(3) 사인파 교류의 벡터에 의한 계산법

① 벡터합의 계산

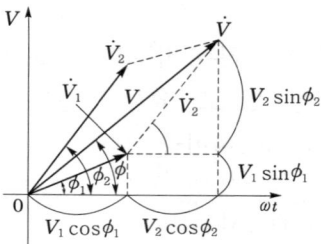

[그림 5-15] 벡터합의 계산

여기서 ϕ는 벡터합의 위상각(편각)이다.

$$V = \sqrt{(V_1\cos\phi_1 + V_2\cos\phi_2)^2 + (V_1\sin\phi_1 + V_2\sin\phi_2)^2}$$
$$= \sqrt{V_1^2 + V_2^2 + 2V_1V_2\cos\phi} \, [\text{V}]$$

여기서, ϕ : 위상차 $\left(= \tan^{-1}\dfrac{V_1\sin\phi_1 + V_2\sin\phi_2}{V_1\cos\phi_1 + V_2\cos\phi_2}\right)$(rad)

② 벡터차의 계산

$$V = \sqrt{(V_1\cos\phi_1 - V_2\cos\phi_2)^2 + (V_1\sin\phi_1 - V_2\sin\phi_2)^2}$$
$$= \sqrt{V_1^2 + V_2^2 - 2V_1V_2\cos\phi} \, [\text{V}]$$

여기서, ϕ : 위상차

04 교류회로의 복소수표시

(1) 개요

① 복소수의 일반표시

$$\dot{Z} = a + jb$$

여기서, a : 실수부, b : 허수부

② 허수단위 j의 값

$$j = \sqrt{-1},\ j^2 = -1,\ j^3 = j^2 \times j = -j,\ j^4 = j^2 \times j^2 = 1$$

③ 공액복소수 : 허수의 부호가 서로 다른 복소수이다. 즉, $\dot{Z} = a + jb$와 $\overline{\dot{Z}} = a - jb$는 서로 공액복소수이다.

(2) 벡터의 복소수표시

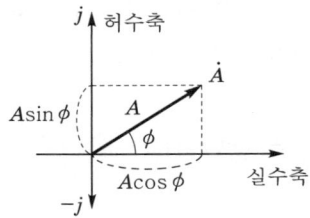

[그림 5-16] 벡터의 복소수표시

① 직각좌표표시

$$\dot{A} = a + jb,\ 절대값\ A = |\dot{A}| = \sqrt{a^2 + b^2},\ 편각\ \phi = \tan^{-1}\frac{b}{a}$$

② 극좌표표시 : $a = A\cos\phi,\ b = A\sin\phi$이므로

$$\dot{A} = A\cos\phi + jA\sin\phi = A(\cos\phi + j\sin\phi) = A\underline{/\phi}$$

③ 지수함수표시

$$\dot{A} = A\varepsilon^{j\phi} = A(\cos\phi + j\sin\phi)$$

여기서, ε : 자연로그의 밑수

(3) 복소수의 계산

① 복소수의 곱셈

$$\dot{A} = \dot{A}_1 \dot{A}_2 = (A_1 \underline{/\theta_1})(A_2 \underline{/\theta_2}) = A_1 A_2 \underline{/\theta_1 + \theta_2}$$

② 복소수의 나눗셈

$$\dot{A} = \frac{\dot{A}_1}{\dot{A}_2} = \frac{A_1 \underline{/\theta_1}}{A_2 \underline{/\theta_2}} = \frac{A_1}{A_2} \underline{/\theta_1 - \theta_2}$$

05 단상회로

1) 단일 소자회로의 전압과 전류

(1) 저항만의 회로

[그림 5-17]의 (a)와 같이 저항 $R[\Omega]$만의 회로에 교류전압 $v = \sqrt{2}\,V\sin\omega t[V]$의 기전력을 가하면 전류 $i[A]$는 다음과 같이 된다.

$$i = \frac{v}{R} = \frac{\sqrt{2}\,V\sin\omega t}{R} = \sqrt{2}\,I\sin\omega t[A]$$

여기서, $I = \dfrac{V}{R}[A]$

따라서 전압 v와 전류 i는 동상으로서 그 실효값 I는 옴의 법칙이 그대로 성립한다 ([그림 5-17]의 (b) 참조).

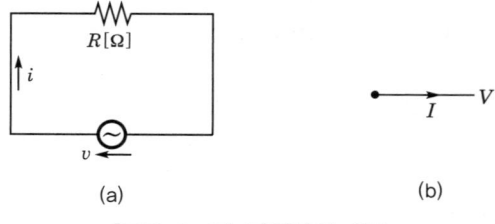

[그림 5-17] 저항만의 회로

(2) 인덕턴스만의 회로

인덕턴스 $L[\mathrm{H}]$의 회로에 교류전압 $v = \sqrt{2}\,V\sin\omega t[\mathrm{V}]$의 기전력을 가하면 전류 i는

$$i = \sqrt{2}\,I\sin\left(\omega t - \frac{\pi}{2}\right)[\mathrm{A}]$$

여기서, $I = \dfrac{V}{\omega L} = \dfrac{V}{X_L}[\mathrm{A}]$

X_L : 유도리액턴스$(=\omega L = 2\pi f L)(\Omega)$

전류가 전압보다 $\dfrac{\pi}{2}$[rad]만큼 뒤진다([그림 5-18]의 (b) 참조).

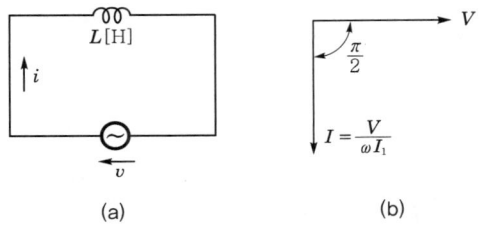

[그림 5-18] 인덕턴스만의 회로

(3) 정전용량만의 회로

정전용량 $C[\mathrm{F}]$의 콘덴서에 $v = \sqrt{2}\,V\sin\omega t[\mathrm{V}]$의 교류전압을 가하면 전류 i는

$$i = \sqrt{2}\,I\sin\left(\omega t + \frac{\pi}{2}\right)[\mathrm{A}]$$

여기서, $I = \dfrac{V}{\dfrac{1}{\omega C}} = \dfrac{V}{X_C}[\mathrm{A}]$

X_C : 용량리액턴스$\left(=\dfrac{1}{\omega C} = \dfrac{1}{2\pi f C}\right)(\Omega)$

전류가 전압보다 $\dfrac{\pi}{2}$[rad]만큼 앞선다([그림 5-18]의 (b) 참조).

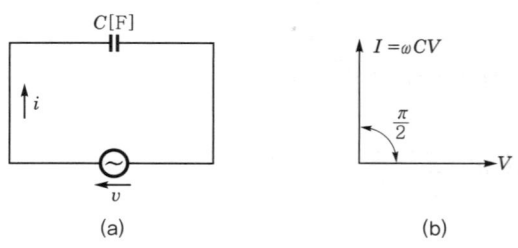

[그림 5-19] 정전용량만의 회로

2) 교류회로의 기호법표시

(1) R만의 회로

저항 $R[\Omega]$의 회로에 전압 $\dot{V}[V]$를 가할 때 흐르는 전류를 $\dot{I}[A]$라 하면

$$\dot{I} = \frac{\dot{V}}{R}, \quad \dot{V} = R\dot{I}$$

(2) L만의 회로

$$\dot{I} = \frac{\dot{V}}{j\omega L} = -j\frac{\dot{V}}{\omega L} = -j\frac{\dot{V}}{X_L}$$

$\dot{I}$는 $\dot{V}$보다 $\frac{\pi}{2}$[rad]만큼 뒤진다.

(3) C만의 회로

$$\dot{I} = \frac{\dot{V}}{-j\frac{1}{\omega C}} = j\omega C\dot{V} = j\frac{\dot{V}}{X_C}$$

$\dot{I}$는 $\dot{V}$보다 $\frac{\pi}{2}$[rad]만큼 앞선다.

06 $R-L-C$의 직·병렬회로

(1) $R-L$ 직렬회로

① R 양단 전압

$$V_R = IR[V]$$

V_R은 전류 I와 동상이다.

② L 양단 전압

$$V_L = X_L I = \omega L I [\text{V}]$$

V_L은 전류 I보다 $\dfrac{\pi}{2}$[rad]만큼 앞선 위상이다.

③ 전압

$$V = \sqrt{V_R^2 + V_L^2} = I\sqrt{R^2 + X_L^2} = I\sqrt{R^2 + (\omega L)^2}\,[\text{V}]$$

④ 전류

$$I = \dfrac{V}{\sqrt{R^2 + X_L^2}}\,[\text{A}]$$

⑤ 위상차

$$\theta = \tan^{-1}\dfrac{X_L}{R} = \tan^{-1}\dfrac{\omega L}{R}\,[\text{rad}]$$

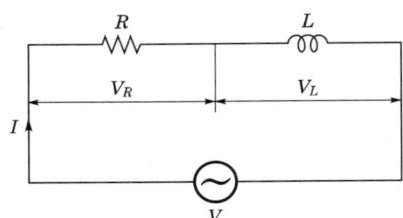

[그림 5-20] 직렬회로

⑥ 임피던스 : 교류에서 전류의 흐름을 방해하는 R, L, C의 벡터적인 합을 말한다.

$$Z = \sqrt{R^2 + (\omega L)^2}\,[\Omega]$$

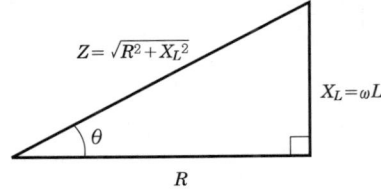

[그림 5-21] 임피던스삼각형

⑦ 전류는 전압보다 θ[rad]만큼 위상이 뒤진다.

(2) $R-L$ 병렬회로

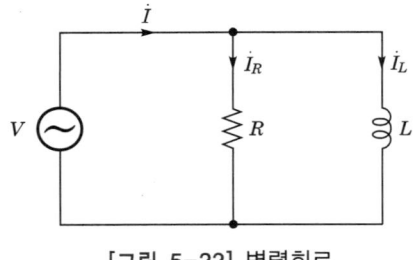

[그림 5-22] 병렬회로

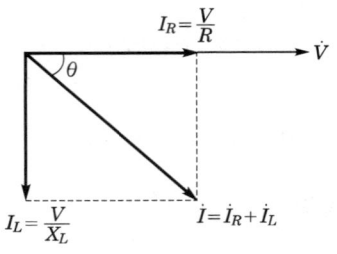

[그림 5-23] 벡터도

① 전류

$$I = \sqrt{I_R^2 + I_L^2} = \sqrt{\left(\frac{V}{R}\right)^2 + \left(\frac{V}{\omega L}\right)^2} = \sqrt{\left(\frac{1}{R}\right)^2 + \left(\frac{1}{\omega L}\right)^2}\ V[\text{A}]$$

② 어드미턴스

$$Y = \sqrt{\left(\frac{1}{R}\right)^2 + \left(\frac{1}{\omega L}\right)^2}\ [\mho]$$

③ 위상차

$$\theta = \tan^{-1}\frac{R}{\omega L}$$

07 직렬공진과 병렬공진

(1) 직렬공진

① 공진조건 : $\dot{Z} = R + j\left(\omega L - \dfrac{1}{\omega C}\right) = R + jX[\Omega]$에서 $X=0$, 즉 $\omega L = \dfrac{1}{\omega C}$이면 Z가 최소가 되고 I는 최대가 된다.

② 공진임피던스

$$Z = R[\Omega]$$

③ 공진 시 전류

$$I_0 = \frac{V}{R}\ [\text{A}]$$

④ 직렬공진 시 임피던스와 전류 : 직렬공진일 때 임피던스 $Z = R$이 되어 임피던스는 최소, 전류는 최대가 된다.
⑤ 공진주파수

$$f_0 = \frac{1}{2\pi\sqrt{LC}}\,[\text{Hz}]$$

⑥ 공진곡선 : 공진회로에서 주파수에 대한 전류변화를 나타낸 곡선을 말한다.

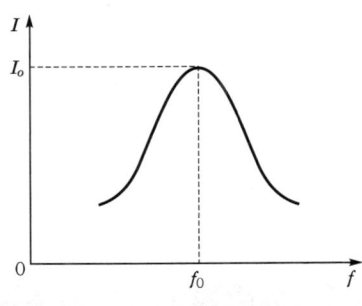

[그림 5-24] 직렬공진곡선

⑦ 선택도 : 회로에서 원하는 주파수와 원하지 않는 주파수를 분리하는 것을 말한다.

$$Q = \frac{1}{R}\sqrt{\frac{L}{C}}$$

(2) 병렬공진

① 공진조건 : 어드미턴스의 허수부가 0이 되는 경우이며, Z가 무한대가 되고 I는 최소가 된다.
② 공진어드미턴스

$$Y = \frac{1}{R}\,[\mho]$$

③ 공진주파수

$$f_0 = \frac{1}{2\pi\sqrt{LC}}\,[\text{Hz}]$$

08 전력과 역률

(1) 유효전력

$$P = EI\cos\theta = I^2 R = \frac{V^2}{R}\,[\text{W}]$$

(2) 무효전력

$$P_r = EI\sin\theta = I^2 X = \frac{V^2}{X}\,[\text{Var}]$$

(3) 피상전력

$$P_a = EI = I^2 Z$$

> **참조** 유효·무효·피상전력의 관계
>
> $P^2 + P_r^2 = (EI)^2(\cos^2\theta + \sin^2\theta) = (EI)^2 = P_a^2$
> $\therefore P_a = \sqrt{P^2 + P_r^2}$

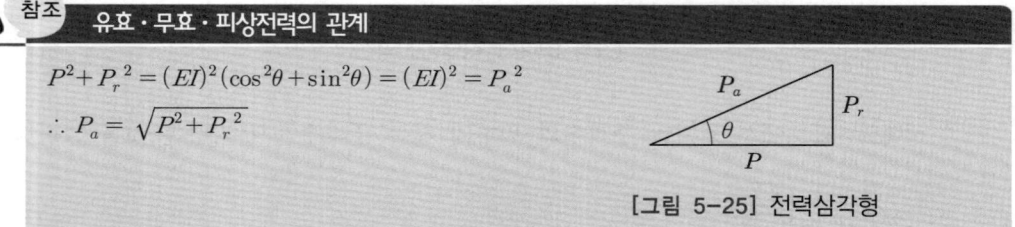

[그림 5-25] 전력삼각형

(4) 역률

$$\cos\theta = \frac{P}{P_a} = \frac{R}{Z}$$

(5) 무효율

$$\sin\theta = \frac{P_r}{P_a} = \frac{X}{Z}$$

(6) 복소전력

$$\dot{P_a} = \overline{E}\dot{I} = P \pm jP_r\,[\text{VA}]$$

$$P_a = |\dot{P_a}| = \sqrt{P^2 + P_r^2}\,[\text{VA}]$$

여기서, $+P_r$: 앞선 전류의 무효전력(용량성 부하)
$-P_r$: 뒤진 전류의 무효전력(유도성 부하)

Chapter 03 3상 교류회로

01 3상 교류

1) 3상 교류의 발생

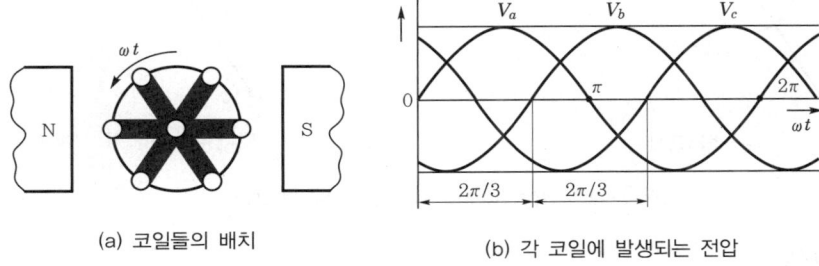

(a) 코일들의 배치   (b) 각 코일에 발생되는 전압

[그림 5-26] 3상 교류의 발생

(1) 3상 교류

주파수가 동일하고 위상이 $\frac{2\pi}{3}$[rad]만큼씩 다른 3개의 파형을 말한다.

(2) 상(phase)

3상 교류를 구성하는 각 단상 교류이다.

(3) 상순

3상 교류에서 발생하는 전압들이 최대값에 도달하는 순서이다.

2) 3상 교류의 순시값표시

(1) 3상 교류의 순시값

$$V_a = \sqrt{2}\, V\sin\omega t\,[\text{V}]$$
$$V_b = \sqrt{2}\, V\sin\left(\omega t - \frac{2\pi}{3}\right)[\text{V}]$$
$$V_c = \sqrt{2}\, V\sin\left(\omega t - \frac{4\pi}{3}\right)[\text{V}]$$

(2) 대칭 3상 교류

크기가 같고 서로 $\frac{2\pi}{3}$[rad]만큼의 위상차를 가지는 3상 교류이다.

3) 3상 교류의 벡터표시
(1) 벡터표시

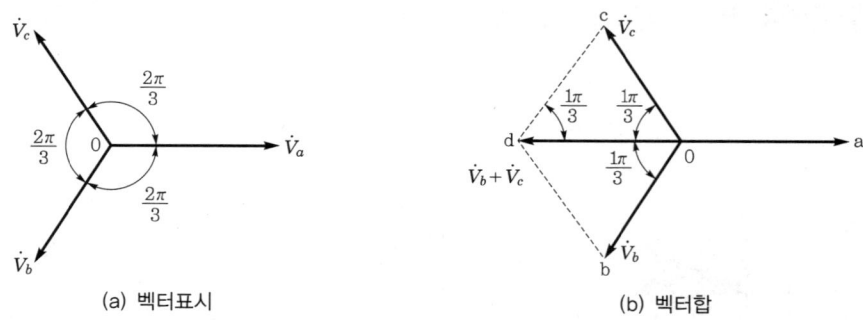

(a) 벡터표시   (b) 벡터합

[그림 5-27] 3상 교류의 벡터표시 및 벡터합

(2) 전압의 벡터합

$$\dot{V}_a + \dot{V}_b + \dot{V}_c = 0$$

(3) 기호법에 의한 대칭 3상 교류의 표시

① 기호법에 의한 표시 : 사인파 교류를 복소수로 나타내어 교류회로를 계산하는 방법

$$\dot{V}_a = V[\text{V}]$$
$$\dot{V}_b = V\left(-\frac{1}{2} - j\frac{\sqrt{3}}{2}\right)[\text{V}]$$
$$\dot{V}_c = V\left(-\frac{1}{2} + j\frac{\sqrt{3}}{2}\right)[\text{V}]$$

② 극좌표표시

$$\dot{V}_a = V\underline{/0}[\text{V}], \quad \dot{V}_b = V\underline{/-\frac{2\pi}{3}}[\text{V}], \quad \dot{V}_c = V\underline{/-\frac{4\pi}{3}}[\text{V}]$$

02 3상 결선과 전압·전류

1) 성형결선(Y결선)

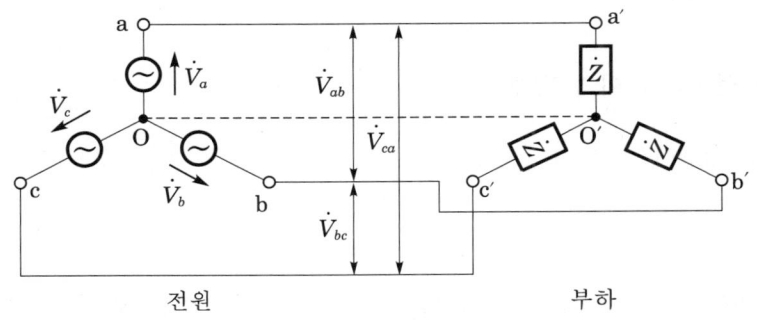

[그림 5-28] 성형결선

(1) 상전압

각 상에 걸리는 전압을 말한다.

(2) 선간 전압

부하에 전력을 공급하는 선들 사이의 전압을 말한다.

(3) 상전압과 선간 전압의 관계

선간 전압이 상전압보다 $\dfrac{\pi}{6}(=30°)$만큼 앞선다.

(4) 선간 전압의 크기

선간 전압을 $V_l[\text{V}]$, 상전압을 $V_p[\text{V}]$라 하면

$$V_l = \sqrt{3}\, V_p [\text{V}]$$

2) 환상결선(Δ결선)

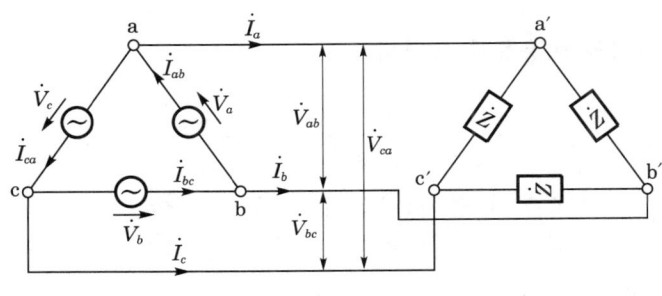

[그림 5-29] 환상결선

(1) 상전압(V_p)과 선간 전압(V_l) 사이의 관계

$$\dot{V}_a = \dot{V}_{ab},\ \dot{V}_b = \dot{V}_{bc},\ \dot{V}_c = \dot{V}_{ca}$$
$$\therefore \dot{V}_l = \dot{V}_p$$

(2) 상전류와 선전류 사이의 관계

$$I_l = \sqrt{3}\,I_p$$

3) V결선

Δ결선의 3상 회로에서 한 상의 기전력 또는 임피던스가 없는 경우를 V결선이라 한다.

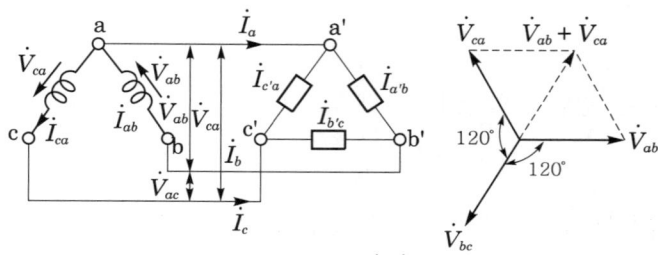

[그림 5-30] V결선

(1) V결선의 출력

V결선의 출력은

$$P_v = \sqrt{3}\,EI\cos\theta\,[\text{W}]$$

또한 피상전력 P_a 및 무효전력 P_r은

$$P_a = \sqrt{3}\,EI$$
$$P_r = \sqrt{3}\,EI\sin\theta$$

(2) V결선 변압기의 이용률과 출력비

$$이용률(U) = \frac{V결선으로서의\ 용량}{2대의\ 허용용량} = \frac{\sqrt{3}\,EI}{2EI} = 0.867$$

$$출력비 = \frac{V결선의\ 출력(변압기\ 2대)}{\Delta결선의\ 출력(변압기\ 3대)} = \frac{\sqrt{3}\,EI}{3EI} ≒ 0.577$$

즉, 변압기를 V결선으로 하였을 때 출력은 57.7%로 감소된다.

03 △부하와 Y부하의 변환

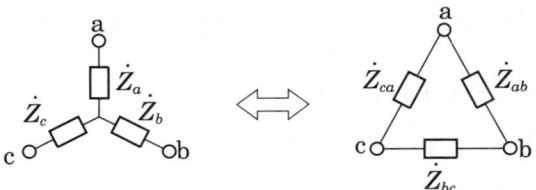

[그림 5-31] △부하와 Y부하의 변환

(1) △부하를 Y부하로 환산

$$\dot{Z}_a = \frac{\dot{Z}_{ab}\dot{Z}_{ca}}{\dot{Z}_{ab}+\dot{Z}_{bc}+\dot{Z}_{ca}}\,[\Omega]$$

$$\dot{Z}_b = \frac{\dot{Z}_{bc}\dot{Z}_{ab}}{\dot{Z}_{ab}+\dot{Z}_{bc}+\dot{Z}_{ca}}\,[\Omega]$$

$$\dot{Z}_c = \frac{\dot{Z}_{ca}\dot{Z}_{bc}}{\dot{Z}_{ab}+\dot{Z}_{bc}+\dot{Z}_{ca}}\,[\Omega]$$

만일, $\left.\begin{array}{l}\dot{Z}_a=\dot{Z}_b=\dot{Z}_c=\dot{Z}_Y \\ \dot{Z}_{ab}=\dot{Z}_{bc}=\dot{Z}_{ca}=\dot{Z}_\Delta\end{array}\right\}$ 이면 $\dot{Z}_Y = \dfrac{\dot{Z}_\Delta}{3}$

(2) Y부하를 △부하로 환산

$$\dot{Z}_{ab} = \frac{\dot{Z}_a\dot{Z}_b+\dot{Z}_b\dot{Z}_c+\dot{Z}_c\dot{Z}_a}{\dot{Z}_c}\,[\Omega]$$

$$\dot{Z}_{bc} = \frac{\dot{Z}_a\dot{Z}_b+\dot{Z}_b\dot{Z}_c+\dot{Z}_c\dot{Z}_a}{\dot{Z}_a}\,[\Omega]$$

$$\dot{Z}_{ca} = \frac{\dot{Z}_a\dot{Z}_b+\dot{Z}_b\dot{Z}_c+\dot{Z}_c\dot{Z}_a}{\dot{Z}_b}\,[\Omega]$$

만일, $\left.\begin{array}{l}\dot{Z}_a=\dot{Z}_b=\dot{Z}_c=\dot{Z}_Y \\ \dot{Z}_{ab}=\dot{Z}_{bc}=\dot{Z}_{ca}=\dot{Z}_\Delta\end{array}\right\}$ 이면 $\dot{Z}_\Delta = 3\dot{Z}_Y$

04 3상 전력

3상의 전력 P는 Y결선 또는 Δ결선일지라도 전력 P[W]는 같다.

$$P = 3E_p I_p \cos\theta = \sqrt{3}\, E_l I_l \cos\theta\, [\text{W}]$$

3상 무효전력 $P_r = \sqrt{3}\, E_l I_l \sin\theta$

3상 피상전력 $P_a = \sqrt{3}\, E_l I_l$

$$\therefore P_a = 3E_p I_p = \sqrt{3}\, E_l I_l = \sqrt{P^2 + P_r^{\,2}}$$

Chapter 04 전기와 자기

01 정전기와 콘덴서

1) 정전기의 성질

(1) 대전

유리막대를 옷감에 마찰시키면 종이 같은 가벼운 물체를 끌어당긴다는 것은 이미 알고 있다. 이것은 유리와 옷감에 전기가 생긴 것으로서, 이러한 경우 유리막대와 옷감은 대전되었다고 한다.

(2) 전기량 또는 전하

대전한 전기의 양을 전기량 또는 전하라 하며, 같은 부호의 전하끼리는 서로 반발하고, 다른 부호의 전하끼리는 흡인한다.

(3) 쿨롱의 법칙

두 점전하 사이에 작용하는 정전력의 크기는 두 전하(전기량)의 곱에 비례하고, 전하 사이의 거리의 제곱에 반비례한다.

$$F = \frac{1}{4\pi\varepsilon_o}\frac{Q_1 Q_2}{\varepsilon_s r^2} = 9\times 10^9 \frac{Q_1 Q_2}{\varepsilon_s r^2} \text{[N]}$$

여기서, F : 정전력(N)
Q_1, Q_2 : 전기량(C)
r : 두 전하 사이의 거리(m)
ε_o : 진공의 유전율($= 8.85 \times 10^{-12}$F/m)
ε_s : 비유전율(진공 중에서 1, 공기 중에서 약 1)

$$\varepsilon_o \mu_o = \frac{1}{C^2}$$

여기서, μ_o : 진공의 투자율(H/m)
C : 빛의 속도($= 3\times 10^8$m/s)

(4) 정전유도

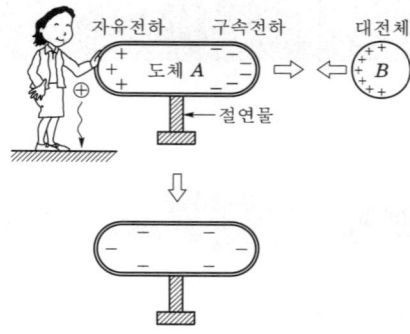

[그림 5-32] 자유전하와 구속전하

대전하지 않은 물체에 대전체를 가까이 하면 대전체에 가까운 끝에 대전체와는 다른 종류의 전하가 모이고 먼 끝에는 같은 종류의 전하가 나타나는데, 이와 같은 현상을 정전유도라 한다.

2) 전장

(1) 전장의 세기

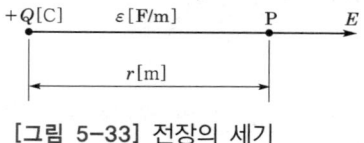

[그림 5-33] 전장의 세기

$$E = \frac{1}{4\pi\varepsilon_o} \frac{Q}{\varepsilon_s r^2} = 9 \times 10^9 \frac{Q}{\varepsilon_s r^2} \text{[V/m]}$$

$$F = EQ \text{[N]}$$

여기서, E : 전장의 세기(V/m)
        Q : 전기량(C)
        r : 전하로부터의 거리(m)

(2) 전기력선의 성질

① 양전하에서 나와 음전하에서 끝난다.
② 전기력선의 접선방향이 전장의 방향이다.
③ 전기력선에 수직한 단면적 1m²당 전기력선의 수가 그곳의 전장의 세기와 같다.

(3) 가우스의 정리

전체 전하량 $Q[C]$을 둘러싼 폐곡면을 통하고 밖으로 나가는 전기력선의 총수 N은 $\dfrac{Q}{\varepsilon}$개, 즉 $\dfrac{Q}{\varepsilon_o \varepsilon_s}$개이다.

(4) 전장의 계산

① 균일하게 대전한 구에 의한 전장

$$E = \frac{Q}{4\pi\varepsilon_o \varepsilon_s r^2} [\text{V/m}]$$

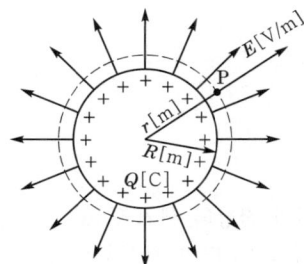

[그림 5-34] 대전한 구에 의한 전장

② 균일하게 대전한 무한히 긴 원통에 의한 전장

$$E = \frac{Q_1}{2\pi r \varepsilon_o \varepsilon_s} [\text{V/m}]$$

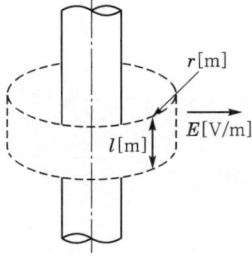

[그림 5-35] 대전한 무한히 긴 원통에 의한 전장

③ 균일하게 대전한 무한히 넓은 평면에 의한 전장

$$E = \frac{\sigma}{2\varepsilon_o \varepsilon_s} [\text{V/m}]$$

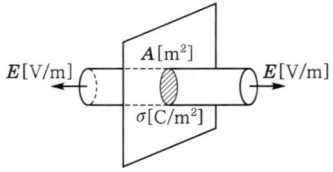

[그림 5-36] 무한히 넓은 평면에 의한 전장

④ 균일하게 대전한 무한히 넓은 평행판에 의한 전장

$$E = \frac{\sigma}{\varepsilon_o \varepsilon_s} [\text{V/m}]$$

⑤ 대전한 도체 표면의 전장

$$E = \frac{\sigma}{\varepsilon_o \varepsilon_s} [\text{V/m}]$$

여기서, E : r점에 있어서의 전장의 세기(V/m)
r : 도체구의 중심으로부터의 거리(m)
Q : 대전한 구의 전기량(C)
Q_1 : 원통길이 1m당 전하(C/m)
σ : 면적 1m²당 전하(C/m²)

(5) 전속

$Q[\text{C}]$의 전하에서 $Q[\text{C}]$의 전속이 나온다.

$$D = \frac{Q}{4\pi r^2} = \varepsilon E = \varepsilon_o \varepsilon_s E \, [\text{C/m}^2]$$

여기서, D : 전속밀도(C/m²)
r : 구의 반지름(m)
E : 전장의 세기(V/m)
Q : 전기량(C)

(6) 콘덴서의 접속

① 병렬접속 : $C = C_1 + C_2 + C_3 + \cdots + C_n [\text{F}]$

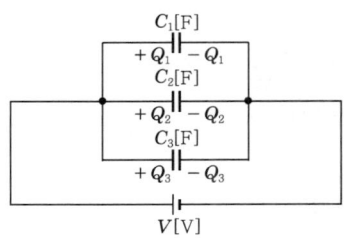

[그림 5-37] 콘덴서의 병렬접속

② 직렬접속 : $C = \dfrac{1}{\dfrac{1}{C_1} + \dfrac{1}{C_2} + \dfrac{1}{C_3} + \cdots + \dfrac{1}{C_n}}$ [F]

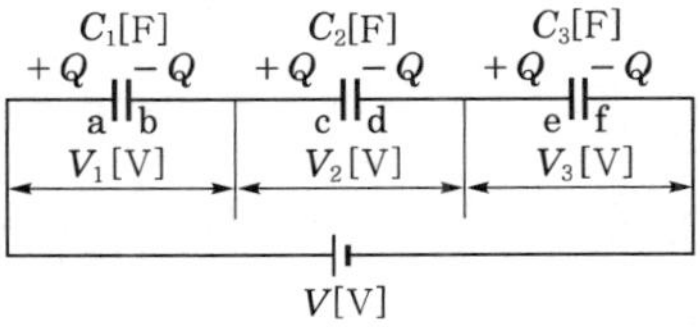

[그림 5-38] 콘덴서의 직렬접속

(7) 콘덴서에 저축되는 에너지

$$W = \frac{1}{2}VQ = \frac{1}{2}CV^2 \text{[J]}$$

단위체적당 저장되는 에너지 $W = \dfrac{1}{2}ED = \dfrac{1}{2}\varepsilon_o \varepsilon_s E^2 \text{[J/m}^3\text{]}$

여기서, C : 정전용량(F)
Q : 전기량(C)
V : 전위차(V)
E : 전장의 세기(V/m)
D : 전속밀도(C/m²)

02 자기

1) 자석에 의한 자기현상

(1) 자성체

자장에 의하여 자화되는 물체를 말한다.

① 상자성체
  ㉠ 자성체가 자석과 다른 자극으로 자화되는 물질
  ㉡ Al, Pt, Sn, Ir, O, 공기
② 반자성체
  ㉠ 자극으로 자화되는 물질
  ㉡ Bi, C, P, Au, Ag, Cu, Sb, Zn, Pb, Hg, H, N, Ar, H_2SO_4, HCl
③ 강자성체 : Ni, Co, Mn, Fe

(2) 분자자석설

물질은 많은 분자자석(작은 영구자석)의 임의배열로 구성되어 있으나, 자화되면 자장의 방향으로 규칙적으로 배열되어 자기적 성질을 나타낸다(1852년 Weber의 학설).

(3) 쿨롱의 법칙

두 자극 간에 작용하는 힘 F는 각 자극의 세기 m_1, m_2의 곱에 비례하고, 자극 간의 거리 r의 제곱에 반비례한다.

$$F = K \frac{m_1 m_2}{r^2} = \frac{1}{4\pi\mu} \frac{m_1 m_2}{r^2} = 6.33 \times 10^4 \frac{m_1 m_2}{\mu_s r^2} \, [\text{N}]$$

여기서, μ : 투자율($=\mu_o \mu_s$)(H/m)
  μ_o : 진공의 투자율($=4\pi \times 10^{-7}$ H/m)
  μ_s : 비투자율(진공 중에서는 1)

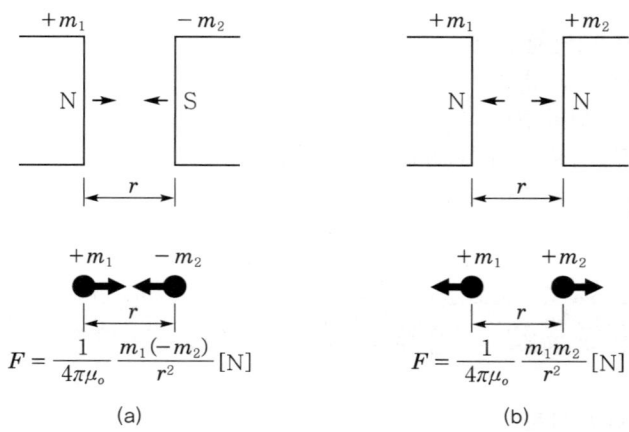

[그림 5-39] 쿨롱의 법칙

(4) 자장의 세기

$$H = \frac{1}{4\pi\mu_o}\frac{m_1}{r^2} = 6.33 \times 10^4 \frac{m_1}{r^2} \text{ [AT/m]}$$

$$F = m_2 H \text{ [N]}$$

총 자력선 수 $N = 4\pi r^2 H = 4\pi r^2 \dfrac{m}{4\pi\mu_o r^2} = \dfrac{m}{\mu_o} = \dfrac{10^7}{4\pi} m$

(5) 자기모멘트

① 자기모멘트

$$M = ml \text{ [Wb·m]}$$

② 자석의 토크

$$T = MH\sin\theta \text{ [N·m]}$$

③ 지구 자기의 3요소 : 편각, 복각, 수평분력

(6) 자속과 자속밀도

① 자속 : m[Wb]자극(자하)이 이동할 수 있는 선을 가상으로 그려 놓은 선자극에서 나오는 전체의 자기력선의 수를 말한다. 기호는 ϕ이고, 단위는 Wb이다. 자석의 내부를 통과하는 자화선 수와 자속 수는 같다.

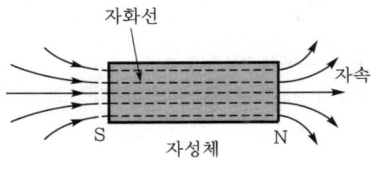

[그림 5-40] 자성체

② **자속밀도** : 자속의 방향에 수직인 단위면적 1m^2를 통과하는 자속 수(크기)를 말한다.

$$B = \frac{\phi}{A} = \frac{\phi}{4\pi r^2} \text{ [Wb/m}^2\text{]}$$

자속밀도와 자기장의 관계는 다음과 같다.

$$B = \mu H = \mu_0 \mu_s H \text{ [Wb/m}^2\text{]}$$

2) 전류에 의한 자기현상

(1) 전류에 의한 자장의 발생과 방향

앙페르의 오른나사법칙(Ampere's right-handed screw rule)은 전류에 의한 자기장의 방향을 결정하는 법칙이다.

① **전류의 방향** : 오른나사의 진행방향
② **자기장의 방향** : 오른나사의 회전방향
③ 전선에 전류가 흐르면 주위에 자기장이 발생하는데, 전류의 방향을 나사의 진행방향으로 하면 나사의 회전방향이 자기장의 방향이 된다.

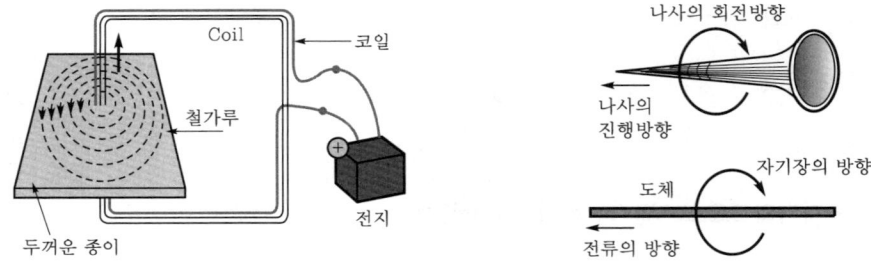

[그림 5-41] 앙페르의 오른나사법칙

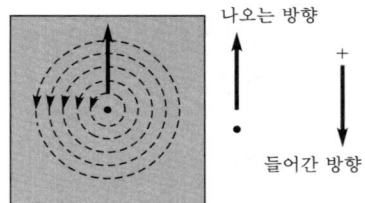

[그림 5-42] 전류에 의한 자장의 방향

(2) 전류에 의한 자장의 세기

① 직선전류에 의한 자장의 세기

$$H = \frac{I}{2\pi r} [\text{AT/m}]$$

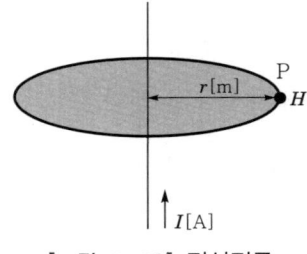

[그림 5-43] 직선전류

② 원형 코일의 중심 자장의 세기

$$H = \frac{NI}{2r} [\text{AT/m}]$$

③ 환상 솔레노이드 내부의 자장의 세기

$$H = \frac{NI}{l} = \frac{NI}{2\pi r} [\text{AT/m}]$$

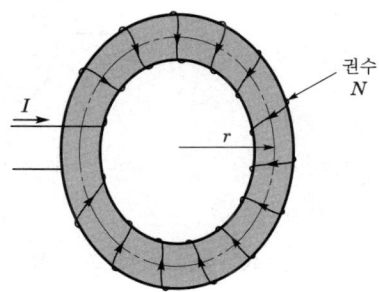

[그림 5-44] 환상 솔레노이드

3) 전자유도

(1) 전자유도현상

코일에 전류를 흘려주면 자속이 발생하는데, 자속의 변화에 따라 기전력이 발생하는 현상을 말한다. 크기를 정의한 것은 패러데이법칙이고, 방향을 정의한 것은 렌츠의 법칙이다.

① **패러데이의 전자유도법칙** : 자속변화에 의한 유도기전력의 크기를 결정하는 법칙이다. 유도기전력의 크기는 권선 수가 N[T]이라면 e = 코일의 권수×매초 변화하는 자속 이다.

$$e = N \frac{d\phi}{dt} [\text{V}]$$

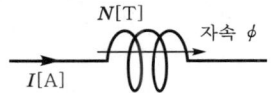

[그림 5-45] 유도기전력의 크기

② 렌츠의 법칙
　㉠ 자속변화에 의한 유도기전력의 방향 결정, 즉 유도기전력은 자신의 발생원인이 되는 자속의 변화를 방해하려는 방향으로 발생한다.

ⓛ 유도기전력은 코일을 지나는 자속이 증가될 때에는 자속을 감소시키는 방향으로, 또 감소될 때에는 자속을 증가시키는 방향으로 발생한다.

$$e = -N\frac{d\phi}{dt}[V]$$

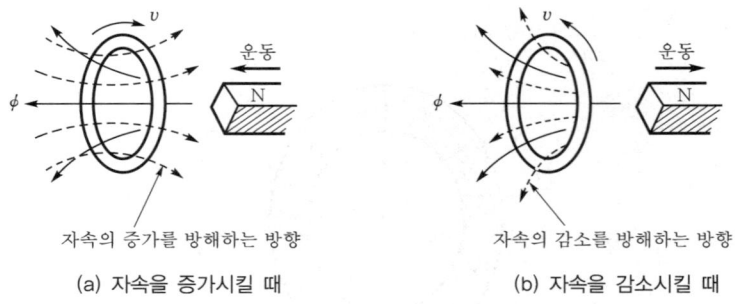

(a) 자속을 증가시킬 때   (b) 자속을 감소시킬 때

[그림 5-46] 유도기전력의 방향

(2) 발전기에 의한 기전력의 크기와 방향

① 자장 내에 도체를 놓고 회전을 시키면 도체가 자속을 끊어주면서 기전력을 발생한다.
② 플레밍(Flemming)의 오른손법칙 : 도체운동에 의한 유도기전력의 방향을 결정하는 법칙이다.
  ㉠ 엄지 : 도체의 운동방향(V[m/s])
  ㉡ 검지 : 자기장의 방향(B[Wb/m^2])
  ㉢ 중지 : 유도기전력의 방향(e[V])

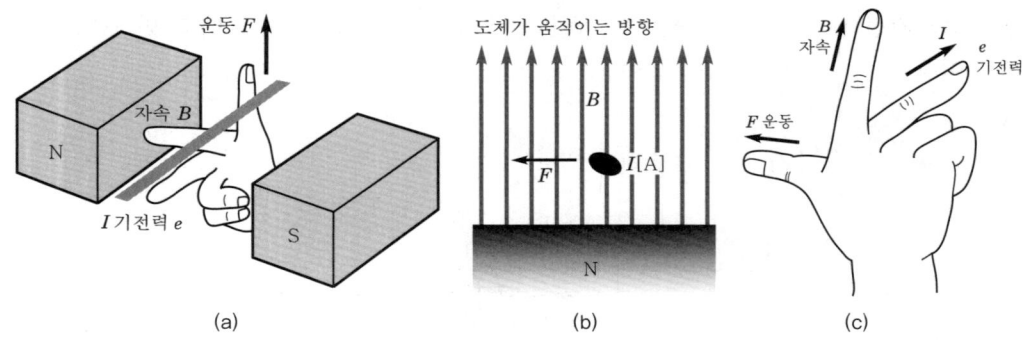

[그림 5-47] 플레밍의 오른손법칙

Chapter 05 전기기기의 구조와 원리 및 운전

01 직류기

1) 직류발전기

(1) 직류발전기의 원리
자장 속에 코일을 놓고 전류를 흐르게 하면 전자력에 의해 코일이 회전하게 되나 전류흐름방향이 일정하면 중심부에서 정지하게 된다. 따라서 반회전한 후 전류방향을 바꾸게 하여 회전력을 계속 유지시키도록 한 것이 직류발전기이다.

(2) 직류발전기의 구조
① 계자 : 자극과 계철로 되어 있으며, 자속을 만들어주는 부분으로 계자철심은 0.8~1.6mm의 연강판을 성층하고 전기자와의 공극은 3~8mm이다.
② 전기자 : 0.35~0.5mm의 연강판으로 성층(맴돌이전류와 히스테리시스손의 손실을 감소시키기 위한 규소함량 1~1.4% 정도의 규소강판)한 전기자철심과 전기자권선으로 되어 있으며, 자속을 끊어 기전력을 유기시킨다.

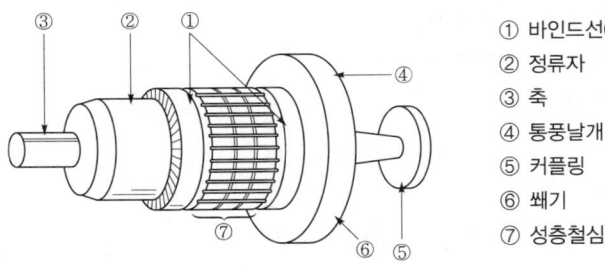

① 바인드선(강선)
② 정류자
③ 축
④ 통풍날개
⑤ 커플링
⑥ 쐐기
⑦ 성층철심

[그림 5-48] 전기자의 겉모양

③ 정류자 : 브러시와 접촉하면서 교류를 직류로 변환하는 부분으로 두께 0.8mm의 마이카로 정류자편 사이를 절연한다.

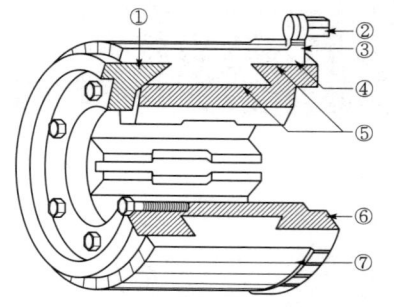

① 죔 고리
② 코일 인출선
③ 라이저
④ 정류자편
⑤ 마이카 절연
⑥ 정류자 통
⑦ 편간 마이카

[그림 5-49] 정류자의 구조

④ **브러시** : 탄소, 전기흑연, 금속흑연브러시가 있으나, 접촉저항이 크고 전기적 저항이 작고 기계적 강도가 큰 전기흑연브러시가 많이 사용된다. 기울기는 회전방향이 바뀌는 기계는 수직, 일정 방향의 기계는 회전방향으로 10~35°, 역방향으로는 10~15°이다. 또 압력은 보통 $0.1 \sim 0.25 \mathrm{kgf/cm}^2$, 전철용은 $0.35 \sim 0.4 \mathrm{kgf/cm}^2$ 정도이다.

(3) 전기자 반작용

전기자전류(I_a)에 의한 자속이 주자속에 영향을 주는 현상으로, 편자작용과 감자작용으로 전기적 중성축 이동, 정류자 사이에 불꽃을 발생시키는 원인이 되므로 보상권선을 설치한다.

① **영향**
㉠ 주자속 감소
㉡ 유도기전력 감소
㉢ 전기적 중성축 이동
㉣ 브러시에 불꽃 발생

② **방지대책**
㉠ 보상권선 설치(효과가 가장 크다)
㉡ 보극 설치
㉢ 전기자 기자력보다 상대적으로 계자 기자력을 크게 함

(4) 직류발전기의 종류

① **타여자발전기** : 다른 직류전원으로부터 여자전류를 받아 계자자속을 만드는 발전기이다.
② **자여자발전기** : 주자극의 계자전류를 전기자에 발생한 기전력으로 계자권선에 전류를 흘리는 것으로, 전기자와 계자권선의 접속방법에 따라 분권, 직권, 복권발전기로 나눈다.

㉠ 직권발전기 : 전기자와 계자권선이 직렬접속
㉡ 분권발전기 : 전기자와 계자권선이 병렬접속
㉢ 복권발전기 : 전기자와 계자권선이 직·병렬접속
- 가동복권(두 개의 자속이 쇄교), 차동복권(두 개의 자속이 상쇄)

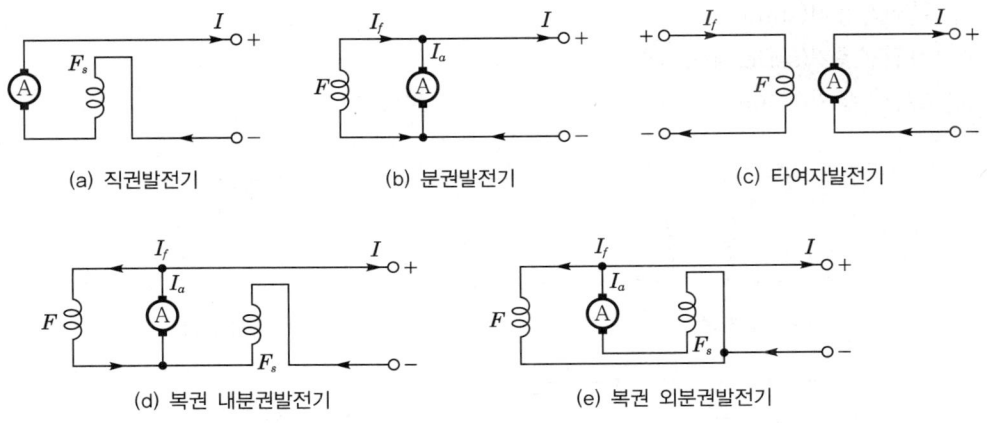

[그림 5-50] 직류발전기의 종류

(5) 직류발전기의 특성
① 무부하특성곡선 : 유기기전력 E와 계자전류 I_f의 관계곡선
② 부하특성곡선 : 단자전압 V와 계자전류 I_f의 관계곡선
③ 외부특성곡선 : 단자전압 V와 부하전류 I의 관계곡선

(6) 직류발전기의 병렬운전조건
① 각 발전기의 정격단자전압이 같을 것
② 각 발전기의 극성이 같을 것
③ 각 발전기의 외부특성곡선이 일치하고, 약간의 수하특성을 가질 것

2) 직류전동기

(1) 직류전동기의 구조
직류전동기는 플레밍의 왼손법칙을 이용한 것으로, 그 구조는 다음과 같다.
① 계자(field magnet) : 자속을 얻기 위한 자장을 만들어주는 부분으로 자극, 계자권선, 계철로 되어 있다.
② 전기자(armature) : 회전하는 부분으로 철심과 전기자권선으로 되어 있다.
③ 정류자(commutator) : 전기자권선에 발생한 교류전류를 직류로 바꾸어주는 부분이다.

④ 브러시(brush) : 회전하는 정류자 표면에 접촉하면서 전기자권선과 외부회로를 연결해 주는 부분이다.

(2) 직류전동기의 종류

① 타여자전동기(separately excited motor)
② 분권전동기(shunt motor)
③ 직권전동기(series motor)
④ 복권전동기(compound motor) : 가동복권, 차동복권

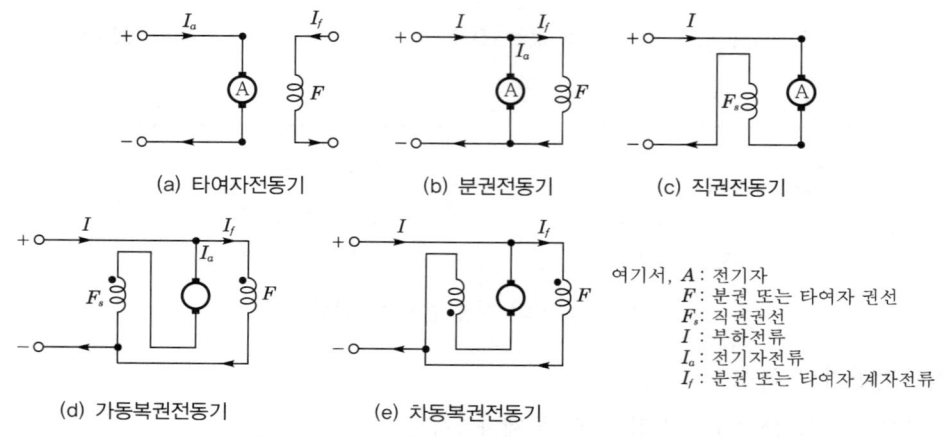

[그림 5-51] 여러 가지 직류전동기의 접속

(3) 직류전동기의 단자전압

$$V = E_c + I_a R_a \, [\text{V}]$$
$$I_a = \frac{V - E}{R_a} \, [\text{A}]$$

여기서, V : 단자전압(V)
E_c : 역기전력$\left(= \dfrac{Z}{a} \dfrac{N}{60} P\phi \right)$(V)
I_a : 전기자전류(A)
R_a : 전기자저항(Ω)

(4) 전동기의 특성

① 토크와 회전수 : 직류전동기의 토크 T와 회전수 N과의 계산은 다음과 같다.

$$T = k_1 \phi I \, [\text{N} \cdot \text{m}]$$
$$N = k_3 \left(\frac{V - IR}{\phi} \right) [\text{rpm}]$$

여기서, T : 토크(N·m)
ϕ : 한 자극에서 나오는 자속(Wb)
N : 회전수
R : 전기자회로의 저항(Ω)
I : 전기자전류

② 속도제어 : 계자, 저항, 전압제어가 있으며, 그 식은 다음과 같다.

$$N = k_3 \left(\frac{V - IR}{\phi} \right)$$

③ 정격과 효율
  ㉠ 정격 : 전기기계는 부하가 커지면 손실로 된 열에 의하여 기계의 온도가 높아지고, 절연물이 열화되어 권선의 소손 등이 발생한다. 그러므로 기계를 안전하게 운전할 수 있는 최대한도의 부하를 요구하는데, 이것을 정격(rating)이라 한다.
  ㉡ 효율 : $\frac{출력}{입력} \times 100 = \frac{출력}{출력 + 손실} \times 100 [\%]$

02 교류기

1) 유도전동기

(1) 유도전동기의 종류

① 단상 유도전동기 : 분상기동형, 콘덴서기동형, 반발기동형, 셰이딩코일형
② 3상 유도전동기 : 농형(보통, 특수), 권선형(저압, 고압)

(2) 유도전동기의 구조

① 고정자 : 고정자 철심두께는 0.35~0.5mm(변압기에는 0.35mm)의 성층철심, 권선법은 2층, 중권의 3상 권선(분포권, 단절권)으로, 1극 1상의 홈수는 $N_{sp} = \frac{홈수}{극수 \times 상수}$ 이다(소형기는 보통 4극 24홈이고, 극수가 많은 것도 표준전동기이면 N_{sp}는 거의 2~3개이다).
② 회전자 : 농형 회전자, 권선형 회전자가 있다.
  ㉠ 농형 회전자 : 구조가 간단하고 견고하며 운전 중 성능은 좋으나 기동 때의 성능은 불량하다.
  ㉡ 권선형 회전자 : 효율은 농형에 비하여 저하되나 기동 및 속도제어는 좋은 기능을 가진다.
  ㉢ 공극 : 0.3~2.5mm(직류기는 3~8mm)

(3) 동기속도와 슬립(slip)

① 동기속도(N_s)

$$N_s = \frac{120f}{P} \text{[rpm]}$$

여기서, P : 극수
f : 주파수(Hz)

② 슬립(slip, s)

$$s = \frac{N_s - N}{N_s}$$

$$N = (1-s)N_s = (1-s)\frac{120f}{P}$$

여기서, N_s : 동기속도
N : 회전자 회전속도

㉠ 전부하 시의 슬립 : 소용량기 5~10%, 중·대용량기 2.5~5%
㉡ 회전자 정지 시 : $s = 1$
㉢ 동기속도일 때 : $s = 0$
㉣ $s \begin{cases} \text{유도전동기} : 1 > s > 0 \\ \text{유도발전기} : 0 > s \end{cases}$

(4) 유도전동기의 운전

① 농형 유도전동기의 기동법
  ㉠ 전전압기동 : 5kW 이하의 소용량에 쓰이며, 기동전류는 정격전류의 600% 정도이다.
  ㉡ $Y-\Delta$ 기동법 : 10~15kW 이하의 전동기에 쓰이며, 보통 기동전류는 정격전류의 300% 이하이다.
  ㉢ 기동보상기법 : 15kW 이상의 것이나 고압전동기에 사용되며, 기동전압은 보통 전전압의 0.5 이상 정도이다.
② 권선형 유도전동기의 기동법(2차 저항법) : 2차 회로에 가변저항기를 접속하고 비례추이의 원리에 의하여 큰 기동토크를 얻고 기동전류도 억제한다.

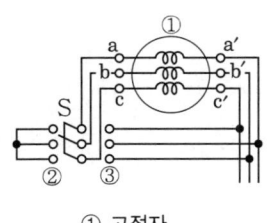
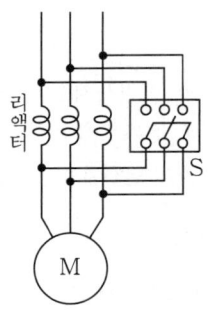

① 고정자
② 기동 쪽
③ 운전 쪽

[그림 5-52] $Y-\Delta$ 기동법   [그림 5-53] 리액터기동

(5) 속도제어

① 전원주파수, 극수변환법 : $N = N_s(1-s) = \dfrac{120f}{P}(1-s)$ 에서 N, P를 이용한다.

② 2차 저항법 : 권선형의 비례추이를 이용한다.

③ 2차 여자법 : 권선형에서 2차의 슬립주파수의 전압을 외부에서 가하는 법이다.

④ 역전 : 3상 단자 중 2단자의 접속을 바꾼다.

(6) 제동

유도발전기의 회생제동, 전차용 전동기와 같은 발전제동, 역전의 역상제동, 1차를 단상 교류로 여자하는 단상제동이 있다.

2) 동기기

(1) 동기발전기의 동기속도

$$N_s = \frac{120f}{P}[\text{rpm}]$$

여기서, N_s : 동기속도(rpm)
f : 주파수(Hz)
P : 극수

(2) 유도기전력

$$E = 4.44 k_w f n \phi = 4.44 k_d k_p f n \phi [\text{V}]$$

여기서, E : 1상의 기전력(V)
ϕ : 1극의 자속(Wb)
n : 직렬로 접속된 코일의 권수

$$k_w = k_d k_p$$

여기서, k_w : 권선계수(0.9~0.95)
  k_d : 분포계수
  k_p : 단절계수

(3) 동기기의 분류

① 회전자형에 의한 분류
  ㉠ 회전계자형 : 고전압, 대전류용, 구조 간단
  ㉡ 회전전기자형 : 저전압, 소용량의 특수 발전기용
  ㉢ 유도자형 : 수백~수천Hz 정도의 고주파 전기로용 발전기
② 원동기에 의한 분류
  ㉠ 수차발전기 : 100~150rpm, 1,000~1,200rpm
  ㉡ 터빈발전기 : 1,500~3,600rpm
  ㉢ 기관발전기 : 100~1,000rpm

(4) 동기전동기

① 동기전동기의 토크

$$\tau = \frac{V_l E_l}{\omega x_s} \sin \delta_m \,[\text{N} \cdot \text{m}]$$

$$\tau' = \frac{\tau}{9.8} \,[\text{kg} \cdot \text{m}]$$

여기서, V_l : 선간 전압
  E_l : 선간 기전력
  ω : 각속도 $\left(= \frac{2\pi N_s}{60}\right)$(rad)
  δ_m : 부하각

② 위상특선곡선(V곡선) : 부하를 일정하게 하고, 계자전류의 변화에 대한 전기자전류의 변화를 나타낸 곡선으로 V곡선이라고도 한다.
③ 동기전동기의 특징
  ㉠ 장점
    • 효율이 좋다.
    • 정속도 전동기이다.
    • 역률을 1 또는 앞서는 역률로 운전할 수 있다.
    • 공극이 넓으므로 기계적으로 튼튼하고 보수가 용이하다.

ⓒ 단점
- 기동토크가 작고 기동하는 데 손이 많이 간다.
- 직류여자가 필요하다.
- 난조가 일어나기 쉽다.

④ 동기기의 정격출력

㉠ 3상 동기발전기의 정격출력(피상전력)

$$P = \sqrt{3}\, V_n I_n \times 10^{-3}\,[\text{kVA}]$$

여기서, V_n : 정격전압(V)
I_n : 정격전류(A)

㉡ 3상 동기발전기가 낼 수 있는 전력

$$P = \sqrt{3}\, V_n I_n \cos\theta \times 10^{-3}\,[\text{kW}]$$

여기서, $\cos\theta$: 부하역률

3) 변압기

(1) 변압기의 원리

변압기의 원리는 상호유도작용을 이용한 것이다. 이것은 철심과 1차, 2차 권선으로 되어 있으며 1차, 2차의 권수비에 의해 전압을 변동시킬 수 있는 것이다.

$$\frac{E_1}{E_2} = \frac{N_1}{N_2}$$

여기서, E_1 : 1차 전압
E_2 : 2차 전압
N_1 : 1차 권수
N_2 : 2차 권수

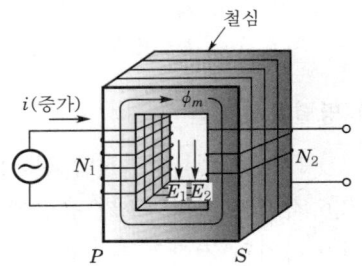

[그림 5-54] 변압기의 원리

즉, 1차 및 2차 권선의 전압은 권수비에 비례한다.

(2) 변압기의 종류

① **누설변압기** : 2차측에 큰 전류가 흐르면 전압이 떨어져 전력소모가 일정하게 된다.
② **단권변압기** : 권선의 일부가 1차와 2차를 겸한 것이다.
③ **3상 변압기** : 3개의 철심에 각각 1차와 2차의 권선을 감은 것이다.

(3) 변압기의 결선

단상 변압기 3대 또는 2대를 사용하여 3상 교류를 변압할 때의 결선방법은 다음과 같다.
① $\Delta-\Delta$결선 : 3대의 단상 변압기의 1차와 2차 권선을 각각 Δ결선한 것이다. 배전반 용으로 많이 쓰이며, 전체용량은 변압기 1대의 용량의 3배이다.
② $\Delta-Y$결선 : 1차를 Δ결선, 2차를 Y결선한 것이다. 특별 고압 송전선의 송전측에 쓰인다.
③ $V-V$결선 : 단상 변압기 2대로 3상 교류를 변압하는 방법이다. 전용량은 변압기 1대 용량의 $\sqrt{3}$ 배이다.

(4) 변압기 효율과 전압변동률

① **변압기 효율** : 변압기의 입력에 대한 출력량의 비를 말하며, 출력이 클수록 효율이 좋다.

$$효율(\eta) = \frac{출력}{입력} \times 100 = \frac{출력}{출력 + 철손 + 동손} \times 100$$

$$= \frac{E_2 I_2 \cos\theta_2}{E_2 I_2 \cos\theta_2 + P_i + P_c} \times 100 [\%]$$

② **전압변동률** : 변압기에 부하를 걸어 줄 때 2차 단자전압이 떨어지는 비율을 말한다.

$$전압변동률 = \frac{E_0 - E}{E} \times 100 [\%]$$

여기서, E_0 : 무부하단자전압
E : 전부하단자전압

(5) 병렬운전조건

① 1차, 2차의 정격전압 및 극성이 같을 것
② 각기의 임피던스가 용량에 반비례할 것(임피던스전압이 같을 것)
③ 각기의 저항과 누설리액턴스의 비가 같을 것. 단, 3상 변압기군 또는 3상 변압기의 병렬운전은 위 조건 외에 각 변위가 같을 것

[표 5-2] 변압기군의 병렬운전조합

병렬운전 가능	병렬운전 불가능
$\Delta-\Delta$와 $\Delta-\Delta$	$\Delta-\Delta$와 $\Delta-Y$
$Y-Y$와 $Y-Y$	$Y-Y$와 $\Delta-Y$
$Y-\Delta$와 $Y-\Delta$	
$\Delta-Y$와 $\Delta-Y$	
$\Delta-\Delta$와 $Y-Y$	
$\Delta-Y$와 $Y-\Delta$	

(6) 계기용 변성기

① 계기용 변압기(PT) : 1차측을 피측정회로에, 2차측에는 전압계 또는 전력계의 전압 코일을 접속하며 정격전압은 110V이다.

② 변류기(CT) : 1차측은 피측정회로에 직렬로, 2차측은 전류계 또는 전력계의 전류 코일로써 단락한다.

㉠ CT의 정격전류는 5A가 표준이다.

㉡ CT는 사용 중 2차 회로를 열면 안 되므로 계기를 떼어낼 때는 먼저 2차 단자를 단락하여야 한다.

㉢ CT의 극성은 일반적으로 감극성이고, 1차, 2차가 서로 대하는 단자가 같은 극이다.

4) 정류기

(1) 정류소자

① 다이오드(diode) : PN접합 → 다이오드(정류작용)

㉠ P형 반도체 : 진성 반도체에 3가의 Ga, In 등 억셉터를 넣어 만든 반도체

㉡ N형 반도체 : 진성 반도체에 5가의 Sb, As 등 도너를 넣어 만든 반도체

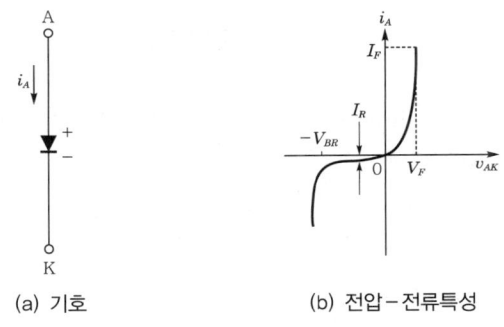

(a) 기호   (b) 전압-전류특성

[그림 5-55] 다이오드

㉢ 항복전압 : 역바이어스 전압이 어떤 임계값에 전류가 급격히 증가하여 전압포화 상태를 나타내는 임계값으로, 온도 증가 시 항복전압도 증가하게 된다.

② 제너다이오드

㉠ 목적 : 전원전압을 안정하게 유지(정전압정류작용)

㉡ 효과 : Cut in voltage(순방향에 전류가 현저히 증가하기 시작하는 전압)

5) 특수 반도체

(1) 사이리스터(thyristor)

다이오드(정류소자)에 제어단자인 게이트단자를 추가하여 정류기와 동시에 전류를 ON/OFF하는 제어기능을 갖게 한 반도체 소자이다.

(2) 종류

① SCR(Silicon Controlled Rectifier)
  ㉠ 게이트작용 : 통과전류제어작용
  ㉡ 이온소멸시간이 짧다.
  ㉢ 게이트전류에 의해서 방전개시 : 전압을 제어할 수 있다.
  ㉣ PNPN구조로서 부성(-)저항특성이 있다.
② GTO SCR(Gate Turn Off SCR)
③ LA SCR(Lighting Activated SCR) : 빛에 의해 동작
④ SCS(Silicon Controlled Switch) : 2개의 게이트를 갖고 있는 4단자 단방향성 사이리스터

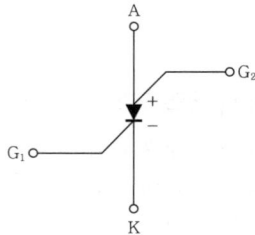

[그림 5-56] SCS

⑤ SSS(Silicon Symmetrical Switch) : 게이트가 없는 2단자 양방향성 사이리스터
⑥ TRIAC(Triode AC Switch)
  ㉠ 쌍방향 3단자 소자이다.
  ㉡ SCR 역병렬구조와 같다.
  ㉢ 교류전력을 양극성제어한다.
  ㉣ 포토커플러+트라이액 : 교류무접점 릴레이회로 이용
⑦ DIAC(Diode AC Switch)
  ㉠ 쌍방향 2단자 소자
  ㉡ 소용량 저항부하의 AC전력제어 G. SUS(Silicon Unilateral Switch) SCR과 제너다이오드의 조합

[그림 5-57] DIAC

Chapter 06 시퀀스제어

01 접점의 종류

1) 시퀀스제어

일반적으로 자동제어는 피드백제어와 시퀀스제어로 나누며, 피드백제어는 원하는 시스템의 출력과 실제의 출력과의 차에 의해 시스템을 구동함으로써 자동적으로 원하는 바에 가까운 출력을 얻는 것이다.

시퀀스제어는 미리 정해놓은 순서에 따라 제어의 각 단계를 차례차례 행하는 제어를 말한다. 시퀀스제어(sequence control)의 제어명령은 ON, OFF, H(high level), L(low level), 1, 0 등 2진수로 이루어지는 정상적인 제어이다.

① 릴레이 시퀀스(relay sequence) : 기계적인 접점을 가진 유접점 릴레이로 구성되는 시퀀스제어회로이다.
② 로직 시퀀스(logic sequence) : 제어계에 사용되는 논리소자로서 반도체 스위칭소자를 사용하여 구성되는 무접점회로이다.
③ PLC(Programmable Logic Controller) 시퀀스 : 제어반의 제어부를 마이컴 컴퓨터로 대체시키고 릴레이 시퀀스, 논리소자를 프로그램화하여 기억시킨 것으로, 무접점 시퀀스제어기기의 일종이다.

2) 접점의 종류

접점의 종류에는 a접점, b접점, c접점이 있다.
① a접점 : 상시상태에서 개로된 접점을 말하며, arbeit contact란 두 문자 a를 딴 것이며 반드시 소문자 'a'로 표시한다.

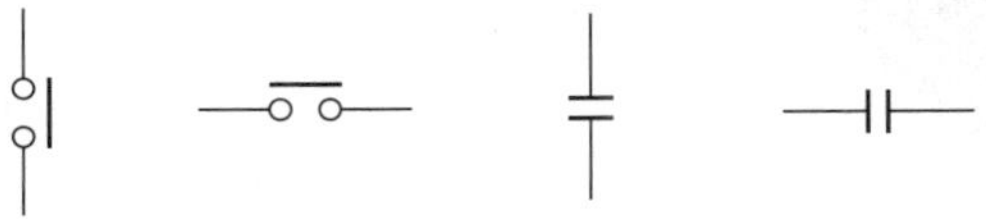

[그림 5-58] 상시개로동작 시 폐로되는 a접점

② b접점 : 상시상태에서 폐로된 접점을 말하며, break contact란 두 문자 b를 딴 것이며 반드시 소문자 'b'로 표시한다.

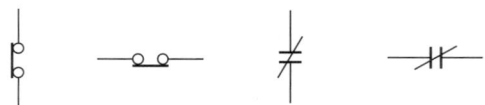

[그림 5-59] 상시폐로동작 시 개로되는 b접점

③ c접점 : a접점과 b접점이 동시에 동작(가동접점부 공유)하는 것이며, 이것을 절체접점(change-over contact)이라고 한다. 두 문자 c를 딴 것이며 반드시 소문자 'c'로 표시한다.

[그림 5-60] a접점과 b접점을 동시에 동작하는 c접점

3) 유접점을 구성하는 시퀀스제어용 기기

(1) 조작용 스위치

① 복귀형 수동스위치 : 조작하고 있는 동안에만 접점이 ON·OFF하고, 손을 떼면 조작 부분과 접점은 원래의 상태로 되돌아가는 것으로 푸시버튼스위치(push button switch)가 있다.

㉠ a접점 : 조작하고 있는 동안에만 접점이 닫힌다. 즉, ON조작하면 접점이 ON이 되고, 손을 떼면 OFF가 되는 접점이다.

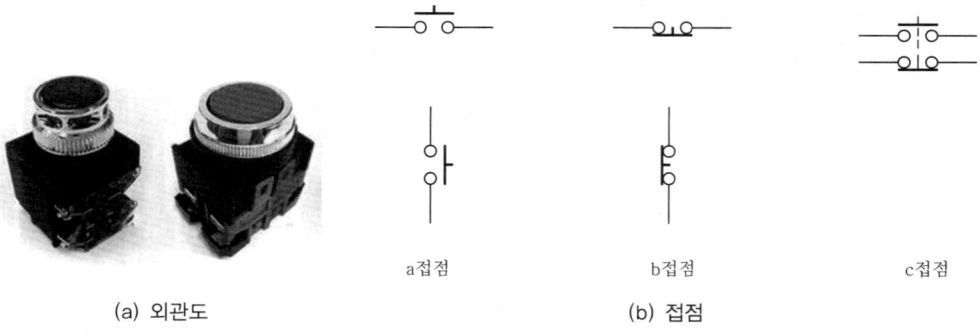

(a) 외관도   (b) 접점

[그림 5-61] 복귀형 수동스위치

ⓛ b접점 : 조작하고 있는 동안에만 접점이 열린다. 즉, ON조작하면 접점이 OFF가 되고, 손을 떼면 ON이 되는 접점이다.
   ⓒ c접점 : 절환접점으로 a접점과 b접점을 공유하고 있는 접점이다.
  ② 유지형 수동스위치 : 조작 후 손을 떼어도 접점은 그대로의 상태를 계속 유지하나, 조작 부분은 원래의 상태로 되돌아가는 접점이다.

(a) 외관도 (b) 접점

[그림 5-62] 유지형 수동스위치

> **참조 전자계전기(electro-magnetic relay)**
>
> 철심에 코일을 감고 전류를 흘리면 철심은 전자석이 되어 가동철심을 흡인하는 전자력이 생기며, 이 전자력에 의하여 접점을 ON·OFF하는 것을 전자계전기 또는 유접점(relay)이라 한다. 이 전자계전기, 즉 전자석을 이용한 것으로는 보조릴레이, 전자개폐기(MS : Magnetic Switch), 전자접촉기(MC : Magnetic Contact), 타이머 릴레이(Timer Relay), 솔레노이드(SOL : Solenoid) 등이 있다.

(2) 보조계전기

코일 X에 전류를 흘리면(이를 여자라고 함) 철심이 전자석으로 되어 가동철편을 끌어당기면 스프링에 의해 접점이 개폐된다. 즉, b접점은 열리고, a접점은 닫힌다.

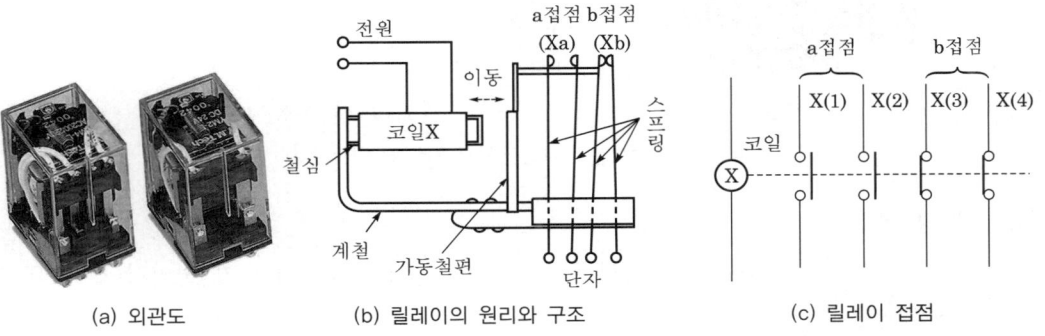

(a) 외관도 (b) 릴레이의 원리와 구조 (c) 릴레이 접점

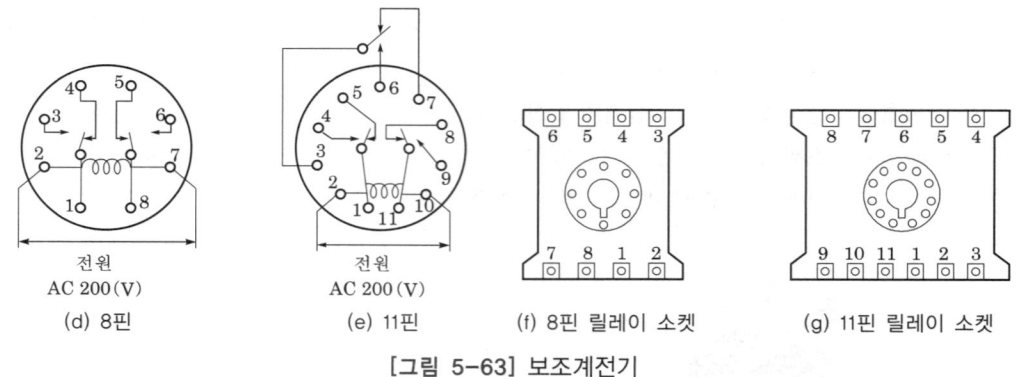

전원 AC 200(V)	전원 AC 200(V)		
(d) 8핀	(e) 11핀	(f) 8핀 릴레이 소켓	(g) 11핀 릴레이 소켓

[그림 5-63] 보조계전기

(3) 전자개폐기(magnetic switch)

전자개폐기는 전자접촉기(MC : Magnetic Contact)에 열동계전기(THR : Thermal Relay)를 접속시킨 것이며, 주회로의 개폐용으로 큰 접점용량이나 내압을 가진 릴레이이다.

[그림 5-64]에서 단자 b, c에 교류전압을 인가하면 MC 코일이 여자되어 주접점과 보조접점이 동시에 동작한다. 이와 같이 주회로는 각 선로에 전자접촉기의 접점을 넣어서 모든 선로를 개폐하며, 부하의 이상에 의한 과부하전류가 흐르면 이 전류로 열동계전기(THR)가 가열되어 바이메탈접점이 전환되어 전자접촉기 MC는 소자되며 스프링의 힘으로 복구되어 주회로는 차단된다.

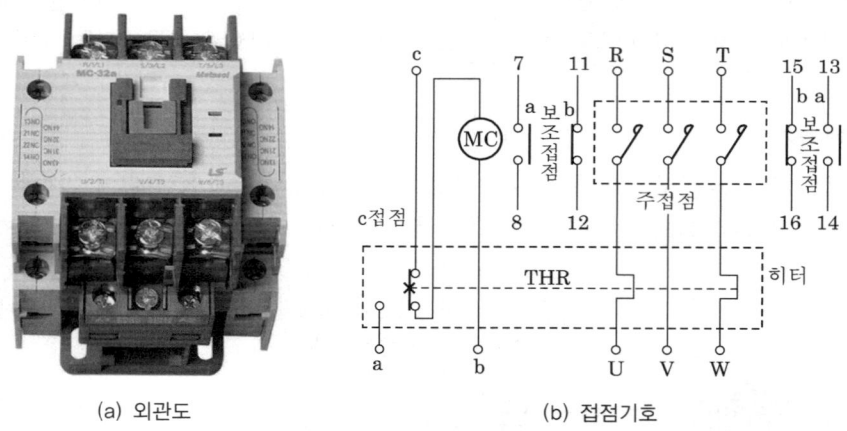

(a) 외관도 (b) 접점기호

[그림 5-64] 전자개폐기

(4) 기계적 접점

① 리밋스위치(limit switch) : 물체의 힘에 의하여 동작부(actuator)가 눌려서 접점이 ON · OFF한다.

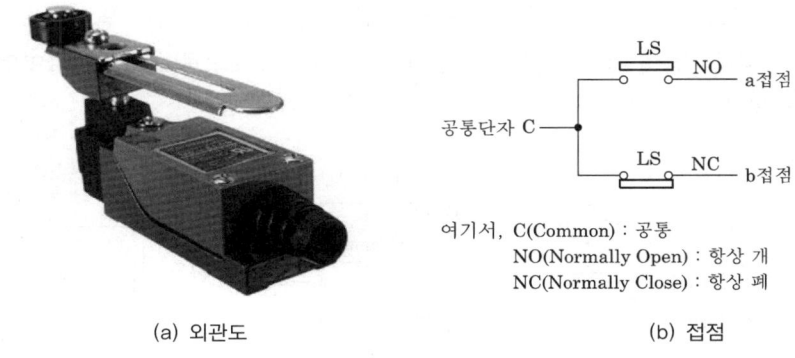

(a) 외관도　　　　　　　　　　　　(b) 접점

[그림 5-65] 리밋스위치

② 광전스위치(PHS : Photoelectric Switch) : 빛을 방사하는 투광기와 광량의 변화를 전기 신호로 변환하는 수광기 등으로 구성되며, 물체가 광로를 차단하는 것에 의해 접점이 ON·OFF하며 물체에 접촉하지 않고 검지한다. 이 밖에도 압력스위치(PRS : Pressure Switch), 온도스위치(THS : Thermal Switch) 등이 있다. 이들 스위치는 a, b접점을 갖고 있으며, 기계적인 동작에 의해 a접점은 닫히며 b접점은 열리고 기계적인 동작에 의해 원상복귀하는 스위치로 검출용 스위치이기 때문에 자동화설비의 필수적인 스위치이다.

(5) 타이머(한시계전기)

시간제어기구인 타이머는 어떠한 시간차를 만들어서 접점이 개폐동작을 할 수 있는 것으로, 시한소자(time limit element)를 가진 계전기이다. 요즘에는 전자회로에 CR의 시정수를 이용하여 동작시간을 조정하는 전자식 타이머와 IC타이머가 사용되고 있다.

타이머에는 동작형식의 차이에서 동작시간이 늦은 한시동작타이머(ON delay timer), 복귀시간이 늦은 한시복귀타이머(OFF delay timer), 동작과 복귀가 모두 늦은 순한시 타이머(ON OFF delay timer) 등이 있다.

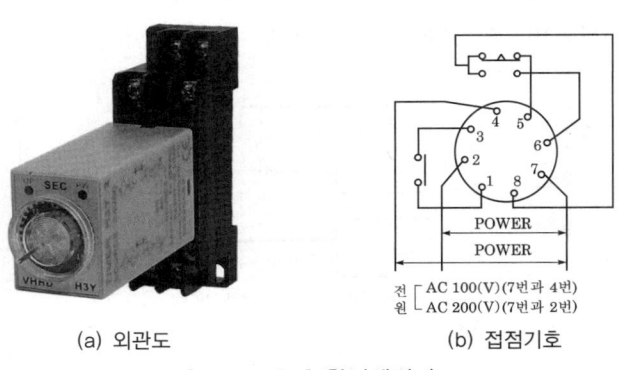

(a) 외관도　　　　　　　　　　　　(b) 접점기호

[그림 5-66] 한시계전기

① **한시동작타이머** : 전압을 인가하면 일정 시간이 경과하여 접점이 닫히고(또는 열리고), 전압이 제거되면 순시에 접점이 열리는(또는 닫히는) 것으로 온딜레이타이머(ON delay timer)이다.

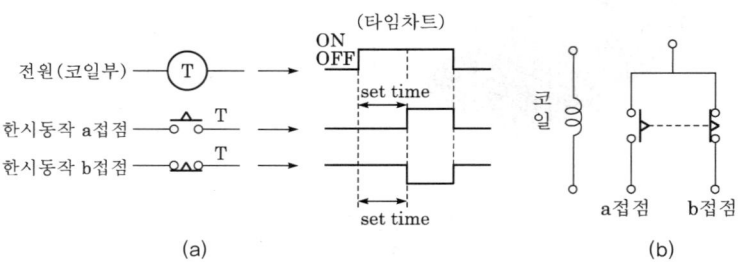

[그림 5-67] 한시동작타이머

② **한시복귀타이머** : 전압을 인가하면 순시에 접점이 닫히고(또는 열리고), 전압이 제거된 후 일정 시간이 경과하여 접점이 열리는(또는 닫히는) 것으로 오프딜레이타이머(OFF delay timer)이다.

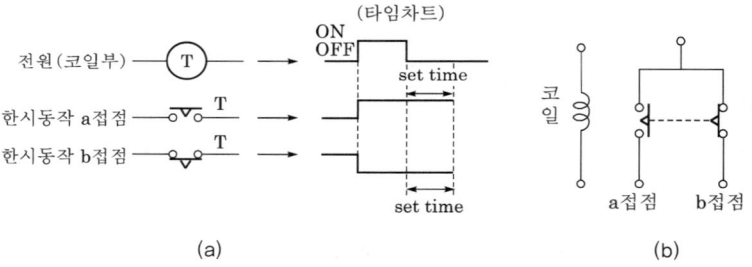

[그림 5-68] 한시복귀타이머

③ **순한시타이머(뒤진 회로)** : 전압을 인가하면 일정 시간이 경과하여 접점이 닫히고(또는 열리고), 전압이 제거되면 일정 시간이 경과하여 접점이 열리는(또는 닫히는) 것으로 온오프딜레이타이머, 즉 뒤진 회로라 한다.

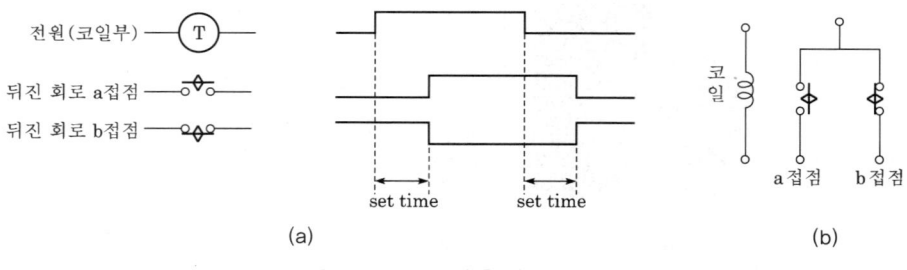

[그림 5-69] 순한시타이머

02 유접점 기본회로

(1) 자기유지회로

전원이 투입된 상태에서 PB를 누르면 릴레이 X가 여자되고 X-a접점이 닫혀 PB에서 손을 떼어도 X여자상태가 유지된다.

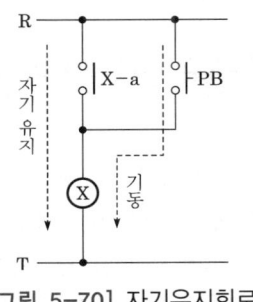

[그림 5-70] 자기유지회로

(2) 정지우선회로

PB_1을 ON하면 릴레이 X가 여자되어 X의 a접점에 의해 자기유지된다. PB_2를 누르면 X가 소자되어 자기유지접점 X-a가 개로되어 X가 소자된다. PB_1, PB_2를 동시에 누르면 릴레이 X는 여자될 수 없는 회로로 정지우선회로라 한다.

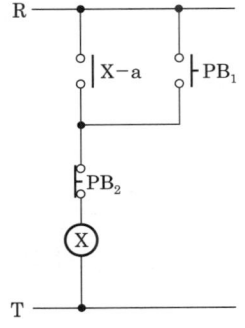

[그림 5-71] 정지우선회로

(3) 기동우선회로

PB_1을 ON하면 릴레이 X가 여자되어 X의 a접점에 의해 자기유지된다. PB_2를 누르면 X가 소자되어 자기유지접점 X-a가 개로되어 X가 소자된다. PB_1, PB_2를 동시에 누르면 릴레이 X는 여자되는 회로로 기동우선회로라 한다.

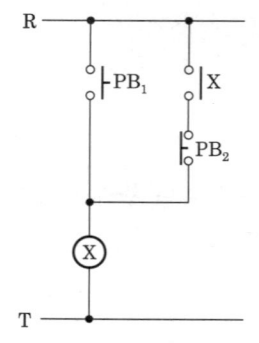

[그림 5-72] 기동우선회로

(4) 인터록회로(병렬우선회로)

PB_1과 PB_2의 입력 중 PB_1을 먼저 ON하면 MC_1이 여자된다. MC_1이 여자된 상태에서 PB_2를 ON하여도 MC_{1-b}접점이 개로되어 있기 때문에 MC_2는 여자되지 않은 상태가 되며, 또한 PB_2를 먼저 ON하면 MC_2가 여자된다. 이때 PB_1을 ON하여도 MC_{2-b}접점이 개로되어 있기 때문에 MC_1은 여자되지 않는 회로를 인터록회로라 한다. 즉, 상대동작금지회로이다.

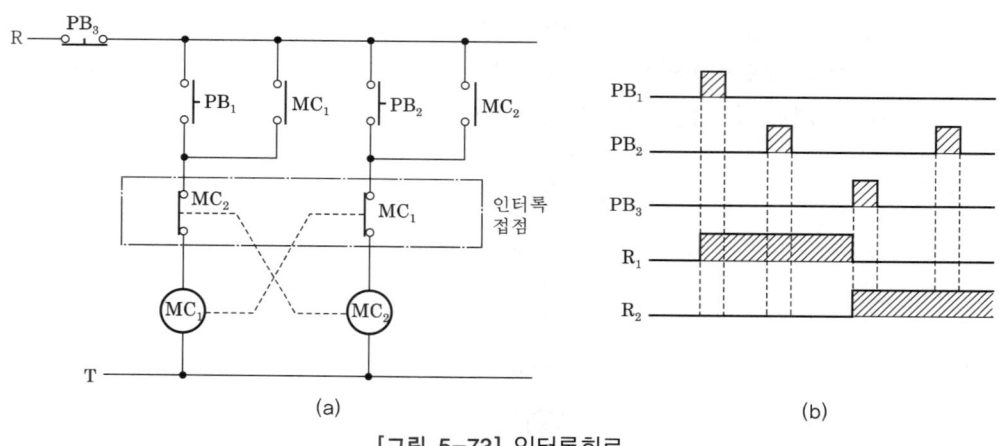

[그림 5-73] 인터록회로

03 논리회로

(1) AND회로

입력접점 A, B가 모두 ON되어야 출력이 ON되고, 그 중 어느 하나라도 OFF되면 출력이 OFF되는 회로를 말한다.

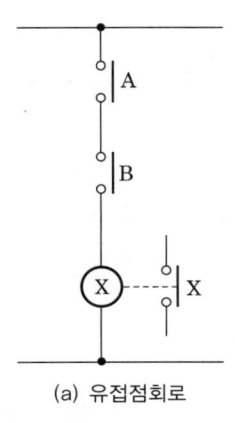
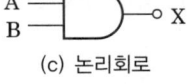

(a) 유접점회로

$X = A \cdot B$

(b) 논리식

(c) 논리회로

A	B	X
0	0	0
0	1	0
1	0	0
1	1	1

(d) 진리표

[그림 5-74] AND회로

(2) OR회로

입력접점 A, B 중 어느 하나라도 ON되면 출력이 ON되고, A, B 모두가 OFF되어야 출력이 OFF되는 회로를 말한다.

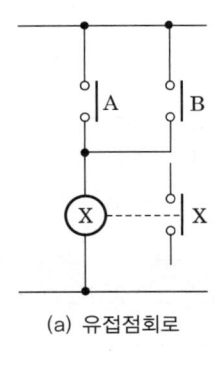

(a) 유접점회로

$X = A + B$

(b) 논리식

(c) 논리회로

A	B	X
0	0	0
0	1	1
1	0	1
1	1	1

(d) 진리표

[그림 5-75] OR회로

(3) NOT회로

입력이 ON되면 출력이 OFF되고, 입력이 OFF되면 출력이 ON되는 회로를 말한다.

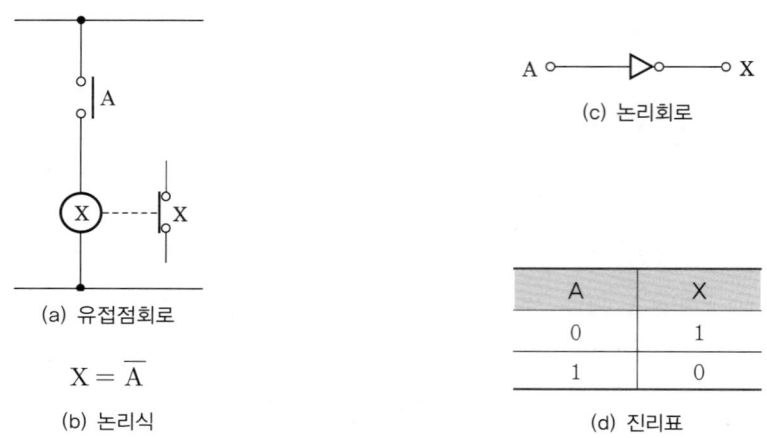

[그림 5-76] NOT회로

(4) NAND회로

AND회로의 부정회로로, 입력접점 A, B 모두가 ON되어야 출력이 OFF되고, 그 중 어느 하나라도 OFF되면 출력이 ON되는 회로를 말한다.

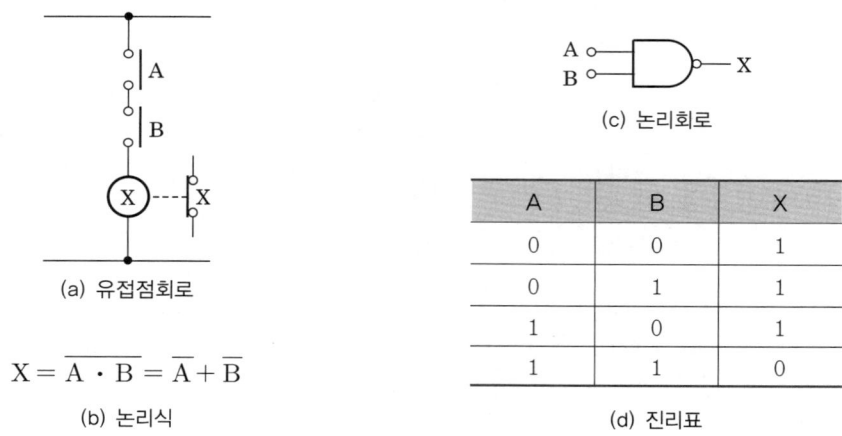

[그림 5-77] NAND회로

(5) NOR회로

OR회로의 부정회로로, 입력접점 A, B 중 어느 하나라도 ON되면 출력이 OFF되고, 입력접점 A, B 전부가 OFF되면 출력이 ON되는 회로를 말한다.

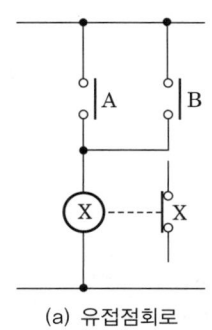

(a) 유접점회로

$$X = \overline{A + B} = \overline{A} \cdot \overline{B}$$

(b) 논리식

(c) 논리회로

A	B	X
0	0	1
0	1	0
1	0	0
1	1	0

(d) 진리표

[그림 5-78] NOR회로

(6) Exclusive OR회로(배타 OR회로, 반일치회로)

입력접점 A, B 중 어느 하나만 ON될 때 출력이 ON상태가 되는 회로를 말한다.

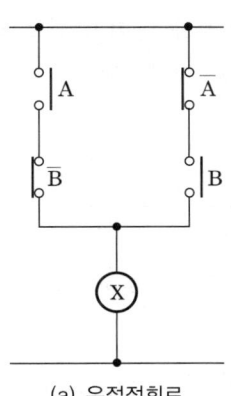

(a) 유접점회로

$$X = A\overline{B} + \overline{A}B = \overline{\overline{AB}(A+B)}$$

(b) 논리식

$$X = A \oplus B$$

(c) 간이화된 논리식

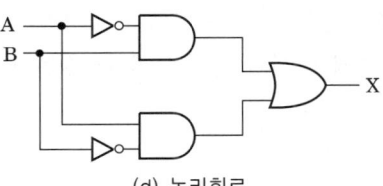

(d) 논리회로

(e) 간이화된 논리회로

A	B	X
0	0	1
0	1	0
1	0	0
1	1	0

(f) 진리표

[그림 5-79] Exclusive OR회로

(7) Exclusive NOR회로(배타 NOR회로, 일치회로)

입력접점 AB가 모두 ON되거나 모두 OFF될 때 출력이 ON상태가 되는 회로를 말한다.

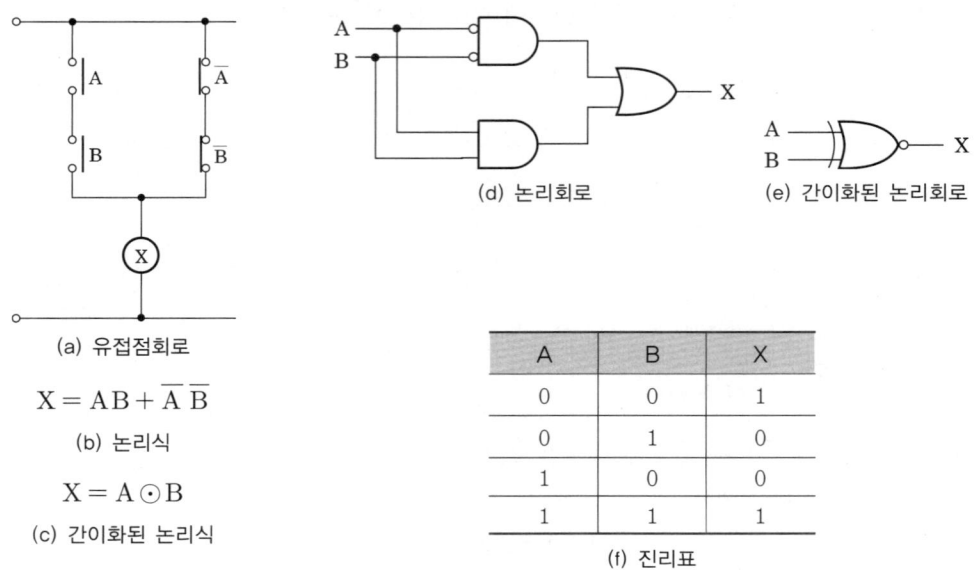

$X = AB + \overline{A}\,\overline{B}$
(b) 논리식

$X = A \odot B$
(c) 간이화된 논리식

A	B	X
0	0	1
0	1	0
1	0	0
1	1	1

(f) 진리표

[그림 5-80] Exclusive NOR회로

(8) 정지우선회로의 논리회로

정지우선회로는 정지우선권이 있는 회로가 동작이 되고 난 이후에 나머지 회로가 동작이 되는 회로로서, 동작에 순서가 정해져 있을 경우에 사용되는 회로이다.

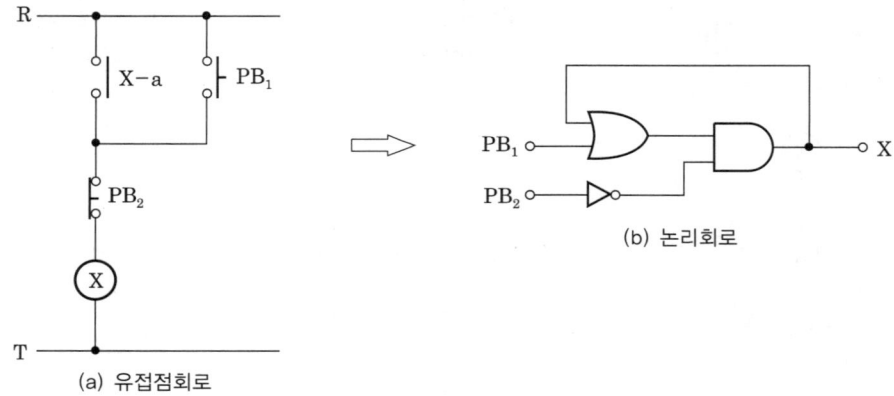

[그림 5-81] 정지우선회로의 논리회로

(9) 2입력 인터록회로의 논리회로

기기의 보호나 작업자의 안전을 위해 기기의 동작상태를 나타내는 접점을 사용하여 관련된 기기의 동작을 금지하는 회로이다.

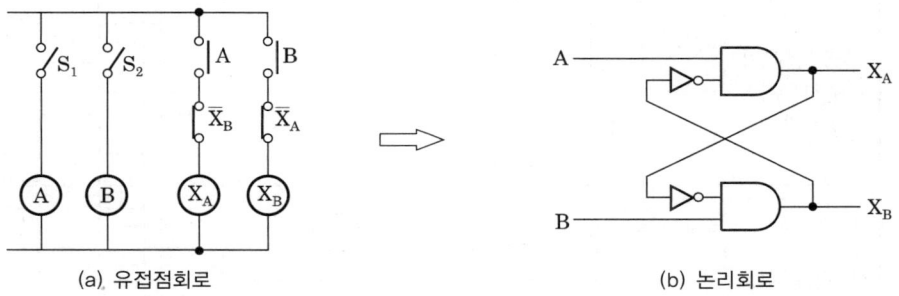

(a) 유접점회로   (b) 논리회로

[그림 5-82] 2입력 인터록회로의 논리회로

(10) 타이머논리회로

입력신호의 변화시간보다 정해진 시간만큼 뒤져서 출력신호의 변화가 나타나는 회로를 한시회로라 하며 접점이 일정한 시간만큼 늦게 개폐되는데, 여기서는 [표 5-3]처럼 논리심벌과 동작에 관하여 정리해 보았다.

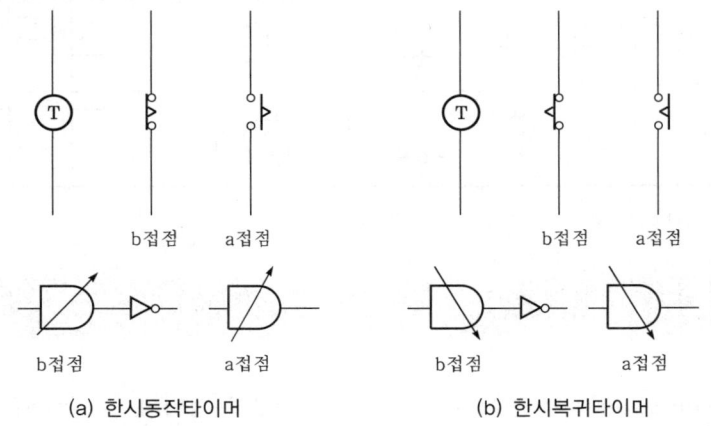

(a) 한시동작타이머   (b) 한시복귀타이머

[그림 5-83] 타이머논리회로

[표 5-3] 신호에 따른 심벌과 동작

신호			접점심벌	논리심벌	동작
입력신호(코일)					여자 소자 여자
출력신호	보통 릴레이 순시동작 순시복귀	a접점			닫힘 열림 닫힘
		b접점			
	한시동작회로	a접점			
		b접점			
	한시복귀회로	a접점			
		b접점			
	뒤진 회로	a접점			
		b접점			

04 논리연산

 논리게이트(logic gates)는 2진수(binary numbers)로 구성되며, 이 논리구성과 식을 간소화하기 위해 불함수(Boolean functions), 드모르간(De Morgan)법칙, 카르노맵(Karnaugh map) 등이 있으며, 문자 수가 가장 적은 합의 곱형이나 곱의 합형으로 된 것을 가장 간소화된 대수적 표현이라 할 수 있다.

1) 불대수의 가설과 정리

① • A + 0 = A

• A · 1 = A

② • A + $\overline{A}$ = 1

• A · $\overline{A}$ = 0

③ • A + A = A

• A · A = A

④ • A + 1 = 1

• A · 0 = 0

⑤ 2중 NOT은 긍정이다.

$\overline{\overline{A}} = A$, $\overline{\overline{A \cdot B}} = A \cdot B$, $\overline{\overline{A + B}} = A + B$, $\overline{\overline{\overline{A \cdot B}}} = \overline{A} \cdot B$

2) 교환, 결합, 분배법칙

(1) 교환법칙

① A+B=B+A

② A·B=B·A

(2) 결합법칙

① (A+B)+C=A+(B+C)

② (A·B)·C=A·(B·C)

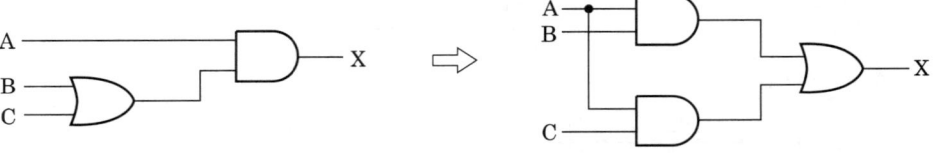

(3) 분배법칙

- A·(B+C)=AB+AC

3) 드모르간의 법칙

$\overline{A+B} = \overline{A} \cdot \overline{B}$, $\overline{A \cdot B} = \overline{A} + \overline{B}$, $A+B = \overline{\overline{A} \cdot \overline{B}}$, $A \cdot B = \overline{\overline{A} + \overline{B}}$

Chapter 07 전기측정

01 전기측정의 기초

1) 계기오차

(1) 오차(= M − T)

$$\text{오차율 } \varepsilon = \frac{M-T}{T} \times 100 [\%]$$

여기서, M : 계기의 측정값
T : 참값

(2) 보정률

$$\delta = \frac{T-M}{M} \times 100 [\%]$$

(3) 오차의 분류

$$\begin{cases} \text{계통적 오차} \begin{cases} ① \text{ 이론적 오차} \\ ② \text{ 기기적 오차} \\ ③ \text{ 개인적 오차} \end{cases} \\ \text{우발적 오차} \begin{cases} ① \text{ 과실적 오차} \\ ② \text{ 우발적 오차} \end{cases} \end{cases}$$

2) 계측설비

[표 5-4] 전기계기의 동작원리

종류	기호	사용회로	주요 용도	동작원리의 개요
가동 코일형		직류	전압계 전류계 저항계	영구자석에 의한 자계와 가동 코일에 흐르는 전류와의 사이에 전자력을 이용한다.
가동 철편형		교류 (직류)	전압계 전류계	고정 코일 속의 고정철편과 가동철편과의 사이에 움직이는 전자력을 이용한다.

종류	기호	사용회로	주요 용도	동작원리의 개요
전류력계형		교류 직류	전압계 전류계 전력계	고정 코일과 가동 코일에 전류를 흘려 양 코일 사이에 움직이는 전자력을 이용한다.
정류형		교류	전압계 전류계 저항계	교류를 정류기로 직류로 변환하여 가동 코일형 계기로 측정한다.
열전형		교류 직류	전압계 전류계 전력계	열선과 열전대의 접점에 생긴 열기전력을 가동 코일형 계기로 측정한다.
정전형		교류 직류	전압계 저항계	2개의 전극 간에 작용하며, 정전력을 이용한다.
유도형		교류	전압계 전류계 전력량계	고정 코일의 교번 자계로 가동부에 와전류를 발생시켜 이것과 전계와의 사이의 전자력을 이용한다.
진동편형		교류	주파수계 회전계	진동편의 기계적 공진작용을 이용한다.

02 전기측정

1) 전압측정

(1) 전압계

전압을 측정하는 계기로, 병렬로 회로에 접속하며 가동 코일형은 직류측정에 사용된다.

(2) 배율기

전압의 측정범위를 넓히기 위해 전압계에 직렬로 저항을 접속한다.

$$배율(m) = \frac{R_v + R_m}{R_v} = 1 + \frac{R_m}{R_v} \text{ (여기서, } R_v : \text{전압계 내부저항)}$$

$$\therefore R_m = (m-1)R_v$$

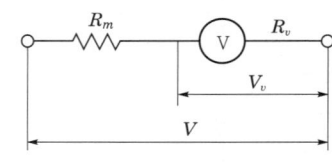

[그림 5-84] 배율기

2) 전류측정

(1) 전류계
전류의 세기를 측정하는 계기로, 직렬로 회로에 접속하며 내부저항이 전압계보다 작다.

(2) 분류기
전류계의 측정범위를 넓히기 위해 전류계에 병렬로 저항을 접속한다.

$$배율(m) = \frac{R_a + R_S}{R_S} \text{ (여기서, } R_a : \text{전압계 내부저항)}$$

$$\therefore R_S = \frac{R_a}{m-1}$$

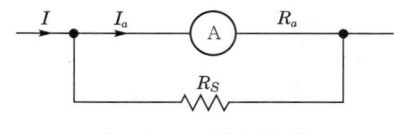

[그림 5-85] 분류기

3) 저항측정

(1) 저저항(1Ω 이하)측정법
① 전압강하법
② 전위차계법
③ 휘트스톤브리지법 : $X = \frac{P}{Q}R[\Omega]$
④ 켈빈더블브리지법 : $X = \frac{N}{M}R[\Omega]$

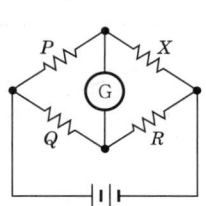

[그림 5-86] 휘트스톤브리지법

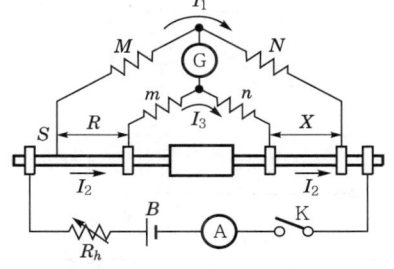

[그림 5-87] 켈빈더블브리지법

(2) 중저항(1Ω~1MΩ)측정법
① 전압강하법
② 휘트스톤브리지법

(3) 고저항(1MΩ 이상)측정법

① 직접편위법
② 전압계법
③ 콘덴서의 충·방전에 의한 측정

4) 전력측정

(1) 전류계 및 전압계에 의한 측정

① 전류계 전력 $P = VI - I^2 R_a [\text{W}]$

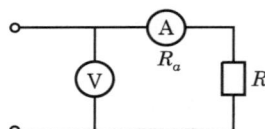

여기서, R : 부하저항
R_a : 전류계 내부저항

[그림 5-88] 전류계에 의한 측정

② 전압계 전력 $P = VI - \dfrac{V^2}{R_v} = V\left(I - \dfrac{V}{R_v}\right)[\text{W}]$

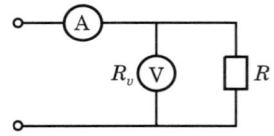

여기서, R : 부하저항
R_v : 전압계 내부저항

[그림 5-89] 전압계에 의한 측정

(2) 3전류계법에 의한 측정

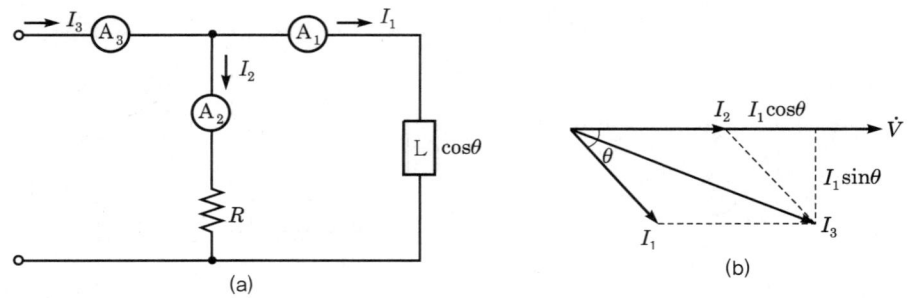

[그림 5-90] 3전류계법에 의한 측정

$$I_3^2 = (I_2 + I_1 \cos\theta)^2 + (I_1 \sin\theta)^2 = I_1^2 + I_2^2 + 2I_1 I_2 \cos\theta$$

$$\therefore \cos\theta = \frac{I_3^2 - I_1^2 - I_2}{2I_1 I_2}, \quad V = I_2 R$$

3전류계 전력 $P = VI_1 \cos \theta = I_2 R I_1 \left(\dfrac{I_3^2 - I_1^2 - I_2^2}{2I_1I_2} \right)$

$= \dfrac{R}{2}(I_3^2 - I_1^2 - I_2^2)$ [W]

(3) 3전압계법에 의한 측정

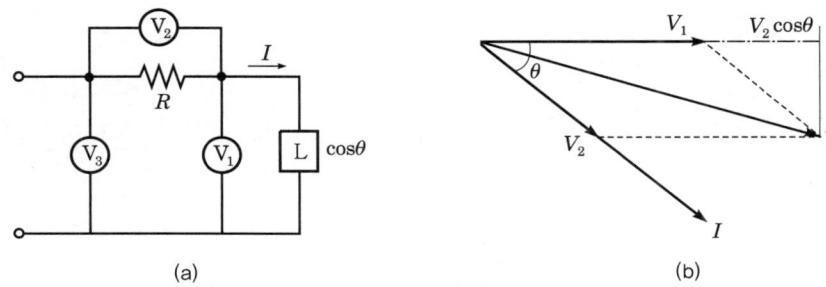

[그림 5-91] 3전압계법에 의한 측정

$V_2 = IR$

$V_3^2 = (V_1 + V_2 \cos \theta)^2 + (V_2 \sin \theta)^2 = V_1^2 + V_2^2 + 2V_1V_2\cos\theta$

$\therefore \cos\theta = \dfrac{V_3^2 - V_1^2 - V_2^2}{2V_1V_2}$

3전압계 전력 $P = V_1 I \cos \theta = V_1 \dfrac{V_2}{R} \left(\dfrac{V_3^2 - V_1^2 - V_2^2}{2V_1V_2} \right)$

$= \dfrac{1}{2R}(V_3^2 - V_1^2 - V_2^2)$ [W]

M/E/M/O

P/A/R/T 06

공기조화

Chapter 01 공기조화의 개요
Chapter 02 공기의 성질과 상태
Chapter 03 열의 성질과 상태
Chapter 04 습공기 선도
Chapter 05 공기조화의 부하
Chapter 06 공기조화방식
Chapter 07 공기조화기기
Chapter 08 덕트 및 덕트의 부속품
Chapter 09 냉난방방식의 분류

Chapter 01 공기조화의 개요

01 개요

(1) 정의

건축공간에서 그 공간을 사용하는 재실자나 혹은 공간 내에서 취급되거나 저장되는 물품에 바람직한 효과를 얻을 수 있도록 온도, 습도, 기류 및 청정도 등의 요소를 제어한다.

(2) 목적

공기를 적정한 상태로 조절하여 쾌적하고 위생적인 인간의 거주공간을 조성한다.

(3) 분류

장소와 사용조건에 따라 두 가지로 분류한다.
① 보건용 공조(comfort air conditioning) : 인간을 대상으로 쾌적한(보다 자연적인) 상태를 유지하는 공조방식으로 학교, 빌딩, 사무실 등이 있다.
② 산업용 공조(industrial air conditioning) : 물품의 생산, 저장을(보다 인공적인) 대상으로 하는 공조방식으로 공장, 전화국, 창고, 전자계산실, 컴퓨터실이 있다.

(4) 공기조화의 의미

과거는 공기조화의 어느 한 가지 요소만을 취급하는 난방이나 환기설비로 적용하였으나, 현재는 생활의 질이 향상되고 건물이 고급화되는 현대사회에서는 공기조화는 단순한 Air Conditioning이 아닌 공기조화의 모든 요소를 고려하는 HVAC(Heating, Ventilating & Air Conditioning)을 공기조화라 한다.

02 현대 건축물의 실내공기환경과 빌딩증후군

1) 실내공기의 중요성

① 산업화와 인구의 도시집중화로 환경오염

② 국민의 건강과 생존을 위협하는 환경문제가 국가정책의 최우선
③ 하루 중 80% 이상을 건물 내에서 생활하는 공기환경개선의 문제

2) 현대건물의 특성

에너지 절약 설계 및 시공에 따른 기밀화와 단열강화로 인해 환기성능은 오히려 저하되어 실내공기환경이 날로 악화되어 각종 건축자재로부터 발생되는 유해가스로 장기간 지속적으로 인체에 축적되어 위험성이 매우 심각하지만, 이에 대한 인식은 매우 미흡한 실정이다.

최근 사무소 건물을 중심으로 많은 건물유형에서 소위 건물증후군(Sick Building Syndrome)이라고 하여 두통, 현기증, 메스꺼움, 졸음, 집중력 감소, 충혈 등의 다양한 질환을 호소하는 환자가 급증하고 있는데, 그 원인은 주로 환기가 부족한 실내공간에서 각종 건축자재 및 사무용 기기 등에서 발생하는 오염물질이 계속적으로 순환되면서 농도가 증가되어 인체에 복합적인 영향을 미친다.

3) 빌딩증후군(SBS : Sick Building Syndrome, TBS : Tight Building Syndrome)

(1) 정의

몸이 불편함을 느낀다고 말하는 사람이 보통보다 많은 건물로 개개의 오염물질은 전부 허용농도범위 내에 있으면서도 재실자가 두통, 피로, 눈의 아픔 등의 증상으로 불쾌감을 나타낸다.

(2) 발생원인

① 공조하는 건물에 많으며, 자연환기건물에서도 볼 수 있다.
② 일반사무원이 증상을 느끼는 비율이 많으며, 공적인 부분과 재실자가 많은 부분에서 발생비율이 높다.
③ 오전보다 오후에 증상의 발생빈도가 많다.
④ 경구조일 때가 많다.
⑤ 실내공간이 직물제품(카페트, 커튼, 벽지, 가구 등)으로 가려 있을 때 기밀하고, 비교적 따뜻하게 유지되는 온도차가 적은 지역에서 주로 발생한다.

4) 실내공기가 중요한 이유

인간은 80% 이상을 실내(가정, 사무실, 작업장, 지하상가 등)에서 생활하며 대기오염은 자연적인 희석율이 크고 각종 규제로 억제되고 있으나, 실내공기는 한정된 공간에서 인공적인 설비를 통하여 오염된 공기가 계속적으로 순환되면서 농도가 증가된다.

1970년대 에너지보존의 인식 이후 새로운 건축자재 및 생활용품 등에서 각종 오염물

질이 방출되며 에너지 절감에 따른 건물의 기밀화로 건물 내 거주자들의 Sick Building Syndrome이 발생한다.
① 체류시간의 증가
② 사용공간의 증대
③ 처리공기의 제한성

03 실내공기환경오염물질 및 기준치

(1) 실내공기환경오염물질

실내공기환경오염원으로는 조리 및 난방용의 각종 기구, 담배연기, 건축자재, 가구, 사무기기, 가정용 공기정화장치, 인체 등을 들 수 있으며, 발생오염물질도 발생원에 따라 수십 종류이다. 건물 내 거주자들은 오존, 일산화탄소, 포름알데히드 등 몇 가지 미립자는 감지하지만 부유미립자, 석면 등은 위험수준을 넘어도 감지하지 못한다.

[표 6-1] 주요 실내공기환경오염물질의 발생원 및 인체에 미치는 영향

오염원의 종류	성질	발생원	인체에 미치는 영향
라돈 (radon)	가장 흡입하기 쉬운 기체상 방사성 물질로 무색, 무취이며 공기보다 9배 무거움	• 흙, 시멘트, 콘크리트, 대리석, 모래, 진흙, 벽돌 등 건축자재 • 토양가스 및 천연가스 • 라듐이 풍부한 토양과 암반지역의 지하수	• 흡입 시 폐의 폐포나 기관지에 부착되어 폐암을 발생(미국 내 연간 13만명의 폐암사망자 중 약 5천~2만명이 해당)
연소가스 (combustion gas)	연료의 불완전연소 시 연료의 종류와 열분해조건에 따라 H_2O, NO, NO_2, CO, CO_2와 입자를 발생	• 탄소를 포함한 모든 물질의 연소 • 특히 연통 없는 가스난로 및 취사, 난방, 흡연 등	• 급성중독 : 순환기 장애, 호흡장애, 신경계 증상 • 만성중독 : 시각 및 청각장애, 언어장애, 지각력 장애
		• 실내에서의 인체 호흡 및 연소	• 귀울림, 두통, 혈압상승, 호흡기 및 순환기 장애, 대뇌의 기능저하
		• 가정용 난방기구, 취사용 가스기구, 흡연 및 실내 건축자재	• 기도저항, 호흡기 점막 자극, 폐기관 불쾌감, 중추신경 영향, 기관지폐렴
부유 분진 (TSP)	입자가 미세하고 가벼운 물질로 인체유해입경은 0.5~5μm	• 화력발전, 공장, 자동차 등의 외부 발생원 및 실내 바닥먼지와 담뱃재 등	• 규폐증, 진폐증, 탄폐증, 석면폐증 등
포름 알데히드 (HCHO)	건축물과 관련된 각종 질환을 나타내며, 동물실험결과 발암물질로 판명된 화학물질	• 건축자재 : 단열재, 각종 합판 및 보드 • 실내 가구의 칠 및 접착제 • 약, 화장품, 가솔린 및 디젤 연소 시, 흡연 시	• 눈, 코, 목 등에 자극 증상 • 기침, 설사, 어지러움, 구토, 피부질환, 비암, 정서적 불안정, 기억력 상실, 정신집중 곤란

오염원의 종류	성질	발생원		인체에 미치는 영향
휘발성 유기 용제 (VOCs)	용매의 성질을 변화시키지 않고 문자 그대로 어떤 물질을 녹일 수 있는 액상유기화합물로, 실온에서는 액체이며 휘발하기 쉬운 성질	방향족 탄화수소	벤젠	잡지, 신문, 흡연, 방취제, 연소표백제, 자동차	• 혈액독성이 아주 강함 • 골수 손상, 혈소판 감소증, 백혈구 감소증, 빈혈증
			톨루엔	페인트, 코킹제, 카펫, 바닥단열재, 잡지, 신문	• 가장 독성 강함 • 간, 신장, 혈액, 신경 등에 독성, 피로감, 정신착란 등
			크실렌	카펫, 단열재, 시트록(sheetrock)	• 간, 신장, 혈액에 대한 독성이 아주 강함

(2) 공기환경기준치

공기환경기준은 각각의 환경적 특성에 따라 오염물질의 발생과 재실자에게 미치는 영향 정도가 다르기 때문에 일반실내환경, 대기(외기), 그리고 작업환경으로 구분하여 설정한다.

외국의 실내공기환경(IAQ)기준은 유럽의 경우 WHO를 중심으로 이미 1987년에 Air Quality Guidelines for Europe을 설정하여 실내공기환경과 건강측면의 여러 연구결과를 축적해 오고 있고, 특히 스웨덴 등의 나라에서는 각 건물에 따른 라돈가스의 기준치를 설정하여 적용하고 있다. 또한 미국에서는 EPA와 ASHRAE를 중심으로 재실자를 위한 온열환경조건과 실내공기질을 고려한 실내공기환경 유지를 위한 환기규정 등을 제시하고 있다.

특히 미국에서는 지난 1988년 이후 제정된 실내 라돈방지법에 따라 각 건물마다 라돈에 관한 방출정보를 제공하도록 규정하고 있다. 이와 같이 선진 외국에서는 지하공간을 실내공간과 같이 규정하고 오염물질방출에 대한 세부적 규제를 실시하고 있는 상황이다.

국내의 실내공기환경관련기준은 현재 보건복지부(위생관리법)와 국토교통부(건축법) 및 고용노동부(산업안전보건법)에서 다루고 있는데, 주로 일산화탄소, 이산화탄소, 분진 등의 일부 오염물질에 대해서만 규정하고 있고, 세부 오염물질은 작업환경을 대상으로 설정되어 있는 형편이다. 특히 지하공간에 대한 실내공기질규제는 환경부에서 다루고 있는데, 1998년 1월에 미세먼지(PM10), 석면, 일산화탄소, 이산화탄소, 아황산가스, 이산화질소, 포름알데히드, 납 등의 7가지 오염물질에 대하여 지하공간공기질관리법 시행령 및 시행규칙을 제정하여 적용해 오고 있다

[표 6-2] 공기환경 국내기준

항목	환경부 지하공기질기준		보건복지부 공중위생기준, 건축법 공조설비기준		고용노동부 산업안전기준	
	시간 평균	농도	시간 평균	농도	시간 평균	농도
CO_2(ppm)	1	1,000	순간	1,000	순간	5,000
CO(ppm)	1	25	순간	10	순간	50
SO_2(ppm)	1	0.25			순간	2
NO_2(ppm)	1	0.15			순간	3
HCHO(ppm)	24	0.10			순간	1
Rn(pCi/ℓ)					순간	4
TSP($\mu g/m^3$)	24	250	순간	150	순간	10,000
석면(개/cc)		1			순간	0.2~2
Pb($\mu g/m^3$)	24	3.00			순간	50
Cu($\mu g/m^3$)	24				순간	100
Hg($\mu g/m^3$)	24				순간	50
Cd($\mu g/m^3$)	24				순간	50
Cr($\mu g/m^3$)	24				순간	50
As($\mu g/m^3$)	24				순간	200

04 실내공기오염의 예방책

실내 공간에서의 오염농도를 줄이는 방법은 크게 몇 가지로 나눌 수 있다.

(1) 오염원 및 요소를 최소화할 것

최근 건축재료에서도 오염물질이 발생되고 있어 설계자나 기술자는 재료선택에 무엇보다도 세심한 주의를 기울여야 한다.

(2) 실내 공간에서의 오염공기 배출과 환기를 철저히 할 것

미국 NIOSH(National Institute for Occupational Safety and Health)의 연구결과에 의하면 실내공기질에 영향을 미치는 인자는 크게 환기, 실내외 오염원, 건축재료, 미생물, 기타 등으로 구분한다. 이 중 환기가 실내공기질에 가장 큰 영향을 미치고 있고, 실내 공기질을 제어하는 데 가장 효과적인 방법이다.

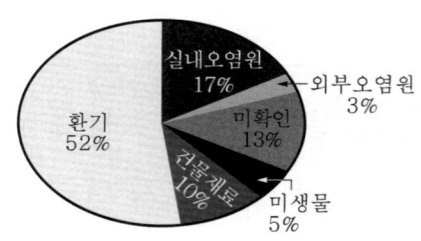

[그림 6-1] 실내공기질의 오염비율

(3) 실내공기환경에 관한 구체적인 기준치를 설정할 것

지금까지의 국내 실내 환경문제에 대한 대처방안을 살펴보면 실내 공간을 단지 작업 공간이라는 관점 하에서 일정 수치를 유지하는 데 관심을 기울여 왔다. 즉, 현재 설정되어 있는 기준치의 대부분이 지하공간의 체류시간에 따른 구체적인 것이 아니라 획일적인 상태의 형성에 주안점을 두어 왔을 뿐이다.

(4) 공기환경에 대한 새로운 인식과 교육 필요

모든 국민이 실내환경의 중요성을 인식하고 공동으로 대응해 나갈 수 있도록 환경교육이 활성화되어 환경친화적인 사회가 되도록 노력한다.

[표 6-3] 실내환경기준

구분	기준
부유 분진량	$1m^3$당 0.15mg 이하
일산화탄소(CO) 함유량	10ppm 이하(0.001% 이하)
이산화탄소(CO_2) 함유량	1,000ppm 이하(0.1% 이하)
온도	17~28℃ 이하
상대습도(RH)	40~70% 이하
기류속도	0.5m/s 이하

Chapter 02 공기의 성질과 상태

01 공기의 역할

(1) 중요성

인간의 음식물섭취량은 음식 1.3kg/day, 물 2kg/day, 공기 15kg/day이다.

(2) 공기의 단위

공기환경의 질을 나타내는 단위는 일반적으로 ppm이나 ppb, 또는 mg/m^3을 사용(다른 물질보다 비중을 작게 취급)한다. ppm은 Parts Per Million의 약어로, 0.05ppm은 2000만분의 1을 의미한다.

(3) 분진

크기는 μm(백만분의 1미터)로 표기하며, 입경에 따라 2가지로 분리한다.
① 미세입자 : $2.0 \sim 2.5 \mu m$ 미만으로 오염된 도시지역 분진의 90~99% 정도이며, 특히 $0.1 \sim 1.0 \mu m$일 때 폐 속의 침투가 최대로서 폐질환을 야기시킨다.
② 거대입자 : $2.5 \mu m$ 이상으로 총부유 분진(TSP : Total Suspended Particulate)은 거대입자와 미세입자의 총합이다. 예를 들어, PM-10은 공기 역학적 직경이 $10 \mu m$ 이하의 분진을 의미한다.

02 공기조화

공기조화의 4요소는 온도, 습도, 기류, 청정도이다. 거주자의 쾌적성 증대, 외부오염의 방지, 작업능률의 향상을 위해 최적의 실내공기조건을 조성하기 위해서는 공기조화의 4요소를 조정해야 한다.

03 온도

차고 더움의 정도를 나타내는 지표로서 우리나라는 ℃로 표기한다. 실내 적정온도는 난방 시는 26~28℃, 냉방 시는 18~22℃ 정도이다.

(1) 건구온도(DB : Dry Bulb Temperature)

일반적인 온도계로 측정한 온도로서, 건구온도만으로는 공기의 습기를 알 수 없고 인간이 느끼는 쾌적의 판단이 어렵다.

(2) 습구온도(WB : Wet Bulb Temperature)

공기가 건조한 만큼 수분의 증발이 활발해지고, 그 증발열에 의해 온도측정구 부분이 차거워져 그때의 건구온도보다는 내려가는 폭이 커진다.

(3) 평균복사온도(Mean Radiant Temperature)

주위 표면으로부터의 복사의 영향을 평균한 값이며, 대개 평균표면온도와 같은 값을 가진다.

(4) 환경온도(Environmental Temperature)

기온과 복사온도의 조합으로 구할 수 있다.

(5) 합성건구온도(Dry Resultant Temperature)

기온과 복사온도 및 기류의 조합으로 구할 수 있다.

(6) 쾌적온도(Comfort Temperature)

쾌적한 상태와 거의 일치하는 온도를 말하며, 설계목적으로 사용 시에는 환경온도와 합성건구온도로 표시한다.

(7) 유효온도(ET : Effective Temperature)

온도, 기류속도, 습도 3요소를 일반적인 착의상태 및 활동상태 하에서 하나의 온도로 표현한 것으로, 가장 보편적인 환경지수이다. 넓은 응용범위를 갖고 있고, 냉난방부하 계산에 이용 시 에너지 절감효과에 기여할 수 있다.

(8) 수정유효온도(CET : Corrected Effective Temperature)

건구온도를 글로브온도로 대체하여 복사열효과를 감안한 온도이다.

(9) 신유효온도(ET : New Effective Temperature)

온도(기온, 평균복사온도)와 습도의 영향을 결합하여 열환경을 단일한 지표로 나타낸 것으로, 1923년 Houghten과 Yaglou가 제안한 유효온도(ET)는 습도의 영향이 저온영역에서 과대평가되고, 반대로 고온영역에서 과소평가되는 것으로 지적되어 왔다. 이러한 단점을 보완한 것이다.

(10) 표준 신유효온도(SET : Standard Effective Temperature)

표준 신유효온도는 착의상태 0.6clo, 기류 0.1m/s, 상대습도 50%인 표준적인 조건 하에서 경험하는 기온(단, 벽면온도는 기온과 동일)과 등가인 열적 자극을 사람에게 주는 온열조건을 나타내는 지표(복사개념은 생략)이다.

(11) 작용온도(OT : Operative Temperature)

Gagge 등이 1940년 개발한 지표로 인체와 환경 간의 열교환에 기초를 두어 기온, 기류, 복사의 영향을 이론적으로 종합한 것이다.

(12) 온도센서의 종류

① 액체의 팽창, 수축 : 수은온도계의 원리이며, 자동제어에서의 온도센서이다.
② 백금저항온도계 : 전기저항(PT)를 이용한다.
③ 서미스터(thermistor) : 반도체 저항의 특성을 온도로 나타낸다.
④ APT 전자식 : 실내온도조절기로 사용한다.
⑤ 열전온도계(초전력) : 두 물질에서 발생하는 기전력을 이용하여 온도로 변환하며, K형이나 T형이 많이 사용된다.
⑥ 바이메탈온도계 : 선팽창계수가 다른 두 금속을 이용하며 온도가 상승하면 두 금속 중 하나는 팽창하고, 또 다른 금속은 수축하여 전기접점이 연결되어 화재경보기에 신호를 보내며 건물의 내부 천정에 설치한다.

04 쾌적감

인간이 느끼는 차고 더움이나 쾌적감은 온도, 습도, 기류, 복사(방사)의 4가지 물리적 조건에 의해 좌우되며, 이 중 복사(방사)를 제외한 건구온도, 습구온도, 기류를 종합해서 쾌적의 감각을 나타내는 체감온도를 유효온도라고 하며, 공기조화에서는 유효온도가 실내 기후 조건의 표준지수로 이용된다.

0℃, 1기압에서 건조공기의 조성성분은 일산화탄소, 네온, 메탄, 헬륨, 수소 등이 미량 함유되어 있다. 수증기의 기압은 온도상승에 따라 높아지므로 수증기가 많아진다. 100℃에서는 1기압이 되고 수증기만으로 되기 때문에 건조공기는 없어진다.

05 습도

습도(humidity)는 습공기 중에 수분을 함유하고 있는 정도를 나타낸다.

(1) 절대습도(Absolute Humidity)

건조공기 1kg 중에 수분이 몇 kg이 함유되어 있는지를 숫자로 표시하며, 단위는 kg/kg′이다. 신선한 공기를 목적한 방으로 공급(급기)하기 위해 미리 온도, 습도를 조정하는 조화공기의 가습량이나 감습량 계산에 사용된다.

[표 6-4] 건조한 공기의 조성

성분	함량(%)	성분	함량(%)
질소(N_2)	78.084	아르곤(Ar)	0.934
산소(O_2)	20.948	이산화탄소(CO_2)	0.034
기타	0.001	주변 공기-수증기	0.1~0.001

(2) 상대습도(Relative Humidity)

공기의 습한 상태를 나타낸 것으로, 공기조화의 설계조건에 이용되며 단위는 % RH이다.

(3) 수증기분압(VP : Vapor Pressure)

혼합기체에 있어서 그중 하나의 성분만으로 전체적을 채워 놓았다고 가정하여 예상하는 압력을 분압이라고 하며, 각 성분의 분압의 합은 혼합기체의 압력과 같아진다. 습공기는 건조공기와 수증기와의 혼합기체라고 생각할 수 있기 때문에 이때 수증기가 갖는 압력을 가정하여 수증기분압이라고 한다.

(4) 포화공기

습공기는 같은 1kg의 공기라도 온도가 다르면 함유할 수 있는 수분의 양이 달라지고 온도가 높을수록 많은 수분을 함유할 수 있다. 수분은 무제한으로 공기 중에 함유할 수는 없는데, 그 온도에서 함유할 수 있는 최대의 수분을 함유하고 있는 상태를 포화상태라 하며, 그 상태의 공기를 포화공기라고 한다.
① 공기조화에서 상대습도 규제치는 40~70% RH이다.
② 설계 실내 온습도조건은 여름철은 50~60% RH, 겨울철은 40~50% RH이다.

06 불쾌지수

인간이 무덥다든지 바짝 마른다든지 느끼는 것은 상대습도가 높은지 낮은지에 따라서 다르며, 절대습도가 어느 정도인지를 피부(신체)로 느끼는 것은 어렵다. 상대습도가 높을 때는 일반적으로 불쾌감을 느끼기 때문에 온도(건구온도)와 상대습도 양쪽에서 불쾌감을 느끼는 상태를 수식을 이용해 실험적으로 얻어진 것을 불쾌지수라고 한다. 여름철 온습도조건의 감각지표로서 이용되며, 불쾌지수는 [표 6-5]와 같다.

$$불쾌지수 = (건구온도 + 습구온도) \times 0.72 + 40.6$$

[표 6-5] 불쾌의 정도

불쾌지수	불쾌의 정도
86	참을 수 없는 불쾌감(무더워서 견딜 수 없다.)
80	모든 사람이 불쾌하게 느낌(더워서 땀이 난다.)
75	반수 이상의 사람이 불쾌하게 느낌(약간 더위를 느낀다.)
70	불쾌감이 들기 시작
68	쾌적

07 히트쇼크

냉난방 시에 실내 공기온도와 바깥공기의 온도차가 현저할 때, 실내와 밖을 출입했을 때 인체가 받는 충격이나 현저한 불쾌감을 말한다. 온도쇼크는 냉방 시의 콜드쇼크(cold shock)와 난방 시의 핫쇼크(hot shock)로 나누어지며, 히트쇼크를 일으키지 않는 온도차는 냉방 시는 3~5℃ 이하, 난방 시는 10~20℃ 이하이다.

08 결로

공기가 가장 눅눅한 때는 상대습도 100%인 포화공기로 이 상태가 되면 공기 중의 수분을 더 이상 함유할 수 없게 된다. 그래서 공기 중의 기체인 수증기(수분)가 응축되어 액체인 물방울상태로 변화되어 눈에 보이게 된다. 이 현상을 결로 또는 응축이라 하며, 결로가 시작될 때의 온도를 노점온도라고 한다.

여름철 냉장고에서 차거워진 맥주병을 꺼내면 표면에 물이 흐르는 현상을 경험하는데, 이것은 맥주병 주위의 습공기가 노점온도 이하로 급냉각되면서 상대습도 100%를 넘는 상태로 급변하여 더 이상 함유할 수 없어진 공기 중의 수증기가 결로되기 때문이며, 난방 시 실내 유리면에 결로를 방지하는 방법은 다음과 같다.

① 실내습도를 낮춘다(환기).
② 이중창 사용 등으로 단열효과가 증대된다.

③ 난방 시 가습을 하지 않는다.
④ 가습을 할 경우도 겉으로 드러날 정도(현저하게)로 실내습도를 낮춘다.

09 기류

드래프트(draft)라고도 하며, 외기가 이동하는 속도, 즉 바람의 속도를 풍속이라 한다. 실내 기류규제는 0.5m/s 이하이며, 일반적으로 0.3m/s 정도면 피부로 느끼고, 0.1m/s 이하는 무풍 느낌으로 환기가 안 되는 상태이며, 최적의 기류는 그 사람의 활동에 따라 다르다. 사무작업 시에는 0.13~0.18m/s, 백화점 쇼핑 시에는 사무작업 시의 3배도 괜찮다. 공기조화에서 실내에 생기는 기류세기의 균등성을 기류분포라 한다.

기류는 열선풍속계(hot-wire anemometer)나 카다온도계(kata thermometer)로 측정할 수 있는데, 이들 기기는 공기의 흐름이 온도계를 냉각시키는 효과를 이용하고 있다.

10 청정도

공기오염은 공기 중에 세균, 유해한 부유물 증가, 악취, 온습도가 상승하여 기류정체 등이 불쾌감을 조장하며, 불쾌감, 두통, 구토, 빈혈증상은 탄산가스(이산화탄소), 부유 분진 등이 원인이다.

빌딩증후군은 공기오염의 원인이 되는 오염물질이 많으며, 청정도의 지표물질로 부유 분진, 일산화탄소, 탄산가스(이산화탄소)가 있다.

11 부유 분진

(1) 부유 분진

부유 먼지라고도 하며, 공기 중에 포함되어 있는 먼지 중 입자입경이 큰 것은 시간이 경과함에 따라 침강하지만, 담배연기처럼 입자입경이 $10\mu m$(1/100mm) 이하가 되면 침강하지 않고 언제까지나 공기 중에 떠다니고 있기 때문에 이것을 부유 분진이라고 한다.

(2) 부유 분진량

공기 $1m^3$ 중에 포함되어 있는 입자입경 $10\mu m$ 이하인 것이 몇 mg인지 mg/m^3을 단위로서 나타내며 규제치는 $0.15mg/m^3$ 이하이다.

12 산소결핍증

공기 중에 산소농도가 18% 미만의 공기를 산소결핍공기라고 하며, 산소결핍공기 흡입으로 인한 질식증상이 발생한다.

13 탄산가스

정식명칭은 이산화탄소(CO_2)로 무색, 무취의 기체로 대기 중에는 자연상태에서 약 400ppm이 함유되어 있다. CO_2는 연료 속의 탄소성분이 완전연소한 경우에 발생하지만, 인간의 폐에서 체외로 내뱉는 공기인 호기(내쉬는 숨)에서도 발생한다.

호기 속에 함유되어 있는 CO_2는 약 40,000ppm으로, 대기의 100배나 되는 농도로, 인간은 연소장치와 더불어 탄산가스 발생기라고 할 수 있다.

실내 공기 중의 탄산가스농도는 환기에 큰 척도가 되며, 농도가 10,000ppm이 넘으면 건강상 악영향을 미치며, 이산화탄소규제치는 1,000ppm 이하이다.

Chapter 03 열의 성질과 상태

01 열의 정체

열은 눈에 보이지는 않지만 차고 따뜻한 느낌을 주는 근원으로, 온도차에 의해 고온에서 저온으로 이동하는 일종의 에너지이다. 학문적 의미는 기체분자의 운동에너지이다.

(1) 전열
열이 이동하는 현상

(2) 전도
고체 속을 열이 온도차에 의해 이동하는 현상

(3) 대류
유체(기체, 액체)의 열이 유체의 움직임과 함께 이동하는 현상

(4) 복사
공간을 두고 서로 떨어져 있는 2개의 물질 사이로, 열이 공간을 통과하며 이동하는 현상(태양)

02 열역학 제2법칙

열은 고온에서 저온으로 이동한다. 물의 이동은 높은 곳에서 낮은 곳으로 흐를 수밖에 없으며, 만약 높은 곳으로 물이 흐르려고(올라가려고) 한다면 펌프로 물을 올리는 수밖에 없다. 열의 경우도 마찬가지다. 저온의 열을 고온으로 이동(운반)시키기 위해서는 펌프로 열을 올려야 한다. 이 펌프역할을 하는 것이 냉동기이다.

03 열량의 단위

14.5℃의 순수한 물 1kg을 15.5℃로 1℃ 높이기 위해 필요한 열량을 공업상 단위로 칼로

리(kcal)로 나타낸다. 즉, 열의 이동량인 열량을 나타내는 표준단위인 1kcal는 1kg의 물을 1℃ 상승시키기 위해 필요한 열량이다.

04 현열과 잠열

전열 혹은 전열량은 현열과 잠열의 합으로 나타내며, 일반적으로 물질에 열이 출입했을 때 그 물질의 온도가 상승 또는 하강하는 경우와, 물질의 상태변화에 소비되어 그 온도가 전혀 변화하지 않는 경우가 있다

(1) 현열(sensible heat, q_S)

표준기압 하에서 -40℃의 얼음 1kg이 100℃의 포화증기가 되기까지 가해지는 열량과 온도의 변화를 나타내며, -40℃의 얼음에 20kcal/kg의 열량을 가하면 0℃의 얼음이 된다. 이와 같이 열의 증감(가열 혹은 방열)에 의해 그 물질의 상태는 얼음이라는 고체 상태인 채로 온도만이 변화하는 경우의 열을 현열 또는 감열이라고 한다.

$$q_S = GC_p \Delta t [\text{kcal}]$$

여기서, G : 공기량(kg/hr)
C_p : 공기의 정압비열(0.24kcal/kg·℃=1.01kJ/kg·℃)
Δt : 온도차

(2) 잠열(latent heat, q_L)

0℃가 된 얼음에 80kcal/kg의 열량을 더 가하면 0℃의 물이 되는데, 이와 같이 가열이나 방열을 해도 온도는 일정하게 유지되며, 다만 얼음(고체)에서 물(액체)로 그 상태만 변화시키는 데 소비되는 열을 잠열이라고 한다. 그리고 잠열의 경우는 물질의 변화상태에 따라 여러 가지로 부르는데, 예를 들면 물이 증발할 경우를 증발열(기화열), 반대로 증기(기체)가 응축해서 물(액체)가 될 경우를 응축열, 얼음이 녹아 물이 될 경우는 융해열, 물이 응고(얼어)되어 얼음이 되는 경우를 응고열이라고 한다. 일정 상태를 기준으로 물질이 가지는 전열량을 엔탈피라고 한다.

$$q_L = G\gamma \Delta x [\text{kcal}]$$

여기서, G : 물의 무게(kg)
γ : 0℃ 물의 증발잠열(594.7kcal/kgf=2,504kJ/kg)
Δx : 절대습도차(kg)

05 열적 쾌적감

인간이 느끼는 열환경에 대한 쾌적감은 인체의 다양한 생리적 구조에 따라 결정되며, 개개인에 따라 각기 다르다. 쾌적은 에너지 관점에서 보다 각 요소의 조합에 따른 통계적 수치를 활용하는 방법에서 찾아야 한다. ASHRAE에서는 열적 쾌적성을 현재 온열환경에서 거주자의 80% 이상이 만족을 나타내는 마음의 상태라고 표현하고 있다(ASHRAE Standard 55-1992). 일반적으로는 열적 쾌적감이란 소극적인 상태로 열적 불쾌감을 느끼지 않는 상태를 말한다. 덥지도 춥지도 않은 불쾌하지 않은 상태인 인체의 방출열량은 다음과 같다.

① **증발** : 20~36%(잠열)
② **복사** : 40~50%(현열)
③ **대류** : 20~30%(현열)

06 인체의 열평형

인체의 열생산은 주로 음식물의 소화와 근육운동으로 이루어지는데 이를 인체의 대사작용(metabolism)이라고 하며, 그 양은 주로 Met단위로 측정한다. 1Met는 조용히 앉아 있는 성인남자의 신체표면적 1m²에서 발산되는 평균열량으로 58.2W/m² 혹은 50kcal/m²·h에 해당한다. 인체의 열발산량은 개인에 따라 다르고, 나이가 많을수록 감소하며, 성인여자의 경우 남자의 약 85% 정도이다.

07 열평형방정식

인체의 대사작용에 의해 발산된 열은 신체의 주요 기관에 필요한 일정한 온도를 제공해주고, 여기서 남은 잉여열은 혈액과 수분을 통해 피부로 전달되는데, 이때 인체는 주로 대류(convection), 복사(radiation) 및 증발(evaporation)의 열전달과정을 통해 열을 외부환경으로 배출한다. 여기서, 증발은 땀과 호흡으로 발산되는 수증기의 잠열을 이용한 것으로, 실내온도가 높아질수록 증발을 통한 열손실량이 많게 된다. 이와 같이 하여 인체는 생산되는 열과 손실되는 열량이 평형을 이룰 때 생리적 균형을 이루면서 건강을 유지하게 되는데, 인체의 열평형방정식은 다음과 같이 표현할 수 있다.

$$\Delta S = M - W - E + (R + C)$$

여기서, ΔS : 인체의 열저장량(rate of heat storage)으로 (+)일 때 체온은 상승하고,
(−)일 때 체온은 하강함. 0일 때 생리적 균형을 이룸
M : 인체의 대사량(rate of metabolism)
W : 운동량(rate of work), 운동에 소비되는 열량
E : 증발열 손실량(evaporative heat loss)
$(R+C)$: 현열교환량(dry heat exchange)
R : 복사에 의한 열교환
C : 대류에 의한 열교환

08 인체의 열적 쾌적감에 영향을 미치는 변수(온열환경요소)

인체 쾌적도에 영향을 미치는 주된 요소들은 다음과 같이 구분할 수 있다.

(1) 개인적 변수(personal variables)
① 활동량(activity)
② 착의량(clothing)
③ 나이(age)
④ 성별(sex)

(2) 물리적 변수(physical variables)
① 기온(air temperature)
② 표면온도(surface temperature)
③ 기류(air movement)
④ 습도(humidity)

09 활동량

인체의 열발산율은 활동량(activity)에 비례하고, 개인에 따른 신진대사량과 신체의 표면적에 따라 다르다. 개인의 차이는 약 10~20% 정도 차이가 날 수 있으며, 평균열발산량은 나이가 많을수록 감소한다. 성인여자는 성인남자의 85% 정도이며, 통상 사무실작업 시는 1.76~2.66Met, 농구 등 격렬한 운동 시는 5.0~7.6Met이다.

1Met는 열적으로 쾌적한 상태에서 의자에 앉아 안정을 취하고 있을 때의 대사량으로 1Met는 $58.2W/m^2 \cdot h = 50kcal/m^2 \cdot h$이다.

10 착의량

의복의 열절연성은 clo라는 착의량(clothing)의 단위로 나타내며, 1clo는 21℃, 상대습도 50%, 기류 5cm/s 이하에서 인체표면의 방열량이 1Met의 활동량과 평형상태에서 피부표면으로부터 착의표면까지의 열저항값이다. 1clo는 $0.155m^2 \cdot$ ℃/W로, 착의량의 범위는 0~4clo로 다음과 같다.

① 0clo : 나체, 수영복
② 0.5clo : 얇은바지와 셔츠
③ 1.0clo : 신사복, 드레스 상의
④ 2.0clo : 두꺼운 신사복, 코트

11 열쾌적지표(온열환경평가지표)

실내 온열환경을 단일요소로 평가하는 것은 어려우므로 쾌적감각을 지배하는 기온, 습도, 기류, 복사, 착의량, 대사량 등의 온열환경요소를 2가지 이상 결합하여 단일한 지표로 나타내려는 연구가 많이 진행되어 왔다. 지금까지 개발된 20여 가지의 온열환경평가지표를 표로 나타내면 [표 6-6]과 같다.

[표 6-6] 온열환경평가지표

종류	평가지표
물리적 지표	건구온도, 상대습도, 기류속도, 복사, 습구온도, 흑구온도
생리적 지표	4시간 후 발한예측지수, 피부젖음률, 열스트레스지수(HSI)
열평형지표	작용온도, 습작용온도, 표준작용온도, 평균복사온도, 표준 신유효온도
주관적 등온감각	유효온도, 신유효온도, 수정유효온도, 등온지표
지표 쾌적감각	불쾌지수, 예상온열감(PMV), 예상불만족률(PPD)

Chapter 04 습공기 선도

1 개요

 습공기의 상태를 결정할 수 있는 표를 습공기 선도(psychrometric chart)라 하며, 외기와 환기의 비율을 공기조화기에서 처리하는 과정에 따라 실내를 희망하는 상태로 유지하는 정도 또는 운전 중에 실내의 변화와 공기조화 중 공기의 상태변화 등을 판별하기 쉽게 나타낸 것이다. 습공기의 상태는 압력, 온도, 습도, 엔탈피, 비용적 등으로 표현되며, 일반적으로 대기압 하에서 사용되므로 압력은 일정하다.

(1) 공기 선도의 종류

① $t-i$ 선도 : 횡축에 건구온도, 종축에 엔탈피를 사용하며, 공기청정기(air washer), C/T해석에 사용한다. 물과 공기가 접촉하면서 변화하는 경우의 해석에 편리하다.

② $t-x$ 선도(carrier chart) : 횡축에 건구온도, 종축에 절대습도, 감열비 등과 다수의 선으로 구성되며, $I-x$ 선도와 유사하다. 간단하고 매우 편리하며, 습구온도와 엔탈피선을 같이 사용한다. 건구온도(t)와 절대습도(x)가 직교하는 선도로서, $t-x$ 선도는 열수분비 u 대신에 감열비(SHF : Sensible Heat Factor)가 표시되어 상태변화방향을 표시한 것이다.

③ $i-x$ 선도($h-x$ 선도, molier chart) : 종축에 건구온도, 횡축에 절대습도(x)를 표시하고, 엔탈피(i)와 절대습도(x)를 사교좌표로 취하여 그린다. 유럽 등지에서 많이 사용하고, 열수분비(u)를 이용하면 공기의 상태변화가 선도상에서 일정 방향으로 주어진다. 즉, 수분비 u_1인 변화는 선도상에서 u_2의 눈금과 +표의 중심을 잇는 직선과 평행방향으로 되며, 이 중심점은 u눈금의 기준이 되어 있으므로 기준점(reference point)이라 한다.

$$\text{열수분비 } u = \frac{i_2 - i_1}{x_2 - x_1} = \frac{di}{dx}$$

여기서, i_1 : 상태 1인 공기의 엔탈피(kcal/kg)
　　　　i_2 : 상태 2인 공기의 엔탈피(kcal/kg)
　　　　x_1 : 상태 1인 공기의 절대습도(kcal/kg′)
　　　　x_2 : 상태 2인 공기의 절대습도(kcal/kg′)

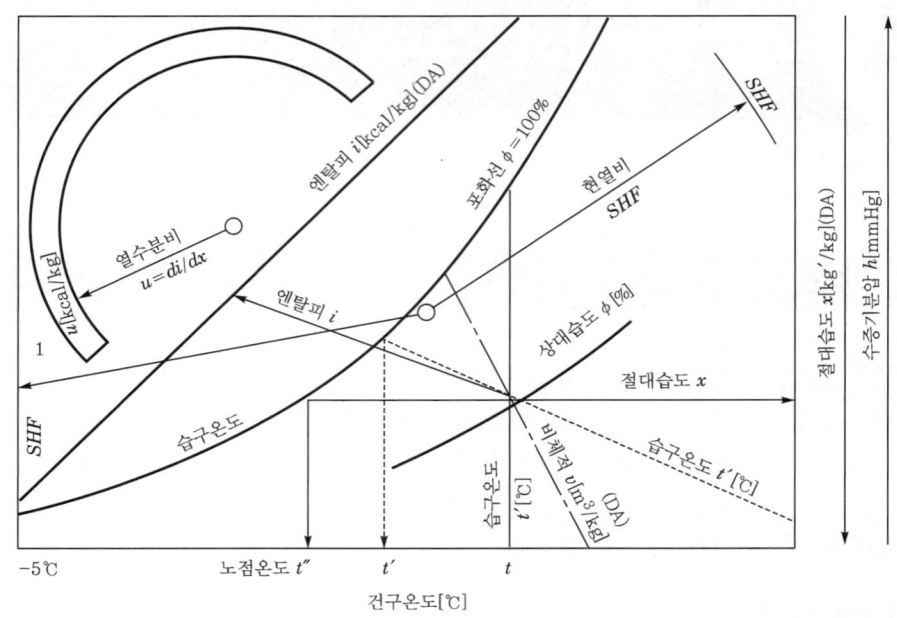

[그림 6-2] 습공기 선도 설명도($i-x$ 선도)

(2) 공조과정과 공기 선도

공조과정의 여러 변화과정을 온도와 습도에 대한 공기 선도에서 알 수가 있다.

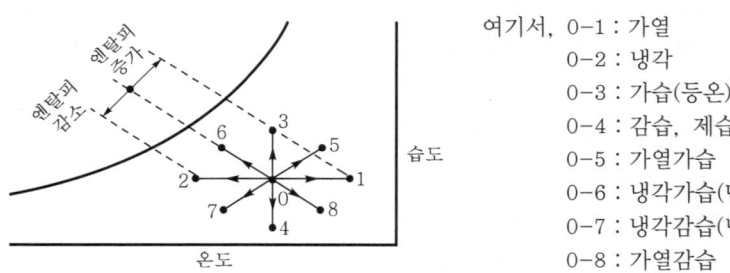

여기서, 0-1 : 가열
0-2 : 냉각
0-3 : 가습(등온)
0-4 : 감습, 제습(등온)
0-5 : 가열가습
0-6 : 냉각가습(단열가습)
0-7 : 냉각감습(냉각제습)
0-8 : 가열감습

[그림 6-3] 공조과정에서의 온도와 습도에 대한 공기 선도

[표 6-7] 혼합공기의 상태변화

상태	건구온도	상대습도	절대습도	엔탈피
가열(0-1)	상승	증가	증가	증가
냉각(0-2)	감소	감소	감소	감소
가습(0-3)	-	증가	-	증가
감습(0-4)	-	감소	-	감소

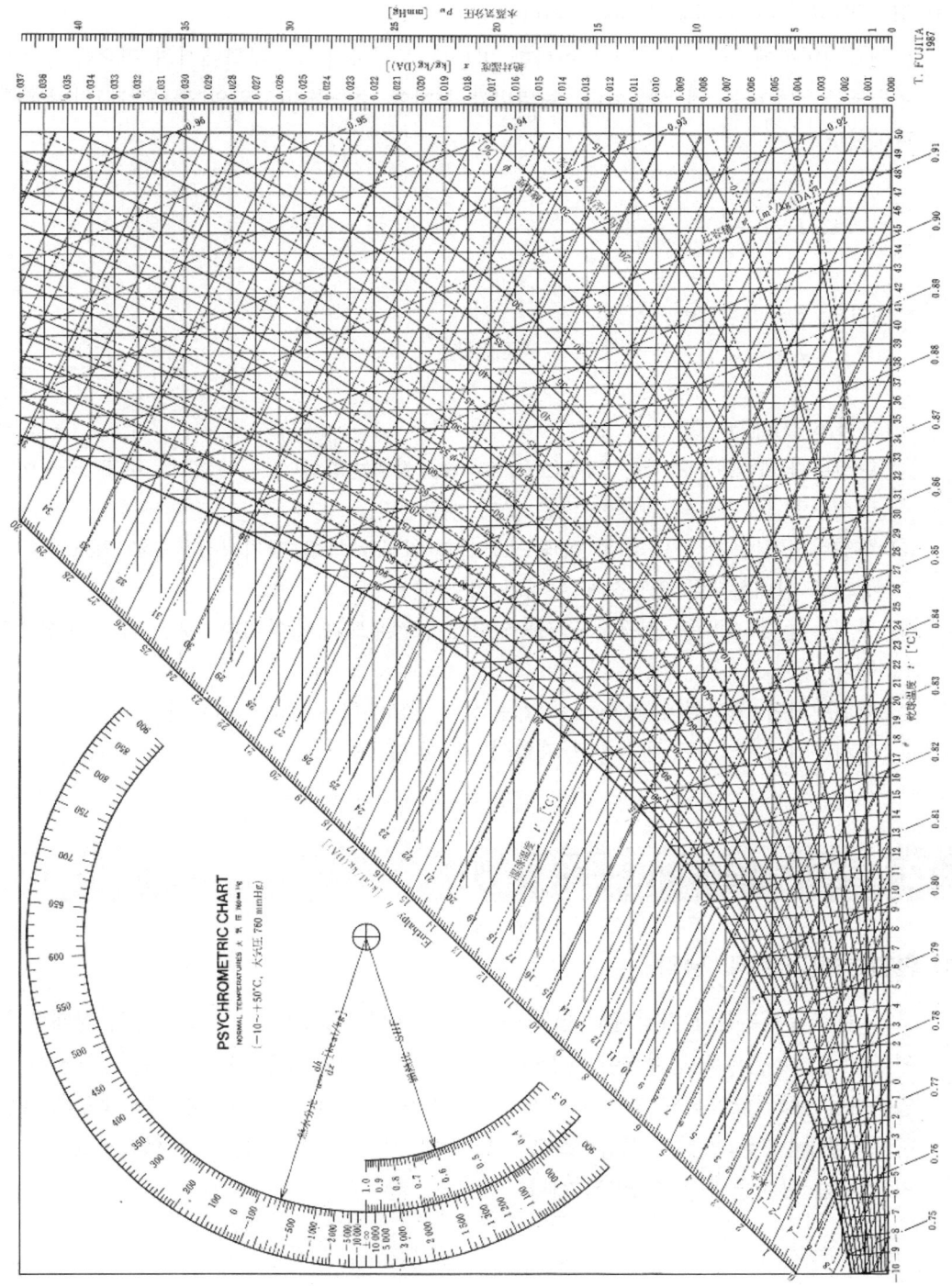

[그림 6-4] 습공기 선도($i-x$ 선도)

(3) 현열비(SHF : Sensible Heat Factor)

엔탈피변화에 대한 현열량이 변화한 비율로 표시하며, 그 부하에서의 필요한 공기의 온습도를 결정하는 데 사용한다. 현열비를 통하여 송풍공기(코일의 출구상태)의 상태를 파악한다.

$$SHF = \frac{q_S}{q_S + q_L} = \frac{q_S}{q_T}$$

여기서, SHF : 감열비, 현열비
q_S : 감열량, q_L : 잠열량, q_T : 전열량

[그림 6-2]에서
① 현열비가 수직에 가까운 경우($SHF=0$)는 잠열변화량이 큰 것으로 주로 극장이나 레스토랑 등 수분의 발생이 많은 곳이 해당된다.
② 현열비선이 공기 선도 왼쪽 아래 포화선과 만나는 점은 장치노점온도로 최소의 공기량으로 실내상태를 일정하게 유지가 가능하다.
③ 장치노점온도에서는 건구온도, 습구온도, 노점온도가 같아지며, 보통 11℃ 이상으로 한다.
④ 현열비선이 포화선에 교차하지 않는 상태(현열부하 감소)는 여름철 흐린 날이나 외부기온이 하강 시에 발생하고 재열이 필요하다.

02 공기 선도의 기본변화 및 개선

1) 현열변화(가열 및 냉각)

[그림 6-5]와 같이 가열기로 들어오는 G[kg/h]의 습공기는 t_1, x_1, i_1의 상태로 들어와서 t_2, x_2, i_2로 변화하여 나간다. 증기나 온수 코일 또는 전기히터를 사용하여 가열하거나 냉각 코일로써 공기를 냉각하는 경우에는 공기 중의 상대습도와 온도는 변화하고, 절대습도는 일정한 선상변화로 나타난다. 이와 같이 절대습도는 일정하고 온도만이 변하는 상태를 현열변화라고 한다.

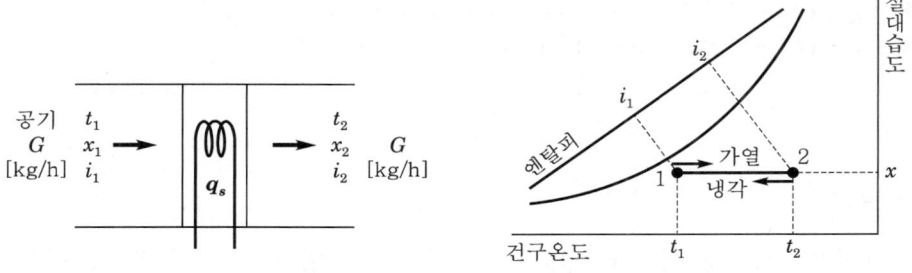

[그림 6-5] 현열변화

(1) 공학단위

$$q_s = G(i_2 - i_1) = GC_p(t_2 - t_1)[\text{kcal/h}]$$

여기서, G : 단위시간당 공기통과중량(kgf/h)
$\quad\quad\quad C_p$: 정압비열(kcal/kgf·℃)
$\quad\quad\quad\quad$ ① 0.24 : 공기의 단위중량당 정압비열(kcal/kgf·℃)
$\quad\quad\quad\quad$ ② 0.29 : 공기의 단위체적당 정압비열(kcal/m³·℃)
$\quad\quad\quad t_1, t_2$: 건구온도(℃)
$\quad\quad\quad i_1, i_2$: 엔탈피(kcal/kg)

(2) SI단위

$$q_s = m(i_2 - i_1) = mC_p(t_2 - t_1)$$

여기서, m : 단위시간당 공기통과질량(kg/h)

예제

건구온도가 10℃, 절대습도가 0.0038kg/kg′의 공기 1,000kgf/h을 건구온도 30℃로 가열 시 소요열량은 얼마인가?

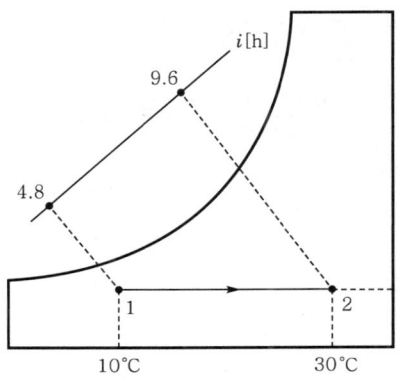

풀이 $q_s = G(i_2 - i_1) = 1,000(9.6 - 4.8) = 4,800 \text{kcal/h} = 20,160 \text{kJ/h}$
$q_s = GC_p(t_2 - t_1) = 1,000 \times 0.24(30 - 10) = 4,800 \text{kcal/h} = 20,160 \text{kJ/h}$

2) 혼합공기

실내환기를 ①, 실내풍량을 Q_1, 외기를 ②, 외기풍량을 Q_2라고 한다면 혼합공기 ③의 온도, 습도 및 엔탈피는 다음과 같다.

$$t_3 = \frac{t_1 Q_1 + t_2 Q_2}{Q_1 + Q_2} [\text{℃}]$$

$$x_3 = \frac{x_1 Q_1 + x_2 Q_2}{Q_1 + Q_2} [\text{kg/kg}']$$

$$i_3 = \frac{i_1 Q_1 + i_2 Q_2}{Q_1 + Q_2} [\text{kcal/kg}']$$

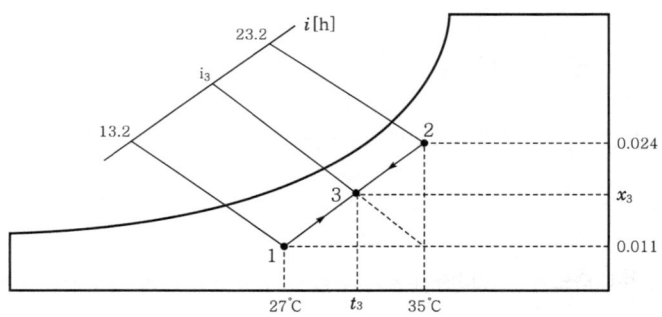

[그림 6-6] 관에서 외기와 환기, 혼합공기의 관계

예제

건구온도가 27℃, 절대습도가 0.011kg/kg′, 공기량 700kg/h, 건구온도 35℃, 절대습도 0.024kg/kg′, 공기량 300kg/h를 혼합한 경우 t_3, i_3, x_3를 구하여라.

풀이 $t_3 = \frac{t_1 Q_1 + t_2 Q_2}{Q_1 + Q_2} = \frac{700 \times 27 + 300 \times 35}{700 + 300} = 29.4 \text{℃}$

$x_3 = \frac{x_1 Q_1 + x_2 Q_2}{Q_1 + Q_2} = \frac{700 \times 0.011 + 300 \times 0.024}{1,000} = 0.0149 \text{kg/kg}'$

$i_3 = \frac{i_1 Q_1 + i_2 Q_2}{Q_1 + Q_2} = \frac{700 \times 13.2 + 300 \times 23.2}{1,000} = 16.2 \text{kcal/kg}'$

3) 가습, 감습 : 잠열(숨은열)

$$수분량 \quad L = G(x_2 - x_1)[\text{kg/h}]$$
$$잠열량 \quad q_L = G(i_2 - i_1)[\text{kg/h}]$$

여기서, L : 가습량(kg/h), G : 공기량(kg/h), Q : 풍량(m³/h), x : 절대습도(kg/kg′)

예제

건구온도 26℃, 공기량 1,000kg/h, 절대습도 0.015kg/kg′에서 0.017kg/kg′으로 가습 시 필요한 열량 및 가습수분량은 얼마인가?

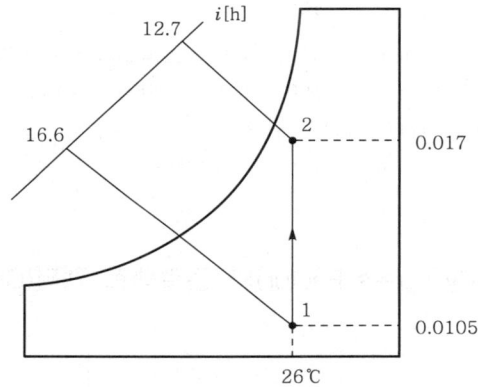

풀이 수분량(L) = $G(x_2 - x_1)$ = 1,000 × (0.017 − 0.0105) = 6.5kg/h
열량(q_L) = $G(i_2 - i_1)$ = 1,000 × (16.6 − 12.7) = 3,900kcal/h = 16.325kJ/h

---

4) 가열, 가습(현열과 잠열)

$$\begin{aligned} q_T &= q_S + q_L = G(i_2 - i_1) \\ &= G(i_3 - i_1) + (i_2 - i_3) \\ &= GC_p(t_2 - t_1) + GR(x_2 - x_1) \end{aligned}$$
$$L = G(x_2 - x_1)$$
$$SHF = \frac{q_S}{q_S + q_L}$$

여기서, q_T : 전열량(kcal/h), q_S : 감열량(kcal/h), q_L : 잠열량(kcal/h), x_1, x_2 : 절대습도
L : 가습량(kg/h), G : 공기량(kg/h), SHF : 현열비

예제

건구온도 10℃, 절대습도 0.0038kg/kg′, 공기량 1,000kg/h, 건구온도 26℃, 절대습도 00017kg/kg′로 가열, 가습할 때 필요한 열량 및 가습수분량과 SHF를 계산하여라.

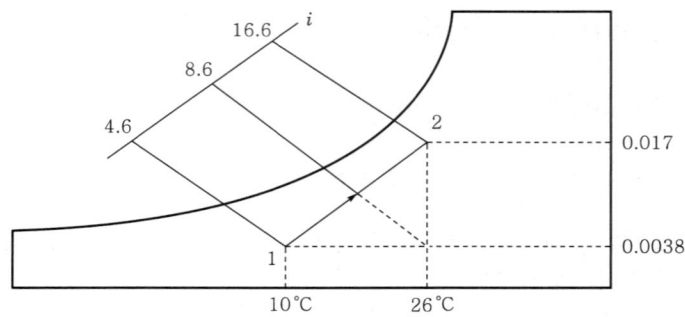

풀이 열량(q_T) $= G(i_2 - i_1) = 1,000 \times (16.6 - 4.6) = 12,000$ kcal/h $= 50,400$ kJ/h
가습수분량(L) $= G(x_2 - x_1) = 1,000 \times (0.017 - 0.0038) = 13.2$ kg/h
현열비(SHF) $= \dfrac{q_S}{q_T} = \dfrac{G(i_3 - i_1)}{q_T} = \dfrac{1,000 \times (8.6 - 4.6)}{12,000} = 0.33\%$

5) 바이패스 팩터(BF : By-pass Factor)와 콘트랙트 팩터(CF : Contract Factor)

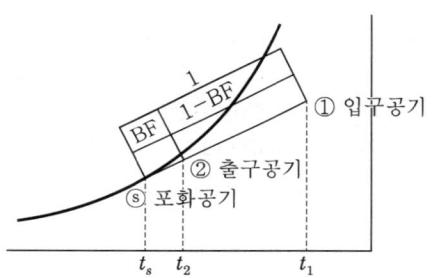

[그림 6-7] 가습방법에 따른 공기의 상태변화

냉각 코일이 습 코일이면서 코일의 열수가 무한히 많고 공기의 통과속도가 무한히 느리다면 [그림 6-7]과 같이 공기는 냉각·감습되어 최종적으로 장치노점온도인 ⓢ점 즉, 포화공기의 온도 t_s에 도달한다. 그러나 실제는 코일의 열수는 4~8열 정도이며 풍속도 2~3m/s 정도로, 대부분의 공기는 코일에 접촉되어 열교환이 이루어지나, 일부 공기는 코일과 접촉하지 못하고 ①의 상태로 빠져나간다. 따라서 출구의 공기는 ⓢ상태의 공기와 ①의 상태가 혼합된 ②의 상태가 된다. 공기가 코일을 통과해도 코일과 접촉하지 못하고 지나가는 공기의 비율을 바이패스 팩터(BF)라 하고, 공기가 코일에 접촉한 비율을 콘트랙트 팩터(CF)라 한다.

$$BF = 1 - CF$$

$$BF = \frac{\text{바이패스한 공기량}}{\text{코일을 통과한 공기량}} = \frac{t_2 - t_s}{t_1 - t_s}$$

$$CF = \frac{t_1 - t_2}{t_1 - t_s}$$

바이패스 팩터가 커지는 이유는 다음과 같다.
① 코일의 열수가 감소할 때
② 코일의 튜브간격이 증가할 때
③ CF가 감소할 때
④ 코일표면적(전열면적)이 감소할 때
⑤ 송풍량이 증가할 때
⑥ 냉온수순환량이 감소할 때

Chapter 05 공기조화의 부하

01 개요

공조부하(열부하)란 공조대상공간의 설계조건으로 규정된 실내 온습도조건이나 청정도를 유지하기 위한 부하로, 냉방을 위해 제거해야만 하는 열량을 냉방부하, 난방을 위해 실내에 공급해야 하는 열량을 난방부하라 한다. 이 공조부하의 크기나 변동상태에 따라 채용할 공조방식이나 공조설비의 각부의 기기나 덕트, 배관 등의 용량, 치수 등이 결정된다.

02 공조부하의 구성요소

① 열취득, 열손실
② 실내열부하
③ 제거열량
④ 외기부하
⑤ 공조기부하
⑥ 열원부하
⑦ 예냉, 예열부하
⑧ 현열부하, 잠열부하

[표 6-8] 공조열부하의 요소

구분	요인	내용	매체	열의 종류		열취득 냉방부하	열손실 난방부하
				현열	잠열		
실내부하	일사, 야간복사	유리면을 투과하는 일사	창유리	○		○	
		외기에 면하는 벽체, 유리의 표면온도를 상승시키는 일사, 하강되는 야간복사	지붕, 외벽, 유리	○		○	○

구분	요인	내용	매체	열의 종류		열취득 냉방부하	열손실 난방부하
				현열	잠열		
실내부하	외부로부터의 부하	주위와의 온도차	외기와의 온도차에 의한 전도열	지붕, 외벽, 유리	○		○	○
			옆방, 코어부와의 온도차에 의한 전도열	내벽, 바닥, 천정	○		○	○
		침입공기 온도, 습도	섀시, 문으로부터 침입하는 틈새바람	창문, 문, 개구, 틈새	○	○	○	○
			비공조영역으로부터 침입하는 틈새바람	개구, 틈새	○	○	○	○
	내부부하	내부발열	조명 발생열	조명기구	○		○	
			인체발열	인체	○	○	○	
			기기발열	실내 설비	○	○	○	
외기부하	외기 온습도	침입공기 온도, 습도	외기를 실내상태와 같게 하는 데 필요한 열량	도입기기	○	○	○	○
기타			덕트계의 손실, 팬의 동력열 등	공조기기	○		○	○
			배관에서의 손실, 펌프의 동력열 등	공조기기	○		○	○

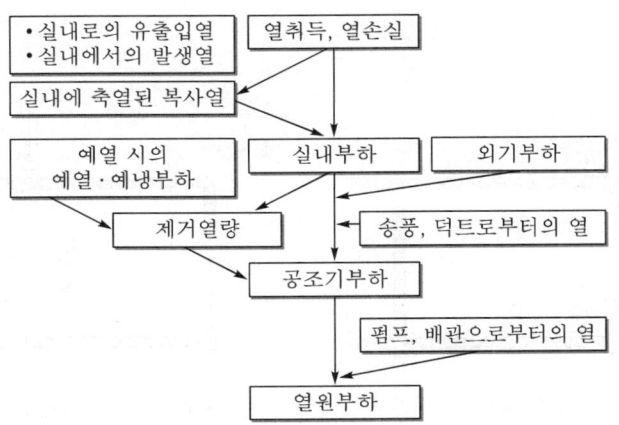

[그림 6-8] 공조부하 계산의 흐름도

03 냉방부하

1) 냉방부하의 종류(태양복사열)

① 유리를 통과하여 들어오는 열(현열)
② 외기에 면한 지붕 혹은 벽을 통해서 들어오는 열(현열)로 실내와 실외와의 온도차에 의해서 일어나는 전도열
③ 유리면을 통과하여 들어오는 열(현열)로 공조부하 중 두 번째로 큰 부하임
④ 외기에 면한 지붕 혹은 벽을 통해서 들어오는 열(현열)
⑤ 칸막이, 바닥, 천장을 통과해 들어오는 열(현열)로, 실내에서 발생하는 열이며 공조부하 중 비중이 가장 큰 부하임
⑥ 조명기구로부터 발생하는 열(현열)
⑦ 인체로부터 발생하는 열(현열과 잠열)
⑧ 그 외 실내설비기구로부터 발생하는 열(현열과 잠열을 내는 것), 순간 급탕기, 독기 등
⑨ 그 외 실내설비기구로부터 발생하는 열(현열만을 내는 것), 전열기, 모터, 복사기기 등 침입해 들어오는 외기
⑩ 창의 새시 등으로부터 들어오는 틈새바람에 의한 부하(현열과 잠열)
⑪ 환기를 위해 장치를 통과하여 실내로 도입되는 외기부하(현열, 잠열)

각 부하의 크기는 냉동기부하 → 냉각 코일부하 → 실내부하 → 외기부하 순이다.
여름에 실내의 온도, 습도를 설계치로 유지하려면 밖에서 침입해 들어오는 열량과 실내에서 발생하는 열량을 제거해야 하는데, 이 열량을 현열부하라 한다. 또 설계치 이상의 수분을 제거해야 하는데, 이때 수분의 잠열부하를 합쳐 냉방부하는 다음과 같이 분류한다.

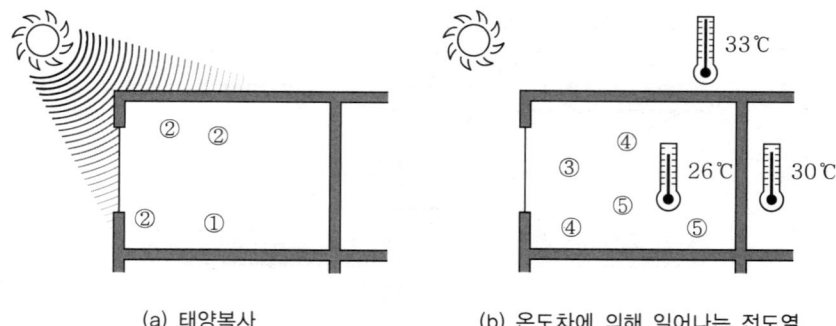

(a) 태양복사   (b) 온도차에 의해 일어나는 전도열

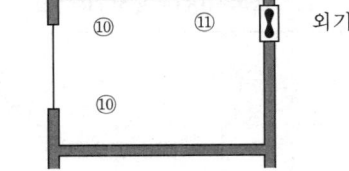

(c) 실내에서 발생하는 열   (d) 외기부하(침입외기, 도입외기)

[그림 6-9] 냉방부하의 여러 가지 형태

2) 실내 취득열량

외부에서 벽체나 유리를 통해 들어오는 침입열과 실내의 사람이나 기구 등에 의해 발생하는 실내 발생열량이 있다.

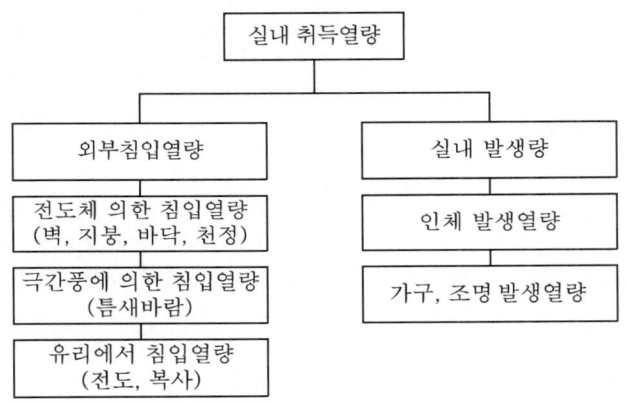

[그림 6-10] 실내 취득열량의 분류

(1) 외부 침입열량

① 벽체침입열량(전도에 의한 침입열량, q_w)

$$q_w = kA \Delta t_e [\text{kJ/h}]$$

여기서, k : 열통과율($\text{kJ/m}^2 \cdot \text{h} \cdot ℃$)
         A : 전열면적(m^2)
         Δt_e : 상당 온도차(℃)

여기서, 상당 온도차(Δt_e)는 일사를 받는 외벽이나 지붕같이 열용량을 갖는 구조체를 통과하는 열량을 산출하기 위해 외기온도나 일사량을 고려하여 정한 근사적인 외기온도이다.

[표 6-9] 상당 온도차(Δt_e) 보정표(콘크리트벽, 설계외기온도 31.7℃, 실내 온도 26℃)

벽	시각	Δt_e							
		수평	북	북동	동	남동	남	남서	서	북서
콘크리트 두께 5cm	8	14.2	6.6	21.4	24.4	15.5	2.6	2.8	3.0	2.5
	10	32.8	5.9	18.7	27.7	24.6	10.1	6.2	6.3	5.8
	12	43.5	8.2	8.6	17.1	20.4	16.6	9.4	8.5	8.0
	14	44.4	8.7	8.8	9.0	10.5	17.4	20.2	16.4	8.5
	16	36.2	8.1	8.2	8.4	8.4	12.8	26.5	29.1	19.8
콘크리트 두께 10cm	8	5.4	1.3	6.5	7.5	4.9	1.8	2.5	2.8	2.0
	10	20.1	4.8	19.8	24.6	18.8	4.5	4.6	4.8	4.2
	12	33.5	6.6	14.6	21.2	20.8	11.4	7.4	7.6	7.1
	14	40.7	7.8	8.2	11.3	15.8	15.6	11.2	8.6	8.2
	16	38.7	8.1	5.8	8.9	9.1	14.6	19.8	13.3	10.4
콘크리트 두께 15cm	8	6.5	1.7	3.1	4.7	3.8	2.5	3.7	4.2	2.9
	10	10.5	5.3	11.6	12.4	8.7	3.4	4.5	5.0	3.8
	12	23.7	4.7	15.5	19.9	17.6	6.6	6.3	6.4	5.6
	14	32.3	6.7	10.5	15.3	16.5	11.7	8.3	8.0	7.5
	16	35.6	7.3	8.0	8.9	11.6	13.6	13.2	9.1	8.1
콘크리트 두께 20cm	8	8.6	2.3	4.1	5.7	4.9	3.4	4.7	5.4	4.9
	10	8.6	2.3	4.0	5.7	4.8	3.3	4.7	5.3	4.8
	12	15.5	5.7	13.5	15.1	11.4	4.4	5.7	6.3	5.9
	14	25.3	5.3	12.3	16.4	15.4	8.0	7.2	7.7	7.5
	16	30.9	6.5	7.7	12.1	13.6	11.5	8.8	8.6	8.6
경량 콘크리트 두께 10cm	8	5.0	1.3	2.6	3.9	8.7	2.0	2.9	3.4	2.3
	10	14.9	5.9	16.9	18.8	13.3	3.6	4.3	4.9	3.8
	12	28.8	5.6	15.0	20.7	19.2	8.9	6.8	7.2	6.3
	14	37.0	7.2	7.9	14.0	16.5	13.4	9.0	8.6	7.8
	16	37.7	7.8	8.3	9.0	9.9	14.2	16.5	14.1	8.4
경량 콘크리트 두께 15cm	8	8.5	2.3	4.0	5.7	4.8	3.4	4.6	5.2	3.8
	10	8.4	2.2	3.9	5.7	4.8	3.3	4.6	5.1	3.8
	12	16.0	5.7	14.6	15.5	12.0	1.5	5.7	6.2	7.8
	14	25.8	5.4	12.4	16.2	15.4	8.4	7.3	7.7	6.6
	16	31.4	6.6	7.6	11.8	13.5	11.5	8.8	8.6	7.6

상당 온도차의 보정은 다음과 같다.

$$\Delta t_e' = \Delta t_e + (t_o' - t_o) - (t_i' - t_i)[℃]$$

여기서, $\Delta t_e'$: 수정상당 온도차(℃), Δt_e : 상당 온도차(℃), t_o : 설계외기온도(℃)
t_o' : 실제 외기온도(℃), t_i' : 실제 실내 온도(℃), t_i : 설계실내온도(℃)

② 유리에서의 침입열량(q_G) : 외부에서 유리를 통과해서 침입하는 열은 세 가지로 분류할 수 있다.
  ㉠ 복사열(q_{GR}) : 유리면에 도달한 일사량 중 직접유리를 통과하여 침입하는 열량
  ㉡ 대류열(q_{GA}) : 복사열 중 일단 유리에 흡수되어 유리온도를 높여준 다음 다시 대류 및 복사에 의해 실내로 침입하는 열
  ㉢ 전도열(q_{GC}) : 유리면의 내외온도차에 의해 실내로 침입하는 열은 태양입사각에 따라 달라짐

$$\text{반사율}(r) = \frac{q_{GR}}{I}, \quad \text{흡수율}(a) = \frac{q_{GA}}{I}, \quad \text{투과율}(\tau) = \frac{q_{GR}}{I}$$

1. 복사열량(q_{GR})

   $q_{GR} = I_g K_s A$ [kJ/h]

   여기서, I_g : 유리의 일사량, K_s : 차폐계수, A : 유리면적(m²)

2. 전도열량(q_{GC})

   $q_{GC} = KA(t_o - t_i)$ [kJ/h]

   여기서, K : 유리열관류율(kJ/m²·h·℃), A : 유리면적(m²)
   t_o : 외기온도(℃), t_i : 실내 온도(℃)

3. 대류열량(q_{GA}')

   유리에 흡수되었던 일사량 중 일부는 외부로 방출되고, 일부는 유리의 온도를 상승시킨 후 실내로 이동한다. 이때 전도에 의한 열량과 함께 이동하므로 따로 떼어서 계산하기가 곤란하다. 따라서 일반적으로 대류에 의한 침입열량은 전도열과 같이 계산한다.

   $q_{GA}' = I_{GC} A$ [kJ/h, kcal/h]

   여기서, q_{GA}' : 전도와 대류에 의한 열량(kcal/h), A : 유리면적(m²)
   I_{GC} : 창면적당의 전도대류열량(kcal/m²·h)

[표 6-10] 유리창의 일사량(kcal/m²·h)(1kcal/m²·h=4.186kJ/m²·h)(북위 37도, 7월 말)

방위 \ 시각	6	7	8	9	10	11	12	13	14	15	16	17	18
북(N)	68	50	38	38	42	42	42	42	42	38	38	50	68
북동(NE)	294	383	334	230	107	44	42	42	42	38	36	25	13
동(E)	322	466	485	427	292	129	42	42	42	38	36	25	13
남동(SE)	142	264	324	332	285	200	95	43	42	38	36	25	13
남(S)	13	28	37	59	95	133	147	133	95	59	37	25	13
남서(SW)	13	28	36	38	45	43	95	200	285	332	324	264	142

시각 방위	6	7	8	9	10	11	12	13	14	15	16	17	18
서(W)	13	28	36	38	45	42	42	129	292	427	485	466	322
북서(NW)	13	28	36	38	45	42	42	44	107	230	337	383	294
수평(Flat)	58	206	368	513	616	681	707	681	616	513	368	206	58

[표 6-11] 차폐계수

종류	색조	보통유리	후판유리(6mm)
안쪽에 베니션 블라인드	밝은색 중간색 어두운색	0.56 0.65 0.75	0.56 0.65 0.74
안쪽에 롤러 블라인드	밝은색 중간색 어두운색	0.41 0.62 0.81	0.41 0.62 0.80
바깥쪽에 베니션 블라인드	밝은색 바깥 : 밝은색 안쪽 : 어두운색	0.15 0.13 0.13	0.14 0.12 0.12
바깥쪽에 차양	밝은색 바깥 : 밝은색 안쪽 : 어두운색	0.20 0.25 0.25	0.19 0.24 0.24

> **참조 축열에 의한 부하**
>
> 일반부하 계산법은 24시간 연속운전하는 경우에 해당된다. 그러나 간헐운전의 경우에는 실온의 변동에 의한 축열부하를 고려해야 한다. 즉, 운전열의 방출 또는 회수가 부하가 되어 보통의 계산방법으로 얻어진 공조부하에 추가하게 된다. 또한 유리창을 통과하는 태양복사용도 전부 즉시 실내냉방부하가 되는 것은 아니고, 실제로는 복사열의 일부가 벽에 일단 흡수되므로 냉방부하가 되는 실제 상태는 어느 정도 달라지게 된다. 따라서 유리를 통한 복사열의 계산식은 다음과 같다.
>
> $q_{GR} = I_g K_s A$
>
> 여기서, I_g : 유리의 일사량(kJ/m² · h), K_s : 차폐계수
> q_{GR} : 유리의 복사열량(kJ/h), A : 유리면적(m²)

③ 극간풍부하(q_I)

$$q_I = q_{IS} + q_{IL} [\text{kJ/h}]$$
$$q_{IS} = 0.24 G(t_o - t_i) = 0.29 Q_I(t_o - t_i) [\text{kJ/h}]$$
$$q_{IL} = G(x_o - x_i)\gamma_o = 717 Q_I(x_o - x_i) [\text{kJ/h}]$$

(2) 실내 발생열량

① 인체 침입열량(q_H) : 인체로부터 발생하는 열은 체온에 의한 현열부하와 호흡기나 피부 등에 의한 수분의 형태인 잠열부하가 있다.
  ㉠ 인체 발생현열량(q_{HS}) = 재실인원×1인당 발생현열량[kJ/h]
  ㉡ 인체 발생잠열량(q_{HL}) = 재실인원×1인당 발생잠열량[kJ/h]

[표 6-12] 인체발열량(kcal/h·인)

작업상태	장소	현열 실온(℃)					잠열 실온(℃)				
		28	27	25.5	24	21	28	27	25.5	24	21
착석 정지	극장	35	39	42	46	52	35	31	28	24	18
착석·경작업	학교	36	39	43	48	55	44	41	37	32	25
사무	사무실, 호텔	36	40	43	49	57	54	50	46	41	33
가벼운 보행	백화점, 소매점	36	40	43	49	57	54	50	46	41	33
기립·착석의 반복	은행	36	40	44	51	58	654	60	56	49	42
착석(식사)	레스토랑	38	44	48	56	64	72	66	62	54	46
착석작업	공장(경작업)	38	44	49	59	73	112	106	102	91	78
보통의 댄스	댄스홀	44	49	55	65	80	126	122	115	106	90
보행작업	공장(중노동)	54	60	65	76	92	146	140	134	124	108
볼링	볼링장	90	94	97	106	122	202	198	195	186	170

② 기구 발생열량(q_B) : 조명기구의 발생열량은 백열등인 경우 1kW당 860kcal/h, 형광등은 밸러스트의 발열량을 포함해서 1kW당 1,000kcal/h로 본다.

[표 6-13] 각종 기구의 발열량

기구	현열	잠열
전등전열기(kW당)	860	0
형광등(kW당)	1,000	0
전동기(94~37kW)	1,060	0
전동기(0.375~2.25kW)	920	0
전동기(2.25~15kW)	740	0
가스커피포트(1.8ℓ)	100	25
가스커피포트(11ℓ)	720	720
토스트(전열 15×28×23cm 높이)	610	110
분전버너(도시가스, 10mmφ)	240	60
가정용 가스스토브	1,800	200
가정용 가스오븐	2,000	1,000

기구	현열	잠열
기구소독기(전열 15×20×43cm)	680	600
기구소독기(전열 23×25×50cm)	1,300	100
미장원 헤어드라이어(헬멧형 115V, 15A)	470	80
미장원 헤어드라이어(블로형 115V, 15A)	600	100
퍼머넌트웨이브(25W 히터 60개)	220	40

3) 장치 내 취득열량

① **송풍기에 의한 취득열량** : 송풍기에 의해 공기가 압축될 때 주어지는 에너지는 열로 바뀌어 급기온도를 높게 해주므로 현열부하로 가산된다.

② **덕트에서의 취득열량**(q_D) : 급기덕트가 냉방되지 않고 있는 온도가 높은 장소를 통과할 때는 그 표면으로부터 열의 침입이 있게 된다. 또한 덕트에서 누설이 있게 되며, 그만큼 실내부하에 가산해야 한다.

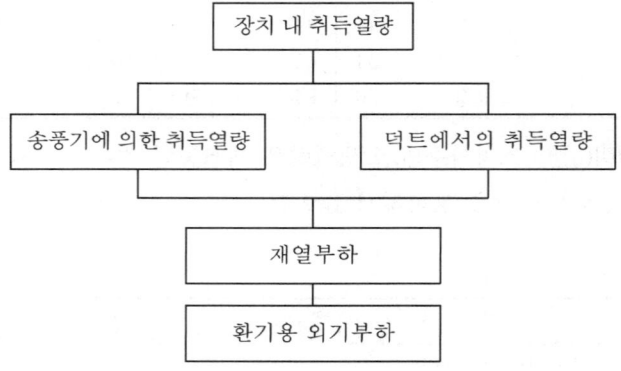

[그림 6-11] 장치 내 취득열량의 분류

4) 환기용 외기부하

외기를 실내온도까지 냉각, 상습하는 열량으로, 공조설비에서 기계환기가 필요하며, 이를 위해 고온다습한 외기를 도입하기 때문에 실내공기의 온도, 습도가 상승한다. 따라서 냉각 코일로 이것을 각 제습할 필요가 있다.

$$q_F = q_{FS} + q_{FL} [\text{kJ/h}]$$
$$q_{FS} = 0.24\,G(t_o - t_i) = 0.29\,Q_I(t_o - t_i)\,[\text{kJ/h}]$$
$$q_{FL} = G(x_o - x_i)\gamma_o = 717\,Q_F(x_o - x_i)\,[\text{kJ/h}]$$

여기서, q_{FS} : 외기의 현열취득열량(kcal/h)
　　　　G : 송풍공기량(kgf/h)
　　　　q_{FL} : 외기의 잠열취득열량(kcal/h)
　　　　Q_F : 도입외기량(m^3/h)

5) 재열부하

공조장치의 용량은 하루 동안의 최대부하에 대처할 수 있게 선정하므로 부하가 적을 때는 과냉되는 결과를 초래한다. 이와 같은 때에는 송풍계통의 도중이나 공조기 내에 가열기를 설치하여 이것을 자동제어함으로써 송풍공기의 온도를 올려 과냉을 방지한다. 이것을 재열이라 하고, 이 가열기에 걸리는 부하를 재열부하라고 한다.

$$q_R = 0.24\,G(t_2 - t_1) = 0.29\,Q(t_2 - t_1)\ [\mathrm{kJ/h}]$$

여기서, t_1 : 재열기 입구온도(℃), t_2 : 재열기 출구온도(℃)
　　　　Q : 송풍량(m^3/h), G : 송풍공기량(kg/h)

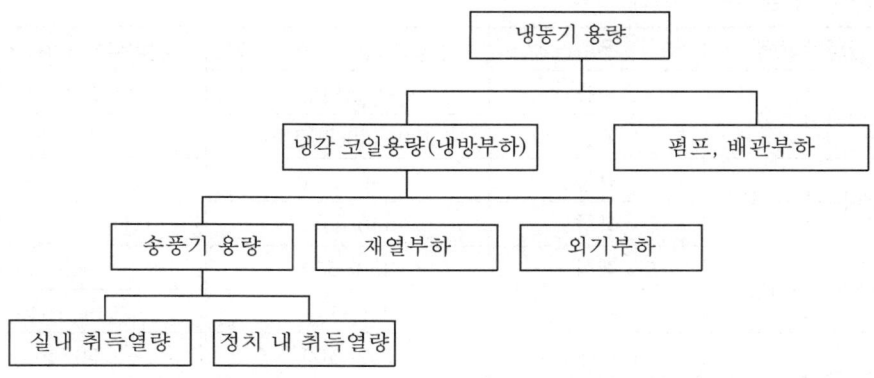

[그림 6-12] 냉방부하와 기기용량과의 관계

04 난방부하

겨울에는 실내에서 밖으로의 열손실이 일어나며, 실내공기의 수분도 함께 밖으로 나간다. 따라서 실내 온도와 습도를 설계치로 유지하기 위해서는 손실된 만큼의 열량을 실내에 보충해야 하며, 가습도 필요하다. 이때 감열손실과 수분이 가지고 나가는 잠열손실을 난방부하라 한다. 난방부하는 [표 6-14]와 같이 분류한다.

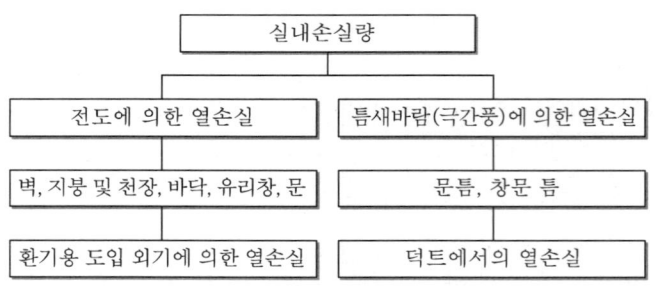

[그림 6-13] 난방부하에 대한 열손실의 분류

> **참조**
>
> 태양의 복사열량과 실내 조명기구, 사람, 전열기 등의 발생열량은 난방부하를 감소시키므로 전체 난방부하에서 감해야 하지만, 이들이 없을 때는 실제상의 최대부하가 되며, 또 워밍업(warming-up) 시의 부하는 정상상태의 부하보다 훨씬 크므로 이때를 고려하여 실내 발생열량은 무시한다. 그러나 극장, 백화점, 동력이 많은 공장에서는 실내 발생열량을 고려하여 난방부하를 계산한다.

[표 6-14] 건물 또는 용도에 따른 냉난방부하

건물의 종류	용도	냉방부하(kcal/m²·h)	난방부하(kcal/m²·h)
건축사무소	저층	70~130(연면적)	70~110(연면적)
	고층	100~170(연면적)	100~200
주택-집단주택	남향	190~250	(일반) 100~150
	북향	140~200	(한랭지) 130~180
극장, 공회당	객석	450~550	390~450
	무대	100~150	190~240
백화점	1층 매장	350~400	50~100
	일반매장	260~350	50~90
호텔	객실, 로비	70~160(연면적)	100~140(연면적)
병원	병실, 진료실	80~90, 150~220	100~150, 110~150
	수술실, 검사실	300~660, 150~330	400~800, 130~240

(1) 전도에 의한 열손실량(q_W)

벽, 지붕, 천장, 바닥, 유리창, 문 등의 건물구조체 내외의 온도차에 의한 열손실이다.

$$q_W = KA(t_i - t_o)R_D [\text{kJ/h}]$$

여기서, q_W : 열손실량(kJ/h)
   K : 건축구조체의 열통과율(kJ/m² · h · ℃)
   A : 전열면적(m²)
   t_i : 실내 설계조건(℃)
   t_o : 실외 설계조건(℃)
   R_D : 방위계수

방위계수는 바람을 받는 정도, 일사의 유무 등을 고려한 계수로 다음과 같다.
① 북, 북서, 서 : 1.2
② 북동, 동, 남서 : 1.1
③ 남동, 남 : 1.0

건축구조체의 열통과율 K는 다음과 같이 계산한다.

$$K = \frac{1}{R} = \frac{1}{\frac{1}{a_i} + \sum \frac{l}{\lambda} + \frac{1}{C} + \frac{1}{a_o}}$$

여기서, R : 열저항(thermal resistance)
   a_i, a_o : 열전달계수(surface heat transfer coefficient, kJ/m² · h · ℃)
   l : 재료의 두께(m)
   λ : 열전도율(kJ/m · h · ℃)
   C : 공기층의 컨덕턴스(thermal coefficient)

[표 6-15] 지중벽, 바닥으로부터의 열손실

지표면으로부터의 깊이	열손실계수(kcal/m² · h · ℃, kJ/m² · h · ℃)
+0.6(지상)	1.34, 5.61
0(지표면)	0.89, 3.73
−0.6(지하)	1.12, 4.69
−1.2(지하)	1.34, 5.61
−1.8(지하)	1.56, 6.53
−2.4(지하)	1.79, 7.49

(2) 틈새바람(극간풍)에 의한 열손실(q_I)

겨울철에 문틈, 유리 틈, 창문, 문 등의 틈새로 침입하는 외기는 실내공기에 비해 온도와 습도가 낮다. 따라서 이 침입공기를 실온까지 상승시키기 위한 현열부하와 가습에 소요되는 잠열부하가 있다. 극간풍의 침입을 막는 방법은 다음과 같다.
① 에어커튼(air curtain)을 사용한다.

② 회전문을 설치한다.
③ 충분한 간격을 두고 2중문을 설치한다.
④ 2중문의 중간에 컨벡터(convecter)나 FCU를 설치한다.
⑤ 실내를 가압하여 외부압력보다 높게 유지한다.
⑥ 건물의 기밀성 유지와 현관의 방풍실 설치로 층간의 구획을 구분한다.

$$q_I = q_{IS} + q_{IL} \,[\text{kJ/h}]$$
$$q_{IS} = 0.24\,G_I + (t_i - t_o) = 0.29\,Q_I(t_i - t_o)\,[\text{kJ/h}]$$
$$q_{IL} = G_I(x_i - x_o)\lambda_o = 715\,Q_I(x_i - x_o)\,[\text{kJ/h}]$$
$$\therefore\ q_I = 0.29\,Q_I(t_i - t_o) + 715\,Q_I(x_i - x_o)\,[\text{kJ/h}]$$

여기서, q_I : 극간풍의 현열열손실(kcal/h)
  q_{IS} : 극간풍의 잠열열손실(kcal/h)
  G_I : 극간풍량(kg/h)
  λ_o : 수증기의 증발잠열(597.3kcal/K)
  t_i : 실내 온도(℃)
  t_o : 실외 온도(℃)
  x_i : 실내 절대습도(kg/kg′)
  x_o : 실외 절대습도(kg/kg′)

> **참조** 극간풍량($Q[\text{m}^3/\text{h}]$) 산출법
>
> - crack법 : crack 1m당 침입외기량×crack길이(m)
> - 면적법 : 창면적 1m²당 침입외기량×창면적(m²)
> - 환기횟수법 : 환기횟수×실내체적(m³)

[표 6-16] 침입외기의 환기횟수(n[회/h])

건축구조	환기횟수(n)	
	난방 시	냉방 시
콘크리트조(대규모 건축)	0.0~0.2	0
콘크리트조(소규모 건축)	0.2~0.6	0.0~0.2
서양식 목조	0.3~0.6	0.1~0.2
일본식 목조	0.5~1.0	0.2~0.6

[표 6-17] 창의 침입외기량(창면적 1m² 기준, m³/h)

명칭		소형창(0.75×1.8m)			대형창(1.35×2.4m)		
		바람막이 없음	바람막이 있음	기밀섀시	바람막이 없음	바람막이 있음	기밀섀시
여름	목제섀시	7.9	4.8	4.0	5.0	3.1	2.6
	기밀성이 불량한 목제섀시	22.0	6.8	11.0	14.0	4.4	7.0
	금속섀시	14.6	6.4	7.4	9.4	4.0	4.6
겨울	목제섀시	15.6	9.5	7.7	9.7	6.0	4.7
	기밀성이 불량한 목제섀시	44.0	13.5	22.0	27.8	8.6	13.6
	금속섀시	29.2	12.6	14.6	18.5	8.0	9.2

주) 외부풍량 : 여름 3.46m/s, 겨울 7.0m/s

(3) 환기용 도입 외기에 의한 열손실

환기를 위해 도입하는 외기도 극간풍과 마찬가지로 현열부하와 잠열부하가 있으며, 그 계산식은 극간풍에 의한 손실열량 계산식과 같다.

$$q_F = q_{FS} + q_{FL} [\text{kJ/h}]$$
$$q_{FS} = 0.24 G_F + (t_i - t_o) = 0.29 Q_F(t_i - t_o) [\text{kJ/h}]$$
$$q_{FL} = 715 Q_F(x_i - x_o) [\text{kJ/h}]$$
$$\therefore q_F = 0.29 Q_F(t_i - t_o) + 715 Q_F(x_i - x_o) [\text{kJ/h}]$$

여기서, q_{FS} : 외기의 현열손실(kcal/h)
q_{FL} : 외기의 잠열열손실(kcal/h)
G_F : 외기도입량(kg/h)
λ_o : 수증기의 증발잠열(597.3kcal/kgf)
t_i : 실내 온도(℃)
t_o : 실외 온도(℃)
x_i : 실내 절대습도(kg/kg′)
x_o : 실외 절대습도(kg/kg′)

(4) 덕트에서의 손실열량

난방되지 않는 공간을 통과하는 급기덕트에서의 전열손실과 누설손실을 말하며, 실내 손실열량의 3~7% 정도로 잡는다.

(5) 난방부하와 기기용량의 관계

송풍기량(취출공기량, Q)은 다음 식과 같다.

$$Q = \frac{q_s}{0.29(t_d - t_r)} \, [\mathrm{m^3/h}]$$

여기서, Q : 송풍기량(취출공기량, $\mathrm{m^3/h}$)
q_s : 실내 손실현열량+덕트손실현열량(kcal/h)
t_d : 취출공기온도(℃)
t_r : 실내 공기온도(℃)

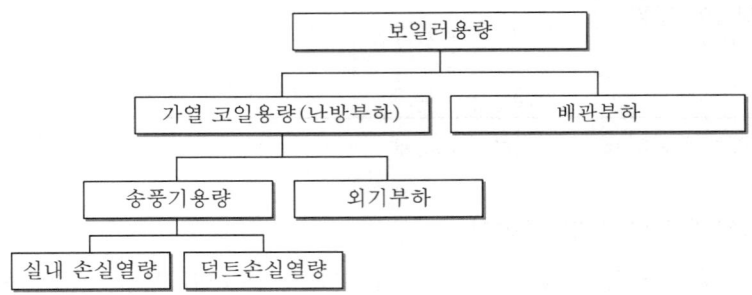

[그림 6-14] 난방부하와 기기용량의 관계

05 부하 계산방법

(1) 최대부하법

대부분의 설계회사에서 가장 많이 사용하는 방법으로, 상당 외기온도와 설계온도의 차를 이용하여 벽체의 열취득을 계산하므로 수계산이 가능하나, 축열을 제대로 고려하지 못하므로 실제 부하보다 크게 산정되어 정확성이 떨어진다.

(2) 축열계수법

1965년 Carrier사에서 개발한 방법으로, 계산이 간단하며 벽체의 열취득 계산 시 축열계수를 이용하여 벽체의 축열을 고려하므로 최대부하 계산법보다는 정확한 결과를 얻을 수 있으나, TETD/TA법, 전달함수법, 그리고 CLTD/SCL/CLF법보다는 정확성이 떨어진다.

(3) TETD/TA법

1967년 ASHRAE Handbook of Fundamentals에 처음 소개된 방법으로, 소개된 후 10년간은 많이 이용되었으나 과학적인 객관성보다는 사용자의 경험과 주관에 의지해 부하를 산정해야 하므로 거의 사용이 중단되었다가 최근에 다시 연구가 진행되고 있다.

TETD(Total Equivalent Temperature Differential)를 이용하여 벽체에서의 열취득을 구한 후 TA(Time Averaging)를 통해 열부하를 구한다. 계산과정이 복잡하여 별도의 전산프로그램을 필요로 하며, 비교적 정확한 결과를 얻을 수 있으나 전달함수법보다는 정확성이 다소 떨어진다.

(4) 전달함수법(TFM : Transfer Function Method)

1972년 ASHRAE Handbook of Fundamentals에 처음 소개된 방법으로, 계산과정이 복잡하여 별도의 전산프로그램을 필요로 하나 현재까지 알려진 부하 계산법 중 가장 정확한 방법으로 알려져 있다. 최대부하 계산뿐만 아니라 연간부하 계산에도 이용된다. 현재 ASHRAE에서 채택하고 있는 부하 계산법이다.

전달함수법에서는 특정 열원으로부터의 열취득 중에 대류에 의해 취득된 열량은 곧바로 냉방부하로 간주하나, 복사로 취득된 열량은 구조물, 가구 등에 축열되어 일정 시간이 지난 후 다시 대류를 통하여 냉방부하로 변환된다고 본다. 그리고 전달함수법은 각 부하요소를 통한 냉방부하는 상호 독립적이라는 가정 하에 각 부하요소에 대해 냉방부하를 따로 계산한 후 그 값들의 합산을 통해 총냉방부하를 계산한다.

(5) CLTD/SCL/CLF법

전달함수법을 단순화시켜 수계산이 가능하도록 만든 방법으로, 1977년 ASHRAE Handbook of Fundamentals에 처음 소개되었다. CLTD계수를 이용하여 벽체에서의 축열을 고려한 열부하를 구하며, SCL계수를 이용하여 일사에 의한 열부하를 구한다. 그리고 CLF계수를 이용하여 실내에서 발생되는 열부하를 계산한다. 계산방법이 간단하며, 건물의 공조부하 계산을 위해 일반적으로 널리 사용되는 계산법이다.

[표 6-18] 각종 공조부하 계산법의 분석

구분	최대부하법	축열계수법	TETD/TA	TFM	CLTD/SCL/CLF
발표연도	알 수 없음	1965	1967	1972	1977
계산방법	수계산	수계산	컴퓨터계산	컴퓨터계산	수계산
벽체 열취득	상당 외기온도와 설계온도의 차	축열계수	TETD	전도전달계수	-
냉방부하	-	-	TA	실전달함수	CLTD/SCL/CLF
정확도	*	**	****	*****	****

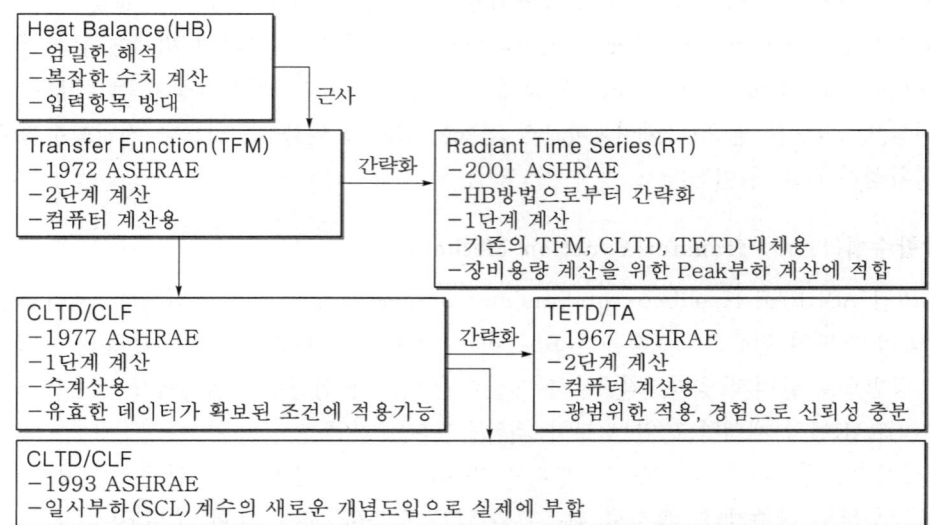

[그림 6-15] 부하 계산법의 발전과정

Chapter 06 공기조화방식

01 개요

공기조화방식의 원형은 [그림 6-16]에 나타낸 바와 같이 기계실 내에 공조기를 설치해서 이것에 의해 조화된 공기를 덕트를 통해 각 실로 이끄는 형식으로 오랫동안 사용되어 왔고, 현재도 이 형식을 사용하고 있는 예가 가장 많다. 하지만 앞으로도 더욱 여러 가지 방식이 나타날 경향이 있다. 그 이유는 열을 운반하는 물질로 공기를 이용할 경우에는 그 비중이 적기 때문에, 단위체적당 열운반량이 물과 비교해서 현저히 적게 되기 때문이다.

한편 수증기 및 냉매는 그 증발잠열을 이용할 수 있으므로 이들의 열운반량은 비교적 크다. 지금 각종 열매의 열운반능력을 비교하기 위해 일정 열량을 운반하기 위한 배관경을 고려하면 동일 실을 공조하는 데 열의 운반을 공기 대신에 물로 하는 경우 그 관경은 공기의 1/20 정도 된다. 그러므로 공기 대신에 물을 이용하는 편이 덕트 스페이스를 절약할 수 있는 점에서 아주 여건이 좋다.

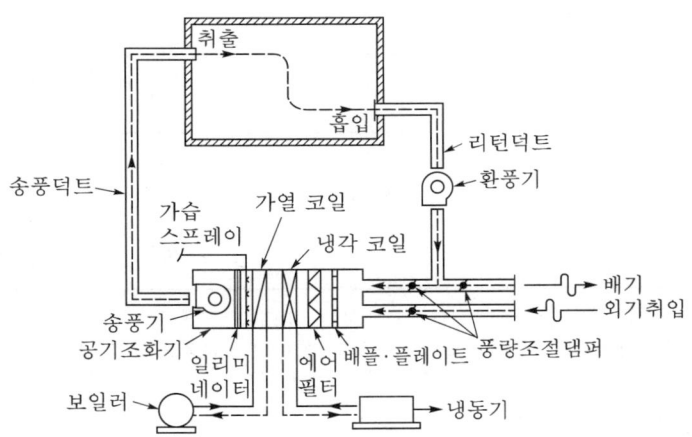

[그림 6-16] 공기조화사이클

[표 6-19] 각 공조방식의 분류 및 비교

방식	특성	설비비	운전비	개별 제어	부분 운전	공기처리 기능	외기 냉방	습도 제어	점유 공간
전공기 방식	정풍량단일덕트방식	소(중)	중	불가	(가)	고	가	×	중
	이중덕트방식	대	대	대	(가)	고	가	×	대
	멀티 존 유닛방식	대	중	가	가	고	가	×	대
	가변풍량 단일덕트방식	대	대	다	(가)	고	가	×	중
물-공기 방식	각 층 유닛방식	대'	대	가	가	저	가	△	대
	유인 유닛방식	중	중	가	불가	고	-	×	소
	재열방식	중'	대	가	(가)	저	가	○	중
	팬 코일 유닛 덕트병용방식	중	중	가	불가	저	-	×	소
*전수 방식	2관식 팬 코일 유닛방식	소'	중	가	불가	저	-	×	소
	3관식 팬 코일 유닛방식	소	대	가	불가	저	-	×	소
	4관식 팬 코일 유닛방식	중'	소	가	불가	저	-	×	소
냉매 방식	패키지 에어컨	소'	중	가 (조건부)	가	중(고)	(가)	×	대
	룸에어컨	소	중	가 (조건부)	가	저	-	△	소
	멀티 존 에어컨	중	중	가	가	중	-	△	소
직접 난방	라디에이터, 컨벡터	소	소	가	불가	-	-	×	소
패널 냉난 방식	패널냉난방**	중	중	가 (조건부)	불가	중(고)	-	×	중
	패널히팅	대'	대 (난방만)	가 (조건부)	불가	-	-	×	극소
	패널쿨링	대'		가 (조건부)	불가	-	-	×	극소

주) 평가 : 대-대'-중-중'-소-소', ○-△-×
　　* : 다른 방식과 병용이 많다. 외기도입을 고려, 설비비는 외기도입이 없는 경우
　　** : 이 방식을 물-공기방식으로 분류한 것도 있다.

02 열매체에 따른 공조방식의 종류와 특징

공조장치의 기본방식은 열에너지의 운반방식에 따라 전공기식, 물-공기식, 전수방식 및 냉매방식으로 분류되는 것이 일반적이지만, 이 외에도 기기의 집중 및 분산에 따라 중앙식,

개별식으로 나눌 수 있고, 또 제어의 정도에 따라 전체의 제어, 존의 제어 및 개별제어방식 등으로도 분류하고 있다. 여기에서는 열수송매체의 종류에 따른 분류로서 각각의 특징을 설명한다.

(1) 전공기방식

실내의 열을 공급하는 매체로 공기를 사용하는 것이 전공기방식이다. [그림 6-17]에서와 같이 외기와 실내환기의 혼합공기를 공조기로 이끌어 제진한 후, 열원장치에서 만든 냉수와 증기 또는 온수와 열교환시켜 냉풍 또는 온풍으로 덕트를 통해 실내로 송풍한다.

공기조화는 온습도를 조정하는 것 외에 공기의 정화도 필요한 요소이므로, 탄산가스, 세균, 냄새 등의 희석과 산소의 보급을 위해 외기를 도입하는 것이 효과적인 방법이다. 대체로 집회실이나 회의실과 같이 사람이 많이 모이는 장소 등 아주 많은 양의 외기를 필요로 하는 장소에 적합하며, 다음과 같은 방식이 있다.

① 단일덕트방식
② 멀티 존 유닛방식
③ 이중덕트방식
④ 각 층 유닛방식

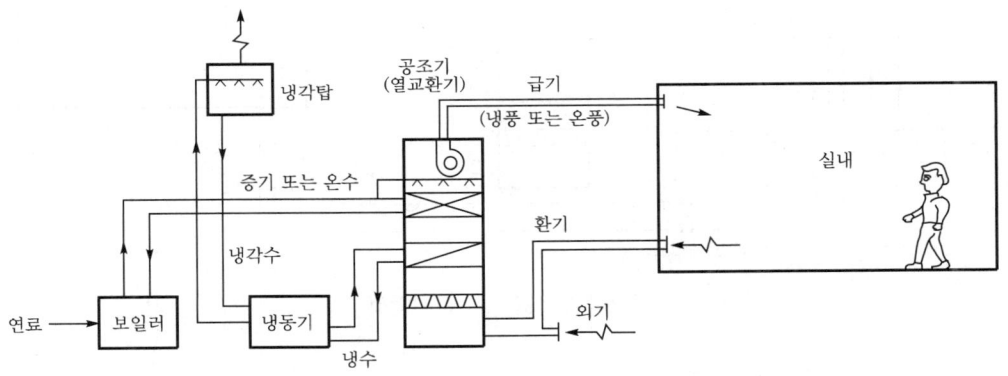

[그림 6-17] 전공기방식

[표 6-20] 전공기방식의 장단점

장점	단점
• 송풍량이 많아서 실내공기의 오염이 적다. • 봄, 가을에 외기냉방이 가능하다. • 바닥의 이용도가 좋다. • 수배관에서의 누수가 없다.	• 덕트 스페이스가 크다. • 냉·온풍의 운반에 소요되는 동력이 크다. • 공조실의 면적이 크다. • 개별제어가 어렵다.

(2) 물-공기방식

열의 매체로서 물과 공기를 병용하는 방식이다. 이 방식은 [그림 6-18]에 나타난 바와 같이 열원장치에서 만든 냉수, 온수 또는 증기를 실내에 설치한 열교환 유닛으로 보내서 실내공기를 냉각 또는 가열한다. 또한 전공기방식과 마찬가지로 공조기에서 냉각감습 또는 가열가습한 외기를 실내로 송풍한다.

물의 경우에는 동일한 열량을 처리하는데, 공기에 비해 단면적이 매우 적게 든다. 따라서 실내의 열을 처리하기 위해서는 공기보다 물이 스페이스를 절약할 수 있는 유리한 점이 있으나, 공기조화의 요소 중 공기의 환기를 할 수 없으므로 필요최소량의 외기는 실내로 송풍해야 하며, 다음과 같은 방식이 있다.
① 유인 유닛방식
② FCU방식(1차 공기병용식)
③ 복사냉난방방식(1차 공기병용식)

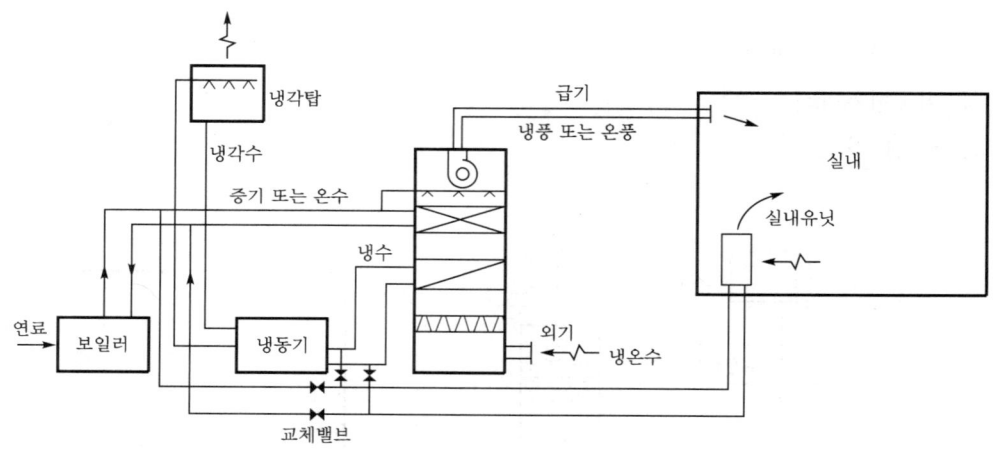

[그림 6-18] 물-공기방식

[표 6-21] 물-공기방식의 장단점

장점	단점
• 덕트 설치공간이 감소된다. • 송풍동력이 감소된다. • 개별제어가 가능하다. • 존의 구성이 용이하다.	• 실내공기의 오염 우려가 있다. • 보수 및 유지 관리가 어렵다. • 유닛에서 소음 발생 및 바닥이용도가 떨어진다. • 수배관에서 누수 우려가 있다.

(3) 전수방식

이 방식은 물만을 열매로 해서 실내 유닛으로 공기를 냉각·가열하는 것으로써, 실내의 열은 처리가 가능하지만 외기를 공급하지 못하기 때문에 공기의 정화 및 환기를 충분히 할 수 없다. 따라서 이 방식은 문의 개폐 등에 의해서 공기가 실내로 유입되는 경우와 적은 인원이 단시간 재실하는 경우에 사용되며, 겨울철의 가습도공조기로 하기에는 부적합하다. 이 방식에는 FCU방식이 있다.

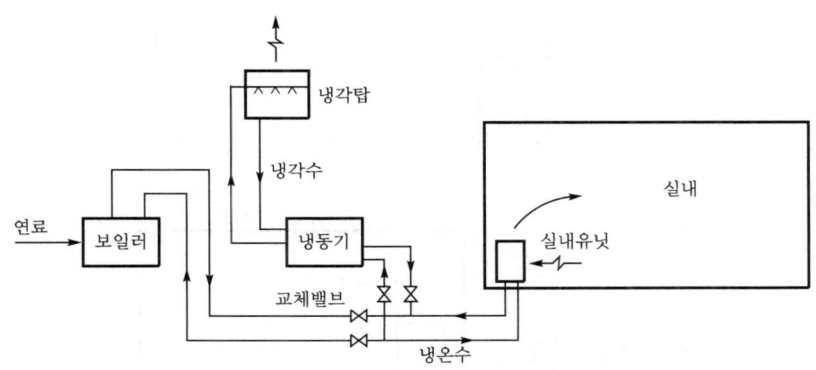

[그림 6-19] 전수방식

[표 6-22] 전수방식의 장단점

장점	단점
• 덕트 스페이스가 필요없다. • 열운반동력이 작다. • 각 실 제어가 용이하다. • 증설이 용이하다.	• 신선한 외기도입이 어렵고, 고성능필터를 사용할 수 있다. • 실내 쾌감도가 떨어진다. • 유닛에서 소음 발생 및 바닥이용도가 떨어진다. • 수배관에서 누수 우려가 있다.

(4) 냉매방식

이 방식은 냉매에 의해 실내의 공기를 냉각·가열하는 방법으로, 옥외의 공기나 물과 열교환해서 배열 또는 흡열한다. 여름에는 냉매의 직접팽창에 의해 실내 공기를 냉각감습하지만, 겨울에는 열펌프로서 가열하는 경우와 다른 열원장치에서 만든 증기, 온수 또는 전열에 의해 가열하는 경우가 있다.

이 방식에는 송풍기, 코일, 냉동기 등의 전체 기능을 케이싱 속에 모은 것과, FCU를 실내의 설치하고 콘덴싱유닛을 옥외에 설치해서 양자를 냉매배관으로 접속한 스플릿(split)형이 있으며, 다음과 같은 방식이 있다.

① 패키지유닛방식
② 룸쿨러방식

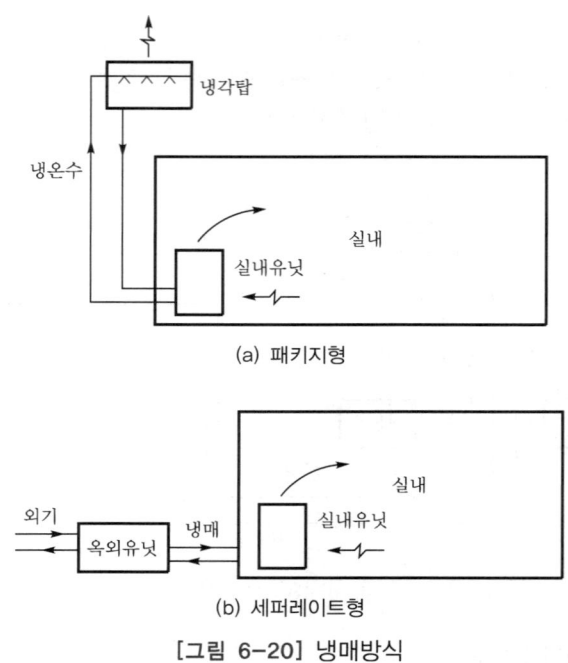

[그림 6-20] 냉매방식

03 단일덕트에 의한 공조방식

1) 단일덕트 일정 풍량방식

중앙기계실에 다른 기기와 함께 AHU를 설치해서 냉각감습 및 가열가습한 공기를 덕트를 통해 각 실로 송풍하는 방식이다. 단일덕트 일정 풍량방식에서는 각 실로 보내는 송풍량이 언제나 일정하고, 열부하에 따라서 송풍온습도를 변화시켜 실내의 온습도를 조절한다.

이 방식은 사무실의 내부와 홀(hall) 등과 같이 부하변동이 적은 실이나 동일한 부하변동을 하는 실의 공조에 적합하다. 또한 극장, 공장 등의 대규모 공간과 건물의 내부, 식당, 회의실 및 엄밀한 온습도를 요구하지 않는 곳에 주로 사용될 수 있다. 장단점은 다음과 같다.

(1) 장점

① 기계실에 기기류가 집중설치되므로 운전관리가 용이하다.

② 고성능필터 사용이 가능하다.
③ 외기도입이 용이하고, 환기팬 등 적절한 계획으로 중간기의 외기냉방이 가능하며, 전열교환기도 설치하기 쉽다.
④ 시스템이 단순하여 설계, 시공이 용이하다.

(2) 단점
① 각 실 상이에 부하변동이 다른 경우 온습도 불균형이 발생한다.
② 대규모 건물에서는 존마다 공조계통을 분할할 때 설비비가 높고, 기계실 면적도 크게 된다.

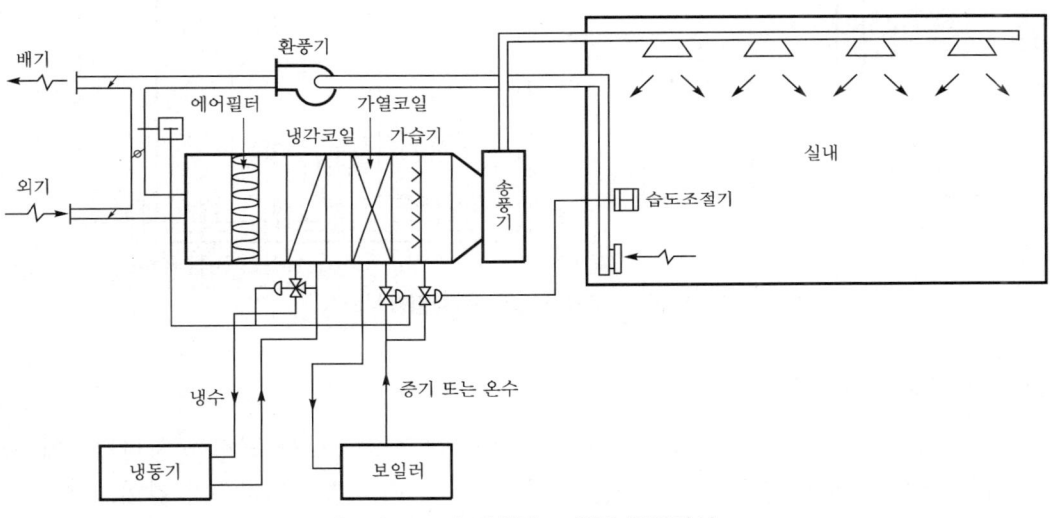

[그림 6-21] 단일덕트 일정 풍량방식

2) 단일덕트 재열방식

기계실 스페이스와 장치용량의 관계 등으로 공조기의 분할이 불가능한 경우 난방 시에는 중앙공조기의 가열 코일에서 1차로 가열하고, 필요에 따라 덕트 속의 재열기에서 2차 가열을 한다. 이와 같은 공조방식을 단일덕트 존 리히트방식이라 하며, 각 실마다 부하변동이 생기는 경우 개별제어가 가능하므로 호텔과 같이 개실이 많은 건물에서의 공조방식을 단일덕트 터미널리히트(terminal reheat)방식이라고 한다.

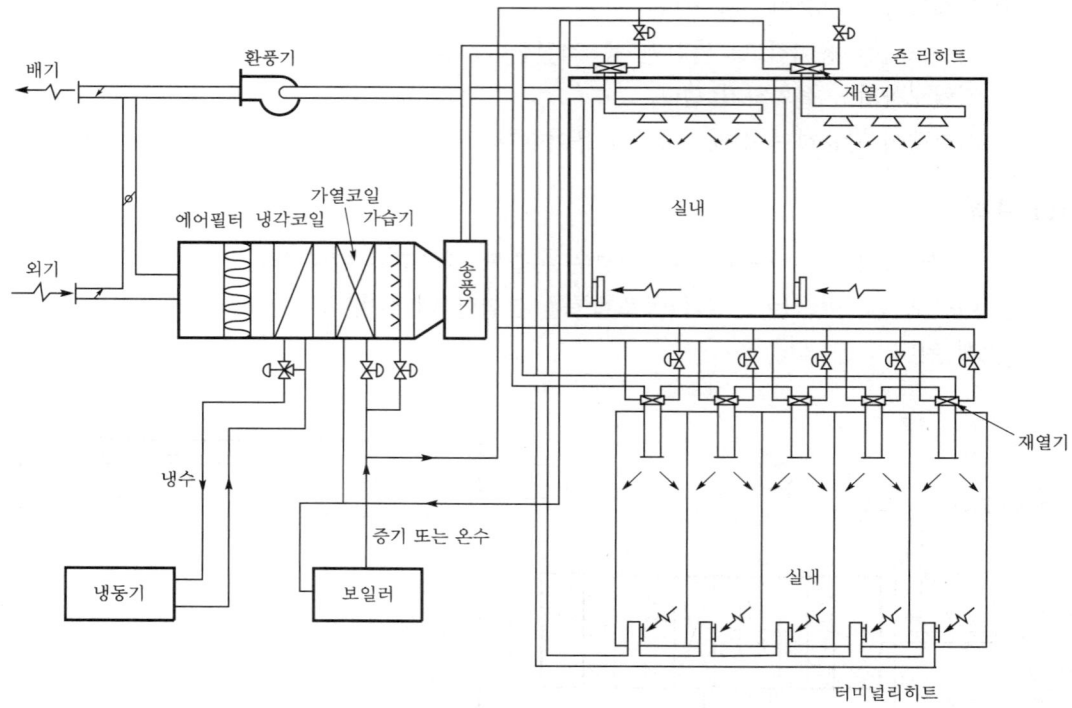

[그림 6-22] 단일덕트 재열방식

3) 단일덕트 가변풍량방식

가변풍량방식(VAV)은 송풍온도를 일정하게 하고 송풍량을 변경해 부하변동에 따라 실온을 소정의 상태로 유지하는 방식으로, 이 VAV방식은 다음과 같이 분류되기도 한다.

① **급기온도 일정의 VAV방식**: 실내존(interior zone)과 같이 부하변동의 폭이 적은 부분에 적합하다.
② **급기온도 가변의 VAV방식**: 부하변동의 폭이 큰 외주부(perimeter zone) 환기의 요구 정도가 큰 곳에 적합하며, 터미널유닛(VAV유닛이라고도 한다) 등을 사용하여 2차적으로 온도를 변화시켜 공조하는 방법이다.

[표 6-23] 단일덕트 가변풍량방식의 장단점과 유의사항

장점	• 동시부하율을 고려해서 기기용량을 결정하므로 용량을 적게 할 수 있다. • 열부하의 감소에 의한 운전비(열에너지 동력)를 절약할 수 있다. • 간벽의 변경, 부하의 증가에 대해서 유연성이 있다. • 덕트의 설계시공을 간략화할 수 있고, 취출구의 풍량조절이 간단하다. • 부하변동에 대해서 제어응답이 빠르므로 거주성이 향상된다.

단점	• VAV유닛, 압력조정장치 때문에 일정 풍량방식과 비교해서 설비비가 많이 든다. • 부하변동이 적을 때는 풍량을 줄여도 동력의 절감으로 연결되지 않는다.
유의 사항	• 풍량을 줄였을 때 외기량도 감소하므로 필요 최소외기량을 확보할 수 있도록 해야 한다. • 풍량이 감소할 때에도 충분한 기류분포를 얻을 수 있는 취출구를 사용해야 한다. • 풍량을 줄여도 발생소음이 크게 되지 않아야 한다. • 풍량이 적어도 송풍기의 운전이 불안하게 되지 않도록 특성을 검토한 뒤 대책을 세워야 한다.

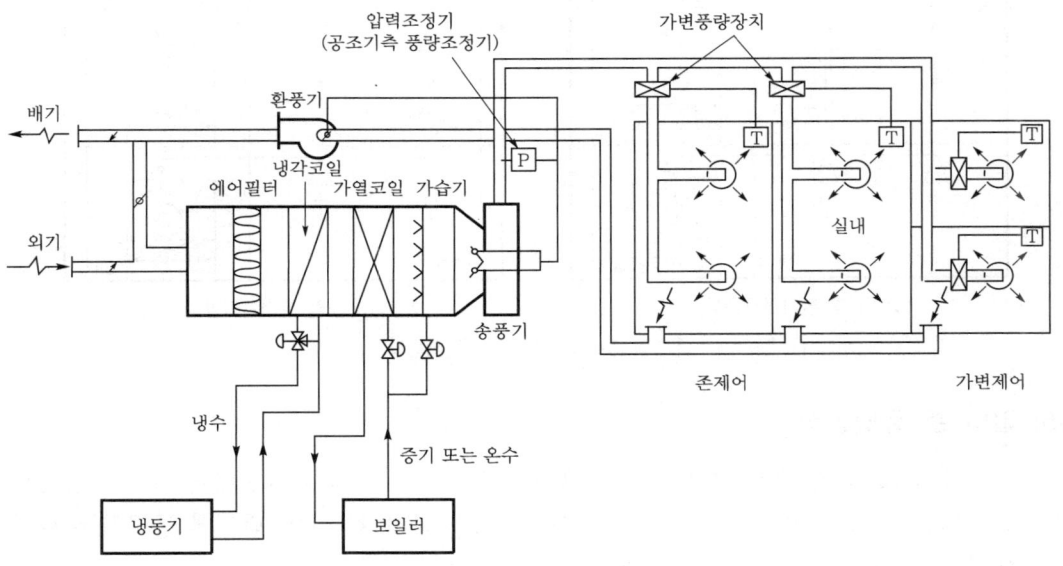

[그림 6-23] 단일덕트 가변풍량방식

4) 각 층 유닛방식

여러 층의 건물에서 단일덕트를 변형한 것으로, 층마다 공조기를 분산배치하여 관리가 불편하나 부분운전이 가능하여 임대사무소에 적합하다.

[표 6-24] 각 층 유닛방식의 장단점

장점	단점
• 건물의 규모에 관계없이 부분부하운전이 가능하다. • 각 층, 각 존마다의 부하변동이 적절히 대처할 수 있고, 공조 스페이스를 크게 할 수 있다.	• 공조기가 많아지며, 각 층마다 기계실이 필요하다. • 공조기를 분산·설치하므로 유지 관리가 어려우며, 설비비가 증대한다. • 거주구역 가까이에 공조기가 설치되므로 소음 및 진동의 대책이 필요하다.

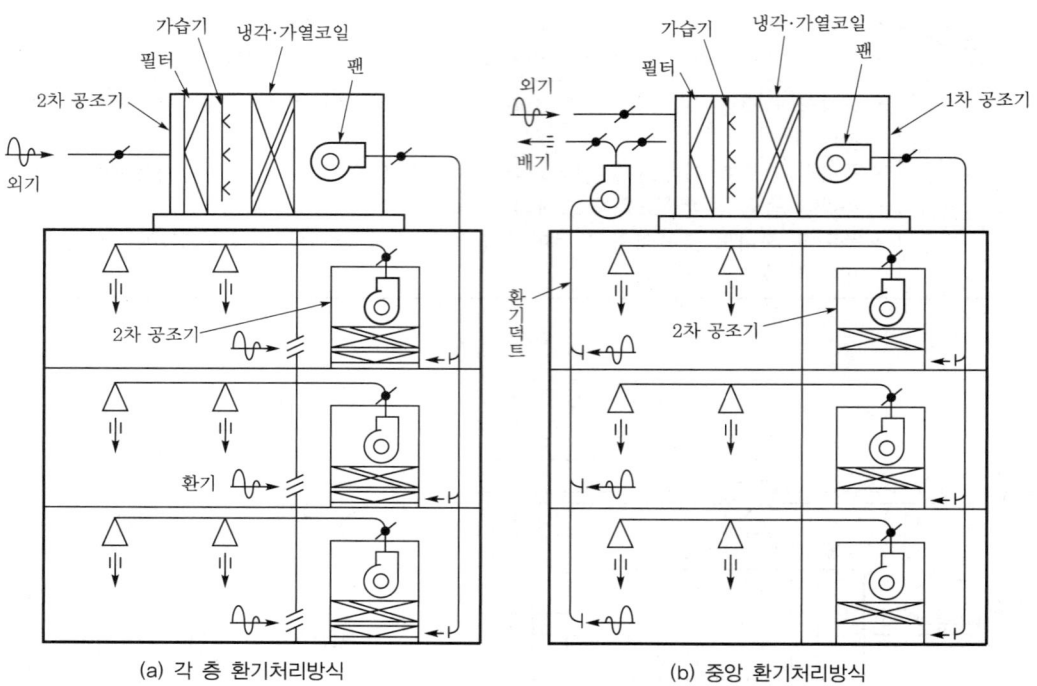

(a) 각 층 환기처리방식　　　　(b) 중앙 환기처리방식

[그림 6-24] 각 층 유닛방식

5) 멀티 존 유닛방식

공조기(AHU)에 냉온 양 열원 코일을 설치하고, 각 존의 부하상태에 따라 냉온풍의 혼합비를 바꿔서 송풍공기를 필요 온습도로 유지하여 각 존별 덕트에 공급하는 방식이다.

[표 6-25] 멀티 존 유닛방식의 장단점

장점	단점
• 각 존마다 제어할 수 있다. • 연간을 통해 냉난방이 가능하다.	• 각 존마다 독립된 덕트가 필요하므로 덕트 스페이스가 커진다. • 열적 혼합손실이 많아진다.

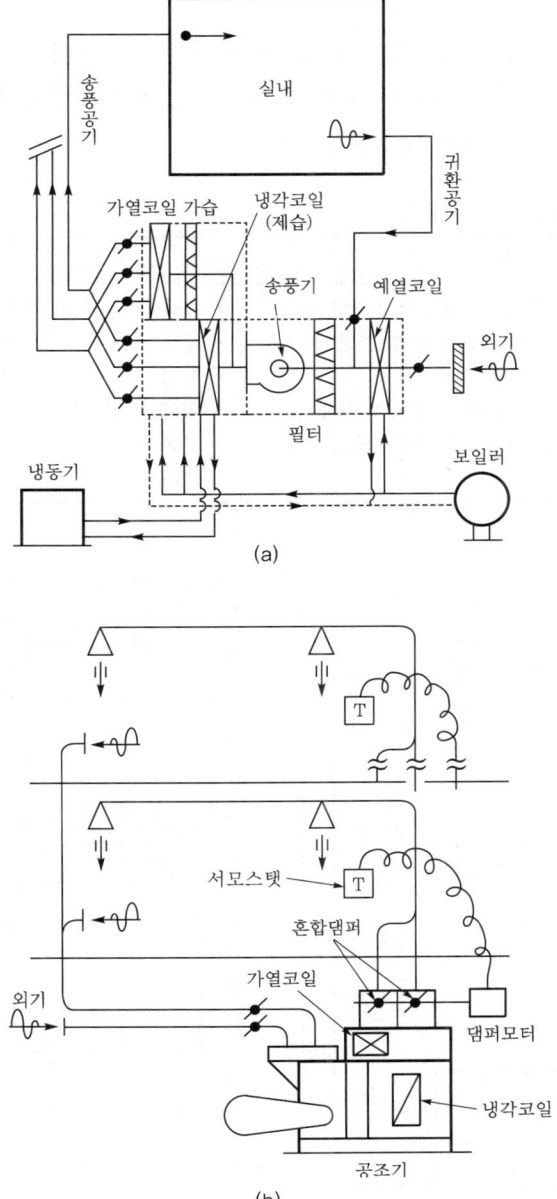

[그림 6-25] 멀티 존 유닛방식

6) 이중덕트방식

이중덕트방식은 중앙기계실에 설치된 AHU에서 냉온풍이 각각 전용의 덕트를 통해 공급되고, 이것이 혼합상자(혹은 혼합기)에서 각 실의 부하상태에 따라 냉온풍을 혼합해서 소정온도의 공기가 되어 송풍되는 것이다.

[표 6-26] 이중덕트방식의 장단점

장점	단점
• 각 실의 개별제어 및 존제어가 가능하다. • 1대의 공조기로 대규모 건물의 공조가 가능하다. • 조닝과 계절에 따른 운전의 교체전환(change-over) 없이도 냉난방이 동시에 가능하다.	• 송풍량이 많고 덕트 스페이스가 크다. • 혼합상자가 고가이며, 설비비가 많이 든다. • 항상 냉온열원이 필요해 열의 혼합손실이 있고, 고속덕트이므로 운전비가 많이 든다. • 부하가 적을 때는 실내의 상대습도가 상승한다.

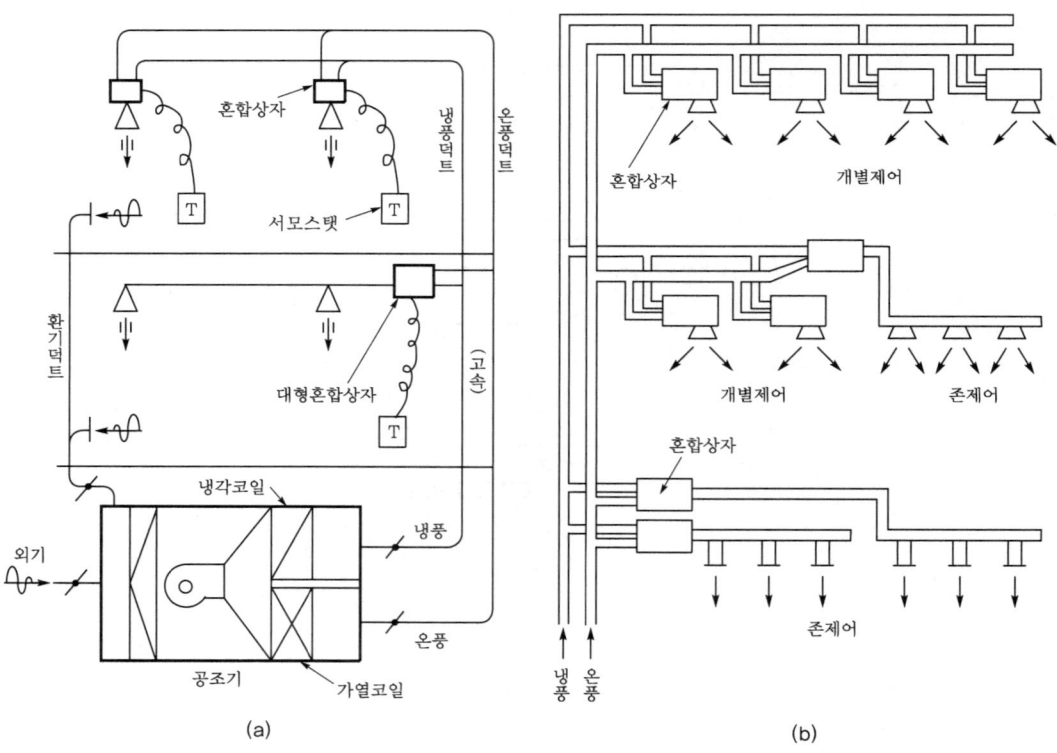

[그림 6-26] 이중덕트방식

7) 유인유닛방식

중앙에 설치된 공조기에서 1차 공기를 고속으로 유인유닛(induction unit)에 보내 유닛의 노즐에서 불어내고 그 압력으로 실내의 2차 공기를 유인하여 송풍하는 방식으로, 개별제어가 가능하고 덕트 스페이스가 적으나 유닛에서 소음이 발생한다. 이 방식에는 전공기식과 물-공기식이 있다.

[표 6-27] 유인유닛방식의 장단점

장점	단점
• 다실 건물에서 부하변동에 대해 합리적으로 대응할 수 있고, 개별제어를 할 수 있다. • 1차 공기량은 전공식과 비교할 때 1/3 정도이며, 나머지 실내 환기(2차 공기)로 유인되므로 덕트 스페이스가 적다. • 실내 유닛은 전동기 등의 가동 부분이 없다. • 취출공기는 1차 공기와 2차 공기의 혼합공기이며, 실온과의 온도차가 적어 불쾌감이 없다. • 파라미터방식이 가능하다.	• 유인성능 및 유닛의 스페이스면으로부터 고성능필터를 사용할 수 없다. • 냉각·가열을 동시에 하는 경우 혼합열손실이 있고, 에너지 낭비가 있다. • FCU와 같이 개별운전을 할 수 없고, 노즐로부터의 공기분출소음이 있다. • 습도제어는 1차 공기에 의해 처리하므로 엄밀한 습도제어를 할 수 없다.

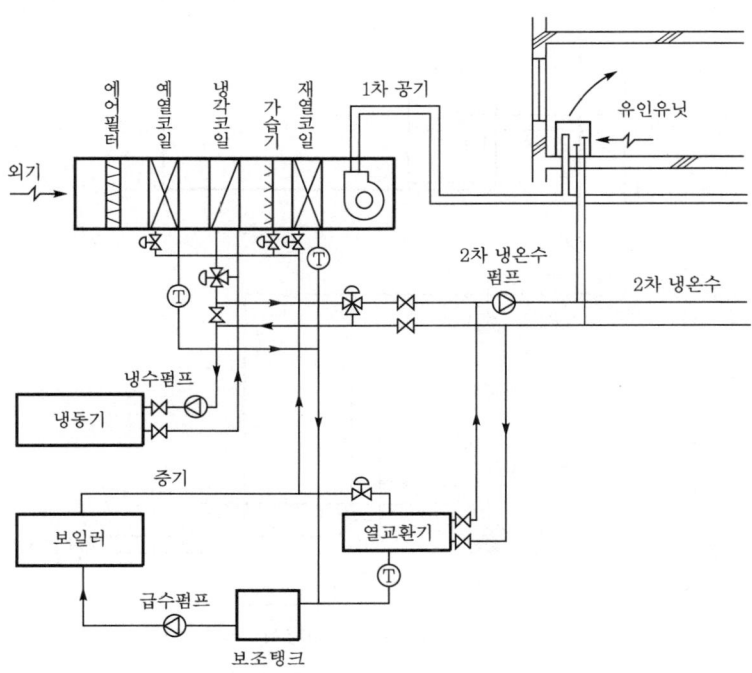

[그림 6-27] 유인유닛방식

8) 팬 코일 유닛방식

필터, 냉온수 코일, 송풍기가 내장된 팬 코일 유닛에 중앙기계실로부터 냉온수를 공급하여 실내 부하를 처리하는 방식으로 개별제어가 가능하며, 이 방식은 물-공기방식의 공조방식 중 가장 많이 사용된다. FCU방식은 실내 유닛의 형식, 사용방법, 외기도입방식 등에 따라 여러 가지 종류가 있다.

[표 6-28] FCU방식의 장단점

장점	단점
• 각 유닛마다 조절·운전이 가능하고, 개별 제어를 할 수 있다. • 1차 공기를 사용하는 경우에는 파라미터방식이 가능하다. • 나중에 부하가 증가해도 유닛을 증설하여 대처할 수 있다. • 전공기방식에 비해 열수송 스페이스가 적고, 동력비도 경제적이다.	• 소형 유닛을 각 실에 분산·설치하므로 건축계획상 지장을 주고, 유지 관리가 번거롭다. • 고성능필터를 사용할 수 없다. • 밀폐건물에서는 환기용 외기를 공급할 필요가 있다. • 공급외기량이 적으므로 중간기의 효과적인 외기냉방을 할 수 없다.

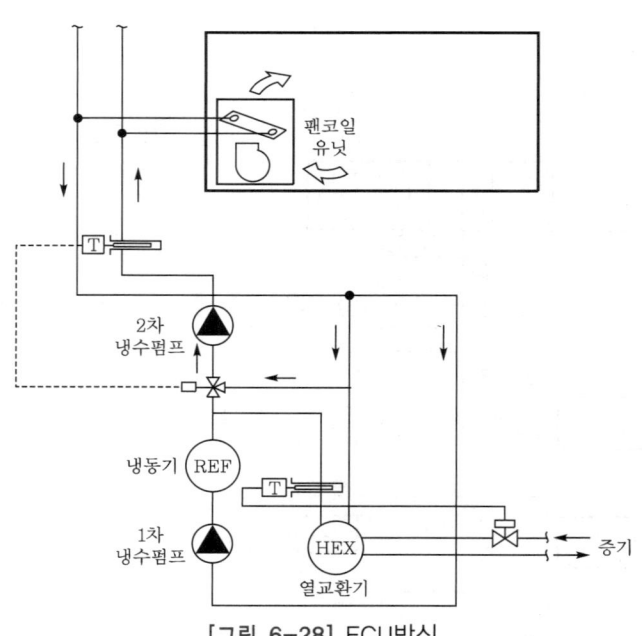

[그림 6-28] FCU방식

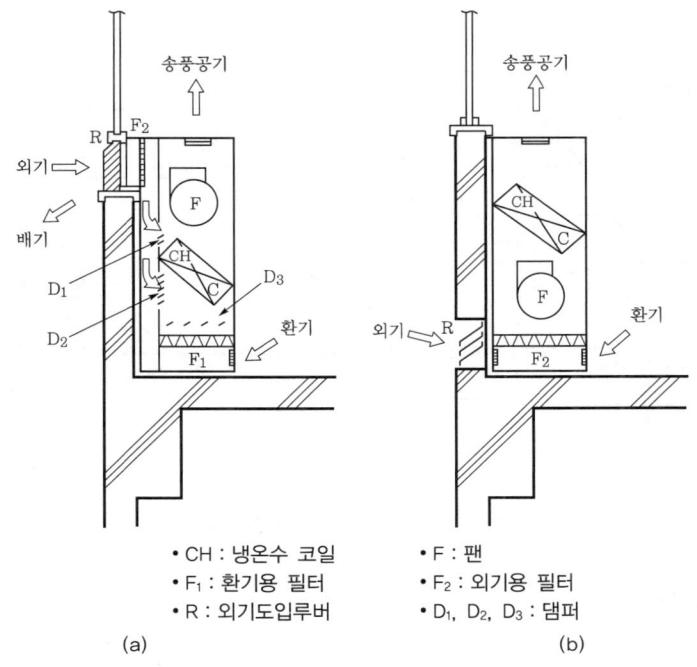

- CH : 냉온수 코일
- F_1 : 환기용 필터
- R : 외기도입루버
- F : 팬
- F_2 : 외기용 필터
- D_1, D_2, D_3 : 댐퍼

[그림 6-29] 외기도입형 FCU방식

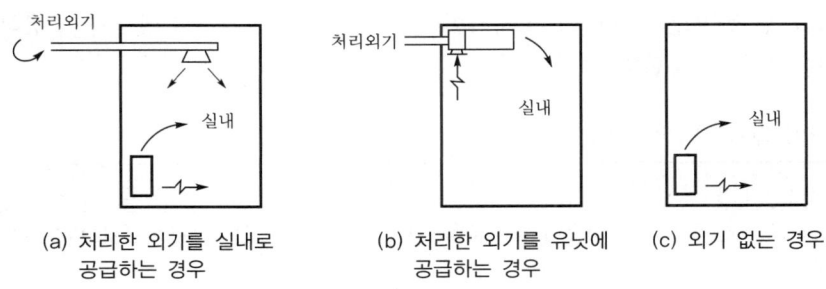

[그림 6-30] FCU방식의 응용

9) 복사냉난방방식

중앙기계실에서 냉온수를 바닥이나 벽 패널의 파이프로 통과시키고 천장을 통해 공기를 송풍하여 냉난방하는 방식으로, 시설비가 비싸고 냉방 시에는 바닥에 결로 우려가 있다.

[표 6-29] 복사냉난방방식의 장단점

장점	단점
• 복사열을 이용하므로 쾌감도가 높다. • 조명 발열이 큰 곳에 유리하다. • 패널에 의해 부하를 처리하므로 송풍량은 공기방식의 1/2 정도로 된다.	• 파이프 코일의 설치비가 비싸다. • 패널의 보수 수리가 어렵다. • 냉방인 경우 제어가 부적당하면 냉각면이 결로현상을 일으킬 위험이 있다.

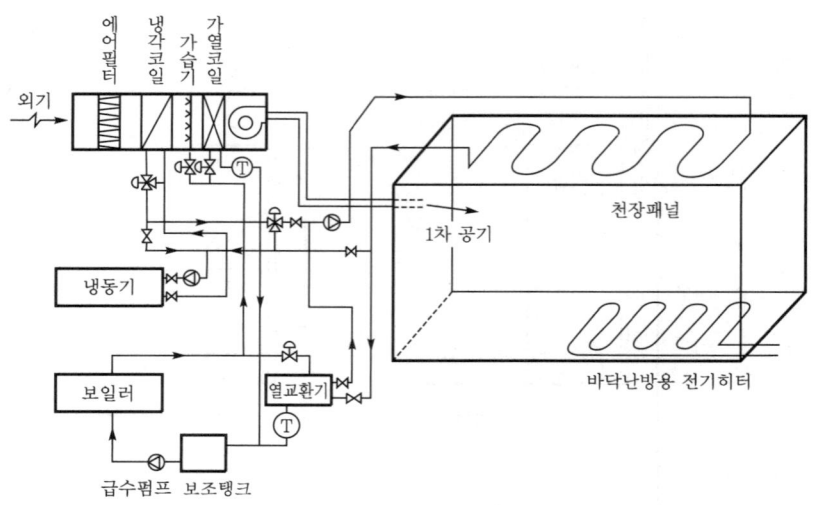

[그림 6-31] 복사냉난방방식

10) 단일유닛방식

(1) 패키지형 유닛방식

송풍기, 가열 코일(혹은 냉각 코일), 공기여과기 및 냉동기 등을 내장한 공장제작의 공조기를 단독 또는 여러 개 설치하여 공조하는 방식으로, 수랭식과 공랭식이 있으며 수랭식을 많이 사용한다.

[표 6-30] 패키지형 유닛방식의 장단점

장점	단점
• 설비비와 경상비가 싸고 시공이 용이하며, 공기도 단축된다. • 취급이 간단해서 단독운전을 할 수 있고, 대규모 건물의 부분공조도 용이하다. • 기존 건물에 설치가 용이하며, 유닛의 증설·변경계획에 대응하기 쉽다.	• 단계적인 설비용량이므로 온습도제어의 정도가 낮다. • 유닛이 분산 설치되므로 보수 관리가 번거롭다. • 일반적으로 제진효율이 낮다. • 실내에 설치하는 경우 소음 및 진동대책이 필요하다.

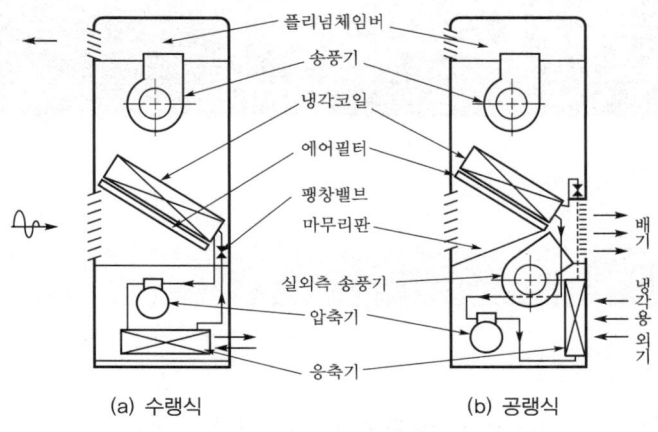

[그림 6-32] 패키지형 유닛의 구조

(2) 룸에어컨

원리적으로는 패키지형 유닛과 마찬가지이지만 소형화시킨 것으로, 다음과 같은 장단점이 있다.

① 장점
   ㉠ 설치가 매우 용이하다.
   ㉡ 전원(소용량은 단상 100V)을 접속하는 것만으로 운전이 가능하다.
   ㉢ 창에 직접 설치하므로 바닥면적의 이용도가 높다.
   ㉣ 외기취입과 배기가 가능한 것을 선정하면 설치하는데 별 어려움 없이 요구를 만족시킬 수 있다.

② 단점
   ㉠ 후반부를 실외측으로 보내서 설치하므로 외기의 이용이 불가능한 창에는 사용할 수 없다.
   ㉡ 냉각작용은 다소 저하한다.

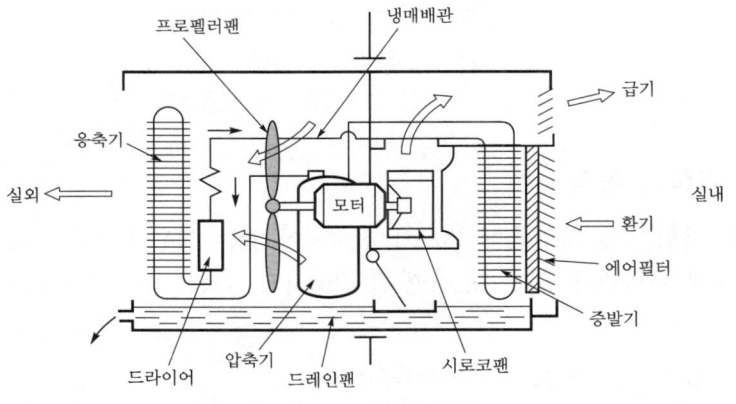

[그림 6-33] 룸에어컨

Chapter 07 공기조화기기

01 송풍기

1) 개요

송풍기에는 [그림 6-34]에 나타난 바와 같이 여러 가지 형식이 있는데, 공조설비에서는 보통 전압 100mmH₂O 정도 이하, 특수한 경우로서 비교적 고압이라고 생각할 수 있는 것이라도 전압 300mmH₂O 이하 정도의 송풍기가 사용된다.

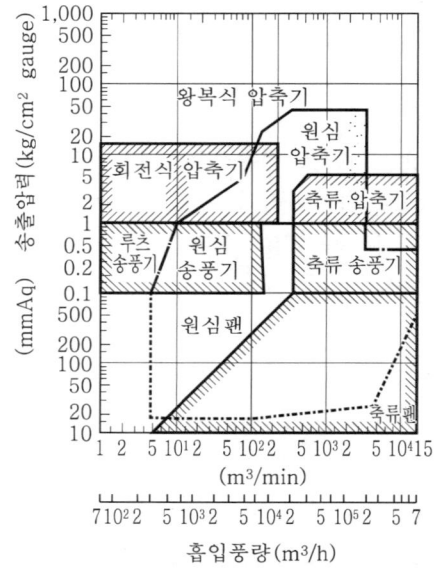

[그림 6-34] 송풍기와 압축기의 적용범위

2) 송풍기의 압력과 동력

송풍기의 흡입측 및 토출측에 덕트가 접속되어 있는 경우의 송풍기 전후 압력분포를 [그림 6-35]에 나타낸다. 덕트 내 어떤 한 점에서의 압력은 다음 식으로 나타낼 수 있다.

$$p_t = p_s + \frac{\gamma}{2g}v^2 = p_s + p_D [\text{mmH}_2\text{O}]$$

여기서, p_t, p_s, p_D : 각 공기의 전압, 정압 및 동압(mmH$_2$O)
v : 덕트 내의 공기의 유속(m/s)
γ : 공기의 비중량(kgf/m^3)

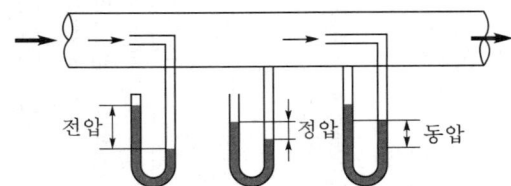

[그림 6-35] 송풍기의 전압과 정압, 동압과의 관계

송풍기의 흡입측 덕트 내에서는 정압은 대기압 이하로 되고, 여기에 동압 p_D가 가해지므로 전압은 대기압 이하이기는 하지만 정압보다 높아진다. 송풍기 토출측 덕트 내에서는 대기압 이상의 정압에 동압이 가해진 것이 전압으로 된다.

송풍기의 소요동력 W_t[kW]는 다음 식으로 주어진다.

$$W_t = \frac{p_t Q}{6,120} \frac{1}{\eta_t} [\text{kW}]$$

여기서, p_t : 송풍기 전압(mmH$_2$O)
Q : 송풍량(m^3/min)
η_t : 송풍기 전압효율

위의 식 우변의 제1항은 공기동력이라고 하며, η_t의 대략값을 [표 6-31]에 나타낸다.

[표 6-31] 송풍기의 종류와 특징

종류		원심송풍기				사류송풍기	축류송풍기			크로스플로형
		다익송풍기	리밋로드 송풍기	터보송풍기	익형 송풍기	관류송풍기		프로펠러	튜브형	베인부착	
날개차와 케이싱											
특성 ($\dot{W}$: 동력)											
요목	풍량 (m^3/min)	10~2,000	20~3,200	60~900	60~300	20~50	10~30	20~500	500~5,000	40~1,000	3~20
	정압 (mmH$_2$O)	10~125		125~250	125~250	10~50	10~30	0~10	5~15	10~80	0~8
	효율(%)	40~60	50~65	75~85	70~85	40~50	65~75	10~50	55~65	75~85	40~50
	비소음(dB)	40	45	40	35	45	35	40	45	45	30
특성상의 특징		풍량과 동력의 변화하는 비교적 크다.	풍량변화가 적고 동력이 변화가 최고 효율점 부근에서 서는 적다.	풍량이 변화하는 비교적 크고 동력이 변화도 크다.	터보에 같다.	압력상승이 크다. 압력이 변하는 압력이 없는 하이 있는 유속이 강행이고, 승음이 순간에 효율을 낸다.	축류송풍기와 비 숫자나 구성의 압력 동력곡선 은 전체적으로 완단하다.	저압, 대풍량으로 서 최고 효율점이 자유토출점 부근에 있다. 압력변 화에 급이 없다.	중압, 대풍량 토출용, 압력은 축류기는 회전상승을 것으로 회전성이 느낀다.	고압, 대풍량 토 출용, 압력, 압 축효율에서 조건이 붙는 순풍기 기의 회전성 보다 좋다.	날개차의 직경이 작아도 효율이 지 하는 적다.
용도		저속덕트공조용, 각종 공조용, 급 배기용	저속덕트공조용 (중간 규모 이상), 공장용 환기(중간 규모 이상)	고속덕트공조용	왼쪽과 같다.	국소 통풍용	국소 통풍용	환기, 냉각탑, 유닛쿨러	국소 통풍용, 뗄낼기	국소 통풍 터널 한 기, 엔진공조체	배기 공기 유닛, 에어커튼

주 1. 이 입력표는 평균입력을 기준으로 한다.
2. 각각의 값은 대개의 기준값이다.
3. 비소음이란 풍량 1mmH$_2$O에서 1m^3/s를 송풍하는 송풍기의 소음치로 환산한 것이다.

3) 송풍기의 상사법칙

① **풍량** : 풍량은 회전속도에 비례하고, 임펠러 지름변화의 3승에 비례하여 변화한다.

$$Q_2 = Q_1 \left(\frac{N_2}{N_1}\right)\left(\frac{D_2}{D_1}\right)^3$$

② **풍압** : 풍압은 회전속도의 2승에 비례하고, 임펠러 지름변화의 2승에 비례하여 변화한다.

$$P_2 = P_1 \left(\frac{N_2}{N_1}\right)^2 \left(\frac{D_2}{D_1}\right)^2$$

③ **동력** : 동력은 회전속도의 3승에 비례하고, 임펠러 지름변화의 5승에 비례하여 변화한다.

$$L_2 = L_1 \left(\frac{N_2}{N_1}\right)^3 \left(\frac{D_2}{D_1}\right)^5$$

4) 송풍기의 종류와 특징

(1) 원심송풍기 중 다익송풍기

여러 개의 폭이 짧은 전곡(前曲)날개를 날개차에 설치한 것으로서 전압 100mmH₂O 이하 정도인 경우에 널리 이용되며, 시로코팬이라고도 한다. 다른 송풍기에 비해 소형으로 동일한 송풍량을 처리할 수 있으며 값이 싸다. 송풍기의 호칭은 번호로 나타내는데, 예를 들면, 날개차 직경이 300mm인 경우에는 2번이라고 한다. 흡입구가 한쪽인 편흡입형과 양쪽인 양흡입형이 있다.

$$\text{번호(No.)} = \frac{\text{임펠러의 지름(mm)}}{150}$$

송풍기의 성능을 도시하기 위해 횡축에 송풍량, 종축에 전압, 소요축동력, 효율 등을 나타낸 것을 송풍기의 성능곡선이라고 하며, [그림 6-36]에 다익송풍기의 특성곡선을 나타내었다. [그림 6-36]에서 볼 수 있는 것처럼 압력곡선에 산이 있는데, 이 산의 좌측의 송풍량에서 운전할 때는 불안정하게 된다. 이것을 서징(surging)이라고 한다. 또한 송풍량의 증가에 따라서 소요동력도 증가한다.

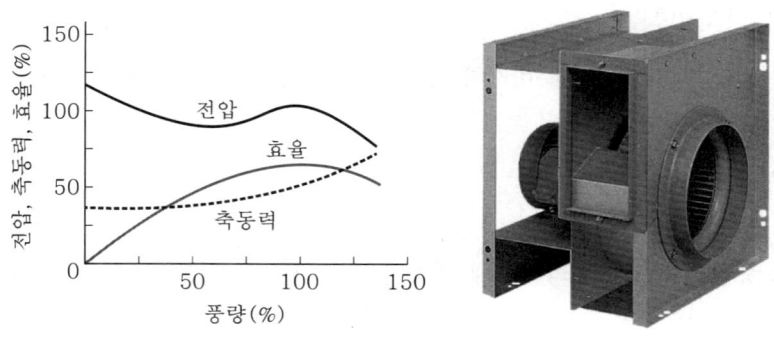

[그림 6-36] 다익송풍기의 특성곡선과 외관

(2) 원심송풍기 중 익형 송풍기

비교적 날개 밑폭이 긴 익형 단면의 뒷면 날개를 설치한 날개차를 갖는 것으로, 높은 압력까지 사용할 수 있고 효율도 비교적 높으며 발생소음이 낮기 때문에 최근에는 고압 송풍기로 사용되는 경우가 많다.

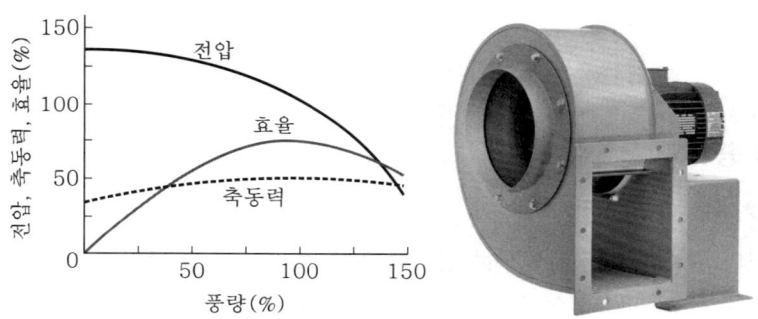

[그림 6-37] 익형 송풍기의 특성곡선과 외관

(3) 축류송풍기

폭이 넓은 날개를 설치한 날개차를 공기의 흐름에 직각으로 설치하여 공기가 송풍기의 축방향으로 흐르도록 한 것으로서, 케이싱이 없는 것을 프로펠러팬이라고 하고, 관형의 케이싱을 갖는 것을 튜브형이라고 한다. 그 위에 날개차 하류측에 안내깃(guide vane)을 설치한 것을 베인 부착 축류송풍기라고 한다.

$$\text{번호(No.)} = \frac{\text{임펠러의 지름(mm)}}{100}$$

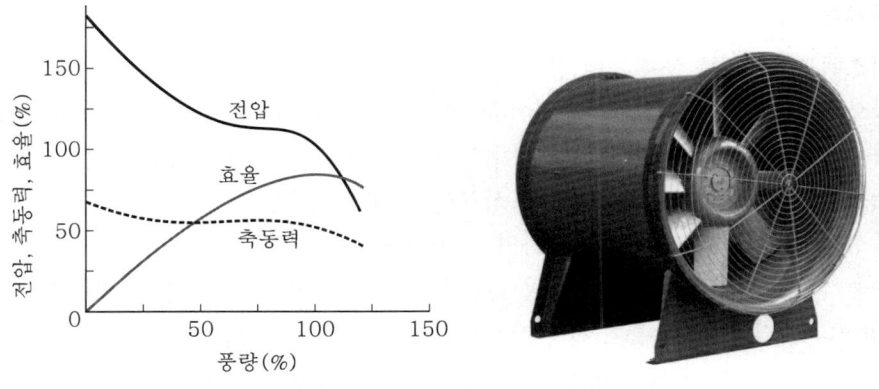

[그림 6-38] 축류송풍기의 특성곡선과 외관

5) 송풍기의 풍량제어방법

저항손실의 불균형이 있든지, 또는 계획 시의 풍량보다 여유가 있을 경우 여러 가지 풍량제어방법으로 제어한다. 송풍기의 풍량조절의 필요성이 강조되면서 변풍량(VAV) 공조방식의 필요성이 부각되고 있다. 급기와 배기의 양이 수시로 변하는 변풍량시스템에서는 송풍기의 공기량의 변동을 제어할 수 있어야 동력절감을 얻을 수 있다. 송풍기의 운전상태점, 공기의 유동은 팬커브와 시스템 부하커브의 교차점으로 결정되며, 운전상태를 예측할 수 있는 선도를 송풍기의 성능곡선이라 한다. 만일 송풍기의 풍량에 변화가 있으면 송풍기의 특성곡선 또는 시스템 저항커브의 변동이 생기게 된다.

송풍기의 풍량조절방법은 크게 2가지로 시스템 부하커브를 조절하는 방법과 팬 커브를 조절하는 방법으로 구분된다. 시스템 부하커브를 조절하는 방법으로는 댐퍼제어(damper control)와 바이패스제어(by-pass control)가 있다. 팬 커브를 조절하는 방법으로는 속도제어(speed control), 흡입베인제어(inlet vane control), 블레이드 피치제어(blade pitch control)가 있다.

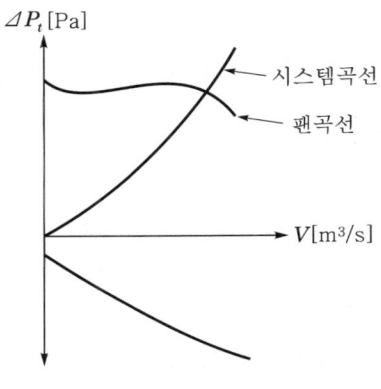

[그림 6-39] 송풍기의 작동

(1) 댐퍼제어

시스템부하커브를 조절하는 방식으로 송풍기 토출측 덕트 내부에 댐퍼를 설치하여 조절함으로서 풍량을 조절하는 방법이다. 즉, 공기조화기와 덕트 사이에 댐퍼를 설치하여 풍량을 조절하는 가장 간단한 방법이며, 송풍기의 속도가 일정하고 송풍기 작동 시 모든 풍량 및 압력변화는 송풍기의 특성곡선에 의해 작동된다.

특성곡선상에 댐퍼제어를 표시하면 [그림 6-40]과 같다.

송풍기의 댐퍼를 조절하여 풍량을 Q_A에서 Q_B로 변화시키면 모든 변화는 팬 커브를 따라 일어나게 된다. 즉 송풍기 작동점은 A에서 B로 이동하게 되고, 그때 장치저항은 증가하여 각각 P_A 및 P_B가 될 것이며 송풍기는 B점에서 작동하게 된다. 이때 운전점 B에서 보면 송풍기 전압은 P_B이고, 그 중에서 P_C는 감소된 풍량이며 제곱에 비례하는 시스템 저항이고, 나머지 $P_B - P_C$는 댐퍼의 개도변화로 인한 댐퍼저항을 나타낸다. 따라서 송풍기의 소요동력도 L_A에서 L_B로 이동하여 $L_A - L_B$만큼 동력절감이 된다.

그러나 너무 많은 풍량차와 고압력의 경우에 댐퍼의 저항치($P_B - P_C$)가 너무 높아지고 이에 따른 효율도 급격히 감소되어 동력절감이 안 되는 경우가 발생하므로 위 방식은 풍량 83CMM 미만에서만 적용할 것을 권장한다.

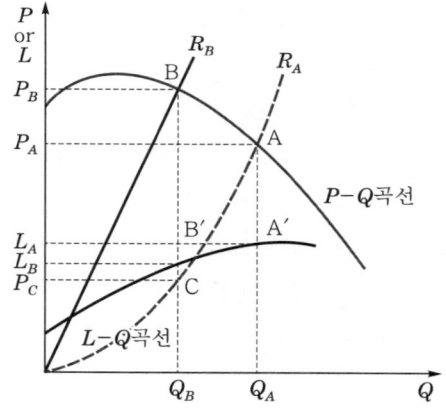

[그림 6-40] 후곡익형 송풍기의 특성

이 조절방식의 특징은 다음과 같다.
① 초기 투자비가 저렴하다.
② 소형설비에 적합(바이패스제어보다 동력이 절약됨)하다.
③ 송풍기 특성곡선의 극대점에서 좌측에서 운전되면 즉, 풍량이 극도로 감소되면 서징이 발생된다.
④ 전곡익형 송풍기(forward fan)가 후곡익형 송풍기(backward fan)보다 동력이 절감된다.

(2) 바이패스제어

시스템 커브를 조절하는 방식인 바이패스제어는 송풍기 토출측에서 흡입측으로 바이패스 덕트를 설치하고, 그 내부에 풍량조절용 바이패스 댐퍼를 달아 이를 조절하여 토출공기 중의 일부를 흡입측으로 바이패스함으로써 풍량을 조절하는 방법이다.

특성곡선상에 바이패스제어를 표시하면 [그림 6-41]과 같다.

시스템 풍량이 Q_A에서 Q_B로 감소되기 위해서는 시스템 저항곡선상의 운전점이 A에서 B로 변화되어야 한다. 이때 송풍기 전압이 P_A에서 P_B로 낮게 변화되므로 송풍기 특성곡선상의 송풍기 운전점은 A에서 C로 변화된다. 따라서 Q_C와 Q_B의 차이인 $Q_C - Q_B$만큼의 풍량을 바이패스시켜야 하며, 이때 송풍기 축동력은 L_A에서 L_C로 증가한다.

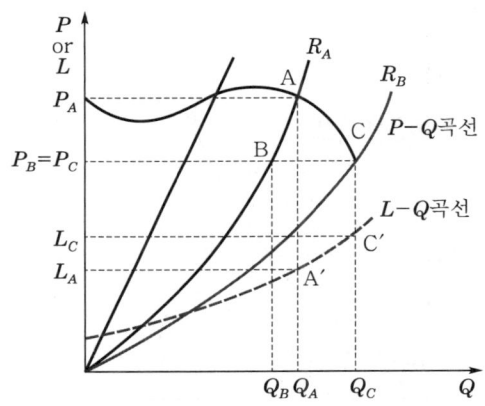

[그림 6-41] 전곡익형 송풍기의 특성

이 조절방식을 VAV시스템에 적용 시 VAV 유닛 상류측 정압은 유닛의 허용정압차범위 내에서 작동하게 되며, 정압상승으로 인한 발생소음도 문제가 없다. 단, 송풍기의 동력절감측면에서 볼 때 최소부하 시에도 송풍기는 일정 운전을 하므로 동력절약은 기대할 수 없다. 즉 바이패스방식은 바이패스식 유닛을 사용한 VAV시스템과 결과적으로 동일한 것이다.

이 조절방식의 특징은 다음과 같다.
① 토출댐퍼와 같이 초기 투자비가 저렴하다.
② 소규모 설비에 적합하며, 송풍기 운전이 안정된다.
③ 동력의 절감(운전비)이 거의 되지 않는 단점이 있다. 따라서 일반적인 팬 조절방법으로는 거의 사용하지 않는다.
④ 단, 적용 시에는 토출댐퍼와 같이 소풍량의 전곡익형에만 적용한다.

이 경우 주의할 점은 압축열로 고온이 된 가스를 그대로 흡입측에 되돌리면 흡입가스의 온도가 더욱 상승되어 기계적으로 좋지 않을뿐더러 소요압력을 얻지 못할 수 있어 냉각 등의 충분한 조치가 뒤따라야 한다.

(3) 속도제어

송풍기의 회전수를 변화시켜 풍량을 변화시키므로 덕트 내의 정압을 설정치 내로 유지시키며, VAV 유닛의 작동을 원활하게 한다.

[그림 6-42]에서와 같이 회전수가 N_1에서 N_2로 감소하면 풍량은 송풍기의 상사의 법칙에 의해 $Q_B/Q_A = N_2/N_1$의 비율로 감소한다. 따라서 운전점은 A에서 B점으로 이동한다. 이때 축동력은 동력곡선의 변화와 풍량의 감소로 인하여 L_A에서 L_B로 대폭 감소(운전비의 감소)된다.

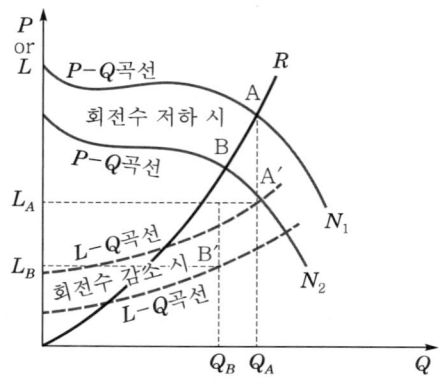

[그림 6-42] 회전수제어의 특성

속도제어방법으로는 다음과 같다.
① V풀리의 비를 변화시키는 방법 : 변속 때마다 운전을 멈추고 사전에 준비해 놓은 풀리와 교체하여 V벨트를 다시 걸어 주어야 할 필요가 있다. 가변풀리도 있으나 그것은 소동력용에 주로 사용한다.
② 직류전동기를 사용하는 방법 : 직류전원 설비비가 비싸게 드는 결점이 있다.
③ 교류정류자 전동기를 사용하는 방법 : 전동기의 가격이 비싸고 정류자의 내구력에 문제가 있다.
④ 극변환전동기를 사용하는 방법 : 가격은 싸지만 연속무단계로 회전수는 변화하지 않고, 2단 또는 3단으로 회전수를 변화시킬 수 있다.
⑤ 권선형 유도전동기의 2차 회로에 저항을 넣어 제어하는 방법
⑥ 와전류 이음형 전동기를 사용하는 방법 : 이것은 전자커플링을 이용하는 것으로 특징은 다음과 같다.

㉠ 대규모 시스템에서는 동력절약이 기대된다.
㉡ 송풍기 운전이 안정된다(큰 풍량변화에도 대처가능).
㉢ 설비비가 고가이다.

⑦ 전동기와 송풍기의 연결부에 2단 변속기를 사용하는 방법 : 2단으로 회전수를 변화시킬 수 있으나 설치공간 및 방법에 주의를 요한다.
⑧ 전동기와 송풍기의 연결부에 무단변속기를 사용하는 방법 : 회전속도를 연속무단계로 조절할 수 있으나 설치에 주의를 요한다.
⑨ 유체 이음을 사용하는 방법 : 가변유량형이 많이 사용되며, 이음 내의 유량을 변경시키면 파동축의 회전속도를 자유로 또한 연속무단계로 조절할 수 있다.
⑩ 가변전압가변주파수(VVVF : Variable Voltage Variable Frequency)를 사용하는 방법 : VVVF는 일명 인버터라고도 하며 그 특징은 다음과 같다.
㉠ 일반 범용 교류전동기에 인버터를 설치하여 적용한다.
㉡ 에너지 절약과 자동화가 용이하며, 효율이 높고 고속운전에 용이하다.
㉢ 소용량 전동기에서 대용량 전동기까지 적용이 가능하다.
㉣ 송풍기의 운전이 안정된다.
㉤ 설비비가 고가이다.
㉥ 전원에 대한 고주파의 영향으로 전자노이즈 발생으로 전자통신기기에 장애를 주는 경우도 있으므로 설치장소에 주의를 요한다.

이상 여러 방법이 있으나 현재 가장 많이 사용하고 있는 것은 VVVF를 사용하는 방법이다. 그러나 모든 속도제어방법이 고가로 초기 투자비용이 증가되고 송풍기 성능곡선상 얻어지는 동력절감이 열손실, 기계손실 등으로 실제로는 감소한다. 따라서 일반적으로는 VAV시스템 적용 시 흡입베인제어나 가변피치제어(variable pitch control)를 권장하는 경우가 많다.

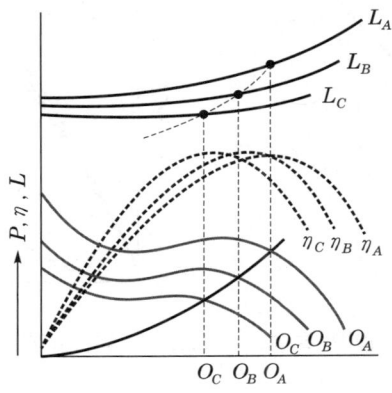

[그림 6-43] 다익송풍기의 속도제어에 의한 특성

(4) 흡인베인제어

베인제어는 송풍기 흡입측에 8~12개의 방사형 가이드 베인을 설치하고 베인의 각도를 조절하여 풍압과 풍량을 조절하는 방식이다.

[그림 6-44]의 변화를 보면 안내깃을 조여 풍량이 Q_A에서 Q_B로 감소시키면 운전점은 A에서 B로 이동한다. 이때 풍압과 축동력 곡선이 변화하게 되므로 L_A에서 L_B로 대폭 절감이 된다. 또한 풍량의 감소로 인하여 덕트 내 압력이 상승하게 되나 덕트 내 설치한 정압조절기가 압력상승을 감지하여 베인을 조절하게 된다.

이 방법은 후곡익형 팬(다익송풍기나 평팬과 같은 날개를 갖는 송풍기)에는 별로 효과가 없고 한계부하팬(limit load fan), 터보팬(turbo fan)에서는 효과를 유감없이 발휘한다. 일반적으로 풍량 3m³/s 이상의 고압력팬의 경우에 많은 운전비 절약을 기대할 수 있다.

흡인베인제어는 수동으로도 되나 온도, 습도에 따라서 자동으로 조절할 수 있다. 흡인베인제어에 의한 한계부하팬의 성능은 다음과 같으며, 토출댐퍼에 의한 조절보다도 경제적임을 알 수 있다. 즉, 토출댐퍼의 조절에 의해서는 A, B, C, D에 따라서 동력이 변화하나, 흡입베인제어에 의해서는 A′, B′, C′, D′에 따라 변화한다. 결국 이 2개의 곡선으로 둘러싸인 부분만큼 동력이 절감된다.

이 방식의 특징은 다음과 같다.
① 제어성이 좋고 속도제어에 비하여 초기투자비용이 적다.
② 운전비 감소가 많은 점을 들 수 있다.

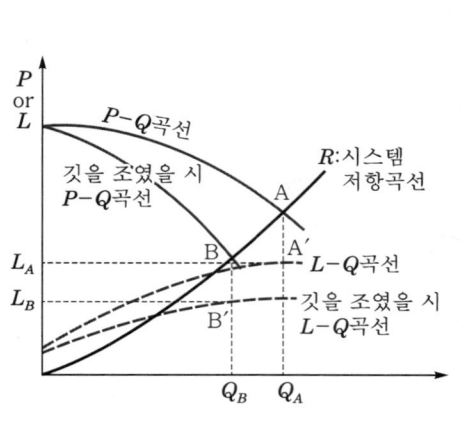

[그림 6-44] 흡입베인제어의 특성   [그림 6-45] 한계부하팬의 흡인베인제어에 대한 특성

그러나 송풍기의 최소풍량으로 운전 시 발생되는 저주파수의 소음현상과 덕트의 소음, 떨림현상을 막기 위하여 가이드 베인과 팬 임펠러는 서로 완전한 균형이 이루어져야 한다. 가이드 베인기구는 플로팅 링 원리에 의해 제작되며, 플로팅 링은 가이드 베인 제어 시 그리스주입 등의 보수가 필요 없으며, 댐퍼 액추에이터보다 적은 마찰손실과 토크를 요구한다.

(5) 가변피치제어(variable pitch control)

가변피치제어는 원심송풍기에서는 그 구조가 복잡해져서 비용이 많이 들므로 실용화되지 않고 단지 축류팬에만 적용하는 방식으로, 팬속도는 고정된 상태에서 운전 중 축 날개의 피치를 조정(임펠러 날개의 취부각도를 바꾸는 방법)하는 것이다.

[그림 6-46]에서 보듯이 송풍기의 효율곡선이 넓은 타원형태로 효율곡선 타원의 축방향이 일반적인 송풍기 풍량조절범위 내에 있으므로 높은 효율을 넓은 풍량범위에서 얻을 수 있어 동력절감이 많이 된다.

[그림 6-46]에서 보듯이 피치각도를 조정하면 풍량은 Q_A에서 Q_B로 변화된다. 이때 효율은 감소되지 않으며 축동력은 L_A에서 L_B로 감소된다. 축류제어 디스크는 압축공기에 의한 다이어그램의 작동으로 허브(hub)를 축방향으로 수평운동시켜 주며, 이 수평운동을 링크암에 의해 날개에 전달, 회전운동으로 바꿔준다.

가변피치제어방식은 다음의 두 가지 방법으로 제어된다.

① **공압제어(pneumatic control)** : 공기조절방식으로 모든 메커니즘이 임펠러 내부에 내장되어 있으며, 압축공기는 로터리 커플링을 통해 공급된다. 외부충격에 강하므로 일반적으로 사용한다.

② **기계적 제어(mechanical control)** : 기계식 조절방식으로, 액추에이터가 케이싱 외부에 설치되어 신호에 의해 조작레버의 작동이 베어링을 통해 전달된다. 일반적으로 액추에이터가 외장된 기계식 조절방식은 외부충격 등에 의한 파손 및 기타 문제가 있어 공압제어를 많이 사용한다.

이 가변피치제어방식의 특징은 다음과 같다.
① 효율이 높다. 타원형의 효율곡선 안에서 풍량이 조절되므로 효율이 80% 이상으로 높다.
② 축류팬에만 적용하며, 이때는 제어방식이 간단하고 회전수조절방식에 비해 저렴하다.
③ 대용량 및 적용범위가 넓고 운전비용이 아주 적다는 점이다.

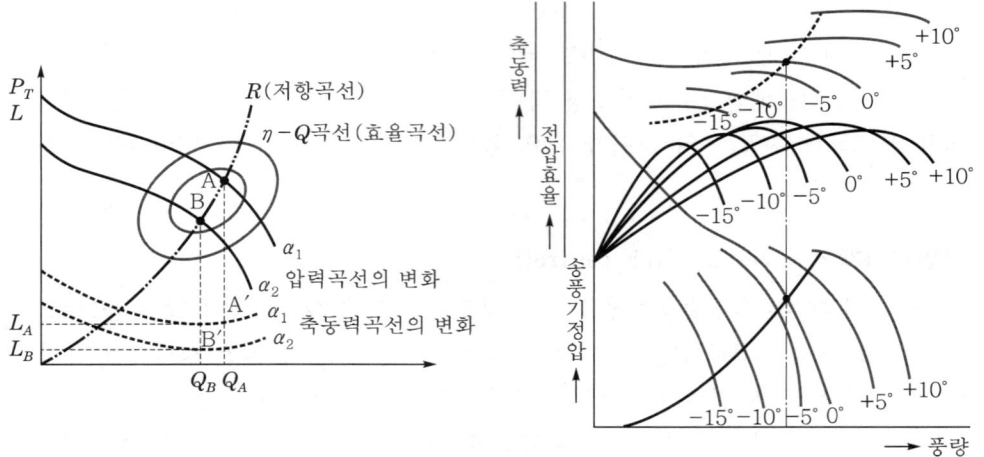

[그림 6-46] 가변피치제어의 특성　　[그림 6-47] 풍량에 따른 축동력, 효율, 정압의 관계

(6) 용량조절방법 적용 시 주의사항

일반적으로 특정 시스템에서의 팬 선정 시 최적의 제어방식을 적용하기 위해 다음 사항들에 대한 검토가 이루어져야 한다.

① 초기 투자비용
② 송풍기의 수명
③ 효율
④ 운전비용(동력절감)
⑤ 유지보수방법 및 비용

02 펌프

1) 펌프의 종류

액체를 취급하는 펌프의 종류를 형식별로 대별하면 [그림 6-48]과 같으나, 이들은 다시 구조에 따라서 입축, 횡축, 편흡입, 양흡입, 윤절형(ring section type), 수평분할형, 단단, 다단, 고정익, 가동익 등으로 나눌 수도 있다.

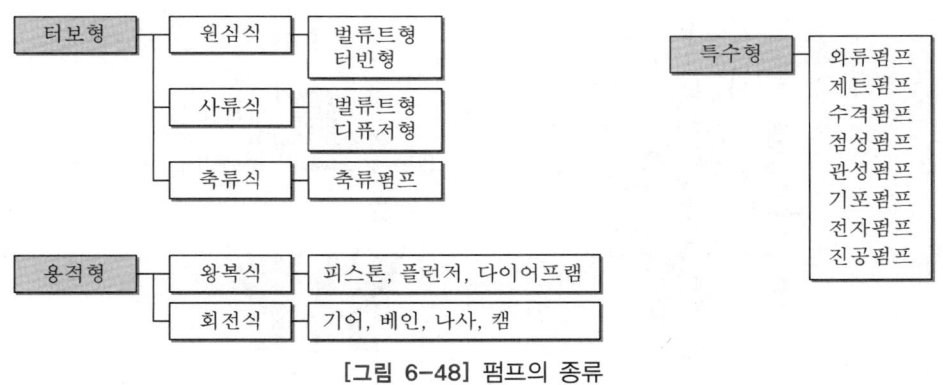

[그림 6-48] 펌프의 종류

2) 원심펌프의 분류

(1) 안내깃의 유무에 따른 분류

① 벌류트펌프(volute pump) : 회전차 바깥둘레에 안내깃이 없고, 바깥둘레에 바로 접해 와류실이 있는 펌프, 일반적으로 임펠러 1단이 발생하는 양정이 낮은 것에 사용된다.
② 터빈펌프(turbine pump) : 임펠러 바깥둘레에 안내깃을 가지고 있는 펌프, 일반적으로 양정이 높은 곳에 사용된다.

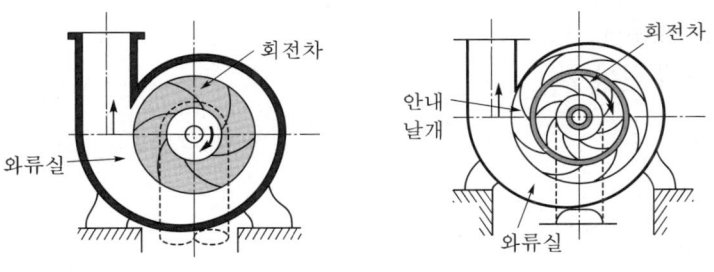

[그림 6-49] 벌류트펌프   [그림 6-50] 터빈펌프

(2) 흡입방식에 따른 분류

양정에 비해 요구되는 송출유량이 비교적 적은 펌프는 단흡입임펠러를, 송출유량이 많은 펌프는 양흡입임펠러를 사용한다.
① 단흡입펌프(single suction pump) : 임펠러의 한쪽에서만 흡입
② 양흡입펌프(double suction pump) : 회전차의 양쪽으로 흡입

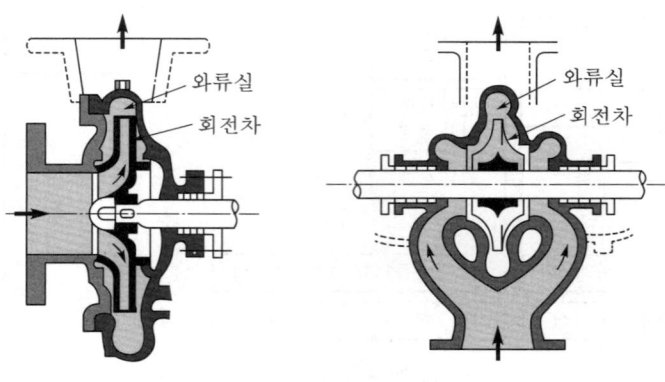

[그림 6-51] 단흡입펌프   [그림 6-52] 양흡입펌프

3) 펌프의 축동력

$$P_p = \frac{\gamma QH}{75 \times 60\eta_p}[\text{PS}] = \frac{\gamma QH}{102 \times 60\eta_p}[\text{kW}]$$

여기서, P_p : 펌프의 축동력
η_p : 펌프의 효율
γ : 비중량(kgf/m³)
Q : 유량(m³/min)
H : 양정(m)

4) 원동기 출력

$$P_m = \frac{P_p(1+\alpha)}{\eta}[\text{kW}]$$

여기서, P_m은 원동기 출력, η는 동력전달장치의 효율로 카프링 1.0, 감속기 0.94~0.97, 유체카프링 0.96, 평벨트 0.9~0.93, V벨트는 0.95의 값을 가지며, α는 여유율로 소용량의 경우 0.1~0.3, 중·대용량의 경우에는 0.1~0.25, 또한 API규격에서는 원동기의 출력별로 19kW 이하는 0.25, 22~55kW는 0.15, 55kW 이상의 경우에는 0.10의 여유율을 주도록 되어 있다.

5) 펌프의 상사법칙

① 유량 : $Q_2 = Q_1 \left(\frac{D_2}{D_1}\right)^3 \left(\frac{N_2}{N_1}\right)$[m³/min]

예제

어떤 펌프가 970rpm으로 회전할 때 전양정 9.2m, 유량 0.6m³/min를 송출한다. 펌프의 회전수가 1,450rpm으로 되었을 경우에 유량은 m³/min가 되는가?

풀이 유량의 상사법칙 공식으로부터 $Q_2 = Q_1 \left(\dfrac{D_2}{D_1}\right)^3 \left(\dfrac{N_2}{N_1}\right)$에서 동일 펌프이므로 $D_1 = D_2$가 된다.

$$\therefore Q_2 = 0.6 \times 1^3 \times \frac{1,450}{970} = 0.9 \, \text{m}^3/\text{min}$$

② 양정 : $H_2 = H_1 \left(\dfrac{D_2}{D_1}\right) \left(\dfrac{N_2}{N_1}\right)^2 [\text{m}]$

③ 축동력 : $L_2 = L_1 \left(\dfrac{D_2}{D_1}\right)^5 \left(\dfrac{N_2}{N_1}\right)^3 [\text{kW}]$

여기서, Q_1, Q_2 : 유량(m³/min)
H_1, H_2 : 양정(m)
L_1, L_2 : 축동력(kW)
N_1, N_2 : 회전수(rpm)

6) 펌프의 여러 현상

(1) 캐비테이션(cavitation)현상

이 현상은 물이 관속을 유동하고 있을 때 흐르는 물속의 어느 부분의 정압(static pressure)이 그때의 물의 온도에 해당하는 증기압(vapor pressure) 이하로 되면 부분적으로 증기가 발생한다.

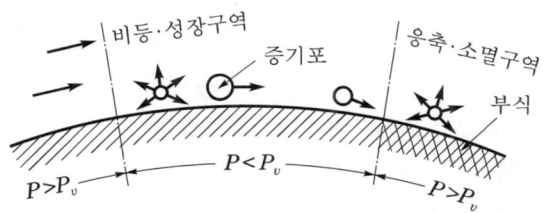

[그림 6-53] 관로에서의 캐비테이션현상

① 캐비테이션 발생의 조건 : [그림 6-54]에서처럼 유체가 넓은 유로에서 좁은 곳으로 고속으로 유입할 때, 또는 벽면을 따라 흐를 때 벽면에 요철이 있거나 만곡부가 있으면 흐름은 직선적이 못되며 저압이 되어 캐비티(空洞)가 생긴다. 이 부분은 포화증기압보다 낮아져서 증기가 발생한다. 또한 수중에는 압력에 비례하여 공기가 용입되어

있는데, 이 공기가 물과 분리되어 기포가 나타난다. 이런 현상을 캐비테이션, 즉 공동현상이라고 한다.

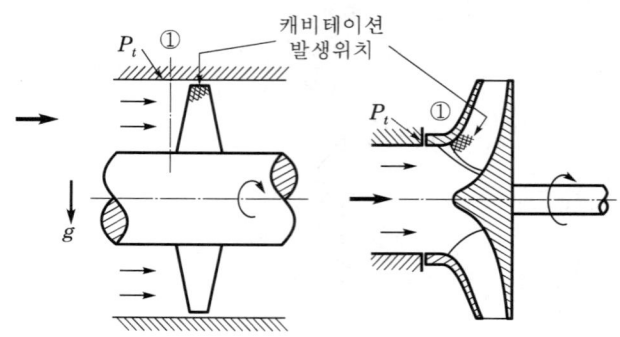

[그림 6-54] 캐비테이션 발생부

② 캐비테이션 발생에 따르는 여러 가지 현상
　㉠ 소음과 진동 : 캐비테이션에 생긴 기포는 유동에 실려서 높은 압력의 곳으로 흘러가면 기포가 존재할 수 없게 되어 급격히 붕괴되어서 소음과 진동을 일으킨다. 이 진동은 대체로 600~1,000사이클 정도의 것이다. 그러나 이 현상은 분입관에 공기를 흡입시킴으로써 정지시킬 수 있다.
　㉡ 양정곡선과 효율곡선의 저하 : 캐비테이션 발생에 의해 양정곡선과 효율곡선이 급격히 변한다.
　㉢ 깃에 대한 침식 : 캐비테이션이 일어나면 그 부분의 재료가 침식된다. 이것은 발생한 기포가 유동하는 액체의 압력이 높은 곳으로 운반되어서 소멸될 때 기포의 전 둘레에서 눌려 붕괴시키려고 작용하는 액체의 압력에 의한 것이다. 이 때 기온체적의 급격한 감소에 따르는 기포면적의 급격한 감소에 의해 압력은 매우 커진다. 어떤 연구가가 측정한 바에 의하면 300기압에 도달한다고 한다. 침식은 벽 가까이에서 기포가 붕괴될 때에 일어나는 액체의 압력에 의한 것이다. 이러한 침식으로 펌프의 수명은 짧아진다.

③ 캐비테이션의 방지책
　㉠ 펌프의 설치높이를 될 수 있는 대로 낮추어서 흡입양정을 짧게 한다.
　㉡ 펌프의 회전수를 낮추어 흡입비속도를 적게 한다. $S = \dfrac{n\sqrt{Q}}{\Delta h^{\frac{4}{3}}}$에서 n을 작게 하면 흡입속도가 작게 되고, 따라서 캐비테이션이 일어나기 힘들다.

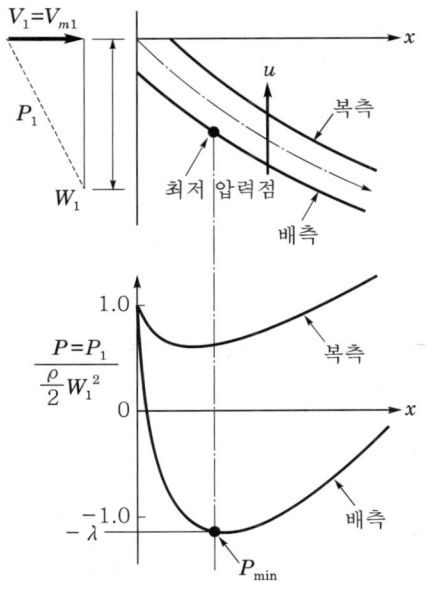

[그림 6-55] 캐비테이션에 따른 압력저하

ⓒ 단흡입에서 양흡입을 사용한다. $S=\dfrac{n\sqrt{Q}}{\Delta h^{\frac{4}{3}}}$에서 유량이 작아지면 S가 작아짐으로써 명백하다. 이것도 불충분한 경우 펌프는 그대로 놔둔다.

ⓓ 입축펌프를 사용하고, 회전차를 수중에 완전히 잠기게 한다.

ⓔ 2대 이상의 펌프를 사용한다.

ⓕ 손실수두를 줄인다(흡입관 외경을 크게, 밸브, 플랜지 등 부속수는 적게).

(2) 수격현상(water hammer)

[그림 6-56]과 같이 물이 유동하고 있는 관로 끝의 밸브를 갑자기 닫을 경우 물이 감속되는 분량의 운동에너지가 압력에너지로 변하기 때문에 밸브의 직전인 A점에 고압이 발생한다. 이 고압의 영역은 수관 중의 압력파의 전파속도(음속)로 상류에 있는 탱크 쪽의 관구 B로 역진하여 B상류에 도달하게 되면 다시 A점으로 되돌아오게 된다. 다음에는 부압이 되어서 다시 A, B 사이를 왕복한다. 그 후 이것을 계속 반복한다.

이와 같은 수격현상은 유속이 빠를수록, 또한 밸브를 잠그는 시간이 짧으면 짧을수록 심하여 때에 따라서는 수관이나 밸브를 파괴시킬 수도 있다.

다른 경우 운전 중의 펌프가 정전 등에 의하여 급격히 그것의 구동력을 소실하면 유량에 급격한 변화가 일어나고, 정상운전 때의 액체의 압력을 초과하는 압력변동이 생겨 수격작용의 원인이 된다.

수격작용의 방지책은 다음과 같다.
① 관 내의 유속을 낮게 한다(단, 관의 직경을 크게 할 것).
② 펌프에 플라이 휠(fly wheel)을 설치하여 펌프의 속도가 급격히 변화하는 것을 막는다.
③ 조압수조(surge tank)를 관선에 설치한다.
④ 밸브는 펌프 송출구 가까이에 설치하고, 이 밸브를 적당히 제어한다.
→ 가장 일반적인 제어방법

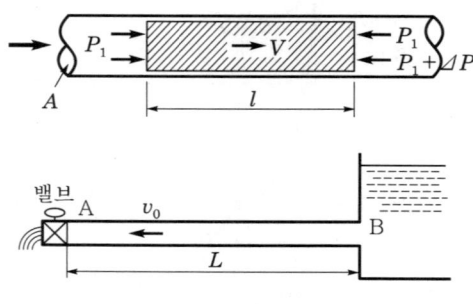

[그림 6-56] 수격작용의 원리

(3) 서징현상(surging, 동현상)

펌프, 송풍기 등이 운전 중에 한 숨을 쉬는 것과 같은 상태가 되어, 펌프인 경우 입구와 출구의 진공계와 압력계의 침이 흔들리고 동시에 송출유량이 변화하는 현상 즉, 송출압력과 송출유량 사이에 주기적인 변동이 일어나는 현상이다.

① 서징현상의 발생원인
  ㉠ 펌프의 양정곡선이 산고곡선(山高曲線)이고, 곡선이 산고 상승부에서 운전했을 때
  ㉡ 송출관 내에 수조 혹은 공기조가 있을 때
  ㉢ 유량조절밸브가 탱크 뒤쪽에 있을 때

② 서징현상의 방지책
  ㉠ 회전차나 안내깃의 형상치수를 바꾸어 그 특성을 변화시킨다. 특히 깃의 출구각도를 적게 하거나 안내깃의 각도를 조절할 수 있도록 배려한다.
  ㉡ 방출밸브를 써서 펌프 속의 양수량을 서징할 때의 양수량 이상으로 증가시키거나 무단변속기를 써서 회전차의 회전수를 변화시킨다.
  ㉢ 관로에서의 불필요한 공기탱크나 잔류공기를 제거하고 관로의 단면적 양액의 유속저항 등을 바꾼다.

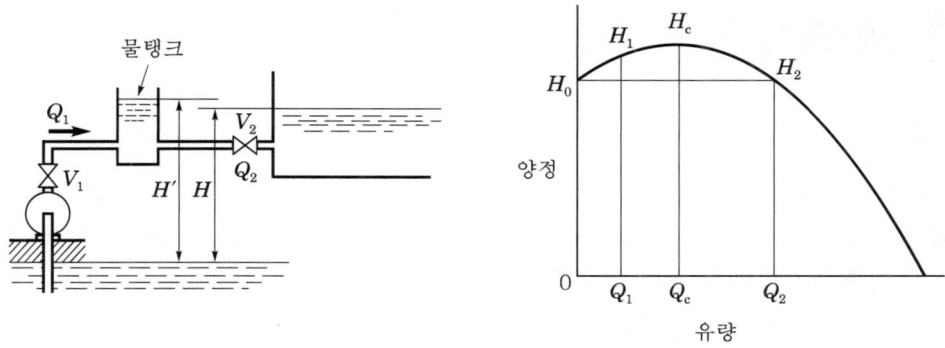

[그림 6-57] 서징에 따른 관로의 압력변화

(4) 공진현상(共振)

왕복식 압축기의 흡입관로의 고유 진동수와 압축기의 흡입횟수가 일치하면 관로는 공진상태로 되어 진동을 발생함과 동시에 체적, 효율이 저하하여 축동력이 증가하는 등의 불안한 운전상태로 된다. 따라서 관로의 설계 시 이와 같은 공진을 피할 수 있는 치수를 선정해야 된다.

(5) 초킹(choking)

축류압축기에서 고정익(안내깃)과 같은 익열에 있어서 압력상승을 일정한 마하수에서 최대값에 이르러, 그 이상 마하수가 증대하면 드디어 압력도 상승하지 않고 유량도 증가하지 않는 상태에 도달한다. 이것은 유로의 어느 단면에 충격파(shock wave)가 발생하기 때문이다. 이 상태를 초킹이라 한다.

(6) 선회실속(rotating stall)

단익의 경우 각이 증대하면 실속하는데, 익열의 경우에도 양각이 커지면 실속을 일으켜 깃에서 깃으로 실속이 전달되는 현상이 일어나는 경우가 있다. 그 이유는 B의 깃이 실속했다면 A와 B 사이의 유량이 감소하여 A깃의 양각이 증가하고, 반면 B와 C의 사이는 양각이 감소하여 C에서의 실속(stall)은 사라지고 A깃에서 실속이 형성된다. 이와 같이 실속은 깃에서 깃으로 전달된다. 이와 같은 현상을 선회실속이라 한다.

03 에어필터

1) 개요

에어필터(air filter)란 면, 유리섬유, 플라스틱 스펀지 등과 같은 여과재에 의해 공기의 흐름을 타고 날아온 분진을 포집하는 것이다. 건축물에서의 위생적 환경의 확보에 관한 법률(약칭 빌딩관리법)에 의하면 실내의 부유 분진량은 $0.15\,\text{mg/m}^3$ 이하로 규정되어 있다. 이에 대해서 사무실 재실자의 평균적인 분진 발생량은 $10\,\text{mg/h}$인 정도이고, 흡연자의 경우는 이보다 58~100% 증가하며, 또한 옥외공기 중의 부유 분진량은 공기의 청정도에 따라서 $0.13 \sim 0.21\,\text{mg/m}^3$ 정도로 되어 있다.

2) 에어필터의 성능

(1) 여과효율

$$\eta_f = \frac{C_1 - C_2}{C_1} \times 100 = \left(1 - \frac{C_2}{C_1}\right) \times 100\,[\%]$$

여기서, C_1, C_2 : 필터 입구측, 출구측의 진애(塵埃)농도

여과효율은 제진효율, 진애포집율, 오염제법율이라고도 한다.

(2) 효율측정법

중량법, 변색도법과 DOP법이 있으며, 중량법과 변색도법의 시험용 분체에는 관동지방 화산회토의 토분, 기타의 분체를 사용해서 만든 인공분체(JIS Z 8901)와, 대기 중의 진애를 그대로 사용하는 대기진이 있다. 전자는 일반적으로 중량법의 측정에, 후자는 변색도법의 측정에 사용한다.

① **중량법** : 필터의 상하류의 분진중량(mg/m^3)을 측정하여, 이것들을 위 식의 C_1, C_2로 대입해서 효율을 구한다.

② **변색도법**(discoloration method or dust spot method) : 비색법이라고도 하며, 미국의 연방기준국(NBS)에서 개발되었으므로 NBS법이라고도 한다. 이 방법은 상하류의 공기 중의 분진을 별개의 2매의 여과지에 채집하여, 이 2매의 여과지의 광투과량이 같도록 상하류로부터 채집하는 공기량 Q_1, Q_2를 조절하면 $Q_1 C_1 = Q_2 C_2$로 되므로 $C_2/C_1 = Q_1/Q_2$로 되고, Q_1, Q_2를 측정해서 C_2/C_1을 구하여 이것을 위 식에 대입해서 효율을 구한다.

③ DOP법 : DOP(dioctyl phthalate)의 입자가 지름 $0.3\mu m$의 균일성이 보유되고 있으므로 이것을 시험분체로 해서 필터의 상하류 입자수를 광산란식 진애계측기(로이고식 등의 상명이 있음)로 측정하여 효율을 구한다.

대기 중 분진의 제거대상은 중량법 > 비색법 > 계수법 순이며, 보통의 공조설비에서 사용하는 에어필터의 경우에는 비색법에 의한 효율표시방법이 널리 사용되고 있으나 별로 효율이 좋지 않은 간단한 것에 대해서는 중량법이, 클린룸과 같이 고도의 청정도를 요구하는 것에 대해서는 계수법이 사용된다.

(3) 미생물에 대한 여과효율

병원이나 식품공장 등에 있어서는 실내의 미생물(세균, 바이러스, 진균 등)의 농도가 대상으로 필터의 미생물에 대한 여과율이 문제로 되는데, 이것은 [표 6-32]와 같이 DOP측정에 의한 분진에 대한 효율보다 높게 된다.

[표 6-32] 세균에 대한 여과효율(MSA Co.)

필터종류	중성능	고성능	고성능	HEPA
	No. 85	No. 95	병원	
초기저항(mmAq)	6~11	9~14	10	23
DOP효율(%)	45~55	65~75	95~98	99.97
세균에 대한 효율(%)	90~95	95~99	99 이상	99.99

(4) 분진보유용량(dust holding capacity)

필터의 공기저항이 최초의 1.5배로 될 때까지 필터면에서 포집된 진애량을 표시하며, 여과면적당(g/m^2) 또는 필터 1대당(g/대)으로 표시된다. 이것이 클수록 필터의 수명이 길게 된다.

(5) 공기저항

필터에 포집되는 진애량이 크게 될수록 공기저항이 증가하고, 압력손실에 있어서 이 값의 초기 숫자는 대체로 초기의 것이고, 후기 숫자는 말기의 값이라고 보면 된다.

3) 에어필터의 종류

(1) 전처리필터(prefilter)

큰 먼지를 걸러내는 필터로서, 효율은 중량법(AFI)으로 표시한다. 주로 AFI 80%를 사용, 공장 청정실 후처리필터(HEPA filter)의 보호용인 전처리필터로도 한다.

[그림 6-58] 전처리필터

(2) 중처리필터(medium filter)

청정실의 전처리필터 다음 단계용이나 후처리필터의 전처리용으로 사용하며, 일반 주거용에 비용이 고가이므로 잘 사용하지 않지만 일반 청정수준의 공장 실내를 위해 사용하기도 한다. 효율은 비색법(NBS)으로 표시하며, NBS 60%, NBS 90%, NBS 95% 순으로 고효율이다.

[그림 6-59] 중처리필터

(3) HEPA필터(High efficiency particulate arrestance)

청정실을 만들기 위해 사용하는 후처리필터로 제거대상 먼지사이즈는 $0.3\mu m$ 이상의 미세한 세균이나 먼지로, 효율은 DOP로 나타낸다. DOP 99.97%($0.3\mu m$)이며, 설치는 덕트라인이나 공조기, 에어챔버 등에 설치한다. 반드시 전처리필터를 전 단계에 설치하여 HEPA필터의 사용수명을 연장해야 한다.

[그림 6-60] HEPA필터

(4) 울트라필터(ULPA : Ultra Low Particulate Air)

슈퍼 청정실에 사용하는 후처리필터로 제거대상 먼지크기는 $0.1\mu m$ 이상의 먼지나 바이러스이다. 효율은 HEPA필터와 마찬가지로 DOP로 나타내고, DOP 99.9995%, 99.99995%의 제품을 주로 사용한다.

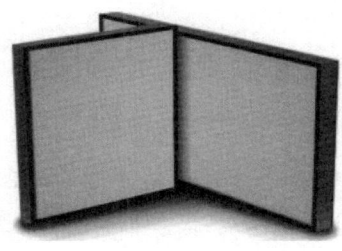   

▲ 자동개스킷   ▲ 네오프렌 개스킷   ▲ 나이프형 형틀

[그림 6-61] 울트라필터

(5) 케미컬필터(chemical filter)

공기 중의 유해가스를 제거하는 필터로 탄소필터를 주로 사용하며, 활성탄소가루를 부직포에 코팅하여 만든 필터이다.

[그림 6-62] 케미컬필터

04 냉온수 코일의 선정 시 유의사항

① 코일 내의 물의 유속은 1.0m/s 정도이며, 더블서킷은 유량이 많은 경우, 하프서킷은 유량이 적어서 유속이 느린 경우에 사용한다.
② 코일의 정면풍속은 냉수는 2.0~3.0m/s, 온수는 2.0~3.5m/s의 정도이다.
③ 물이나 코일의 흐름방향은 대향류로 한다.
④ 코일 입출구 수온의 온도차는 일반적으로 5℃ 전후이며, 지역난방과 초고층 건물은 8~10℃이다.

[그림 6-63] 냉온수 코일   [그림 6-64] 증기 코일

05 감습장치(제습장치)

1) 개요

여름철 공조기로 도입되는 습도가 높은 외기를 실내로 공급하게 되면 실내습도의 증가로 재실자의 체감에 영향을 미치고 세균 등의 미생물의 증식이 증대하게 되므로, 외기와 재순환공기를 혼합한 공기를 냉각뿐만 아니라 감습하는 과정을 거쳐서 실내로 송풍해야 한다.

2) 감습장치의 분류

공기를 감습하는 방법은 냉각, 압축, 흡수, 흡착 등이 있고, 이들 방식을 단독 혹은 결합하여 감습할 수도 있다. 가장 보편적인 방법은 냉각에 의한 감습이다.

(1) 냉각감습

대부분의 공조기에서 사용되는 방식으로, 공조기 내의 냉수 코일 또는 직팽 코일을 이용하여 통과 공기의 노점제어를 통해 제습한다. 현열부하가 적고, 공기냉각이 필요 없을 시에는 재열을 고려해야 한다. 코일의 표면온도가 0℃ 이하가 되면 제상을 고려해야 한다.

(2) 압축감습

습공기를 압축하여 전압을 크게 하면 포화절대습도가 낮아지고 여분의 수증기는 물이 되어 제거할 수 있다. 이때 습공기의 온도는 상승하므로 냉각의 과정이 함께 수반된다. 대용량이 되면 동력비가 상승하므로 압축공기를 이용할 수 있는 공장 등에서 사용되며, 일반적인 공조에는 부적합하다.

(3) 흡수식 감습

화학적 감습장치로 염화리튬(LiCl)이나 트리 에틸렌글리콜($C_6H_{14}O_4$)과 같이 흡수성이 큰 액체를 이용하는 방법이며, 공기 중의 수분을 제거하는 제습기와 수분을 흡수한 액을 가열하여 수분을 대기 중으로 방출하는 재생기로 구성된다.

(4) 흡착식 감습

화학적 감습장치로 실리카겔, 활성알루미나, 합성 제올라이트(molecular sieves)와 같은 반고체 또는 고체 흡수제를 사용하는 방법으로, 냉동장치와 병용하여 극저습도를 요구하는 곳에 사용되며 흡수제를 재생하기 위한 작업이 필요하다.

① 다단 베드식(입상식) : 입상으로 형성된 흡착제 층 속에 일정 시간 공기를 통과해 제습하고 일정 시간 동안 가열공기를 통과시켜 재생한다.
② 전환식 : 흡착제가 충전된 2개의 탑을 설치하여 한쪽은 제습, 한쪽은 재생시켜 연속 사용하는 방식이다.
③ 회전식 : 흡수식 감습장치에 사용되는 염화리튬의 결정체를 벌집구조에 함침시킨 것으로, 저속으로 회전시켜 한쪽에는 제습, 한쪽은 재생을 동시에 실시한다.

06 에어워셔(공기세정기)

(1) 증기분무가습
증기를 발생하여 가습함으로써 가습효율이 가장 좋다.

(2) 일리미네이터
에어워셔에서 발생되는 물방울이 기류에 함께 비산되는 것을 방지한다.

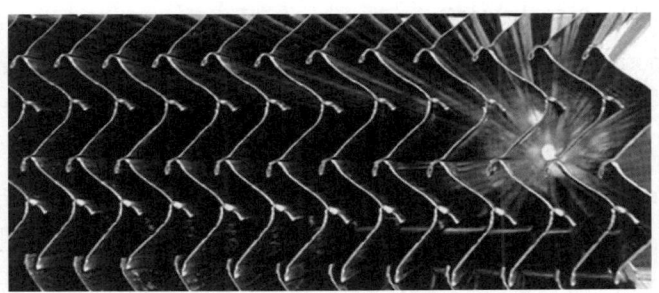

[그림 6-65] 일리미네이터

07 열교환기

1) 개요

양 유체 간에 열에너지를 유효하게 전도와 대류의 열전달을 통해 이동시키는 기기로써 석유화학공업, 일반 화학공업 및 식품설비 등에서 많이 사용되고 있다. 열교환기(heat exchanger)는 사용목적상 고온물질의 열을 재이용하기 위해 회수하는 목적과 반응을 제어하기 위해 온도조건을 유지하는 역할을 한다. 보일러, 증발기, 과열기, 응축기, 냉각기 등이 모두 열교환기를 의미한다.

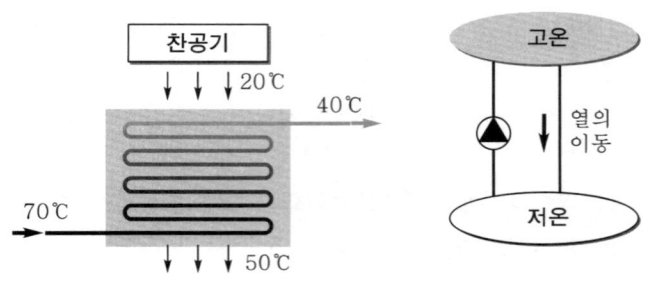

[그림 6-66] 열교환기의 원리

2) 열교환기의 종류

(1) 사용상의 종류

① 가열기(heater) : 유체를 가열하여 필요한 온도까지 유체온도를 상승시키는 목적으로 사용하는 열교환기이다.

② 예열기(preheater) : 가열기와 동일하지만, 유체에 미리 열을 가함으로써 다음 조작으로 효율을 양호하게 하기 위해 사용하는 열교환기이다.

③ 과열기(super-heater) : 가열기와 동일하지만, 유체를 재차 가열하여 과열상태로 하기 위해 사용하는 열교환기이다.

④ 증발기(vaporizer or evaporator) : 유체를 가열하여 잠열을 주어 증발시켜서 발생한 증기를 사용하는 목적의 열교환기와 증기를 제거한 나머지의 농축액을 사용하는 목적의 열교환기가 있다.

⑤ 리보일러(re-boiler) : 장치 중에서 응축한 액체를 재차 가열하여 증발시킬 목적으로 사용되는 열교환기로서, 증기만 혹은 유체와 증기를 농축한 열교환기로 구분한다.

⑥ 냉각기(cooler) : 유체를 냉각하여 필요한 온도까지 유체온도를 강하시키는 목적에 사용하는 열교환기이다.

⑦ 침냉기(chiller) : 냉각기와 동일하지만 유체냉각온도는 냉각기의 대기온도 전후인 것에 대해, 침냉기는 빙점 이하인 대단히 저온까지 냉각시키는 목적에 사용되는 열교환기이다.

⑧ 응축기(condenser) : 응축성 기체를 냉각하여 잠열을 탈취하여 변화시키는 목적에 사용되고, 증기를 응축시켜서 물로 만드는 열교환기는 복수기라 한다.

(2) 구조상의 종류

사용목적에 따라 조작상태에 적합한 성능을 발휘하도록 형식을 분류된다.

① 관 형상의 열교환기 : 전열부에 관을 사용하는 열교환기로서, 종류는 다음과 같다.

　　㉠ 다관 원통형 열교환기 : 화학장치에서 가장 널리 사용되고 있으며, 고정관판식, 유동두식, U자 관식 등이 있다.

ⓛ 이중관식 열교환기 : 외관 속에 전열관을 동심원상으로 삽입하여 전열관 내 및 외관동(外管胴)과의 환상부(環狀部)에 각각 유체를 흘려서 열교환시키는 구조의 열교환기이다.

 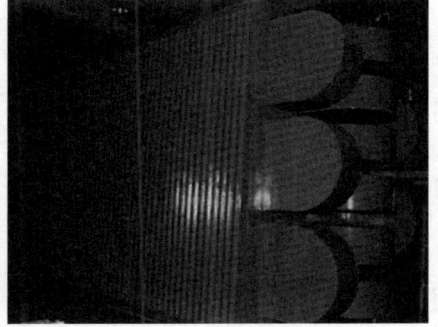

[그림 6-67] 이중관식 열교환기

　　ⓒ 단관식 열교환기 : 전열관에 직관을 사용하여 리턴밴드와 결합시켜 사관상(蛇管狀)으로 조립한 트롬본형 냉각기나, 이것을 횡형으로 하여 탱크 밑판 일면에 설치한 탱크가열기, 전열관을 코일상으로 감아서 용기 내에 삽입한 코일형 열교환기 등이 있다.

　　ⓔ 공랭식 열교환기 : 냉각수 대신에 공기를 냉각유체로 하여 전열관의 외면에 팬을 사용해 공기를 강제통풍시켜 내부유체를 냉각시키는 구조의 열교환기이다.

　　ⓜ 다관식 열교환기 : 화학장치에 가장 널리 사용되며, 취급하는 유체나 압력, 온도 등으로 여러 가지 형식이 있으나 종류에 따라 전열관과 동체를 분해할 수 없는 것도 있으므로 세정, 정비 등일 때는 주의가 필요하다

② **전열부가 판 형상인 열교환기** : 전열부에 평판(平板), 파판(破板), 프로세스성형에 의한 특수 요철(凹, 凸)을 설치한 판 등을 사용하는 구조의 열교환기. 평판 전열면을 원통형으로 말아서 원통 용기를 이중구조로 한 재킷(jacket)형, 소용돌이형으로 만든 나선(spiral)형 등이 있으며, 일반적으로 전열판은 내부식성의 재질을 사용한다.

③ **전열부가 블록형상의 열교환기** : 전열부가 블록형이며 유체가 흐르는 구멍이 있어서 이 구멍을 통과하는 사이에 열교환하는 구조의 열교환기이다. 블록재질로는 불침투성 흑연 등이 있으며, 황산이나 염산 등의 유체에 사용된다.

08 열원기기

1) 개요

공조설비의 열원기기는 종래에는 보일러+냉동기(전동식)의 방식이 일반적이었으나, 근래에 와서 대기오염 문제, 에너지절약, 여름철 전력수요 피크해결 관점에서 다양한 기기들이 이용되고 있다.

2) 냉온열원의 조합방식 및 특징

열원기기를 선정할 때는 기기 검토, 에너지 검토 및 시스템 검토를 동시에 하여 2~3개의 시스템을 선정한 후, 이들을 정밀검토하여 한 가지를 결정하게 되는데 현재 채택되고 있는 냉온열원방식에는 다음과 같은 것이 있다.

(1) 냉동기+보일러(냉동기 → 왕복동, 스크루, 터보방식)

전력수요 피크 발생 이전에는 가장 일반적으로 이용되었으나, 현재는 사용례가 점점 줄어들고 있다(빙축열방식 채택 시는 별도). 또한 오랜 운전경험으로 신뢰성이 높고 운전보수가 용이한 장점이 있고, 냉수온도가 낮아 반송동력이 저감되고 AHU크기가 작아진다(터보는 약 5℃, 흡수식은 약 7℃).

(2) 흡수식 냉동기+보일러

흡수식 냉동기는 터보냉동기 등에 비해 설비비는 다소 비싸지만 운전비, 수전설비비 등을 고려하면 경제성이 있고 소음과 진동이 적을 뿐만 아니라 부분부하특성이 우수하다. 흡수식 냉동기는 가스나 증기 등을 구동원으로 하기 때문에 전기소모가 매우 적어 여름철 전기수요 피크컷(peak-cut)에도 기여하는 방식이다.

(3) 흡수식 냉온수기

흡수식 냉온수기는 냉수와 온수를 동시에 취출할 수 있는 방식으로, 보일러와는 달리 취급가격이 필요 없으며 설치면적이 적게 든다. 이 방식은 증기의 직접 이용이 없는 건물에 많이 사용된다(병원 등에는 부적합).

(4) 다열원(多熱源)방식

경제적이고 신뢰성 있는 시스템을 구성하고, 에너지의 균형 있는 이용이라는 정부의 에너지 정책을 반영하여 빙축열, 가스냉방(흡수식) 등을 동시에 채택하여 부하를 분담시키는 방식이 최근 많이 이용되고 있다(포스코 빌딩 등).

(5) 기타

co-generation, gas-engine, gas-turbine, 연료전지 등이 있다.

3) 열원기기 선정 시 검토사항

공기조화계획 시 열원을 검토할 때에는 다음 항목을 검토해야 한다.

(1) 에너지 안정공급

RC조 건물은 특히 내용연수가 장기적이기 때문에, 장기적으로 안정하게 공급할 에너지를 채용한다.

(2) 건물의 적용규모

건물규모에 따라 적합한 기기를 선정한다.

(3) 설비비와 운전비

설비비와 운전비의 문제는 공조계획에서 특히 중요하며, 건물의 사용조건과 시공주의 요구에 따라 어느 것을 우선적으로 할 것인지 충분히 비교 검토해야 한다.

(4) 용량제어와 분할

시간 외 운전과 중간기(봄, 가을)의 운전 등 공조기의 저부하운전 시 효율의 저하와 고장 등에 대비해서 열원기기의 용량을 분할한다. 결국 여기서는 저부하운전이 어디까지 할 수 있을지가 용량분할의 요점이 된다. 에너지 절약적인 차원에서도 이 문제는 신중히 검토해야 한다.

(5) 진동과 소음

건축계획에서 구조체의 종류, 두께, 마감재료 등을 검토해 둘 필요가 있고, 또 열원기기의 설치위치도 주의해야 한다.

(6) 보수관리의 난이

자격소유자를 필요로 하는 경우가 있으므로 관계법규를 조사한다.

(7) 축열조

축열조 사용 시 다음 사항을 고려한다.
① 냉방부하의 피크로드(peak load)가 냉방부하 평균보다 현저히 클 때
② 냉방을 필요로 하는 시간이 냉동기 운전시간과 어긋날 때
③ 태양열 이용과 열회수방식을 채용해서 건물 내부의 발생열을 이용할 때
④ 채열과 급열에 시간차가 있을 때 히트펌프를 유효하게 운전시킬 경우

09 공기조화 부속기기

(1) 개요

공기조화기(AHU)는 과거 냉난방 위주의 단순 기능에서 벗어나 온습도제어, 공기여과와 환기, 기기의 소음과 효율, 장비의 수명, 유지 보수 등 다양한 내용들이 요구되고 있으며, 그 사용목적과 설치, 운전의 편리성을 고려하여 새롭게 설계, 제작되고 있다. 이러한 요구내용 등을 만족하기 위해서 공기조화기의 케이싱 제작방식과 많은 부속기기들이 개발되었고, 수입개방화에 따라 다양한 선진 부속기기들이 수입되어 사용되고 있다.

(2) 공기조화기의 주요 부분별 분류

① 급기 송풍기 부분(supply fan part)
② 환기 송풍기 부분(return fan part)
③ 코일 부분(coil part)
④ 공기 필터 부분(air filter part)
⑤ 공기 혼합 부분(air mixing part)

[표 6-33] 공기조화기의 주요 구성품과 부속기기의 종류

주요 구성품	구분	부속기기의 종류
케이싱(casing)	일반 케이싱	외부강판+내부보온재
	흡음 케이싱	외부강판+내부유리섬유보온재+유리섬유+다공판
	이중 케이싱	아연도강판+유리섬유보온재+아연도강판, 컬러강판+우레탄발포재+아연도강판
베이스(base)	일반 베이스	형강+바닥강판+하부 보온재
	이중 베이스	C형강+이중케이싱으로 바닥 마감
드레인 팬(drain pan)	드레인 팬	아연도강판, 스테인리스 스틸강판으로 제작
프레임(frame)	철재 프레임	형강 또는 각형관(square pipe) 사용
	비철 프레임	알루미늄압축물(sash)+모서리 마감재(comer)
송풍기(fan)	원심식 (centrifugal)	다익형(forward curved fan), 익형(air foil fan), 후향익형(backward curved fan)
	축류식 (axial)	고정익형(fixed angle blade fan), 가변익형(variable pitch blade fan)
열교환기(coil)	냉각 코일 (cooling coil)	냉수 코일(chilled water coil), 직팽 코일(DX coil)
	가열 코일 (heating coil)	냉온수 겸용 코일(common coil), 증기 코일(steam coil), 부동 코일(nonfreezing coil), 전열 코일(electric heater)

주요 구성품	구분		부속기기의 종류
가습기(humidifier)	증기분사식		그리드형(steam grid), 인젝션형(steam injection)
	증발식		증기가열식(steam pan type), 전기가열식(electric pan type), 온수가열식(hot water pan type)
	기화식		기화식(vaporizing type)
	물분사식		물분사식(water spray)
공기여과기(air filter)	초급	건식	초급 유닛형(unit type prefilter), 여재 권취형(auto roll filter), 자동 재생형(auto air filter)
		습식	세정형(water spray)
	중급	건식	중급 유닛형(cell type medium filter)
		정전식	전기집진기(electrostatic filter)
		정전 세정식	전기집진+세정(electric+spray)
댐퍼(damper)	일반형		강판 날개+강판 케이싱
	기밀형 (air tight type)		알루미늄 날개+Lip+알루미늄 케이싱
	정풍량조절형 (linear control type)		기밀형+병행식과 대향류식으로 조합 조립
열회수장치 (heat recovery unit)	회전식		전열교환기
	고정식		판형 열교환기, Heat pipe
전동기(motor)	농형		반폐형, 전폐형

Chapter 08 덕트 및 덕트의 부속품

01 덕트의 치수결정법

덕트의 치수결정법은 등속법, 등압법(등마찰손실법), 개량등압법(개량등마찰손실법), 정압재취득법 등이 있다.

(1) 등속법

덕트 내의 풍속을 정해 전 덕트에서 풍속이 균일하게 설계되며, 풍량으로부터 덕트치수를 구한다. 덕트의 단위길이당 압력손실이 달라지며, 주로 분체의 수송과 같은 제진장치에서 사용된다.

(2) 등압법(등마찰손실법)

단위길이당 압력손실을 일정한 것으로 해서 덕트치수를 결정하는 방법으로, 덕트의 단위길이당 마찰손실을 정하고 풍량에 의해서 덕트크기를 결정한다. 쾌적공조에 적용하고 소음제한이 엄격한 곳은 0.07mmAq/m, 일반건축은 0.1mmAq/m, 공장 등 소음이 문제되지 않는 장소는 0.15mmAq/m이고, 분기덕트가 짧은 경우는 분기부로 풍량이 증가한다.

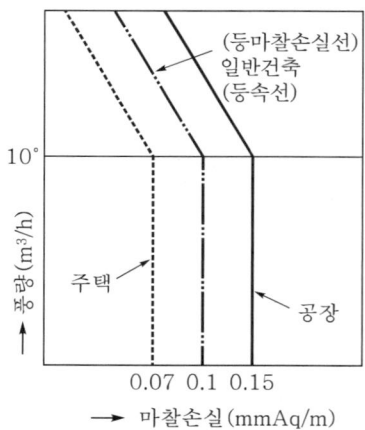

[그림 6-68] 등압법(등마찰손실법)

(3) 개량등압법(개량등마찰손실법)

등압법을 개량한 것으로, 등압법으로 덕트치수를 정하고 풍량분포를 댐퍼 없이도 균일하게 되도록 분기부의 덕트치수를 적게 해서 압력손실을 크게 하고 균형을 유지하는 방법이다. 덕트 내 풍속이 증가하면 소음 발생의 원인이 된다.

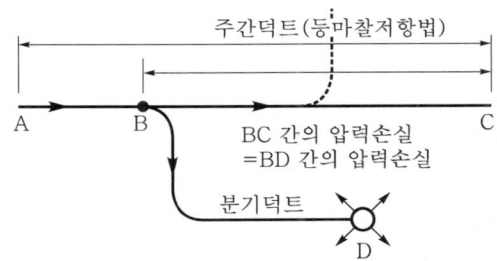

[그림 6-69] 개량등마찰저항법에 의한 덕트치수결정법

(4) 정압재취득법

직선덕트 내에서 속도가 감소하면 베르누이의 정리로부터 일부의 속도에너지는 압력에너지로 변환하여 2차쪽의 압력은 증가하고, 정압재취득법은 분기부에서 취출 후에 일정한 정압을 유지하기 위해서 풍속을 감소하여 정압을 증가시키는 방식으로 설계한다.

고속덕트에 적합하고, 이 방식은 취출구 직전의 정압이 거의 일정하여 취출구의 풍량을 조절이 용이하고 풍량밸런스가 우수하다. 등압법보다 덕트의 치수가 증가하며(약 13%의 무게증가), 덕트 내 정압손실이 작아 이로 인한 송풍기 동력이 감소한다.

02 덕트의 관련 공식

(1) 전압, 정압, 동압의 관계

$$전압(P_t) = 정압(P_s) + 동압(P_d)\,[\text{kgf/m}^2]$$

(2) 원형 덕트에서 풍량

$$Q = AV = \frac{\pi d^2}{4} V\,[\text{m}^3/\text{s}]$$

여기서, A : 단면적(m^2), d : 지름(m), V : 속도(m/s)

(3) 덕트에서 마찰손실수두

$$h_l = \lambda \frac{l}{d} \frac{v^2}{2g} [\text{m}]$$

(4) 압력강하

$$\Delta P = \lambda \frac{l}{d} \frac{v^2}{2g} \gamma [\text{kgf/m}^2]$$

여기서, λ : 마찰손실수두, l : 덕트길이(m), d : 덕트 내경(m), v : 풍속(m/s)
g : 중력가속도(m/s^2), γ : 공기의 비중량(kgf/m^3)

03 덕트의 약설계법

 공조설비의 기본계획시에 덕트샤프트나 덕트스페이스의 개략적인 크기를 정하기 위해서, 또는 짧은 시간 내에 덕트의 개략적인 설계를 해야 할 경우에는 [표 6-34]의 풍량(m^3/m^2·h)에 바닥면적(m^2)을 곱하여 필요풍량(m^3/h)을 정하고, 그 송풍량을 [표 6-35]에 적용시켜 원형 덕트 또는 장방형 덕트의 치수를 정한다. 한편 송풍기의 용량을 결정하기 위한 송풍기 풍량은 필요풍량에 10%를 가산하고, 송풍기 정압(P_S)은 장치에 따라 차이는 있으나 일반적으로 [표 6-36]의 범위에서 정한다. [표 6-36]의 송풍기 필요정압은 각 층 유닛식이나 배기팬이 있는 경우 또는 고속덕트 등의 경우에 그대로 적용하면 큰 오차가 생기므로 다음 식으로 약산한다.

$$P_S = P_D + P_A [\text{mmAq}]$$

여기서, P_S : 송풍기의 필요정압(mmAq)
 P_A : 덕트의 저항(mmAq)

$$P_D = Rl(1+k)[\text{mmAq}]$$

여기서, R : 덕트 내에서 단위길이당 압력강하(mmAq/m)
 l : 가장 먼 곳에 있는 취출구까지의 송풍덕트의 연장길이+가장 먼 곳에 있는 흡입구까지의 리턴덕트의 연장길이(m)
 k : 국부저항의 비율(0.5 : 굴곡부, 분기가 적을 때, 1.0 : 굴곡부, 분기가 많을 때)
 P_D : 에어필터, 에어워셔, 가열 코일 등의 공기조화장치 저항의 합계(mmAq)

[표 6-34] 공조용 표준 풍량

건물의 종류	취출구 위치	소요풍량($m^3/m^2 \cdot h$) 및 환기횟수(n[회/h])	
		난방 시	냉방 시
주택	벽면 하부(수평취출)	8~16(n=3~6)	16~24(n=6~9)
	벽면 하부(상향취출)	8~16(n=3~6)	16~24(n=6~9)
	벽면 상부(수평취출)	13~24(n=5~9)	16~24(n=6~9)
사무실, 상점, 식당	벽면 상부(수평취출)	13~22(n=5~8)	16~33(n=6~12)
극장, 공회당	벽면 상부(수평취출)	30~60(n=5~10)	30~72(n=6~12)

[표 6-35] 덕트의 치수(R=0.10mmAq/m, 단 Q>10,000m^3/h에서는 w=8m/s)

풍량 (m^3/h)	덕트치수(cm) 원형	덕트치수(cm) 장방형	풍량	덕트치수	풍량	덕트치수	풍량	덕트치수
100	11.7	12×10 20×6	1,400	31.6	62×15 43×20	5,500	52.8	82×30 59×40	20,000	94	128×60
200	15.2	20×10 40×6	1,600	33.1	70×15 48×20	6,000	54.5	88×30 63×40	25,000	106	168×60
300	17.5	28×10 36×8	1,800	34.6	53×20 34×30	7,000	57.5	70×40 56×50	30,000	114	198×60
400	19.5	35×10 48×8	2,000	36.0	58×20 36×30	8,000	60.3	78×40 62×50	35,000	125	245×60
500	21.3	42×10 26×15	2,500	39.2	70×20 44×30	9,000	63.0	86×40 68×50	40,000	132	285×60
600	22.7	50×10 30×15	3,000	41.8	50×30 36×40	10,000	66	94×40 74×50	45,000	143	250×75
800	25.2	38×15	3,500	44.4	56×30 42×40	12,000	74	94×50	50,000	151	280×75
1,000	27.6	46×15 32×20	4,000	46.5	62×30 46×40	14,000	79	88×60	60,000	165	270×90
12,000	29.5	54×15 38×20	4,500	48.8	70×30 50×40	16,000	86	105×60	70,000	178	280×100
			5,000	51.0	76×30 56×40	18,000	89	113×60	80,000	190	290×110

[표 6-36] 송풍기의 필요정압(mmAq)

설비구분	규모	필요정압(P_S[mmAq])
환기설비	일반	10~20
	대규모장치	30~40
공기조화설비 (리턴덕트 유, 리턴팬 무)	소규모(300m^2 이내)	40~50
	중규모(20,000m^2 이내)	60~75
	대규모(20,000m^2 이상)	65~110
	고속덕트(중규모)	100~150
	고속덕트(대규모)	150~250

04 덕트의 종류 및 부속기구

덕트의 종류를 그 속에 흐르는 공기의 종류에 따라 분류하면 공조기에서 조화된 공기를 실내로 보내는 급기덕트, 실내공기를 다시 공조기로 되돌려보내는 환기덕트, 실내의 공기를 외부로 버리는 배기덕트, 외기를 공조기로 도입하는 외기덕트 등으로 [그림 6-70]과 같이 구분한다.

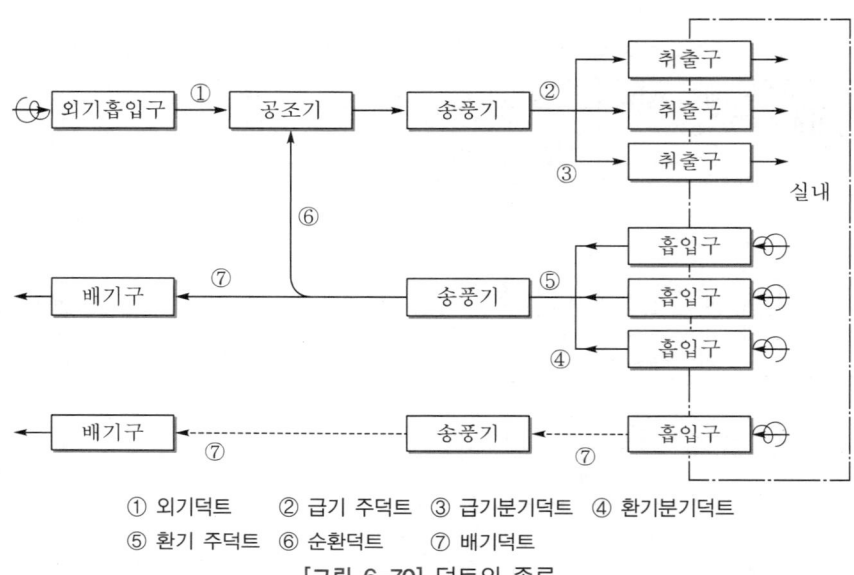

① 외기덕트 　② 급기 주덕트 　③ 급기분기덕트 　④ 환기분기덕트
⑤ 환기 주덕트 　⑥ 순환덕트 　⑦ 배기덕트

[그림 6-70] 덕트의 종류

05 덕트재료

덕트재료는 일반적으로 아연도금강판을 사용하나, 그밖에 열간압연박강판 및 냉간압연강판, 동판, 알루미늄판, 스테인리스강판, 염화비닐 등이 사용되고 있고, 또 유리솜(glass wool) 및 건물구조체를 이용하는 콘크리트 덕트 등이 있다.

아연도금강판은 일명 함석(KS D 3506)이라고도 하며, 이는 가격이 싸고 가공이 쉬우며 강도가 높기 때문에 많이 사용된다. 사용용도는 부식성이 적은 일반 공조용 및 환기용 덕트, 공조기의 케이싱, 풍량조절댐퍼, 급배기용 루버(louver), 덕트행어(hanger) 등에 사용된다. 열간압연박강판(KS D 3501)과 냉간압연강판(KS D 3512)은 고온의 공기 및 가스가 통과하는 덕트 및 방화댐퍼, 보일러의 연도 등에 사용된다.

알루미늄판은 평판으로 사용되는 경우보다는 골판으로 성형하여 플렉시블덕트(flexible duct)

로 사용되고, 유리솜은 단열성이 좋아서 덕트의 단열재 및 흡음재로 사용되며, 유리솜판에 알루미늄 박지나 염화비닐을 접착하여 저압용 덕트로 사용하기도 한다(일명 유리섬유덕트(fiber glass duct)라 한다).

[표 6-37] 덕트치수와 아연도금강판재의 판두께(mm)

설비구분	규모	필요정압(P_S[mmAq])
환기설비	일반	10~20
	대규모장치	30~40
공기조화설비 (리턴덕트 유, 리턴팬 무)	소규모(300m² 이내)	40~50
	중규모(20,000m² 이내)	60~75
	대규모(20,000m² 이상)	65~110
	고속덕트(중규모)	100~150
	고속덕트(대규모)	150~250

[표 6-38] 덕트의 종류에 따른 두께

장방형 덕트의 장변(mm)	판두께		원형 덕트 지름(mm)	판두께(mm)	스파이럴덕트 지름(mm)	판두께(mm)
	mm	No.				
450 이하	0.5	26	500 이하	0.5	200 이하	0.5
460~750	0.6	24	510~700	0.6	210~600	0.6
760~1,500	0.8	22	710~1,000	0.8	610~800	0.8
1,510~2,200	1.0	20	1,010~1,200	1.0	810~1,000	1.0
2,210 이상	1.2	18	1,210 이상	1.2		

06 덕트의 설계 및 시공 시 주의사항

① 덕트의 종횡비(정방비, aspect ratio)는 4 이내로 한다.
② 곡부 부분은 되도록 큰 곡률 반지름을 취한다.
③ 덕트의 확대각도는 20° 이하, 축소각도는 45° 이내로 한다.
  • 캔버스 이음은 송풍기에서 발생한 진동이 덕트에 전달되지 않도록 한 이음이다.

07 댐퍼

1) 풍량조절댐퍼

풍량조절댐퍼(VD : Volume Damper)는 주덕트로부터 존별 분기점 또는 송풍기 출구측에 설치하고, 날개의 열림 정도에 따라 풍량조절 및 폐쇄역할을 한다. 그 종류는 다음과 같다.

(1) 버터플라이댐퍼(butterfly damper)

소형 덕트에서 개폐용으로 사용되며, 풍량조절용으로 사용된다. 구조가 간단하고 완전 밀폐 시 공기의 누설이 적다는 장점이 있으나, 운전 중 개폐조작에 큰 힘이 필요하며 절반 정도 열리면 하류측에 와류가 발생한다.

[그림 6-71] 버터플라이댐퍼

(2) 루버댐퍼(louver damper)

평행익형과 대향익형이 있다. 평행익형은 주로 대형 덕트에 사용되고 장점은 날개가 분할되어 기류의 흐름이 정숙하지만, 완전 밀폐 시 공기누설이 많고 하류측에 편류가 발생한다. 대향익형은 풍량조절용으로 사용하나, 동일 풍량을 조절 시 압력손실이 평행익형보다 많다.

[그림 6-72] 루버댐퍼

(3) 스플릿댐퍼(split damper)

분기부에서 풍량조절용으로 사용되며, 장점은 구조가 간단하고 값이 싸며 주덕트의 압력강하가 적지만, 정밀한 풍량조절이 어렵고 누설이 많아 폐쇄용으로 사용하지 않는다.

[그림 6-73] 스플릿댐퍼

2) 기타 댐퍼

(1) 방화댐퍼(FD : Fire Damper)

화재가 발생 시 다른 장소로 화재가 번지는 것을 방지하는 공기차단장치로, 각 날개는 퓨즈(용융온도 72℃)로 고정되어 있고, 퓨즈가 녹으면 날개가 회전하여 덕트를 폐쇄한다.

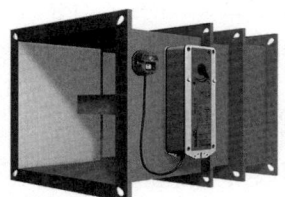

[그림 6-74] 방화댐퍼

(2) 방연댐퍼(SD : Smoke Damper)

방연댐퍼는 연기감지기와 연동으로 작동하는 댐퍼로서, 연기감지기가 화재 초기에 연기를 감지하면 방연댐퍼가 덕트를 폐쇄시켜 다른 구역으로 침투를 방지한다.

※ 도달거리는 취출구에서 토출기류의 풍속이 0.25m/s로 되는 위치까지의 거리를 말한다.

[그림 6-75] 방연댐퍼

3) 콜드 드래프트

인체에 대하여 불쾌한 냉감을 주는 기류를 콜드 드래프트(cold draft) 또는 줄여서 드래프트(draft)라고 한다. 체내의 열생산, 즉 신진대사보다 인체로부터 열손실이 클 때 생긴다.

(1) 발생원인
① 창의 격간으로(틈으로) 외기가 유입될 때
② 벽면의 온도가 낮을 때(저온의 외벽 내면에서 차게 된 공기가 흘러내림)
③ 인체 주위의 기류속도가 클 때(기류속도 0.5m/s 이하로 제한(ASHRAE는 0.075~0.2m/s 정도 추천)

(2) 겨울철 콜드 드래프트의 방지대책
① 취출구의 온풍을 바닥면까지 도달하게 한다.
② 창측에 취출구 또는 방열기를 설치하여 유리면의 콜드 드래프트를 방지한다.
③ 이중유리를 사용한다(단열강화).
④ 현관문은 회전문 또는 이중문으로 하여 격간풍 침입을 방지한다.
⑤ 바닥의 복사난방을 실시한다.

(3) 여름철 취출구 취출냉기에 의한 콜드 드래프트
취출온도차나 취출풍속을 적절히 조절하여 해결이 가능하다.

08 덕트 및 기기의 풍속

1) 덕트 및 기기의 풍속

같은 양의 공기가 덕트를 통해 송풍될 때 풍속을 높게 하면 덕트의 단면치수가 작아도 되므로 설치스페이스를 적게 차지한다. 그러나 고속으로 인한 소음, 진동 및 송풍기의 동력이 많이 들고 덕트구조의 강도도 높여야 한다.

따라서 일반건물에서는 저속덕트(보통 주덕트의 풍속은 15m/s 이하)를 사용하며, 공장이나 창고 등과 같이 소음이 별로 문제가 되지 않는 곳이나 차량, 선박, 고층빌딩 등 설치스페이스를 크게 취할 수 없는 곳에는 고속덕트(보통 15~20m/s)를 사용한다.

[표 6-39]는 저속덕트와 고속덕트의 용도별 각 기기의 적정풍속을 나타낸 것이다.

[표 6-39] 덕트치수와 아연도금강판재의 판두께(mm)

구분	저속덕트						고속덕트	
	권장풍속			최대풍속			권장	최대
	주택	공공건물	공장	주택	공공건물	공장	임대빌딩	
공기취입구*	2.5	2.5	2.5	4.0	4.5	6.0	3.0	5.0
팬 흡입구	3.5	4.0	5.0	4.5	5.5	7.0	8.5	16.5
팬 취출구	5~8	6.5~10	8~12	8.5	7.5~11	8.5~14	12.5	25
주덕트	3.4~4.5	5~6.5	6~12	4~6	5.5~10	6.5~15	12.5	30
분기덕트	3.0	3~4.5	4~9	3.5~4	4~8	5~11	10	22.5
분기입형덕트	2.5	3~3.5	4	1.5	4~6	5~8		
필터*	1.25	1.5	1.75	2.5	1.75	1.75	1.75	1.75
가열 코일*	2.25	2.5	3.0	2.25	3.0	3.5	3.0	3.5
냉각 코일*	2.25	2.5	2.5	2.5	2.5	3.0	2.5	2.5
에어워셔	2.5	2.5	2.5	2.5	2.5	2.5	2.5	2.5
환기덕트				3.0	5.0~7.5	7.5~9.0	저속	

주) *는 전면적 풍속, 기타는 자유면적(free area)에 대한 풍속임

2) 덕트의 배치

송풍기에서부터 덕트와 단말기인 취출구의 배치계획은 건축설계계획과 함께 이루어져야 한다. 덕트의 배치방식은 [그림 6-76]의 (a), (b)와 같은 간선덕트방식, (c)와 같은 개별덕트방식, (d)와 같은 환상덕트방식으로 구분되며, [그림 6-77]의 (a)와 같은 개별 입상덕트방식과 (b)와 같은 수평덕트방식으로 구분된다.

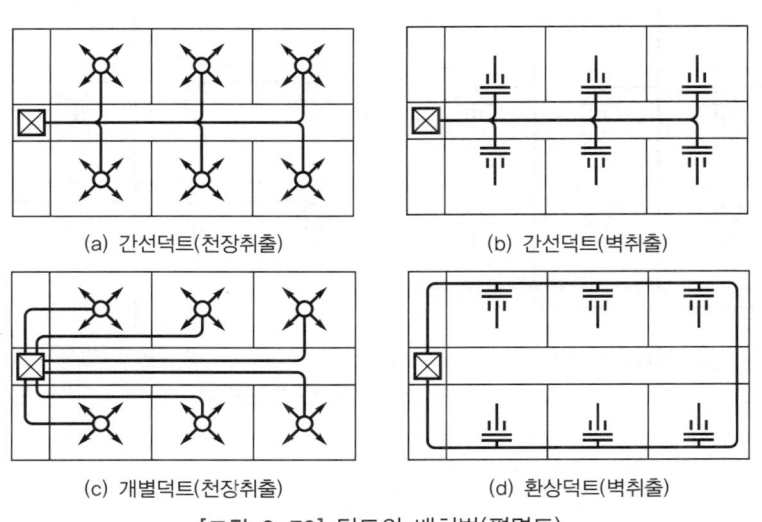

(a) 간선덕트(천장취출)   (b) 간선덕트(벽취출)
(c) 개별덕트(천장취출)   (d) 환상덕트(벽취출)

[그림 6-76] 덕트의 배치법(평면도)

(1) 간선덕트방식

주덕트인 입상덕트로부터 각 층에서 분기되어 각 취출구로 취출관을 연결한다. 이 방식은 보통 [그림 6-76]의 (a)와 같이 천장에서 취출하는 것이 일반적이나, [그림 6-76]의 (b)와 같이 벽취출방식도 있다. 전자는 실내공기의 분포도는 좋으나 덕트스페이스를 많이 차지하고, 후자는 덕트스페이스는 적게 필요하지만 실내에서 기류의 분포가 좋지 않고 덕트가 지나가는 복도 등의 천장을 거실보다 낮게 시공해야 한다.

(2) 개별덕트방식

[그림 6-76]의 (c)와 같이 입상덕트(주덕트)에서 각개의 취출구로 각개의 덕트를 통해 분산하여 송풍하는 방식으로, 각 실의 개별제어성은 우수하다. 그러나 덕트스페이스를 많이 차지하고 공사비도 많이 소요되므로 특별한 경우가 아니면 일반적으로 적용하지 않는다.

(3) 환상덕트방식

[그림 6-76]의 (d)와 같이 2개의 덕트 말단을 루프(loop)상태로 연결함으로써 양쪽 덕트의 정압이 균일하게 된다. 따라서 덕트 말단에 가까운 취출구에서 송풍량의 언밸런스를 개선할 수 있다. 이 방식은 공장의 급배기에 사용된다.

[그림 6-77]의 (a)와 같은 각개입상덕트방식은 호텔, 오피스빌딩 등에서 물-공기방식인 덕트 병용 팬 코일 유닛방식이나 유인유닛방식 또는 고속덕트의 입상덕트용으로 사용된다.

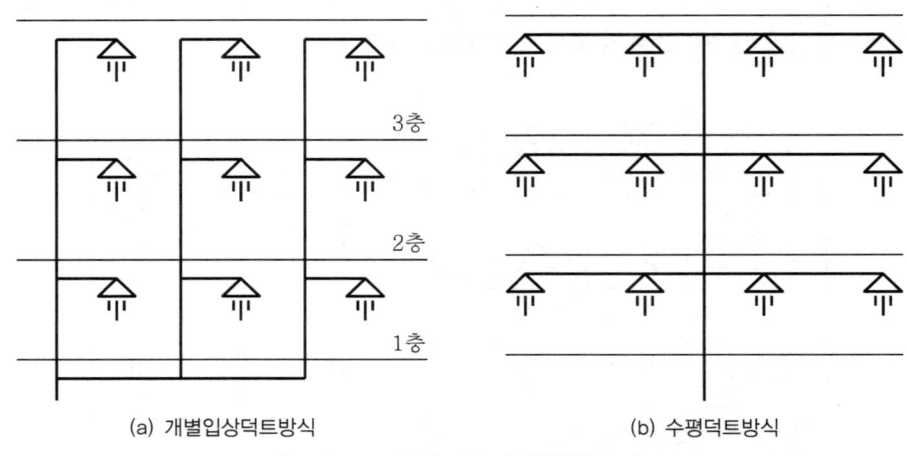

[그림 6-77] 덕트의 배치법(입면도)

3) 유인작용과 속도분포

취출구에서 실내로 취출되어 나온 공기를 1차 공기(primary air), 실내에 있던 공기 중에서 취출공기와 혼합되는 공기를 2차 공기(secondary air)라 한다. 취출구에서 불어내는 1차 공기는 주위로부터 2차 공기를 유인하여 1차 공기와 혼합하며, 이 혼합된 공기를 전공기(total air)라고 한다.

4) 확산반경

[그림 6-78]과 같이 천장취출구에서 취출을 하는 경우에 기류(drift)가 일어나지 않는 상태로 하향 취출을 했을 때 거주영역에서 평균풍속이 0.1~0.125m/s로 되는 최대 단면적의 반경을 최대 확산반경이라 하고, 거주영역에서 평균풍속이 0.125~0.25m/s로 되는 최대 단면적의 반경을 최소 확산반경이라고 한다.

최소 확산반경 내에 보(beam)나 벽 등의 장애물이 있거나 인접한 취출구의 최소 확산반경이 겹치면 드리프트, 즉 편류현상이 생긴다. 따라서 취출구의 배치는 최소 확산반경이 겹치지 않도록 하고 거주영역에 최대 확산반경이 미치지 않는 영역이 없도록 [그림 6-79]와 같이 천장을 장방형으로 나누어 배치한다. 이때 분할된 천장의 장변은 단변의 1.5배 이하로, 또 거주영역에서 취출높이의 3배 이하로 한다.

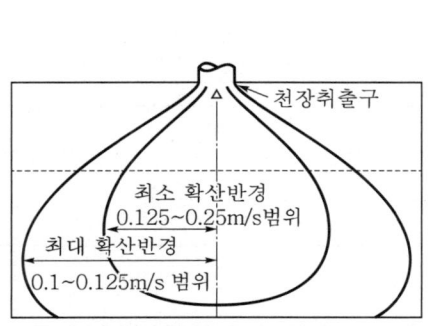

[그림 6-78] 천장취출기류의 확산반경

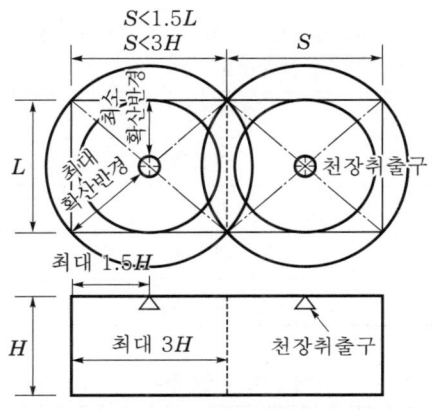

[그림 6-79] 천장취출구의 확산반경

5) 천장취출

천장취출을 하는 경우 베인의 각도에 따라 강하거리 및 도달거리는 다르게 나타난다. 즉 베인의 선단과 수평선과의 각도가 작은 경우에는 도달거리가 길고 강하거리는 짧다. 그러나 그 각도가 크면 도달거리는 짧고 강하거리는 길어진다. 따라서 냉방 시에는 각도를 작게, 난방 시에는 크게 하며, 또한 천장이 높은 실의 경우에도 각도를 크게 함으로써 도달거리가 거주영역에 접근되도록 한다. 취출구에서 베인은 1~4방향이 있으며, 각도의 조정은 가능하도록 되어 있다.

[표 6-40]에서 보는 바와 같이 실내거주자의 활동상황에 따라서 쾌적한 풍속이 다른 것을 알 수 있다. 즉 활동 정도가 클수록 기류의 속도는 높게 잡아야 한다. ASHRAE에서는 착석해서 집무하고 있는 상태의 사람에 대한 실내기류의 표준풍속을 0.075~0.02m/s (15~40ft/min)의 값을 권장하고 있다.

[표 6-40] 실내기류의 속도와 반응

기류의 속도(m/s)	반응	적응장소
0.0008 이하	기류가 침체되어 불쾌	
0.13	이상적인 상태(쾌적)	업무용 쾌적공조
0.13~0.25	약간 불만족	
0.33	불만족(종이가 날림)	음식점
0.38	보행자에게 만족	소매점, 백화점
0.38~1.5	공장용 공조에서 양호	국부공조에 적합

[표 6-41] 취출, 흡입구의 풍속

건물의 종류	허용취출풍속(m/s)
방송국	1.5~2.5
주택, 아파트, 교회, 극장, 호텔, 침실, 음향처리한 개인 사무실	2.5~3.75
개인 사무소	2.5~4.0
영화관	5.0
일반사무실	5.0~6.25
백화점	7.5
백화점(1층)	10.0

[표 6-42] 취출구의 허용풍속

흡입구의 위치	허용흡입풍속(m/s)
거주구역의 상부에 있을 때	4.0 이상
거주영역 내에 있고 좌석에서 멀 때	3.0~4.0
거주영역 내에 있고 좌석에서 가까울 때	2.0~3.0
도어그릴 또는 벽설치용 그릴	3.0
주택	2.0
공장	4.0 이상

6) 배치에 따른 유의사항

(1) 공기의 분포

① 취출기류가 실내에 골고루 분포될 수 있도록 한다.
② 도달거리 및 확산반경이 적당하도록 한다.
③ 난방 시 상하의 온도구배가 지나치게 크지 않도록 한다.
④ 취출기류가 보(beam) 등에 의해 방해되지 않도록 한다.
⑤ 창문쪽의 냉풍이나 온풍이 직접 인체에 닿지 않도록 한다.

(2) 취출풍량

① 취출풍량이 적으면 실의 부하를 처리하기 위하여 취출온도차를 크게 해야 한다. 그러나 취출온도차가 너무 크면 기류분포가 균일하지 못하다.
② 취출풍량이 너무 적으면 취출기류의 속도가 너무 낮아져서 도달거리가 짧아진다.

(3) 단락류

취출구와 흡입구의 배치가 좋지 않으면 취출공기가 실내로 확산되지 못하고 흡입구로 들어가는 단락류가 된다. 특히 취출기류의 속도가 낮을 때 주의한다.

(4) 소음

① 소음 발생은 취출구의 종류, 취출속도 등에 따라 다르므로 실의 허용소음한계를 고려한다.
② 옆방이나 실내외로 관통되는 덕트나 도어의 루버(louver) 또는 언더컷(under cut)을 통하여 음이 전달되지 않도록 한다.

7) 취출구, 흡입구의 배치 예

(1) 기류의 이동

취출구와 흡입구의 위치는 일반적으로 거주영역에 기류가 원활히 흐르도록 배치한다. 즉 취출구의 위치는 벽 상부나 하부에 축류형 취출구를, 또는 선형 취출구로는 상면취출을 하거나 천장취출을 하고, 흡입구는 벽의 하부에 설치했다. 그러나 취출구와 흡입구 상호 간의 위치가 적절하지 못하면 단락류가 되거나 데드스페이스(dead space)가 생긴다.

(2) 기류이동의 예

[그림 6-80]과 같이 한 방향에 창문이 있고 외벽면을 갖는 일반적인 실내에 대해 취출구와 흡입구의 위치와 기류의 관계를 살펴본다.

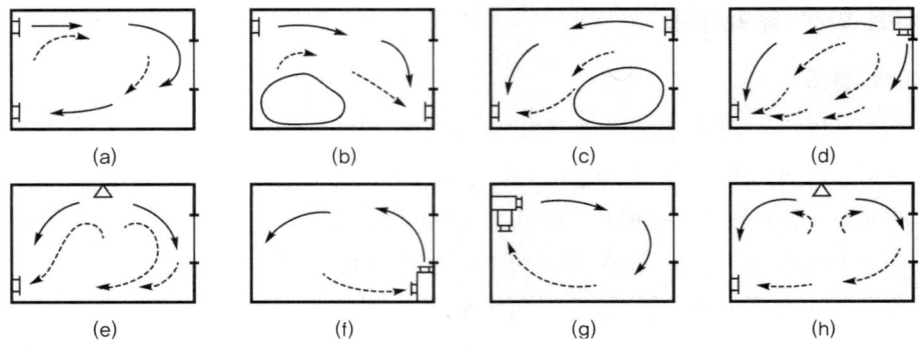

[그림 6-80] 취출구 및 흡입구의 위치에 따른 기류의 방향

① [그림 6-80]의 (a)는 벽의 상부취출로, 흡입구는 벽 하부 또는 도어그릴 등이 있는 예이다. 취출기류가 충분히 부하면까지 도달하면 부하에 의한 기류가 소멸되어 거주공간은 좋은 온도분포가 된다. 단, 취출기류가 약하면 동절기에 부하면에 생긴 저온기류가 바닥면을 따라 흡입구로 흐르므로 바닥 부근에 저온층이 생기기 쉽다.

② [그림 6-80]의 (b)는 내벽측의 상부에서 수평취출을 하고 외벽의 하부에서 흡입하는 경우로, 취출기류가 충분히 부하면을 덮는 경우에는 [그림 6-80]의 (a)와 마찬가지로 좋은 온도분포가 된다. 특히 동절기에 부하면의 저온기류를 흡입구에서 배제할 수 있으므로 바닥 부근의 저온층을 방지할 수 있다. 단, 취출구 하부에 데드스페이스가 생기는 경우가 있다.

③ [그림 6-80]의 (c)는 외벽측의 상부에서 취출하고 내벽측 하부에서 흡입하는 예인데, 하절기에는 부하면에서 생긴 높은 온도의 공기가 상승하여 취출기류와 혼합되므로 좋다. 그러나 동절기에는 부하기류의 흐름이 반대가 되고, 또 창부근에 데드스페이스가 생기므로 좋지 않다.

④ [그림 6-80]의 (d)는 외벽의 상부에서 취출기류의 일부는 수평취출을 하고, 또 일부는 라인형 취출구로 수직으로 부하면을 따라 취출한다. 흡입구는 내벽의 하부에 설치했다. 이 경우에는 [그림 6-80]의 (c)에서 발생되는 부하면의 기류와 혼합되어 불어내리므로 데드스페이스를 방지할 수 있다.

⑤ [그림 6-80]의 (e)는 천장면에 아네모스탯(anemostat)형의 취출구를, 내벽의 하부에는 흡입구를 설치한 예이다. 이 경우에는 유인비가 커서 비교적 좋은 공기분포가 된다. 그러나 동절기에 창면의 부하기류가 바닥에 흐르는 결점이 있다.

⑥ [그림 6-80]의 (f)는 팬 코일 유닛(FCU)이나 유인유닛(IDU)을 창 밑에 설치했을 때와 같은 예인데, 취출구가 창폭과 같은 길이를 가질 때는 부하기류를 충분히 없앨 수 있어서 하절기나 동절기에 모두 좋은 공기분포를 얻을 수 있다.

⑦ [그림 6-80]의 (g)는 취출구를 내벽측 상부(천장부근)에서 수평취출을 하며, 흡입구도 내벽층 상부에서 수직으로 상향흡입하는 경우로서 기류분포가 양호하다. 그러나

단점은 [그림 6-80]의 (a)와 같이 취출기류가 약하면 동절기에 부하면의 찬 기류가 바닥 쪽으로 내려온다.

⑧ [그림 6-80]의 (h)는 팬형 취출구를 천장에, 흡입구는 내벽의 하부에 설치한 예로서, [그림 6-80]의 (e)와 같이 기류분포는 양호하나 도달거리가 짧으므로 동절기에는 창문 쪽의 부하기류가 거주영역으로 내려오므로 콜드 드래프트가 생기기 쉽다.

8) 취출구 수의 결정

① **천장에 설치하는 축류형 취출구** : 축류형 취출구를 천장에 설치하는 경우에는 [그림 6-81]과 같이 취출구에서 거주역 상한까지의 거리를 h로 하고 실내의 길이를 l, 폭을 W, 취출구 상수를 K로 할 때 취출구의 수 n은 다음의 범위 내에서 선정된다.

$$0.4K\frac{l}{h} \leq n_1 \leq 1.3K\frac{l}{h}, \ 0.4K\frac{l}{h} \leq n_2 \leq 1.3K\frac{l}{h}$$

$$n = n_1 n_2$$

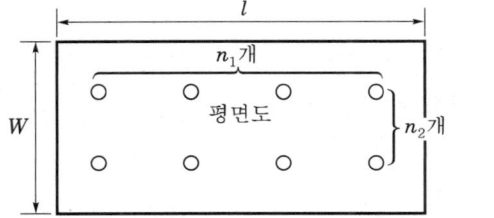 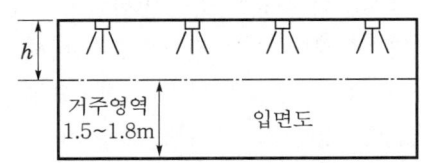

[그림 6-81] 축류형 취출구의 천장배치

② **천장확산형 취출구** : 실내의 평면을 [그림 6-82]와 같이 정방형 또는 장방형으로 분할하고, 그 중앙에 취출구를 배치한다. 이때 분할된 장변의 길이 S는 단변길이 L의 1.5배 이하로, 또 실 높이 H의 3배 이내가 되도록 한다. 그리고 취출기류는 정방형의 면적 내에서 최소 확산반경이 벗어나지 않고 최대 확산반경이 미치지 않는 곳이 없도록 한다.

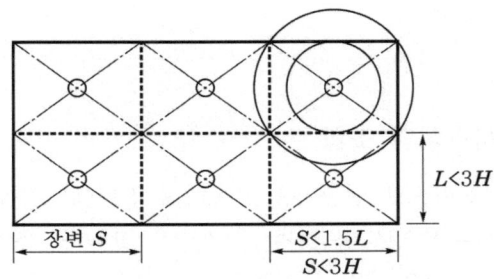

[그림 6-82] 확산형 취출구의 천장배치

Chapter 09 냉난방방식의 분류

01 열원기기의 조합(난방, 냉방)

1) 지역난방과 가스 냉열원(냉온수기)의 조합

특징은 가스 냉열원시스템은 물을 저온에서 증발시켜(진공상태) 증발잠열을 이용하여 냉수를 만들고, 증발된 수증기는 LiBr에 흡수시킨다. 이 흡수된 용액을 가열하여 재사용하며, 가열원이 가스이면 냉온수 유닛이라 하고, 증기나 고온수이면 흡수식 냉동기라 한다. 겨울철 온수생산도 가능하며, 장단점은 다음과 같다.

(1) 장점
① 도시가스 사용으로 수변전설비가 감소된다.
② 가스요금이 주간 전기요금에 비해 저렴하다.
③ 피크전력 감소에 따르는 전력요금이 절약된다.
④ 전력사용량 및 투자비(123%)가 저렴하다.
⑤ 압축전동기가 없어 진동소음이 감소된다.
⑥ 부하조절이 용이하며 부분효율이 좋다.

(2) 단점
① 7℃ 이하의 냉수공급이 곤란하다.
② 진공상태 유지가 곤란하며, 진공저하 시 효율이 감소한다.
③ 냉각수량이 많고 냉각탑용량이 커지므로 높이가 높을 경우 순환동력 기초보강 등 설치비 고려를 해야 한다.
④ 예냉시간이 길다.

2) 지역난방과 빙축열시스템의 조합

특징은 야간에 잉여전력으로 냉동기를 가동하여 전기에너지를 열에너지로(얼음) 바꾸어 저장하고 주간 냉방운전으로 냉방하는 시스템을 말한다. 축열조나 제빙에 따르는 부속장비가 필요하며, 장단점은 다음과 같다.

(1) 장점

① 피크전력 감소에 따른 전기요금이 감소한다.
② 기기용량 및 부속설비용량이 감소한다.
③ 심야전기 이용으로 전력요금이 저렴하며, 주·야간 전력불균형을 해소한다.
④ 투자비(148%)가 저렴하고 전 부하 연속운전으로 고효율을 유지한다.
⑤ 열원 공급이 안정적이며, 고장 시 대처가 용이하고 저온공조가 가능하다.

(2) 단점

① 야간 축열 시 COP가 감소된다.
② 야간 근무자가 필요하다.
③ 축열조가 필요하며, 축열조의 단열보냉공사가 필요하다.

3) 지역난방과 패키지형 공기조화의 조합

특징은 개별식 공기조화의 하나로서, 압축기, 응축기, 증발기, 공기여과기, 제어장치 등이 하나로 조합된 유닛이다. 주택용으로 개발되어 일반 건축분야에 광범위하게 사용되고 있으며, 소용량에서 대용량(120kW)까지 있고, 상치형과 벽걸이형, 천정형이 있으며, 냉각방식은 공랭식과 수랭식이 있다.

(1) 장점

① 시공이 간단하고 설비비가 저렴하다.
② 개별제어가 용이하며 운전이 간단하다.
③ 설비의 변경이 용이하고 기계실 면적이 적거나 필요 없다(일체형).
④ 일정 규격으로 양산되므로 타 방식에 비해 저렴하며, 용량범위와 종류가 많아 선택의 폭이 넓다.

(2) 단점

① 제품이 분산설치될 경우 유지 관리가 불편하다.
② 환기와 가습이 어렵다.
③ 공랭식의 경우 실외기와 실내기의 거리가 멀 경우 효율이 급격히 저하된다(설치검토 : 15m 이상).

4) 지역난방

① 열병합발전은 화력발전소에서 입력에너지의 30% 정도를 발전을 위해 사용하고, 나머지 냉각배열이나 연도배출열 등을 유효하게 이용하기 위해 있는 설비가 지역난방 설비이다.

② 시스템의 종류로는 전체에너지시스템(total energy system), 열병합발전시스템(cogeneration system) 등이 있다(매전을 하지 않고 자가 건물에 전력공급이나 난방 및 냉동기를 운전하는 시스템 명칭을 자가 에너지생성시스템(OES : Onside Energy)이라 한다).

③ 현재 법규로는 냉방에 대해 가스냉열원시스템이나 빙축열시스템을 전 부하에 60% 이상 사용을 설계해야 한다(전력피크 감소 노력).

02 중앙 냉난방과 개별 냉난방

1) 중앙 냉난방

건물 어느 한 곳에 열원기기를 설치하여 열매체를 배관을 통해 사용처에 공급하며, 직접난방과 간접난방이 있다. 직접난방은 FCU, 복사난방이 있고, 간접난방은 전공기방식이 있다. 장단점은 다음과 같다.

(1) 장점

① 열원기기에서 열원을 공급하므로 열원이 안정적이다.
② 설비가 대규모이므로 열효율이 우수하다.
③ 관리가 편리하며, 고장 등에 유리하다.
④ 배관에 의해 어디든지 공급 가능하다.

(2) 단점

① 초기 투자비가 많이 든다.
② 관리 시 전문인력이 필요하다.
③ 배관이 길어 열손실이 많다.
④ 시공 후 기구증설에 따른 변경공사가 어렵다.

2) 개별 냉난방

사용처에 직접 열원기기를 설치하며, 직접난방은 FCU, 복사난방이 있다. 장단점은 다음과 같다.

(1) 장점

① 필요 시 수시로 냉난방이 가능하다.
② 사용개소가 적을 경우 설비비가 저렴하며, 유지관리가 용이하다.

③ 배관 열손실이 적으며, 증설이 용이하다.
④ 초기 투자비가 저렴하다.

(2) 단점

① 사용개소가 많을 경우 유지관리가 어렵다.
② 냉방의 경우 냉매배관이 길면 사용할 수 없다(20m 이상).

03 대류난방과 복사난방

1) 대류난방

특징은 방열기를 실내에 설치하여 증기 또는 온수를 통해 그 방사열로 실내의 온도를 높이며, 대류작용에 의해 난방 목적을 달성한다. 방열기는 열효율이 높고 내구성이 뛰어난 주철재, 강판재, 알루미늄제가 사용된다. 주철재는 내구성이 뛰어나며, 강판재나 알루미늄제는 가볍고 두께가 얇으므로 열전도율은 좋으나 내구성이 떨어진다. 실의 천정고가 낮고 창문이 많은 학교, 사무실 등 일반 건물에 사용한다.

(1) 장점

① 시공이 용이하여 공사비가 적게 들고, 유지관리가 용이하다.
② 예열시간이 짧고, 실내 온도조절이 용이하다.

(2) 단점

① 바닥면적을 많이 차지한다.
② 상부와 하부의 온도차가 크다.
③ 열손실이 복사난방에 비해 크다.
④ 먼지 등의 상승으로 쾌감도가 낮다.

2) 복사난방

특징은 복사난방은 실내의 바닥, 벽, 천정을 직접 가열하며, 발열체로 하여 방열량의 70~80%가 복사열에 의해 난방을 하므로 쾌감도가 좋은 난방방식이다. 종류로는 바닥 판넬형, 벽체 판넬형, 천정 판넬형 등이 있으며, 천정고가 높은 극장, 강당, 공회당 및 고급 건축물, 주택, 아파트 등에 사용한다.

(1) 장점
① 온도분포가 균일하고, 열을 효율적으로 이용한다.
② 난방효과가 이상적이다.
③ 실온이 낮으므로 열손실이 적다.
④ 개방공간에도 난방효과가 크며, 쾌감도가 높다.
⑤ 바닥면 이용도가 높다.
⑥ 대류가 적으므로 바닥 먼지가 상승하지 않는다.

(2) 단점
① 대류난방에 비해 공사비가 비싸다.
② 관수용량이 많아서 예열시간이 길다.
③ 바닥 배관 누수 시 대처에 어려움이 있다.
④ 실내 온도조절이 어렵다.

부록

관련 자료

Chapter 01　설비보전
Chapter 02　위험성분석과 안전성평가
Chapter 03　국제단위계
Chapter 04　단위환산표
Chapter 05　시퀀스제어 문자기호
Chapter 06　특수문자 읽는 법
Chapter 07　삼각함수공식
Chapter 08　용접기호

Chapter 01 설비보전

01 고장에 따른 설비보전형태와 보전방식

설비고장이 발생하면 설비를 원래 상태로 복원시키기 위하여 보전조치가 이루어져야 하며, 설비의 가용도(Availability)를 늘리기 위하여 다양한 설비보전방식을 채택할 수 있다. 보전방식에 대하여 분류하면 [그림 1]과 같다. 요구되는 보전기능(function)에 따라 차이가 있으며, 예방보전(preventive maintenance)은 고장예방을 위하여 정기적으로 일정을 설정하여 수행하는 것이며, 계획보전(scheduled maintenance)은 미리 정해진 일정에 따라 수행되는 점에서 차이가 있다. 감시보전(monitored maintenance)은 설비의 정기적인 점검상태에 따라 조치가 이루어진다. 개량보전(corrective maintenance)은 고장에 대한 일괄조치(부품 일괄교체 등)를 취하는 것이며, 정규개량보전(normal corrective maintenance)은 예방보전이 보전정책규정에 의하여 수행되지 않은 품목의 고장에 대한 조치이다.

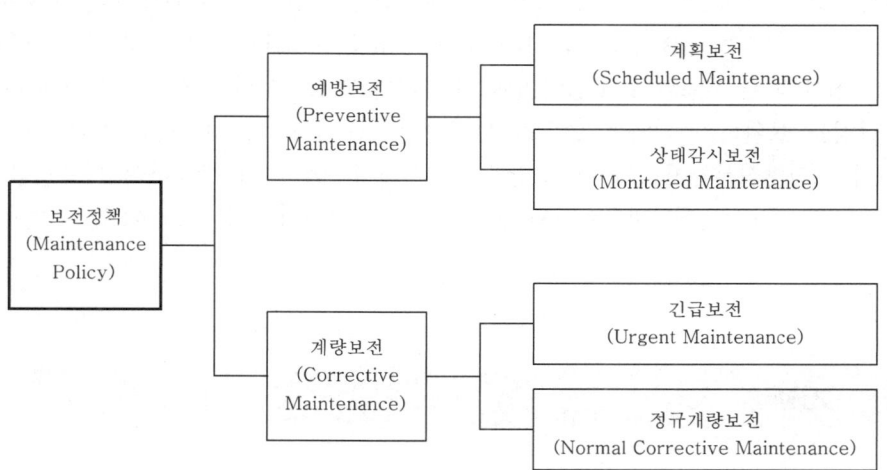

[그림 1] 보전방식의 분류

다양한 설비에 따라 행해질 수 있는 보전방식은 고장형태, 고장률, 가용도와 경제성을 고려하여 고장을 방지하며 돌발고장으로 인한 손실을 최소로 하는 방식을 채택하게 된다.

① 시간기준보전(Time Based Maintenance) : 일상점검을 하지 않고 일정기간마다 수리복원하는 것, 즉 고장실적, 정비공사실적 및 법규제에 기준하여 일정주기로 검사 및 교체를 계획·실시하는 보전형태이다.
② 고장기준보전(Failure Based Maintenance) : 고장(failure/breakdown)발생 후 수행되는 방식으로 개량보전(corrective maintenance)이라고도 한다. 순순히 랜덤고장 및 낮은 고장비용발생의 경우 비용효과면에서 유리한 보전방식이다.
③ 상태기준보전(Condition Based Maintenance) : 정해진 시스템 성능(performance)을 측정할 수 있는 성능파라미터값이 표준치 또는 기준치(threshold value)에 도달 혹은 넘어갔을 때 조치를 취하는 방식이다. CBM은 고장행태(behaviour)를 예측할 수 있는 열화파라미터(진동, 소음 등)가 존재한다는 가정하에 수행된다. 이것도 예방보전이 사후보전보다 경제적인 경우에 유리하다.
④ 사후보전(Break Down Maintenance) : 일상점검을 하지 않고 설비가 기능저하 내지는 기능정지(고장)된 후에 수리교체를 실시하는 보전형태이다.
⑤ 사용기준보전(Use Based Maintenance) : 일정사용횟수 또는 시간에 도달한 사건에 의해 트리거(trigger)하는 방식이다. 이 방식은 설비의 고장행동(behaviour)이 알려져 있고, 고장형태가 고장률이 증가하는 것을 가정하여 예방보전이 개량보전보다 경제적인 경우에 사용된다.

종래에는 고장이 발생하면 그에 대처하여 보전작업을 행하는 수동적 보전방식(Reactive Maintenace)인 사후보전(Breakdown Maintenance)방식을 채택하여 고장시간을 예측할 필요 없이 고장에 따른 부품이나 보전인원에 대한 무계획으로 설비의 가용도가 낮게 운영된다. 이러한 단점을 보완하기 위하여 능동적 보전방식(Proactive)이 채택되어 사용되고 있는데, [그림 1]의 보전방식분류가 그러한 고장에 미리 대처하여 미리 방지하여 가용도를 늘리기 위한 방안으로 행해지는데, 비용효과와 설비의 가용도면에서 가장 효과가 있는 것이 상태기준보전방식이다.

02 CBM

CBM(Conditon Based Maintenance, 상태기준보전)방식은 설비상태를 정상가동으로 유지할 수 있도록 정기적인 상태진단을 통해 향후의 설비성능 저하를 예측하여 고장이 나기 직전에 예측보전이 가능하게 함으로써 주요 설비부품을 최대수명까지 사용가능하게 하며, 불필요한 예방보전을 줄여서 보전을 위한 가동 정지에 따른 생산손실을 최대로 줄이는 것이다. 설비의 고장예측에 필수적인 요소가 설비상태정보의 획득이며, 이를 위해서는 설비진단기술을 필연적으로 요구하게 된다.

① **설비진단기술** : 설비상태진단기술(Machine Condition Diagnosis Technique)이란 설비를 가동시키면서 온라인(on line)으로 설비고장 및 열화를 검지하는 기술이며, 고장에 대한 설비부위의 열화(마모) 정도를 인식하면서 열화에 대해서는 설비의 수명 및 신뢰성을 예측하는 것이다. 설비의 성능을 측정할 수 있는 열화되는 성능파라미터의 계측된 정보를 이용하는 진동법, 음향법, 온도법, 초음파, X선 등의 비파괴검사, 절연진단법, 전기진단법, 압력법 등의 설비진단방법이 있다. 이에 의하여 고장 유무를 사전에 판단하여 조치함으로써 고장으로 인한 생산 저하 또는 재해유발가능성을 방지할 수 있다.

　　설비진단기술은 고장 여부와 아울러 왜 고장이 발생하였는가를 파악하여 이를 개선하도록 한다. 설비진단기술(CDT)이란 설비의 상태, 즉 설비에 부하된 응력(stress)의 검출, 열화와 고장의 검출, 강도와 성능의 검출, 결함원인 및 정도에 따라서 고장의 종류, 위치, 위험도 등을 식별, 평가하고 불확실한 열화상태를 예측하여 수리 및 복원방법을 결정한다. 설비상태를 정확하게 또는 과학적으로 파악한 기술적 근거를 기초로 하여 분해정비나 정기정비의 주기결정 및 주기연장의 검토가 필요함에 따라 이상이나 고장이 발생하였을 경우 원인을 추정하는 데는 매우 전문적인 지식과 오랜 경험이 필요하다. 그리고 설비특성의 중요도에 따라 보전방식이 검토되어야 하며 설비운영데이터의 집계, 분석 및 평가, 설비열화의 상황에 대한 기록 및 해석에 대한 데이터베이스의 유지가 필수이다.

② **설비진단기술의 종류** : 설비진단기술은 매우 광범위한 기술분야를 다루고 있으며 진단설비가 Ball & Bearing, 기어박스, 회전체(rotor), 유체설비(펌프, 팬, 압축기, 제어밸브) 등 설비특성에 따라 [표 1]과 같은 진단방법이 활용된다.

③ **CBM에서의 설비상태측정** : 설비의 상태를 나타낼 수 있는 성능파라미터가 설정된 설비가 유지해야 하는 표준치/기준치를 넘게 되는 시점이 고장이 발생하였다고 할 수 있는데, 이러한 경우 성능파라미터가 클수록 좋다면 [그림 2]의 (b)의 경우처럼 성능파라미터값은 사용시간에 따라 점점 열화되어 기준치에 도달하게 되면 고장이 발생하게 되며, 이러한 점은 성능곡선의 경향(Trend)곡선을 추적함으로써 고장시점 전에 경고관리한계선을 설정하며 품질관리에서 많이 쓰이는 관리도법을 이용하여 고장시점을 유추하게 된다.

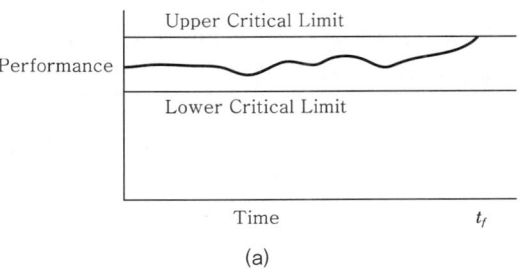

(a)

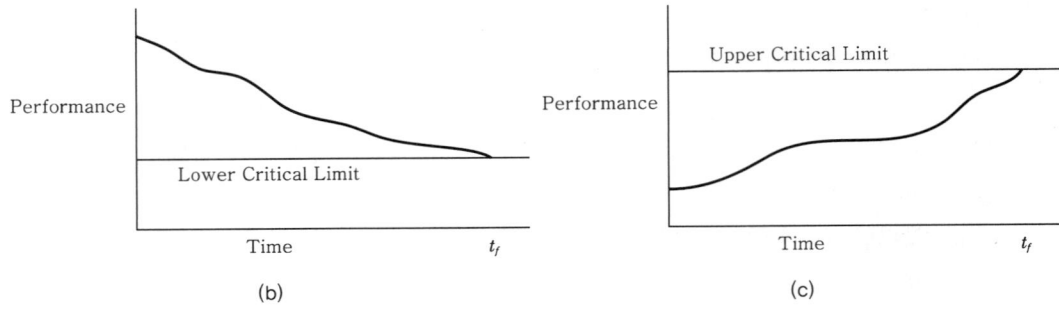

[그림 2] 파라미터의 종류에 따른 고장시점

[표 1] 설비진단방법의 종류

진단방법	진단내용	적용대상
온도법	• 온도를 측정함으로써 설비진단을 실시하는 방법으로 온도의 변화를 판독하여 설비의 이상을 파악한다.	• 유압탱크, 유압단위, 기어박스, PCB 등
진동법	• 설비 각 부위의 진동을 측정함으로 설비진단을 실시하는 방법으로 변위량, 가속도를 검출하여 설비의 결함을 파악한다(현재의 진단기술 중 가장 폭넓게 이용).	• 회전기계(베어링 등) • 유압장치 • 일정부하설비
음향법	• 전부 등의 운동상태를 파악하기 위하여 음의 크기를 진동수와 진폭을 이용하여 Microphtone 등으로 측정하여 결함 부위의 크기를 측정한다.	• 송풍기 • 크레인
유분석법	• 설비에 사용되고 있는 작동유, 윤활유, 전열유 등을 분석함으로써 마모상태나 열화상태를 파악한다.	• 금속의 마모상황
응력법	• 설비구조물의 균열발생이 문제가 되는데, 이에 대하여 실제 응력을 측정하고 분포를 해석하여 변형 여부를 측정한다.	• 설비구조물 • 설비 본체
누수탐지법 (leak detection)	• 초음파, 할로겐가스 등을 사용하여 설비의 결함상태 탐지 및 누수량을 측정하여 결합(sealing)부의 결함 상태를 파악한다.	• 탱크 • 배관
균열탐지법 (crack detection)	• 자분탐상검사 : 금속재료와 자화시킨 후 자분을 뿌려 결함 부위에서 집결상태로 파악한다. • 형광액침투검사 : 형광액을 금속표면에 도포 후 균열 부위의 결함상태를 진단하는 방법이다.	• 레일 • 프레스
부식진단법	• 배관 내에 금속표면의 부식 및 열화상태를 파악한다.	• 수처리설비 • 공조기

03 CBM의 전제조건 및 적용

CBM에 의한 고장을 예측하기 위해서는 상태감시(Monitoring), 이상상태감지(Detection), 진단(Diagonosis), 예지(Prognosis), 잔여수명의 예측에 의한 보전할 시점 결정(Decision to act)의 과정을 거치며 다음과 같은 조건이 선행되어야 하는데, 그 조건은 다음과 같다.
① 고장이 시작되고 있는 시점을 인지할 수 있어야 한다.
② 고장형태를 구분할 수 있어야 한다.
③ 현 상태조건에서의 설비의 잔여수명을 비교적 정확히 예측할 수 있어야 한다.
④ 설비운전자에게 설비상태를 정상상태로 회복시키기 위하여 해결책을 제시할 수 있어야 한다.
⑤ 설비를 필요할 때 제어할 수 있는 시스템이 구축되어야 한다.
⑥ 설비보전요원의 피드백을 설비운전정보에 고려하여야 한다.

CBM은 정기적 또는 연속감시시스템으로부터의 설비상태정보를 이용하여 계획보전을 실시하는 것으로서 종전의 계획보전사이클보다 불필요한 계획보전을 줄임으로써 여러 이점이 있는 보전방식이며, 이를 이용하여 현재 설비의 상태정보로부터 고장시점을 예측하게 되면 그 시점 바로 직전에 계획보전을 행할 수 있게 해준다. [그림 3]은 CBM을 적용하여 실시하기 위한 개념도로, 이를 상태감시(Condition Mornitoring)와 결합하여 시행하게 된다. 설비의 고장을 예측하기 위해서는 설비를 이루는 시스템(System), 서브시스템(Sub-system), 부분품(Part), 부품(Component), 요소(Element) 등 기본단위에 대한 고장의 명확한 정의(Clear Definition of Failure)가 되어 있어야 하며, 이들의 고장형태(Failure Mode), 고장물성(Failure Physics), 고장거동(Failure Behavior)과 고장률(Hazard Rate/Instanteneous Failure Rate)에 대한 이해를 필요로 하며, 이에 대한 기본적인 데이터를 요구하게 된다. 이의 체계적인 수집을 위해서는 설비보전 및 수리기록 또는 A/S로부터 축적된 데이터베이스의 구축이 요구된다.

축적된 데이터베이스에는 고장시간, 운영조건, 설비보전 및 보수정보와 설비의 상태정보가 병행되어 관리되어야 하는데, 이는 고장예측에는 종래의 시간 위주의 설비의 유용한 잔여수명(Usefull Remaining Life)을 예측하고자 할 때 다른 모든 조건이 동일하다는 전제하에서 수명분포를 추정하였기 때문에 추정치에는 많은 변이를 수반하여 정확한 예측을 불가능하게 했다. 고장예측은 객관적인 설비의 수명에 대한 분포를 추정하고, 이로부터 현재시점에서의 고장 나지 않고 사용할 확률과 이를 시간으로 환산한 잔여수명을 예측하게 된다. 그러나 각 설비를 구성하고 있는 시스템단위수준이냐, 서브시스템수준이냐, 부품수준이냐에 따라서 고장률이 달라지고, 이들 시스템을 구성방식에 따라서 다시 말하면 직렬방식이냐, 병렬방식이냐, 그 이외의 시스템구성방식에 따라서 다른 고장률을 나타내고, 설비를 운영하는 운영조건(Operating Condition), 환경조건(Environment Condition)에 따라서 다르기 때문에 기본적인 고장률(Basic Failure Rate)에 부가하여 이러한 상이한 조건들을 고려하는 요인에 대한 고장률을 고려하는 형태의 고장률을 가지고 고장시간을 예측하게 된다. 고장으로 인한 설비를 원래 상태로 회복시키기 위해서는 어느 부품은 수리가능(Reapairable)하지만 수리불가능(Non-repairable)부품은 교체하게 되기 때문에 이러한 차이점으로 인해서 고장예측모델이 다르게 된다. 대부분의 경우 전자부품들은 고장률이 일정한 형태를 띠고 기계부품들은 마모로 인한 열화특성 때문에 고장률이 증가하는 형태를 갖는다.

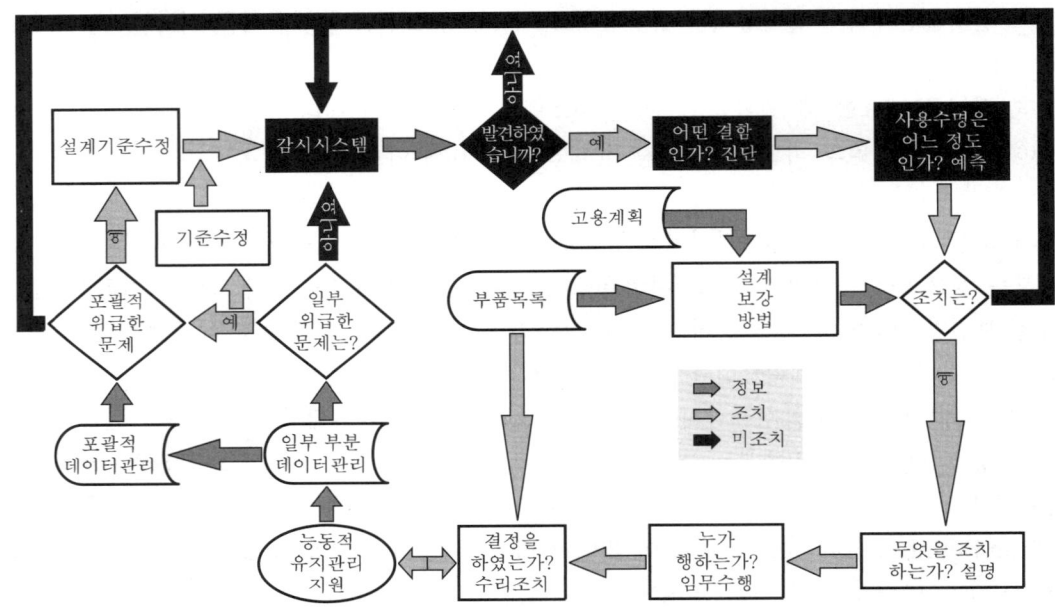

[그림 3] CBM기술의 적용 개념도

Chapter 02 위험성분석과 안전성평가

01 위험성분석

시스템에 대한 안전활동 중 핵심 부분에 대한 위험성을 분석하고 시스템의 위험상태를 파악하여 위험성 여부확인 후 대책을 마련하는 것이며, 분석방법은 정성적 평가법(도표, 점검표 활용)과 정량적 평가법(컴퓨터, 수치 활용)이 있다.

(1) 정성적 분석기법

① 예비위험성분석(PHA : Preliminary Hazard Analysis) : 시스템안전프로그램 중 최초단계의 분석으로 시스템의 구상단계에서 예상되는 시스템 고유의 위험상태평가, 재해위험수준을 결정하며 FTA(결함수목분석)위험성분석을 위한 기본자료, 타 부서와의 절충연구촉진자료, 안전현황 조기결정자료로 활용한다.

② 고장모드 및 영향분석(FMEA : Failure Models and Effects Analysis) : 전형적 귀납적 분석방법으로 하나의 부품이 고장 났을 경우 그 고장을 모드별로 분류하여 전체시스템, 사용작업자, 임무완수에 미치는 영향을 도표화하여 분석하는 기법으로 분석 전에 신뢰도자료(설계사양, 도면, 구성부품 등)분석이 선행되어야 하고 분석수준 결정, 고장구분 설정 및 블록다이어그램작업 등이 필수적이다.

(2) 정량적 분석기법

① 치명도분석(CA : Criticality Analysis) : 시스템 안전상 높은 위험성을 갖는 요소(시스템 손상, 인간 사상 초래)의 고장이 시스템에 미치는 영향 정도를 분석하는 것으로 분석단위는 고장발생건수/100만시간 혹은 100만회이다.

② 사상수목분석(ETA : Event Tree Analysis) : 재해요인발생사상의 확률을 이용하여 시스템의 안전도를 평가하는 시스템분석법으로 재해발생과정의 시작부터 재해까지 연쇄적 전개를 나뭇가지형태로 표현한다.

③ 결함수목분석(FTA : Fault Tree Analysis) : 시스템고장과 재해발생요인 간의 상호관계를 나무모양의 도표로 표현하는 분석방법으로 불대수의 수학적 이론을 활용하여 시스템안전 확보를 위한 최소집합, 시스템 내 각 부품의 상대적 중요도 파악하고 재해요인의 정성적·정량적 분석이 동시에 가능하다. 절단집합은 분석을 위해 나눈 집합

단위를 의미하며, 정상사상을 발생시키는 기본사상들의 집합으로서 최소한의 집합을 최소절단집합(가장 하부의 절단집합)이라 한다. 최소절단집합의 관리를 통해 정상사상(재해사고)을 예방할 수 있으며, 최소절단집합의 발생확률, 평균고장률 및 평균수리시간 등을 이용하여 중간사상(최소절단집합과 정상사상 사이의 절단집합)과 정상사상의 발생확률, 평균고장률 및 평균수리시간 계산이 가능하고 기본사상의 중요도는 최소절단집합의 발생이 정상사상의 발생에 미치는 영향을 정량적으로 표시한 것으로 기본사상중요도의 종류는 다음과 같다.
  ㉠ 구조중요도 : 시스템구조에 따른 시스템고장의 영향을 평가
  ㉡ 확률중요도 : 시스템고장확률에 따른 부품고장확률의 기여도를 평가
  ㉢ 치명중요도 : 부품개선난이도가 시스템고장확률에 미치는 부품고장확률의 기여도를 평가

02 안전성평가

(1) 안전성평가의 의의

안전성평가(위험성평가)란 시스템의 위험수준을 허용수준 이하로 유지하기 위한 안전활동이다.

(2) 위험수준 기준설정(시스템 내 잠재위험과 잠재영향범위를 모형화)
  ① Risk = 발생확률 × 피해의 크기
  ② 발생확률 = 사고건수/단위시간
  ③ 피해크기 = 영향 정도/사고건수

(3) 안전성평가의 진행순서

안전성평가의 진행순서는 다음과 같다.
  ① 제1단계 : 자료의 수집 및 정비
    이는 해당 공사에 대한 신기술, 신공법 기계 및 설비의 안전성에 관한 것, 작업공정 및 배치의 적정 등의 검토에 필요한 자료를 수집·정비한다.
  ② 제2단계 : 정성적 평가의 실시
    이는 공법 및 기계·설비의 안전성 확보, 계획된 작업공정의 적정 여부 및 위험성을 파악하기 위한 정성적 평가를 실시한다.

③ 제3단계 : 정량적 평가의 정량화

이 단계는 제반 위험성의 정도(중요도)의 파악을 위하여 정량적인 평가를 실시한다.

④ 제4단계 : 위험성에 대한 안전대책의 검토

이 단계는 정량적 평가결과의 위험도에 따라 기술적인 대책과 관리적인 대책의 종합적인 안전대책을 수립한다.

⑤ 제5단계 : 안전대책의 재평가

이 단계에서는 제4단계에서 수립된 안전대책을 동종의 재해정보 등 관련 자료를 활용하여 재평가를 실시한다.

⑥ 제6단계 : 결함수분석(FTA)에 의한 재평가

이 단계는 FTA(Falut Tree Analysis)의 기법에 의하여 재평가를 실시하는데 필요시에만 적용·실시한다.

Chapter 03 국제단위계

01 SI단위의 탄생

모든 나라가 공통으로 사용하기에 적합한 실용적인 측정단위를 확립하기 위해서는 상거래, 보건, 안전 및 환경 등 일상생활에서 이루어지고 있는 계량 및 측정은 공통적이고 정확한 크기(양)로 정의된 단위에 기초해야 한다는 것은 신뢰할 수 있는 사회생활을 영위함에 있어서 필수 불가결한 요소이다.

국제단위계(The International System of Units)의 필요성은 19세기 서양에서 산업혁명이 확산되고 과학기술이 발전하면서부터 제기되었다. 초기에는 국가단위의 개념이 정립되었으나, 19세기 후반에 국가 간의 문물교류와 과학기술 정보교환이 활발해지면서 국제표준으로 이어지게 되었다. 그 결과 1875년에 파리에서 국제미터협약이 조인됨으로서 오늘날의 범세계적인 국제단위계의 기틀이 다져지게 된 것이다.

이에 따라 국제적으로 효율적이고 신뢰할 수 있는 길이(m), 질량(kg), 시간(s), 온도(K), 광도(cd), 전류(A), 물질량(mol) 등 물상상태의 양을 결정할 때 공통적으로 적용해야 할 기준으로 SI단위가 1960년 제11차 국제도량형총회(CGPM)에서 채택되었으며, 국가측정표준을 정하는 단위의 체계로서 세계 대부분의 나라에서 법제화를 통하여 이를 공식적으로 채택하고 있다.

우리나라에서도 국가표준기본법 제10조~제12조 규정에 의거 SI단위를 법정단위로 채택하고 있다

02 SI단위의 분류

SI단위는 크게 기본단위와 유도단위로 분류된다. 과학적인 관점에서 볼 때 SI단위를 이와 같이 두 부류로 나누는 것은 어느 정도 임의적이다. 왜냐하면 그러한 분류가 물리학적으로 꼭 필요한 것은 아니기 때문이다. 그럼에도 불구하고 국제도량형총회는 국제관계, 교육 및 과학적 연구활동에 있어 실용적이고 범세계적인 단일 단위체계가 갖는 이점을 고려하여 독립된 차원을 가지는 것으로 간주되는 7개의 명확하게 정의된 단위들을 선택하여 국제단위계

의 바탕을 삼기로 결정하였다. 즉 미터, 킬로그램, 초, 암페어, 켈빈, 몰, 칸델라의 7개 단위가 그것이다. 이 SI단위를 기본단위라고 부른다.

SI단위의 두 번째 부류는 유도단위이다. 즉 이들은 관련된 양들을 연결시키는 대수관계에 따라 여러 기본단위들이 조합하여 형성되는 단위이다. 이렇게 기본단위로 형성된 어떤 단위의 명칭과 기호는 특별한 명칭과 기호로 대치될 수 있고, 이들은 또한 다른 유도단위의 표현과 기호를 형성하는데 사용될 수 있다.

이 두 부류의 SI단위들은 일관성 있는 단위의 집합을 형성한다. 즉 1이 아닌 어떠한 수치적 인자 없이 순전히 곱하기와 나누기의 규칙에 의하여 서로 연관되는 단위의 체계라는 특별한 의미로서 "일관성"이란 표현이 사용된다. 여기서 중요하게 강조되어야 할 사실은 하나의 SI단위가 몇 가지 다른 형태로 표기될 수는 있어도 각각의 물리량은 단 하나의 SI단위만을 가진다는 것이다. 하지만 그 역은 성립하지 않는다. 즉 어떤 경우에는 동일한 SI단위가 몇 개의 다른 양의 값을 표현하는데 사용될 수 있다.

03 SI 기본단위

(1) 단위의 정의

① 길이의 단위(미터) : 백금 – 이리듐의 국제원기에 기초를 둔 1889년 미터의 정의는 제11차 국제도량형총회(1960)에서 크립톤 86원자($^{86}K_r$)의 복사선 파장에 근거를 둔 정의로 대체되었다. 이 정의는 미터 현시의 정확도를 향상시키기 위하여 채택되었다. 이 정의는 1983년의 제17차 국제도량형총회에서 다시 다음과 같이 대체되었다.

　미터는 빛이 진공에서 1/299792458초 동안 진행한 경로의 길이이다.

② 질량의 단위(킬로그램) : 백금 – 이리듐으로 만들어진 국제원기는 1889년 제1차 국제도량형총회에서 지정한 상태 하에 국제도량형국(BIPM)에 보관되어 있으며, 당시 국제도량형총회는 국제원기를 인가하고 다음과 같이 선언하였다.

　이제부터는 이 원기를 질량의 단위로 삼는다. 킬로그램은 질량의 단위이며, 국제킬로그램원기의 질량과 같으며 그 기호는 "kg"으로 한다.

③ 시간의 단위(초) : 예전에는 시간의 단위인 초를 평균태양일의 1/86400로 정의하였다. 그러나 지구 자전주기의 불규칙성 때문에 이 정의를 우리가 요구하는 정확도로 실현할 수 없다는 것이 측정에 의해 밝혀졌다. 이후 시간의 단위를 원자나 분자의 두 에너지준위 사이의 전이에 기초를 둔 원자시간 표준이 실현가능하고 훨씬 더 정밀하게 재현될 수 있다는 것이 실험에 의해 증명됨에 따라 1968년 제13차 국제도량형총회에서 초의 정의를 다음과 같이 바꾸었다.

초는 세슘 133원자($^{133}C_s$)의 바닥상태에 있는 두 초미세준위 사이의 전이에 대응하는 복사선의 9192631770주기의 지속시간이며, 그 기호는 "s"로 한다.

④ **전류의 단위(암페어)** : 전류와 저항에 대한 소위 국제전기단위는 1893년 국제전기협의회에서 최초로 도입되었고, 1948년 제9차 국제도량형총회에서 전류의 단위인 암페어를 다음과 같이 정의하였다.

암페어는 무한히 길고 무시할 수 있을 만큼 작은 원형단면적을 가진 두 개의 평행한 직선도체가 진공 중에서 1미터의 간격으로 유지될 때 두 도체 사이에 매 미터당 2×10^{-7}뉴턴(N)의 힘을 생기게 하는 일정한 전류이다.

⑤ **열역학적 온도의 단위(켈빈)** : 열역학적 온도의 단위는 실질적으로 1954년 제10차 국제도량형총회에서 정해졌는데, 여기서 물의 삼중점을 기본 고정점으로 선정하고 이 고정점의 온도를 정의에 의해서 273.16K로 정했다. 이후 1968년 제13차 국제도량형총회에서 "켈빈도"(기호 °K) 대신 켈빈(기호 K)이라는 명칭을 사용하기로 채택하였고, 열역학적 온도의 단위를 다음과 같이 정의하였다.

켈빈은 물의 삼중점에 해당하는 열역학적 온도의 1/273.16이며, 그 기호는 "K"로 한다. 다만, 온도를 다음과 같이 섭씨온도로 표시할 수 있다.

㉠ 섭씨온도의 기호는 t로 표시하고, $t = T - T_o$로 정의된다.
㉡ 섭씨온도는 기호 T로 표시하는 열역학적 온도와 물의 어는점인 기준온도 $T_o = 273.15\,K$와의 차이로 나타낸다.
㉢ 온도차이 또는 온도간격은 켈빈이나 섭씨도로 표현할 수 있으며, $t/°C = T/K - 273.15$로 정의된다.
㉣ 섭씨온도의 단위는 섭씨도(기호 °C)이며, 그 크기는 켈빈과 같다.

⑥ **물질량의 단위(몰)** : 국제순수응용물리학연맹, 국제순수응용화학연맹, ISO의 제안에 따라 국제도량형총회에서는 1971년에 "물질량"이란 양의 단위의 명칭은 몰(기호 mol)로 정하고 몰의 정의를 다음과 같이 채택하였다.

몰은 탄소 12의 0.012킬로그램에 있는 원자의 개수와 같은 수의 구성요소를 포함한 어떤 계의 물질량이다. 그 기호는 "mol"이다.

⑦ **광도의 단위(칸델라)** : 1948년 이전에는 광도의 단위를 불꽃이나 백열 필라멘트 표준에 기초를 두고 사용하였으나, 이후 백금 응고점에 유지된 플랑크복사체(흑체)의 광휘도에 기초를 둔 "신촉광(新燭光)"으로 대치되었다. 그러나 고온에서 플랑크복사체를 현시하기에 어려움이 많아 1979년 제16차 국제도량형총회에서 다음과 같은 새로운 정의를 채택하였다.

칸델라는 진동수 540×10^{12}헤르츠인 단색광을 방출하는 광원의 복사도가 어떤 주어진 방향으로 매 스테라디안당 1/683와트일 때 이 방향에 대한 광도이다.

(2) 기본단위의 기호

국제도량형총회에서 채택한 기본단위의 명칭과 기호는 [표 2]와 같다.

[표 2] SI 기본단위의 기호

기본량	SI 기본단위	
	명칭	기호
길이	미터	m
질량	킬로그램	kg
시간	초	s
전류	암페어	A
열역학적 온도	켈빈	K
물질량	몰	mol
광도	칸델라	cd

04 SI 유도단위

(1) 유도단위의 분류

유도단위는 기본단위들을 곱하기와 나누기의 수학적 기호로 연결하여 표현되는 단위이다. 어떤 유도단위에는 특별한 명칭과 기호가 주어져 있고, 이 특별한 명칭과 기호는 그 자체가 기본단위나 다른 유도단위와 조합하여 다른 양의 단위를 표시하는데 사용되기도 한다.

[표 3] 기본단위로 표시된 SI 유도단위의 예

유도량	SI 유도단위	
	명칭	기호
넓이	제곱미터	m^2
부피	세제곱미터	m^3
속력, 속도	미터 매 초	m/s
가속도	미터 매 초 제곱	m/s^2
파동수	역미터	m^{-1}
밀도, 질량밀도	킬로그램 매 세제곱미터	kg/m^3
비(比)부피	세제곱미터 매 킬로그램	m^3/kg
전류밀도	암페어 매 제곱미터	A/m^2
자기장의 세기	암페어 매 미터	A/m
(물질량의) 농도	몰 매 세제곱미터	mol/m^3
광휘도	칸델라 매 제곱미터	cd/m^2
굴절률	하나(숫자)	$1^{(가)}$

※ (가) "1"은 숫자와 조합될 때에는 일반적으로 생략된다.

[표 4]에 열거되어 있는 어떤 유도단위들은 편의상 특별한 명칭과 기호가 주어져 있다. 이 명칭과 기호는 그 자체가 다른 유도단위를 표시하는데 사용되기도 한다. [표 5]에 몇 가지 그러한 예를 보이고 있다. 이 특별한 명칭과 기호는 자주 사용되는 단위를 표시하기 위하여 간략한 형태로 되어 있다. 이러한 명칭과 기호 중에서 [표 4]의 마지막 3개의 단위는 특별히 인간의 보건을 위하여 국제도량형총회에서 승인된 양이다.

[표 4] 특별한 명칭과 기호를 가진 SI 유도단위

유도량	SI 유도단위			
	명칭	기호	다른 SI단위로 표시	SI 기본단위로 표시
평면각	라디안(가)	rad		$m \cdot m^{-1} = 1$(나)
입체각	스테라디안(가)	sr(다)		$m^2 \cdot m^{-2} = 1$(나)
주파수	헤르츠	Hz		s^{-1}
힘	뉴턴	N		$m \cdot kg \cdot s^{-2}$
압력, 응력	파스칼	Pa	N/m^2	$m^{-1} \cdot kg \cdot s^{-2}$
에너지, 일, 열량	줄	J	$N \cdot m$	$m^2 \cdot kg \cdot s^{-2}$
일률, 전력	와트	W	J/s	$m^2 \cdot kg \cdot s^{-3}$
전하량, 전기량	쿨롱	C		$s \cdot A$
전위차, 기전력	볼트	V	W/A	$m^2 \cdot kg \cdot s^{-3} \cdot A^{-1}$
전기용량	패럿	F	C/V	$m^{-2} \cdot kg^{-1} \cdot s^4 \cdot A^2$
전기저항	옴	Ω	V/A	$m^2 \cdot kg \cdot s^{-3} \cdot A^{-2}$
전기전도도	지멘스	S	A/V	$m^{-2} \cdot kg^{-1} \cdot s^3 \cdot A^2$
자기선속	웨버	Wb	$V \cdot s$	$m^2 \cdot kg \cdot s^{-2} \cdot A^{-1}$
자기선속밀도	테슬라	T	Wb/m^2	$kg \cdot s^{-2} \cdot A^{-1}$
인덕턴스	헨리	H	Wb/A	$m^2 \cdot kg \cdot s^{-2} \cdot A^{-2}$
섭씨온도	섭씨도(라)	℃		K
광선속	루멘	lm	$cd \cdot sr$(다)	$m^2 \cdot m^{-2} \cdot cd = cd$
조명도	럭스	lx	lm/m^2	$m^2 \cdot m^{-4} \cdot cd = m^{-2} \cdot cd$
(방사능핵종의) 방사능	베크렐	Bq		s^{-1}
흡수선량, 비(부여)에너지, 커마	그레이	Gy	J/kg	$m^2 \cdot s^{-2}$

유도량	SI 유도단위			
	명칭	기호	다른 SI단위로 표시	SI 기본단위로 표시
선량당량, 환경선량당량				
방향선량당량				
개인선량당량				
조직당량선량	시버트	Sv	J/kg	$m^2 \cdot s^{-2}$

※ ㈎ 라디안과 스테라디안은 서로 다른 성질을 가지나 같은 차원을 가진 양들을 구별하기 위하여 유도단위를 표시하는데 유용하게 쓰일 수 있다. 유도단위를 구성하는데 이들을 사용한 몇 가지 예가 [표 5]에 있다.
※ ㈏ 실제로 기호 rad와 sr은 필요한 곳에 쓰이나 유도단위 "1"은 일반적으로 숫자와 조합하여 쓰일 때 생략된다.
※ ㈐ 광도측정에서는 보통 스테라디안(기호 sr)이 단위의 표시에 사용된다.
※ ㈑ 이 단위는 SI접두어와 조합하여 쓰이고 있다. 그 한 예가 밀리섭씨도, m·℃이다.

[표 5] 명칭과 기호에 특별한 명칭과 기호를 가진 SI 유도단위의 예

유도량	SI 유도단위		
	명칭	기호	SI 기본단위로 표시
점성도	파스칼 초	Pa·s	$m^{-1} \cdot kg \cdot s^{-1}$
힘의 모멘트	뉴턴 미터	N·m	$m^2 \cdot kg \cdot s^{-2}$
표면장력	뉴턴 매 미터	N/m	$kg \cdot s^{-2}$
각속도	라디안 매 초	rad/s	$m \cdot m^{-1} \cdot s^{-1} = s^{-1}$
각가속도	라디안 매 초 제곱	rad/s²	$m \cdot m^{-1} \cdot s^{-2} = s^{-2}$
열속밀도, 복사조도	와트 매 제곱미터	W/m²	$kg \cdot s^{-3}$
열용량, 엔트로피	줄 매 켈빈	J/K	$m^2 \cdot kg \cdot s^{-2} \cdot K^{-1}$
비열용량, 비엔트로피	줄 매 킬로그램 켈빈	J/(kg·K)	$m^2 \cdot s^{-2} \cdot K^{-1}$
비에너지	줄 매 킬로그램	J/kg	$m^2 \cdot s^{-2}$
열전도도	와트 매 미터 켈빈	W/(m·K)	$m \cdot kg \cdot s^{-3} \cdot K^{-1}$
에너지밀도	줄 매 세제곱미터	J/m³	$m^{-1} \cdot kg \cdot s^{-2}$
전기장의 세기	볼트 매 미터	V/m	$m \cdot kg \cdot s^{-3} \cdot A^{-1}$
전하밀도	쿨롱 매 세제곱미터	C/m³	$m^{-3} \cdot s \cdot A$
전기선속밀도	쿨롱 매 제곱미터	C/m²	$m^{-2} \cdot s \cdot A$
유전율	패럿 매 미터	F/m	$m^{-3} \cdot kg^{-1} \cdot s^4 \cdot A^2$
투자율	헨리 매 미터	H/m	$m \cdot kg \cdot s^{-2} \cdot A^{-2}$
몰에너지	줄 매 몰	J/mol	$m^2 \cdot kg \cdot s^{-2} \cdot mol^{-1}$

유도량	SI 유도단위		
	명칭	기호	SI 기본단위로 표시
몰엔트로피, 몰열용량	줄 매 몰 켈빈	J/(mol·K)	$m^2 \cdot kg \cdot s^{-2} \cdot K^{-1} \cdot mol^{-1}$
(X선 및 γ선의) 조사선량	쿨롱 매 킬로그램	C/kg	$kg^{-1} \cdot s \cdot A$
흡수선량률	그레이 매 초	Gy/s	$m^2 \cdot s^{-3}$
복사도	와트 매 스테라디안	W/sr	$m^4 \cdot m^{-2} \cdot kg \cdot s^{-3} = m^2 \cdot kg \cdot s^{-3}$
복사휘도	와트 매 제곱미터 스테라디안	W/(m²·sr)	$m^2 \cdot m^{-2} \cdot kg \cdot s^{-3} = kg \cdot s^{-3}$

이미 언급한 바와 같이 하나의 SI단위가 몇 개의 다른 물리량에 대응할 수 있다. 그에 대한 여러 가지 예가 [표 5]에 나와 있는데 여기 나와 있는 양들이 그 전부는 아니다. 줄 매 켈빈(J/K)은 엔트로피뿐만 아니라 열용량의 SI단위이며, 또한 암페어(A)는 유도 물리량인 기자력뿐만 아니라 기본량인 전류의 SI단위이기도 하다. 그러므로 어떤 양을 명시하기 위하여 그 단위만을 사용해서는 안 된다. 이러한 규칙은 비단 과학기술서적뿐만 아니라 예를 들자면 측정장비에도 적용된다(즉 측정장비는 단위와 측정된 물리량을 모두 표시해야 한다).

유도단위는 기본단위의 명칭과 유도단위의 특별한 명칭을 조합하여 여러 가지 다른 방법으로 표현될 수 있다. 그러나 이것은 일반 물리적인 개념을 고려하여 대수학적으로 자유롭게 표현할 수 있다. 예를 들어, 줄(J) 대신에 뉴턴 미터(N·m) 혹은 킬로그램 미터제곱 매 초제곱($kg \cdot m^2 \cdot s^{-2}$)이 사용될 수도 있다.

그러나 어떤 경우에는 특정한 표현식이 다른 것들보다 더 유용할 수도 있다. 실제로는 같은 단위를 갖는 양들의 구별을 용이하게 하기 위하여, 어떤 양들에 대해서는 어떤 특별한 단위명 혹은 단위의 조합을 선호하여 사용한다. 예를 들면, 주파수의 SI단위로 역초(s^{-1}) 대신에 헤르츠(Hz)가 명칭으로 지정되어 있고, 각속도의 SI단위도 역초보다는 라디안 매 초(rad/s)가 지정되어 있다

[비고] 이 경우 라디안이란 단어를 그대로 사용하는 이유는 각속도가 2π와 회전주파수의 곱이라는 것을 강조하기 위함이다. 이와 유사하게 힘의 모멘트에 대한 SI단위로는 줄(J) 대신에 뉴턴 미터(N·m)가 지정되어 있다.

전리방사선분야에서도 이와 비슷하게 방사능의 SI단위로 역초보다는 베크렐(Bq)을, 흡수선량과 선량당량의 SI단위로 줄 매 킬로그램(J/kg)보다는 각각 그레이(Gy)나 시버트(Sv)가 사용된다. 특별한 명칭인 베크렐, 그레이, 시버트는 역초나 줄 매 킬로그램의 단위를 사용함으로써 일어날 수 있는 과오로 인한 사람의 건강에 대한 위험도 때문에 특별히 도입된 양들이다.

(2) 무차원 양의 단위, 차원 1을 가지는 양

일부 물리량은 같은 종류의 두 물리량의 비로써 정의되며, 따라서 숫자 1로 표현되는 차원을 가지게 된다. 이러한 물리량의 단위는 필연적으로 다른 SI단위들과 일관성을 갖는 유도단위가 된다. 그리고 두 동일한 SI단위의 비로 구성되기 때문에 이 단위도 숫자 1로 표시될 수 있다. 따라서 차원적으로 곱한 결과가 1로 주어지는 모든 물리량의 SI단위는 숫자 1이다. 굴절률, 상대투자율, 마찰계수 등이 이러한 물리량의 예이다. 단위 1을 가지는 다른 물리량에는 프란틀(Prandtl) 숫자 $\eta c_p / \lambda$ 같은 "특성숫자"와 분자수나 축퇴(에너지준위의 수), 통계역학의 분배함수와 같이 계수를 나타내는 숫자 등이 있다.

이런 모든 물리량은 무차원 또는 차원 1인 것으로 기술되며, SI단위는 1이다. 이런 물리량들의 값은 단지 숫자로 주어지며, 일반적으로 단위 1은 구체적으로 표시되지 않는다. 그러나 몇 가지의 경우에는 이런 단위에 특별한 명칭이 주어지는데, 이는 주로 일부의 복합유도단위 사이의 혼란을 피하기 위해서이다. 이에 해당되는 예로 라디안, 스테라디안, 네퍼 등이 있다.

05 SI단위의 십진 배수 및 분수

(1) SI 접두어

국제도량형총회는 SI단위의 십진 배수 및 분수에 대한 명칭과 기호를 구성하기 위하여 10^{-24}부터 10^{24}범위에 대하여 일련의 접두어와 그 기호들은 채택하였다. 이 접두어의 집합을 SI 접두어라고 명명하였다. 현재까지 승인된 모든 접두어와 기호는 [표 6]과 같다.

[표 6] SI 접두어

인자	접두어	기호	인자	접두어	기호
10^{24}	요타	Y	10^{-1}	데시	d
10^{21}	제타	Z	10^{-2}	센티	c
10^{18}	엑사	E	10^{-3}	밀리	m
10^{15}	페타	P	10^{-6}	마이크로	μ
10^{12}	테라	T	10^{-9}	나노	n
10^{9}	기가	G	10^{-12}	피코	p
10^{6}	메가	M	10^{-15}	펨토	f
10^{3}	킬로	k	10^{-18}	아토	a
10^{2}	헥토	h	10^{-21}	젭토	z
10^{1}	데카	da	10^{-24}	욕토	y

(2) 킬로그램

국제단위계의 기본단위 가운데 질량의 단위(킬로그램)만이 역사적인 이유로 그 명칭이 접두어를 포함하고 있다. 질량단위의 십진 배수 및 분수에 대한 명칭 및 기호는 단위명칭 "그램"에 접두어 명칭을 붙이고, 단위기호 "g"에 접두어 기호를 붙여서 사용한다.
- 표시 예 : 10^{-6} kg =1mg(1밀리그램)이며, 1μkg(1마이크로킬로그램)이 아님

06 SI 이외의 단위

(1) 개요

SI단위는 과학, 기술, 상업 등의 전반에 걸쳐 사용이 권고되고 있다. 이 단위는 국제도량형총회에 의하여 국제적으로 인정되었으며, 현재 이를 기준으로 그 밖의 모든 단위들이 정의되고 있다. SI 기본단위와 특별한 명칭을 가진 것들을 포함한 SI 유도단위는 물리량 항을 갖는 방정식에서 그 항에 특정값을 대입할 때 단위환산이 필요치 않은 일관된 틀을 형성한다는 중요한 장점을 가지고 있다.

그럼에도 불구하고 몇몇 SI 이외의 단위들이 아직도 과학, 기술, 상업 관련 문헌에서 광범위하게 나타나고 있고, 그 몇 가지는 아마 여러 해 동안 계속 사용될 것으로 보인다. 시간의 단위와 같은 몇몇 국제단위계 이외의 단위들은 일상생활에서 매우 넓게 사용되고 있고 인류의 역사와 문화에 아주 깊이 새겨져 있어서 이들은 당분간 계속 사용될 것이다.

(2) SI와 함께 사용이 용인된 단위

국제도량형총회에서는 SI의 사용자들이 SI에 속하지는 않지만 중요하고 널리 사용되는 몇 가지의 단위를 쓰고 싶어한다는 것을 인정하여 SI 이외의 단위를 3가지로 분류하여 열거하였다.
① 유지되어야 할 단위
② 잠정적으로 묵인되어야 할 단위
③ 취소해야 할 단위

이 분류를 재검토하면서 1996년 국제도량형총회에서는 SI 이외의 단위를 새로운 항목으로 분류하는데 동의하였다. 이들은 SI와 함께 사용되는 것이 용인된 [표 7]의 단위, 그 값이 실험적으로 얻어지며 SI와 함께 사용되는 것이 용인된 [표 8]의 단위, 특별한 용도의 필요성을 만족시키기 위하여 SI와 함께 사용되는 것이 현재 용인된 [표 9]의 단위들이다.

SI와 함께 사용되는 것이 용인된 SI 이외의 단위들이 [표 7]에 열거되어 있다. 매일 계속해서 사용하는 단위, 특히 시간과 각에 대한 전통적인 단위 및 기술적으로 중요성을 가진 그 밖의 몇 가지 단위들이 [표 7]에 포함되어 있다.

[표 7] 국제단위계와 함께 사용되는 것이 용인된 SI 이외의 단위

명칭	기호	SI단위로 나타낸 값
분	min	1min = 60s
시간(가)	h	1h = 60min = 3,600s
일	d	1d = 24h = 8,6400s
도(나)	°	$1° = (\pi/180)$rad
분	′	$1′ = (1/60)° = (\pi/10800)$rad
초	″	$1″ = (1/60)′ = (\pi/648000)$rad
리터(다)	l, L	$1L = 1dm^3 = 10^{-3}m^3$
톤(라, 마)	t	$1t = 10^3 kg$
네퍼(바, 아)	Np	1Np = 1
벨(사, 아)	B	$1B = (1/2)\ln 10(Np)$(자)

※ (가) 이 단위의 기호는 제9차 국제도량형총회(1948 ; CR, 70)의 결의사항 7에 있다.
※ (나) ISO 31은 분과 초를 사용하는 대신에 도를 십진 분수의 형태로 사용할 것을 권고한다.
※ (다) 이 단위와 그 기호 l은 1879년 CIPM(PV, 1879, 41)에서 채택되었다. 또 다른 기호 L은 제16차 국제도량형총회(1979, 결의사항 6 ; CR, 101 및 Metrologia, 1980, 16, 56-57)에서 글자 "l"과 숫자 "1"과의 혼동을 피하기 위해 채택되었다. 리터의 현재 정의는 제12차 국제도량형총회(1964 ; CR, 93)의 결의사항 6에 있다.
※ (라) 이 단위와 그 기호는 1879년 CIPM(PV, 1879, 41)에서 채택되었다.
※ (마) 몇몇 영어사용국가에서 이 단위는 "메트릭톤"이라 불린다.
※ (바) 네퍼는 마당준위, 일률준위, 음압준위, 로그 감소 같은 로그량의 값을 표현하는데 사용된다. 네퍼로 표현된 양의 값을 얻기 위하여 자연로그가 사용된다. 네퍼는 SI와 일관성을 갖지만 아직 국제도량형총회에서 SI단위로 채택되지 아니하였다. 자세한 내용은 국제표준 ISO 31 참조.
※ (사) 벨은 마당준위, 일률준위, 음압준위, 감쇠 같은 로그량의 값을 표현하는데 사용된다. 벨로 표현된 양의 값을 얻기 위하여 밑이 10인 로그가 사용된다. 분수인 데시벨, dB가 보통 사용된다. 자세한 내용은 국제표준 ISO 31 참조.
※ (아) 이 단위를 사용할 때 양을 명시하는 것이 특히 중요하다. 단위가 양을 의미하기 위하여 사용되어서는 안 된다.
※ (자) 네퍼가 SI와 일관성을 갖을지라도 아직 국제도량형총회에서 채택되지 아니하였기 때문에 Np에는 괄호를 하였다.

[표 8]에는 SI와 함께 사용되는 것이 용인된 SI 이외의 단위 3개를 열거하였으며, SI 단위로 표현된 그 값들은 실험적으로 얻어져야 하므로 정확히 알려져 있지 않다. 그 값들은 합성표준불확도(포함인자 $k=1$)와 함께 주어지는데, 그 불확도는 마지막 두 자릿수에 적용되며 괄호 속에 나타내었다. 이 단위들은 어떤 특정한 분야에서 흔히 사용된다.

[표 8] 국제단위계와 함께 사용되는 것이 용인된 SI 이외의 단위

명칭	기호	정의	SI단위로 나타낸 값
전자볼트⁽개⁾	eV	(나)	$1eV = 1.60217733(49) \times 10^{-19}$ J
통일원자질량단위⁽개⁾	u	(다)	$1u = 1.6605402(10) \times 10^{-27}$ kg
천문단위⁽개⁾	ua	(라)	$1ua = 1.49597870691(30) \times 10^{11}$ m

※ ㈎ 전자볼트와 통일원자질량단위에 대한 값은 CODATA Bulletin, 1986, No. 63에서 인용되었다. 천문단위로 주어진 값은 IERS회의록(1996), D.D. McCarthy ed., IERS Technical Note 21, Observatoire de Paris, July 1996에서 인용된 것이다.
※ ㈏ 전자볼트는 하나의 전자가 진공 중에서 1볼트의 전위차를 지날 때 얻게 되는 운동에너지이다.
※ ㈐ 통일원자질량단위는 정지상태에 있으며, 바닥상태에 있는 속박되지 않은 ^{12}C핵종 원자질량의 1/12과 같다. 생화학분야에서 통일원자질량단위는 또한 달톤(기호 Da)으로 불린다.
※ ㈑ 천문단위는 지구-태양의 평균거리와 거의 같은 길이의 단위이다. 이 값이 태양계에서 물체의 운동을 표현하는데 사용될 때 태양 중심 중력상수는 $(0.01720209895)^2 ua^3 d^{-2}$이 된다.
* SI단위로 표현된 그 값들은 실험적으로 얻어진다.

[표 9]에는 상업, 법률 및 전문과학적 용도에서의 필요성을 만족시키기 위하여 SI와 함께 사용되는 것이 현재 용인된 SI 이외의 단위 가운데 몇 개가 열거되어 있다. 이 단위들이 사용되는 모든 문서에는 SI와 관련하여 그 단위가 정의되어야 하며, 이들의 사용을 권장하지는 아니한다.

[표 9] 국제단위계와 함께 사용되는 것이 현재 용인된 그 밖의 SI 이외의 단위

명칭	기호	SI단위로 나타낸 값
해리⁽개⁾		1해리 = 1,852m
놋트		1해리 매 시간 = (1,852/3,600)m/s
아르⁽내⁾	a	$1a = 1dam^2 = 10^2 m^2$
헥타르⁽내⁾	ha	$1ha = 1hm^2 = 10^4 m^2$
바⁽대⁾	bar	$1bar = 0.1MPa = 100kPa = 1,000hPa = 10^5 Pa$
옹스트롬	Å	$1Å = 0.1nm = 10^{-10}$ m
바안⁽래⁾	b	$1b = 100fm^2 = 10^{-28} m^2$

※ ㈎ 해리는 항해나 항공의 거리를 나타내는데 쓰이는 특수단위이다. 위에 주어진 관례적인 값은 1929년 모나코의 제1차 국제특수수로학회에서 "국제해리"라는 이름 아래 채택되었다. 아직 국제적으로 합의된 기호는 없다. 이 단위가 원래 선택된 이유는 지구 표면의 1해리는 대략 지구 중심에서 각도 1분에 상응하는 거리이기 때문이다.
※ ㈏ 이 단위와 기호는 1879년 CIPM(PV, 1879, 41)에서 채택되었으며 토지면적을 표현하는데 사용되고 있다.
※ ㈐ 바와 그 기호는 제9차 국제도량형총회(1948 ; CR, 70)의 결의사항 7에 있다.
※ ㈑ 바안은 핵물리학에서 유효단면적을 나타내기 위하여 사용되는 특수단위이다.

07 SI단위의 표시방법

(1) 개요

현재 세계 대부분의 국가에서는 국제단위계(SI)를 채택하여 과학, 기술, 상업 등 모든 분야에서 사용하고 있다. 따라서 단위도 SI단위가 국제적으로 통용되고 있으며, 종래에 사용해 오던 Torr(torr)나 μ(micron), γ(gamma) 같은 단위들은 이제는 사용하지 말고, 그 대신 SI단위인 Pa(pascal)이나 μm(micrometer), nT(nanotesla) 등으로 바꿔주어야 한다. 국제단위계(SI)는 7개의 기본단위를 바탕으로 형성되어 있으며, 필요한 모든 유도단위가 이들의 곱이나 비로만 이루어지는 일관성 있는 단위체계이다.

(2) 단위기호의 사용법

단위의 올바른 사용법은 아주 간단하다. 지금까지 설명하면서 [표 2]~[표 6]에 보인 기호들을 그대로 쓰면 된다. 즉, 활자체는 물론 소문자, 대문자까지도 기호로 약속한 것이므로 어떤 경우도 변형시키지 말고 그대로 써야 한다는 것이다. 언어에 따라 나라마다 단위명칭은 다를지라도 단위기호는 국제적으로 공통이며 같은 방법으로 사용한다.

① 양의 기호는 이탤릭체(사체)로 쓰며, 단위기호는 로마체(직립체)로 쓴다. 일반적으로 단위기호는 소문자로 표기하지만 단위의 명칭이 사람의 이름에서 유래하였으면 그 기호의 첫 글자는 대문자이다.

　예　• 양의 기호 : m(질량), t(시간) 등
　　　• 단위의 기호 : kg, s, K, Pa, kHz 등

② 단위기호는 복수의 경우에도 변하지 않으며, 단위기호 뒤에 마침표 등 다른 기호나 다른 문자를 첨가해서는 안 된다. 다만, 구두법상 문장의 끝에 오는 마침표는 예외이다.

　예　• kg이며, Kg이 아님(비록 문장의 시작이라도)
　　　• 5s이며, 5sec. 나 5sec 또는 5secs가 아님
　　　• gauge압력을 표시할 때 600kPa(gauge)이며, 600kPag가 아님

③ 어떤 양을 수치와 단위기호로 나타낼 때 그 사이를 한 칸 띄어야 한다. 다만, 평면각의 도(°), 분('), 초(")에 한해서 그 기호와 수치 사이는 띄지 않는다.

　예　• 35 mm이며, 35mm가 아님
　　　• 32 ℃이며, 32℃ 또는 32℃가 아님(℃도 SI단위임에 유의)
　　　• 2.37 lm이며, 2.37lm(2.37lumens)가 아님
　　　• 25°, 25°23', 25°23'27" 등은 옳음

　참고　%(백분율, 퍼센트)도 한 칸 띄는 것이 옳음(25 %이며 25%가 아님)

④ 숫자의 표시는 일반적으로 로마체(직립체)로 한다. 여러 자리 숫자를 표시할 때는 읽기 쉽도록 소수점을 중심으로 세 자리씩 묶어서 약간 사이를 띄어서 쓴다. 표시해야 하는 양이 합이나 차이일 경우는 수치 부분을 괄호로 묶고 공통되는 단위기호는 뒤에 쓴다.

> 예 • $c = 299\ 792\ 458$m/s(빛의 속력)
> • $1\text{eV} = 1.602\ 177\ 33(49) \times 10^{-19}$J(괄호 내 값은 불확도표시)
> • $t = 28.4℃ \pm 0.2℃ = (28.4 \pm 0.2)℃$(틀림 : $28.4 \pm 0.2℃$)

(3) 단위의 곱하기와 나누기

다음에 설명하는 규칙은 원래 SI단위에 해당되는 것인데, SI단위가 아닌 단위도 SI단위와 함께 쓰기로 인정한 것이므로 이에 따른다.

① 두 개 이상의 단위의 곱으로 표시되는 유도단위는 가운뎃점이나 한 칸을 띄어쓴다.

> 예 N · m 또는 N m
>
> 주의 위의 예 'N m'에서 그 사이를 한 칸 띄지 않는 것도 허용되나, 사용하는 단위의 기호가 접두어의 기호와 같을 때(meter와 milli의 경우)는 혼동을 주지 않도록 한다. 예로서, N m이나 m · N으로 써서 m N(millinewton)과 구별한다.

② 두 개의 단위의 나누기로 표시되는 유도단위를 나타내기 위하여 사선, 횡선 또는 음의 지수를 사용한다.

> 예 $\dfrac{\text{m}}{\text{s}}$, m/s, 또는 m · s^{-1}
>
> 주의 사선(/) 다음에 두 개 이상의 단위가 올 때는 반드시 괄호로 표시한다.

③ 괄호로 모호함을 없애지 않는 한 사선은 곱하기 기호나 나누기 기호와 같은 줄에 사용할 수 없다. 복잡한 경우에는 혼돈을 피하기 위하여 음의 지수나 괄호를 사용한다.

> 예 • 옳음 : joules per kilogram 또는 J · kg^{-1}
> • 틀림 : joules/kilogram, joules/kg, joules · kg^{-1}

(4) SI 접두어의 사용법

① 일반적으로 접두어는 크기 정도(orders of magnitude)를 나타내는데 적합하도록 선정해야 한다. 따라서 유효숫자가 아닌 영(0)들을 없애고 10의 멱수로 나타내어 계산하던 방법 대신에 이 접두어를 적절하게 사용할 수 있다.

> 예 • 12 300mm는 12.3m가 됨
> • 12.3×10^3m는 12.3km가 됨
> • 0.00123μA는 1.23nA가 됨

② 어떤 양을 한 단위와 수치로 나타낼 때 보통 수치가 0.1과 1,000 사이에 오도록 접두어를 선택한다. 다만, 다음의 경우는 예외로 한다.

- 넓이나 부피를 나타낼 때 헥토, 데카, 데시, 센티가 필요할 수 있다.
  - 예 제곱헥토미터(hm^2), 세제곱센티미터(cm^3)
- 같은 종류의 양의 값이 실린 표에서나 주어진 문맥에서 그 값을 비교하거나 논의할 때에는 0.1에서 1,000의 범위를 벗어나도 같은 단위를 사용하는 것이 좋다.
- 어떤 양은 특정한 분야에서 쓸 때 관례적으로 특정한 배수가 사용된다.
  - 예 기계공학도면에서는 그 값이 0.1~1,000mm의 범위를 많이 벗어나도 mm가 사용된다.

③ 복합단위의 배수를 형성할 때 한 개의 접두어를 사용해야 한다. 이때 접두어는 통상적으로 분자에 있는 단위에 붙여야 되는데, 다만 한 가지 예외의 경우는 kg이 분모에 올 경우이다.
  - 예 • V/m이며, mV/mm가 아님
  - • MJ/kg이며, kJ/g가 아님

④ 두 개나 그 이상의 접두어를 나란히 붙여 쓰는 복합접두어는 사용할 수 없다.
  - 예 • 1nm이며, 1mμm가 아님
  - • 1pF이며, 1$\mu\mu$F가 아님
  - 주 만일 현재 사용하는 접두어의 범위를 벗어나는 값이 있으면 이때는 10의 멱수와 기본단위로 표시해야 한다.

⑤ 접두어를 가진 단위에 붙는 지수는 그 단위의 배수나 분수 전체에 적용되는 것이다.
  - 예 • $1cm^3 = (10^{-2}m)^3 = 10^{-6}m^3$
  - • $1s^{-1} = (10^{-9}s)^{-1} = 10^9 s^{-1}$
  - • $1mm^2/s = (10^{-3}m)^2/s = 10^{-6}m^2/s$

⑥ 접두어는 반드시 단위의 기호와 결합하여 사용하며(이때는 하나의 새로운 기호가 형성되는 것임), 접두어만 따로 떼어서 독립적으로 사용할 수 없다.
  - 예 $10^6/m^3$이며 M/m^3은 아님

(5) 단위 "1"의 사용법

① 차원(dimension)이 일(1)인 양의 SI단위는 '하나'(기호 1)이다. 이러한 양을 수치적으로 표시할 때는 이 단위의 기호는 생략한다.
  - 예 굴절률 $n = 1.53 \times 1 = 1.53$

  그러나 이러한 차원 1인 양 중에서도 어떤 양의 단위는 특별한 명칭을 가지고 있는데, 이때는 문맥에 따라 이 단위를 쓸 수도 있고 생략할 수도 있다.
  - 예 평면각 $\alpha = 0.5 rad = 0.5$, 입체각 $\Omega = 2.3 sr = 2.3$

② 단위 '하나'의 십진 배수와 분수는 10의 멱수로 나타내야 하며, 단위기호 '1'과 접두어의 결합으로 나타내서는 안 된다(앞에서 설명한 접두어만 따로 떼어서 독립적으로

사용할 수 없다는 것과 결과적으로 같음에 유의). 어떤 경우에는 기호 %(퍼센트)를 숫자 0.01 대신에 사용하기도 한다. 그러나 ppm, ppb 등은 특정언어에서 온 약어로 간주되므로 사용하지 말고 10^{-6}, 10^{-9} 등을 사용해야 한다.

㉠ 반사인자 $r=0.8=80\%$

㈜ 퍼센트는 하나의 숫자이므로 질량에 의한 퍼센트 또는 부피에 의한 퍼센트라고 말하는 것은 실제로는 무의미하다. 따라서 %(m/m) 또는 %(V/V) 등과 같이 단위의 기호 뒤에 추가정보를 첨가해서는 안 된다. 질량분율(mass fraction)을 나타낼 때는 "질량분율이 0.67이다" 또는 "질량분율이 67%이다"라고 표현하는 것이 좋다. 질량의 분율은 $5\mu g/g$, 부피분율은 mL/m^3의 형태로 나타낼 수도 있다.

(6) SI단위 영어명칭의 사용법

영문으로 논문을 작성할 경우 등 단위의 영어명칭을 사용할 필요가 있을 때가 있는데, 이때 몇 가지 유의해야 할 점은 다음과 같다.

① 단위명칭은 보통명사와 같이 취급하여 소문자로 쓴다. 다만, 문장의 시작이나 제목 등 문법상 필요한 경우는 대문자를 쓴다.

㉠ 3newtons이며, 3Newtons가 아님

② 일반적으로 영어문법에 따라 복수형태가 사용되며, lux, hertz siemens는 불규칙 복수형태로 단수와 복수가 같다.

㉠ henry의 복수는 henries로 씀

③ 접두어와 단위명칭 사이는 한 칸 띄지도 않고 연자부호(hyphen)를 넣지도 않는다.

㉠ kilometer이며, kilo-meter가 아님

④ "megohm", "kilohm", "hectare"의 세 가지 경우는 접두어 끝에 있는 모음이 생략된다. 이 외의 모든 단위명칭은 모음으로 시작되어도 두 모음을 모두 써야 하며 발음도 모두 해야 한다.

Chapter 04 단위환산표

01 길이

단위	cm	m	in	ft	yd	mile	尺	間	町	里
cm	1	0.01	0.3937	0.0328	0.0109	–	0.033	0.0055	0.00009	–
m	100	1	39.37	3.2808	1.0936	0.0006	3.3	0.55	0.00917	0.00025
in	2.54	0.0254	1	0.0833	0.0278	–	0.0838	0.0140	0.0002	–
ft	30.48	0.3048	12	1	0.3333	0.00019	1.0058	0.1676	0.0028	–
yd	91.438	0.9144	36	3	1	0.0006	3.0175	0.5029	0.0083	0.0002
mile	160930	1609.3	63360	5280	1760	1	5310.8	885.12	14.752	0.4098
尺	30.303	0.303	11.93	0.9942	0.3314	0.0002	1	0.1667	0.0028	0.00008
間	181.818	1.818	71.582	5.965	1.9884	0.0011	6	1	0.0167	0.0005
町	10909	109.091	4294.9	357.91	119.304	0.0678	360	60	1	0.0278
里	392727	3927.27	154619	12885	4295	2.4403	12960	2160	36	1

02 면적(넓이)

단위	평방자	평	단보	정보	m^2	a(아르)	ft^2	yd^2	acre
평방자	1	0.02778	0.00009	0.000009	0.09182	0.00091	0.98841	0.10982	–
평	36	1	0.00333	0.00033	3.3058	0.03305	35.583	3.9537	0.00081
단보	10800	300	1	0.1	991.74	9.9174	10674.9	1186.1	0.24506
정보	108000	3000	10	1	9917.4	99.174	106794	11861	2.4506
m^2	10.89	0.3025	0.001008	0.0001	1	0.01	10.764	1.1958	0.00024
a	1089	30.25	0.10083	0.01008	100	1	1076.4	119.58	0.02471
ft^2	1.0117	0.0281	0.00009	0.000009	0.092903	0.000929	1	0.1111	0.000022

단위	평방자	평	단보	정보	m²	a(아르)	ft²	yd²	acre
yd²	9.1055	0.25293	0.00084	0.00008	0.83613	0.00836	9	1	0.000207
acre	44071.2	1224.2	4.0806	0.40806	4046.8	40.468	43560	4840	1

※ 참고 : 1hectare(헥타르)＝100are＝10,000m²

03 부피(체적) 1

단위	홉	되	말	cm³	m³	l	in³	ft³	yd³	gal(美)
홉	1	0.1	0.01	180.39	0.00018	0.18039	11.0041	0.0066	0.00023	0.04765
되	10	1	0.1	1803.9	0.00180	1.8039	110.041	0.0637	0.00234	0.47656
말	100	10	1	18039	0.01803	18.039	1100.41	0.63707	0.02359	4.76567
cm³	0.00554	0.00055	0.00005	1	0.000001	0.001	0.06102	0.00003	0.00001	0.00026
m³	5543.52	554.325	55.4352	1000000	1	1000	61027	35.3165	1.30820	264.186
l	5.54352	0.55435	0.05543	1000	0.001	1	61.027	0.03531	0.00130	0.26418
in³	0.09083	0.00908	0.0091	16.387	0.000016	0.01638	1	0.00057	0.00002	0.00432
ft³	156.966	15.6666	1.56966	28316.8	0.02831	28.3169	1728	1	0.03703	7.48051
yd³	4238.09	423.809	42.3809	764511	0.76451	764.511	46656	27	1	201.974
gal(美)	20.9833	2.0983	0.20983	3785.43	0.00378	3.78543	231	0.16368	0.00495	1

04 부피(두량/斗量) 2

단위	m³	gal(UK)	gal(US)	l
m³	1	220.0	264.2	1000
gal(UK)	0.004546	1	1.201	4.546
gal(US)	0.003785	0.8327	1	3.785
l	0.001	0.2200	0.2642	1

※ 참고 : 1gal(US)＝231in³, 1ft³＝7.48gal(US)

05 무게(질량) 1

단위	g	kg	ton	그레인	온스	lb	돈	근	관
g	1	0.001	0.000001	15.432	0.03527	0.0022	0.26666	0.00166	0.000266
kg	1000	1	0.001	15432	33.273	2.20459	266.666	1.6666	0.26666
ton	1000000	1000	1	–	35273	2204.59	266666	1666.6	266.666
그레인	0.06479	0.00006	–	1	0.00228	0.00014	0.01728	0.00108	0.000017
온스	28.3495	0.02835	0.000028	437.4	1	0.06525	7.56	0.0473	0.00756
lb	453.592	0.45359	0.00045	7000	16	1	120.96	0.756	0.12096
돈	3.75	0.00375	0.000004	57.872	0.1323	0.00827	1	0.00625	0.001
근	600	0.6	0.0006	9259.556	21.1647	1.32279	160	1	0.16
관	3750	3.75	0.00375	57872	132.28	8.2672	1000	6.25	1

06 무게(질량) 2

단위	kg	t	lb	ton	sh tn
kg	1	0.001	2.20462	0.0009842	0.0011023
t	1000	1	2204.62	0.9842	1.1023
lb	0.45359	0.00045359	1	0.0004464	0.00055
ton	1016.05	1.01605	2240	1	1.12
sh tn	907.185	0.907185	2000	0.89286	1

※ 참고 : t : 톤, ton : 영국톤(long ton), sh tn : 미국톤(short ton)

07 밀도

단위	g/m³	kg/m³	lb/in³	lb/ft³
g/m³	1	1000	0.03613	62.43
kg/m³	0.001	1	0.00003613	0.06243
lb/in³	27.68	27680	1	1728
lb/ft³	0.01602	16.02	0.0005787	1

※ 참고 : $1g/cm^3 = 1t/m^3$

08 힘

단위	N	dyn	kgf	lbf	pdl
N	1	1×10^5	0.101972	0.2248	7.233
dyn	1×10^{-5}	1	1.01972×10^{-6}	2.248×10^{-6}	7.233×10^{-5}
kgf	9.80665	9.80665×10^5	1	2.205	70.93
lbf	4.44822	4.44822×10^5	0.4536	1	32.17
pdl	0.138255	1.38255×10^4	0.01410	0.03108	1

※ 참고 : $1dyn = 1 \times 10^{-5} N$, $1pdl$(파운달) $= 1ft \cdot lb/s^2$

09 압력 1

단위	kgf/cm²	bar	Pa	atm	mH₂O	mHg	lbf/in²
kgf/cm²	1	0.980665	0.980665×10^5	0.9678	10.000	0.7356	14.22
bar	1.0197	1	1×10^5	0.9869	10.197	0.7501	14.50
Pa	1.0197×10^{-5}	1×10^{-5}	1	0.9869×10^{-5}	1.0197×10^{-4}	7.501×10^{-6}	1.450×10^{-4}
atm	1.0332	1.01325	1.01325×10^5	1	10.33	0.760	14.70
mH₂O	0.10000	0.09806	9.80665×10^3	0.09678	1	0.07355	1.422
mHg	1.3595	1.3332	1.3332×10^5	1.3158	13.60	1	19.34
lbf/in²	0.07031	0.06895	6.895×10^3	0.06805	0.7031	0.05171	1

※ 참고 : $1Pa = 1N/m^2$, $1bar = 1 \times 10^5 Pa$, $1lbf/in^2 = 1psi$, $1Pa = 7.5 \times 10^{-3} torr$

10 압력 2

단위	kPa	bar	psi	kgf/cm²	mmH₂O	in H₂O	ft H₂O	mmHg	in Hg	torr
kPa	1	0.01	0.14504	0.01020	101.972	4.01463	0.33455	7.50064	0.29530	7.50064
bar	100	1	14.5038	1.01972	10197.2	401.463	33.4552	750.064	29.5300	750.064
psi	6.89476	0.06895	1	0.07031	703.070	27.6799	2.30666	51.7151	2.03602	51.7151

단위	kPa	bar	psi	kgf/cm²	mmH₂O	in H₂O	ft H₂O	mmHg	in Hg	torr
kgf/cm²	98.0665	0.98067	14.2233	1	10000	393.701	32.8084	735.561	28.9590	735.561
mmH₂O	0.00981	0.00010	0.00142	0.00010	1	0.03937	0.00328	0.07356	0.00290	0.07356
in H₂O	0.24909	0.00249	0.03613	0.00254	25.4	1	0.08333	1.86833	0.07356	1.86833
ft H₂O	2.98907	0.02989	0.43353	0.03048	304.800	12.000	1	22.4199	0.88267	22.4199
mmHg	0.13332	0.00133	0.01934	0.00136	13.5951	0.53524	0.04460	1	0.03937	1
in Hg	3.38639	0.03386	0.49115	0.03453	345.316	13.5951	1.13202	25.4001	1	25.4001
torr	0.13332	0.00133	0.01934	0.00136	13.5951	0.53524	0.04460	1	0.03937	1

11 응력

단위	kgf/cm²	kgf/mm²	Pa	N/mm²	lbf/ft²
kgf/cm²	1	1×10^{-2}	0.980665×10^{5}	0.0980665	2048
kgf/mm²	1×10^{2}	1	0.980665×10^{7}	9.80665	2.048×10^{5}
Pa	1.0197×10^{-5}	1.0197×10^{-7}	1	1×10^{-6}	0.02089
N/mm²	10.1972	0.101972	1×10^{6}	1	2.089×10^{4}
lbf/ft²	0.0004882	4.882×10^{-6}	47.86	4.788×10^{-5}	1

12 속도

단위	m/s	km/h	kn(미터법)	ft/s	mile/h
m/s	1	3.6	1.944	3.281	2.237
km/s	0.2778	1	0.5400	0.9113	0.6214
kn(미터법)	0.5144	1.852	1	1.688	1.151
ft/s	0.3048	1.097	0.5925	1	0.6818
mile/h	0.4470	1.609	0.8690	1.467	1

※ 참고 : kn : 노트, 미터법 1노트=1,852m/h

13 각속도

단위	rpm	rad/s
rpm	1	0.1047
rad/s	9.549	1

※ 참고 : 1rad=57.296°, rpm=r/min

14 점도

단위	cP	P	Pa·s	kgf·s/m²	lbf·s/in²
cP	1	0.01	0.001	0.00010197	1.449×10^{-7}
P	100	1	0.1	0.0101973	1.449×10^{-5}
Pa·s	1000	10	1	0.101973	1.449×10^{-4}
kgf·s/m²	9806.65	98.0665	9.80665	1	0.001422
lbf·s/in²	6.9×10^6	6.9×10^4	6.9×10^3	7.03×10^2	1

※ 참고 : 1P=1dyn·s/cm²=1g/cm·s, 1Pa·s=1N·s/m², 1cP=1mPa·s, 1lbf·s/in²=1Reyn=6.9×10^6cP

15 동점도

단위	cSt	St	m²/s	ft²/s
cSt	1	1×10^{-2}	1×10^{-6}	0.00001076
St	100	1	1×10^{-4}	0.001076
m²/s	1×10^6	1×10^4	1	10.76
ft²/s	92900	929.0	0.09290	1

※ 참고 : 1St=1cm²/s

16 체적유량

단위	l/s	l/min	m^3/s	m^3/min	m^3/h	ft^3/s
l/s	1	60	1×10^{-3}	0.06	3600	0.03532
l/min	0.01666	1	1.66666×10^{-5}	1×10^{-3}	6×10^{-2}	0.00059
m^3/s	1×10^3	6×10^4	1	60	3600	35.31
m^3/min	1.66666×10	1×10^3	1.66666×10^{-2}	1	60	0.5885
m^3/h	2.77777×10^{-4}	1.66666×10	2.77777×10^{-4}	1.66666×10^{-2}	1	0.00981
ft^3/s	2.832×10	1.69833×10^3	2.832×10^{-2}	1.69833	101.9	1

17 일, 에너지 및 열량

단위	J	kgf·m	kW·h	kcal	ft·lbf	Btu
J	1	0.10197	2.778×10^{-7}	2.389×10^{-4}	0.7376	9.480×10^{-4}
kgf·m	9.807	1	2.724×10^{-6}	2.343×10^{-3}	7.233	9.297×10^{-3}
kW·h	3.6×10^6	3.671×10^5	1	860.0	2.655×10^6	3413
kcal	4186	426.9	1.163×10^{-3}	1	3087	3.968
ft·lbf	1.356	0.1383	3.766×10^{-7}	3.239×10^{-4}	1	1.285×10^{-3}
Btu	1055	107.6	2.930×10^{-4}	0.2520	778.0	1

※ 참고 : 1J=1W·s, 1kgf·m=9.80665J, 1W·h=3,600W·s, 1cal=4.18605J

18 일률

단위	kW	kgf·m/s	PS	HP	kcal/s	ft·lbf/s	Btu/s
kW	1	101.97	1.3596	1.3405	0.2389	737.6	0.9480
kgf·m/s	9.807×10^{-3}	1	1.333×10^{-2}	1.315×10^{-2}	2.343×10^{-3}	7.233	9.297×10^{-3}
PS	0.7355	75	1	0.9859	0.1757	542.5	0.6973
HP	0.746	76.07	1.0143	1	0.1782	550.2	0.7072

단위	kW	kgf·m/s	PS	HP	kcal/s	ft·lbf/s	Btu/s
kcal/s	4.186	426.9	5.691	5.611	1	3087	3.968
ft·lbf/s	1.356×10^{-3}	0.1383	1.843×10^{-3}	1.817×10^{-3}	3.239×10^{-4}	1	1.285×10^{-3}
Btu/s	1.055	107.6	1.434	1.414	0.2520	778.0	1

※ 참고 : W : SI단위, 1W=1J/s, 1kgf·m/s=9.80665W, PS : 佛마력, HP : 英마력

19 열전도율

단위	kcal/m·h·℃	Btu/ft·h·℉	W/(m·K)
kcal/m·h·℃	1	0.6720	1.163
Btu/ft·h·℉	1.488	1	1.731
W/(m·K)	0.8600	0.5779	1

※ 참고 : W/(m·K) : SI단위, 1cal(it)=4.1868J

20 열전도계수

단위	kcal/m²·h·℃	Btu/ft²·h·℉	J/m²·h·℃	W/(m²·K)
kcal/m²·h·℃	1	0.2048	4187	1.163
Btu/ft²·h·℉	4.882	1	2.044×10^{4}	5.678
J/m²·h·℃	2.389×10^{-4}	4.893×10^{-5}	1	2.778×10^{-4}
W/(m²·K)	0.8598	0.1761	3599	1

※ 참고 : W/(m²·K) : SI단위, 1cal=4.18605J

Chapter 05 시퀀스제어 문자기호

기본기호만으로는 상세하게 기기 및 장치의 종류, 기능, 용도를 표시하는데 부족하므로 전기용어의 영문에서 머리문자를 취한 문자기호를 사용한다.

01 회전기

문자기호	용어	영문
EX	여자기	Exciter
FC	주파수변환기	Frequency Changer, Frequency Converter
G	발전기	Generator
IM	유도전동기	Induction Motor
M	전동기	Motor
MG	전동발전기	Motor-Generator
OPM	조작용 전동기	Operating Motor
RC	회전변류기	Rotary Converter
SEX	부여자기	Sub-Exciter
SM	동기전동기	Synchronous Motor
TG	회전도계 발전기	Tachometer Generator

02 변압기 및 정류기류

문자기호	용어	영문
BCT	부싱변류기	Bushing Current Transformer
BST	승압기	Booster
CLX	한류리액터	Current Limiting Reactor

문자기호	용어	영문
CT	변류기	Current Transformer
GT	접지변압기	Grounding Transformer
IR	유도전압조정기	Induction Voltage Regulator
LTT	부하 시 탭전환변압기	On-load Tap-changing Transformer
LVR	부하 시 전압조정기	On-load Voltage Regulator
PCT	계기용 변압변류기	Potential Current Transformer, Combined Voltage and Current Transformer
PT	계기용 변압기	Potential Transformer, Voltage Transformer
T	변압기	Transformer
PHS	이상기	Phase Shifter
RF	정류기	Rectifier
ZCT	영상변류기	Zero-phase-sequence Current Transformer

03 차단기 및 스위치류

문자기호	용어	영문
ABB	공기차단기	Airblast Circuit Breaker
ACB	기중차단기	Air Circuit Breaker
AS	전류계 전환스위치	Ammeter Changer-over Switch
BS	버튼스위치	Button Switch
CB	차단기	Circuit Breaker
COS	전환스위치	Change-over Switch
SC	제어스위치	Control Switch
DS	단로기	Disconnecting Switch
EMS	비상스위치	Emergency Switch
F	퓨즈	Fuse
FCB	계자차단기	Field Circuit Breaker
FLTS	플로트스위치	Float Switch
FS	계자스위치	Field Switch
FTS	발밟음스위치	Foot Switch

문자기호	용어	영문
GCB	가스차단기	Gas Circuit Breaker
HSCB	고속도차단기	High-speed Circuit Breaker
KS	나이프스위치	Knife Switch
LS	리밋스위치	Limit Switch
LVS	레벨스위치	Level Switch
MBB	자기차단기	Magnetic Blow-out Circuit Breaker
MC	전자접촉기	Electromagnetic Contactor
MCB	배선용 차단기	Molded Case Circuit Breaker
OCB	기름차단기	Oil Circuit Breaker
OSS	과속스위치	Over-speed Switch
PF	전력퓨즈	Power Fuse
PRS	압력스위치	Pressure Switch
RS	회전스위치	Rotary Switch
S	스위치, 개폐기	Switch
SPS	속도스위치	Speed Switch
TS	텀블러스위치	Tumbler Switch
VCB	진공차단기	Vacuum Circuit Breaker
VCS	진공스위치	Vacuum Switch
VS	전압계 전환스위치	Voltmeter Change-over Switch
CTR	제어기	Controller
MCTR	주제어기	Master Controller
STT	기동기	Starter

04 저항기

문자기호	용어	영문
CLR	한류저항기	Current-limiting Resistor
DBR	제동저항기	Dynamic Braking Resistor
DR	방전저항기	Discharging Resistor

문자기호	용어	영문
FRH	계자저항기	Field Regulator
GR	접지저항기	Grounding Resistor
LDR	부하저항기	Loading Resistor
NGR	중성점접지저항기	Neutral Grounding Resistor
R	저항기	Resistor
RH	가감저항기	Rheostat
STR	기동저항기	Starting Resistor

05 계전기

문자기호	용어	영문
BR	평형계전기	Balance Relay
CLR	한류계전기	Current Limiting Relay
CR	전류계전기	Current Relay
DFR	차동계전기	Differential Relay
FCR	플리커계전기	Flicker Relay
FLR	흐름계전기	Flow Relay
FR	주파수계전기	Frequency Relay
GR	지락계전기	Ground Relay
KR	유지계전기	Keep Relay
LFR	계자손실계전기	Loss of Field Relay, Field Loss Relay
OCR	과전류계전기	Overcurrent Relay
OSR	과속도계전기	Over-speed Relay
OPR	결상계전기	Open-phase Relay
OVR	과전압계전기	Over voltage Relay
PLR	극성계전기	Polarity Relay
PR	역전방지계전기	Plugging Relay
POR	위치계전기	Position Relay
PRR	압력계전기	Pressure Relay

문자기호	용어	영문
PWR	전력계전기	Power Relay
R	계전기	Relay
RCR	재폐로계전기	Reclosing Relay
SOR	탈조(동기이탈)계전기	Out-of-step Relay, Step-out Relay
SPR	속도계전기	Speed Relay
STR	기동계전기	Starting Relay
SR	단락계전기	Short-circuit Relay
SYR	동기투입계전기	Synchronizing Relay
TDR	시연계전기	Time Delay Relay
TFR	자유트립계전기	Trip-free Relay
THR	열동계전기	Thermal Relay
TLR	한시계전기	Time-lag Relay
TR	온도계전기	Temperature Relay
UVR	부족전압계전기	Under-voltage Relay
VCR	진공계전기	Vacuum Relay
VR	전압계전기	Voltage Relay

06 계기

문자기호	용어	영문
A	전류계	Ammeter
F	주파수계	Frequency Meter
FL	유량계	Flow Meter
GD	검류기	Ground Detector
HRM	시계	Hour Meter
MDA	최대수요전류계	Maximum Demand Ammeter
MDW	최대수요전력계	Maximum Demand Wattmeter
N	회전속도계	Tachometer
PI	위치지시계	Position Indicator
PF	역률계	Power-factor Meter

문자기호	용어	영문
PG	압력계	Pressure Gauge
SH	분류기	Shunt
SY	동기검정기	Synchronoscope, Synchronism Indicator
TH	온도계	Thermometer
THC	열전대	Thormocouple
V	전압계	Voltmeter
VAR	무효전력계	Var Meter, Reactive Power Meter
VG	진공계	Vacuum Gauge
W	전력계	Wattmeter
WH	전력량계	Watt-hour Meter
WLI	수위계	Water Level Indicator

07 기타

문자기호	용어	영문
AN	표시기	Annunciator
B	전지	Battery
BC	충전기	Battery Charger
BL	벨	Bell
BL	송풍기	Blower
BZ	부저	Buzzer
C	콘덴서	Condenser, Capacitor
CC	폐로코일	Closing Coil
CH	케이블헤드	Cable Head
DL	더미부하(의사부하)	Dummy Load
EL	지락표시등	Earth Lamp
ET	접지단자	Earth Terminal
FI	고장표시기	Fault Indicator
FLT	필터	Filter
H	히터	Heater

문자기호	용어	영문
HC	유지코일	Holding Coil
HM	유지자석	Holding Magnet
HO	혼	Horn
IL	조명등	Illuminating Lamp
MB	전자브레이크	Electromagnetic Brake
MCL	전자클러치	Electromagnetic Clutch
MCT	전자카운터	Magnetic Counter
MOV	전동밸브	Motor-operated Valve
OPC	동작코일	Operating Coil
OTC	과전류트립코일	Overcurrent Trip Coil
RSTC	복귀코일	Reset Coil
SL	표시등	Signal Lamp, Pilot Lamp
SV	전자밸브	Solenoid Valve
TB	단자대, 단자판	Terminal Block, Terminal Board
TC	트립코일	Trip Coil
TT	시험단자	Testing Terminal
UVC	부족전압트립코일	Under-voltage Release Coil, Under-voltage Trip Coil

08 기능기호

문자기호	용어	영문
A	가속 · 증속	Accelerating
AUT	자동	Automatic
AUX	보조	Auxiliary
B	제동	Braking
BW	후방향	Backward
C	미동	Control
CL	닫음	Close
CO	전환	Chage-over
CRL	미속	Crawing

문자기호	용어	영문
CST	코우스팅	Coasting
DE	감속	Decelerating
D	하강·아래	Down, Lower
DB	발전제동	Dynamic Braking
DEC	감소	Decrease
EB	전기제동	Electric Braking
EM	비상	Emergency
F	정방향	Forward
FW	앞으로	Forward
H	높다	High
HL	유지	Holding
HS	고속	High Speed
ICH	인칭	Inching
IL	인터록	Inter-locking
INC	증가	Increase
INS	순시	Instant
J	미동	Jogging
L	왼편	Left
L	낮다	Low
LO	록아웃	Lock-out
MA	수동	Manual
MEB	기계제동	Mechanical Braking
OFF	개로, 끊다	Open, Off
ON	폐로, 닫다	Close, On
OP	열다	Open
P	플러깅	Plugging
R	기록	Recording
R	반대로, 역으로	Reverse
R	오른편	Right
RB	재생제동	Regenerative Braking
RG	조정	Regulating

문자기호	용어	영문
RN	운전	Run
RST	복귀	Reset
ST	시동	Start
SET	세트	Set
STP	정지	Stop
SY	동기	Synchronizing
U	상승, 위로	Raise, Up

09 무접점계전기

문자기호	용어	영문
NOT	논리부정	Not, Negation
OR	논리합	Or
AND	논리적	And
NOR	노어	Nor
NAND	낸드	Nand
MEM	메모리	Memory
ORM	복귀기억	Off Return Memory
RM	영구기억	Retentive Memory
FF	플립플롭	Flip Flop
BC	이진카운터	Binary Counter
SFR	시프트레지스터	Shift Register
TDE	동작시간 지연	Time Delay Energizing
TDD	복귀시간 지연	Time Delay De-energizing
TDB	시간 지연	Time Delay(Both)
SMT	슈미트트리거	Schmidt Trigger
SSM	단안정 멀티바이브레이터	Single Shot Multi-vibrator
MLV	멀티바이브레이터	Multi-vibrator
AMP	증폭기	Amplifier

특수문자 읽는 법

① $A\ \alpha$ → 알파(ALPHA) 그리스문자의 첫 번째 글자이자 많이 차용되는 기호이다.
② $B\ \beta$ → 베타(BETA) 수학, 물리 등에서 알파 다음으로 많이 차용되는 기호이다.
③ $\Gamma\ \gamma$ → 감마(GAMMA) 알파, 베타, 감마는 ABC나 가나다처럼 차용되는 기호이다.
④ $\Delta\ \delta$ → 델타(DELTA) 극소의 이등분을 가리킬 때 쓰인다.
⑤ $E\ \epsilon$ → 입실론(EPSILON) 입실론의 소문자 2번째 형태는 "집합원소" 기호로 많이 사용한다. 그리고 '작다' 혹은 '적다'의 개념을 가지고 있어서 20세기 천재 수학자 에르되시 팔은 '아이=child'를 '입실론'이라고 불렀다.
⑥ $Z\ \zeta$ → 제타(ZETA) 고전역학
⑦ $H\ \eta$ → 에타(ETA) 물리. 자기장, 전기장 부분
⑧ $\Theta\ \theta$ → 쎄타(THETA) 수학에서 각도를 나타내는 기호로 많이 쓰인다.
⑨ $I\ \iota$ → 이오타(IOTA)
⑩ $K\ \kappa$ → 카파(KAPPA)
⑪ $\Lambda\ \lambda$ → 람다(LAMBDA) 현대물리에서 파장을 나타낼 때 사용된다.
⑫ $M\ \mu$ → 뮤(MU) 통계학에서 모평균을 나타낼 때 물리의 자기장 부분에서 쓰이는 기호이다.
⑬ $N\ \nu$ → 뉴(NU)
⑭ $\Xi\ \xi$ → 크사이(XI)
⑮ $O\ o$ → 오미크론(OMICRON) 알파벳의 'o'와 구분하기 어려워 거의 안 쓰인다.
⑯ $\Pi\ \pi$ → 파이(PI) 파이의 소문자는 보통 원의 직경에 대한 비율로 많이 쓰이며, 파이의 대문자는 경우의 수를 계산할 때 '곱하는 방법'의 계산법으로 쓰인다.
⑰ $P\ \rho$ → 로우(RHO) 물리에서 저항을 나타낸다.
⑱ $\Sigma\ \sigma$ → 시그마(SIGMA) 시그마의 대문자는 주로 "모두 더하기"의 기호이다.
⑲ $T\ \tau$ → 타우(TAU)
⑳ $Y\ \upsilon$ → 입실론(UPSILON)
㉑ $\Phi\ \phi$ → 파이(PHI)
㉒ $X\ \chi$ → 카이(CHI)
㉓ $\Psi\ \psi$ → 프사이(PSI)
㉔ $\Omega\ \omega$ → 오메가(OMEGA)

Chapter 07 삼각함수공식

01 삼각함수

$$\cos\theta = \frac{1}{\sin\theta}, \ \sin\theta = \frac{1}{\cos\theta}, \ \cot\theta = \frac{1}{\tan\theta}$$

02 삼각함수 사이의 관계

① $\tan\theta = \dfrac{\sin\theta}{\cos\theta}$

② $\sin^2\theta + \cos^2\theta = 1$

③ $1 + \tan^2\theta = \sin^2\theta$

④ $1 + \cot^2\theta = \cos^2\theta$

03 제2코사인법칙

$$a^2 = b^2 + c^2 - 2bc\cos A$$

04 삼각함수의 주기와 최대 · 최소

(1) $y = a\sin(bx+c) + d$, $y = a\cos(bx+c) + d$

① 주기 : $\dfrac{2\pi}{|b|}$

② 이동 : $y = a\sin bx\,(\text{or } y = a\cos bx)$의 그래프를 x축 방향으로 $-\dfrac{c}{b}$, y축 방향으로 d만큼 평행이동한 그래프

③ 최댓값 : $|a|+d$, 최솟값 : $-|a|+d$

(2) $y = a\tan(bx+c)+d$

① 주기 : $\dfrac{\pi}{|b|}$

② 이동 : $y = a\tan x$의 그래프를 x축 방향으로 $-\dfrac{c}{b}$, y축 방향으로 d만큼 평행이동한 그래프

③ 최댓값과 최솟값은 없다.

05 삼각함수의 덧셈정리

$$\sin(\alpha+\beta) = \sin\alpha\cos\beta + \cos\alpha\sin\beta$$
$$\sin(\alpha-\beta) = \sin\alpha\cos\beta - \cos\alpha\sin\beta$$
$$\cos(\alpha+\beta) = \cos\alpha\cos\beta - \sin\alpha\sin\beta$$
$$\cos(\alpha-\beta) = \cos\alpha\cos\beta + \sin\alpha\sin\beta$$
$$\tan(\alpha+\beta) = \frac{\tan\alpha + \tan\beta}{1 - \tan\alpha\tan\beta}$$
$$\tan(\alpha-\beta) = \frac{\tan\alpha - \tan\beta}{1 + \tan\alpha\tan\beta}$$

06 삼각함수의 배각공식

① $\sin 2\alpha = 2\sin\alpha\cos\alpha$

② $\cos 2\alpha = \cos^2\alpha - \sin^2\alpha = 2\cos^2\alpha - 1 = 1 - 2\sin^2\alpha$

③ $\tan 2\alpha = \dfrac{2\tan\alpha}{1 - \tan^2\alpha}$

07 삼각함수의 반각공식

① $\sin^2\dfrac{\alpha}{2} = \dfrac{1-\cos\alpha}{2}$

② $\cos^2\dfrac{\alpha}{2} = \dfrac{1+\cos\alpha}{2}$

③ $\tan^2\dfrac{\alpha}{2} = \dfrac{1-\cos\alpha}{1+\cos\alpha}$

08 삼각함수의 합성

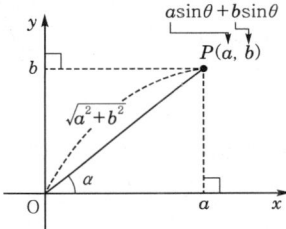

[그림 4] 피타고라스의 정리

$$a\sin\theta + b\cos\theta = \sqrt{a^2+b^2}\sin(\theta+\alpha)$$

단, $\cos\alpha = \dfrac{a}{\sqrt{a^2+b^2}}$, $\sin\alpha = \dfrac{b}{\sqrt{a^2+b^2}}$

Chapter 08 용접기호

용접설계도면에 의해 제품을 제작할 때나 설계도면에 의해여 설계자의 의사를 전달할 때 다음과 같은 기호를 이용한다.

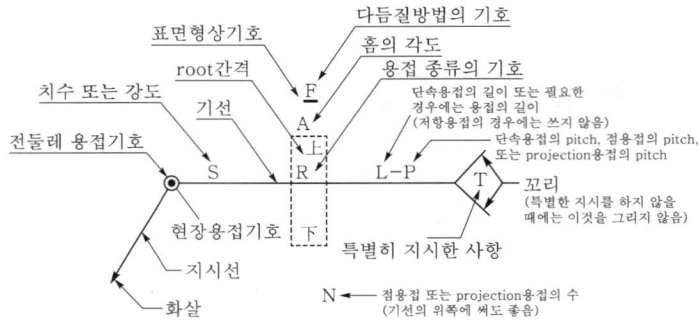

(a) 용접하는 쪽이 화살표 반대쪽인 경우(기선 위에 지시사항을 쓴다)

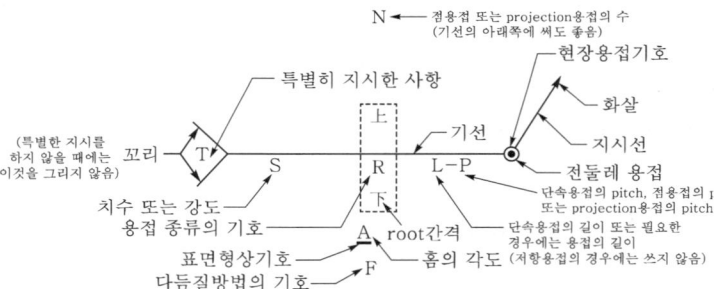

(b) 용접하는 쪽이 화살표 쪽인 경우(기선 밑에 지시사항을 쓴다)

[그림 5] 용접기호의 표시방법

[표 10] 용접방법에 따른 분류

방법	종류		기호	비고
아크 및 가스용접	홈용접	I형	‖	
		V형, X형	V	X형은 설명선의 기선에 대칭하게 그 기호를 기재한다.
		U형, H형	Y	H형은 기선에 대칭하게 그 기호를 기재한다.

방법		종류	기호	비고
아크 및 가스용접	홈용접	L형, K형	V	K형은 기선에 대칭되게 이 기호를 넣고, 세로선은 왼편에 기입한다.
		J형(양면)	ㅏ	양면 J형은 기선에 대칭하게 넣는다.
		J형	ㅏ	기호의 세로선은 왼편으로 한다.
		플레어 V형	ハ	
		플레어 X형	ハ	플레어 X형은 기선에 대칭하게 기호를 넣는다.
		플레어 L형	ﾉ	
		플레어 K형	ﾉ	플레어 K형은 기선에 대칭하게 기호를 넣는다.
	필릿 용접	연속	▱	기호의 세로선은 왼편에 기입한다.
		zig jag	▱	병렬용접은 기선에 대칭으로 기입한다. 휨용접은 다음 기호에 의한다.
	플러그용접		▽	
	비드 및 덧붙임용접		▽	덧붙임용접은 기호를 2개 연속해서 기재한다.
저항용접	점용접		✳	기선 중심에 걸쳐서 대칭하게 기재한다.
	프로젝션용접		✕	
	심용접		✕✕✕✕	기선 중심에 걸쳐서 대칭하게 기재한다.
	플래시, 업셋용접		｜	기선 중심에 걸쳐서 대칭하게 기재한다.

[표 11] 용접 표면상태와 영역에 따른 분류

구분		기호	비고
용접부의 표면형상	평평한 것	─	
	볼록한 것	⌒	기선의 바깥쪽으로 볼록
	오목한 것	⌣	기선의 바깥쪽으로 오목
용접부의 다듬질방법	칩핑	C	다듬질방법을 구별하지 않을 때에는 F
	연마다듬질(grinding)	G	
	기계다듬질(machining)	M	
현장용접		●	
전둘레용접		○	전둘레용접이 분명할 때는 생략
전둘레 현장용접		◉	

[저자 약력]

김순채(공학박사 · 기술사)

- 2002년 공학박사
- 47회, 48회 기술사 합격
- 현) 엔지니어데이터넷(www.engineerdata.net) 대표
  엔지니어데이터넷기술사연구소 교수

〈저서〉
- 《공조냉동기계기능사 [필기]》
- 《공조냉동기계기능사 기출문제집》
- 《공유압기능사 [필기]》
- 《공유압기능사 기출문제집》
- 《현장 실무자를 위한 유공압공학 기초》
- 《기계안전기술사》
- 《건설기계기술사》
- 《기계제작기술사》
- 《산업기계설비기술사》
- 《용접기술사》
- 《화공안전기술사》
- 《기계기술사》
- 《완전정복 금형기술사 기출문제풀이》
- 《스마트 금속재료기술사》
- 《KS 규격에 따른 기계제도 및 설계》

〈동영상 강의〉
기계기술사, 금속가공기술사 기출문제풀이/특론, 완전정복 금형기술사 기출문제풀이, 스마트 금속재료기술사, 건설기계기술사, 산업기계설비기술사, 기계안전기술사, 용접기술사, 공조냉동기계기사, 공조냉동기계산업기사, 공조냉동기계기능사, 공조냉동기계기능사 기출문제집, 공유압기능사, 공유압기능사 기출문제집, KS 규격에 따른 기계제도 및 설계, 알기 쉽게 풀이한 도면 그리는 법 · 보는 법, 현장 실무자를 위한 유공압공학 기초, 현장 실무자를 위한 공조냉동공학 기초

현장 실무자를 위한
공조냉동공학 기초

| 2018. 1. 15. 초 판 1쇄 발행 |
| 2021. 5. 7. 개정증보 1판 1쇄 발행 |
| 2024. 4. 17. 개정증보 2판 2쇄 발행 |

지은이	김순채
펴낸이	이종춘
펴낸곳	BM (주)도서출판 성안당
주소	04032 서울시 마포구 양화로 127 첨단빌딩 3층(출판기획 R&D 센터) 10881 경기도 파주시 문발로 112 파주 출판 문화도시(제작 및 물류)
전화	02) 3142-0036 031) 950-6300
팩스	031) 955-0510
등록	1973. 2. 1. 제406-2005-000046호
출판사 홈페이지	www.cyber.co.kr
ISBN	978-89-315-3360-6 (13550)
정가	37,000원

이 책을 만든 사람들
- 기획 | 최옥현
- 진행 | 이희영
- 교정·교열 | 문 황
- 전산편집 | 전채영
- 표지 디자인 | 박원석
- 홍보 | 김계향, 유미나, 정단비, 김주승
- 국제부 | 이선민, 조혜란
- 마케팅 | 구본철, 차정욱, 오영일, 나진호, 강호묵
- 마케팅 지원 | 장상범
- 제작 | 김유석

이 책의 어느 부분도 저작권자나 BM (주)도서출판 성안당 발행인의 승인 문서 없이 일부 또는 전부를 사진 복사나 디스크 복사 및 기타 정보 재생 시스템을 비롯하여 현재 알려지거나 향후 발명될 어떤 전기적, 기계적 또는 다른 수단을 통해 복사하거나 재생하거나 이용할 수 없음.

※ 잘못된 책은 바꾸어 드립니다.